THE BEAUTY OF
DATA STRUCTURES AND ALGORITHMS

数据结构与算法之美

王争（@小争哥）◎ 著

U0213086

人民邮电出版社

北京

图书在版编目（CIP）数据

数据结构与算法之美 / 王争著. -- 北京 ：人民邮
电出版社，2021.6
ISBN 978-7-115-56205-0

Ⅰ．①数… Ⅱ．①王… Ⅲ．①数据结构②算法分析
Ⅳ．①TP311.12

中国版本图书馆CIP数据核字（2021）第049978号

内 容 提 要

本书结合实际应用场景讲解数据结构和算法，涵盖常用、常考的数据结构和算法的原理讲解、代码实现和应用场景等。

本书分为 11 章。第 1 章介绍复杂度分析方法。第 2 章介绍数组、链表、栈和队列这些基础的线性表数据结构。第 3 章介绍递归编程技巧、8 种经典排序、二分查找及二分查找的变体问题。第 4 章介绍哈希表、位图、哈希算法和布隆过滤器。第 5 章介绍树相关的数据结构，包括二叉树、二叉查找树、平衡二叉查找树、递归树和 B+树。第 6 章介绍堆，以及堆的各种应用，包括堆排序、优先级队列、求 Top K、求中位数和求百分位数。第 7 章介绍跳表、并查集、线段树和树状数组这些比较高级的数据结构。第 8 章介绍字符串匹配算法，包括 BF 算法、RK 算法、BM 算法、KMP 算法、Trie 树和 AC 自动机。第 9 章介绍图及相关算法，包括深度优先搜索、广度优先搜索、拓扑排序、Dijkstra 算法、Floyd 算法、A*算法、最小生成树算法、最大流算法和最大二分匹配等。第 10 章介绍 4 种算法思想，包括贪心、分治、回溯和动态规划。第 11 章介绍 4 个经典项目中的数据结构和算法的应用，包括 Redis、搜索引擎、鉴权限流和短网址服务。另外，附录 A 为书中的思考题的解答。

尽管本书的大部分代码采用 Java 语言编写，但本书讲解的知识与具体编程语言无关，因此，本书不但适合各种类型的研发工程师，而且可以作为高校计算机相关专业师生的学习用书和培训学校的教材。

◆ 著　　　　　王　争（@小争哥）

责任编辑　张　涛

责任印制　王　郁　焦志炜

◆ 人民邮电出版社出版发行　　北京市丰台区成寿寺路 11 号

邮编　100164　电子邮件　315@ptpress.com.cn

网址　https://www.ptpress.com.cn

涿州市般润文化传播有限公司印刷

◆ 开本：787×1092　1/16

印张：22　　　　　　　　　2021 年 6 月第 1 版

字数：551 千字　　　　　　2025 年 1 月河北第 11 次印刷

定价：119.80 元

读者服务热线：(010) 81055410　印装质量热线：(010) 81055316
反盗版热线：(010) 81055315
广告经营许可证：京东市监广登字 20170147 号

前　言

　　两年前，作者发布了一个关于数据结构和算法的网络教程，到目前为止，已经有 10 万多名读者订阅。该教程获得了很好的口碑，几乎"零差评"，甚至掀起了学习数据结构和算法的热潮。很多人通过这个网络教程开始学习数据结构和算法，也因此爱上了算法学习。之后，人民邮电出版社的编辑通过作者的微信公众号（小争哥）联系到作者，希望将该网络教程出版成纸质图书。说实话，一开始作者是比较抗拒的，毕竟网络版本的收益更高。但为了让更多的读者受益，作者接受了出版社的提议，于是就有了本书的诞生。

　　随着互联网从业人员数量的增加，很多公司的招聘要求也在提高。不仅像百度、腾讯这样的大公司，很多小公司也开始在招聘中安排算法面试，以此来选择更合适的人才。因此，目前越来越多的人开始重视算法的学习。

　　一些经典的数据结构和算法图书，偏重理论，读者学起来可能感觉比较枯燥。一些趣谈类的数据结构和算法图书，虽然容易读懂，但往往内容不够全面。另外，很多数据结构和算法图书缺少真实的应用场景，读者很难将理论和实践相结合。

　　为了解决上述问题，本书全面、系统地讲解了常用、常考的数据结构和算法，并结合 300多幅图和上百段代码，让内容变得更加通俗易懂。同时，对于每个知识点，本书结合真实的应用场景进行讲解，采用一问一答的讲解模式，让读者不仅可以掌握理论知识，还可以掌握如何将数据结构和算法应用到实际的开发工作中。

　　实际上，为了方便读者学习，除编写课程、出版图书以外，作者还创建了微信公众号"小争哥"。微信公众号作为服务入口，提供算法学习、刷题、面试一站式服务，同时帮助读者攻克算法难关。欢迎读者关注作者的微信公众号。在该微信公众号中，读者可以获取更多数据结构和算法方面的资料。

约定与说明

- 如无特殊说明，本书的代码均采用 Java 语言编写。少量代码采用伪代码和 C 语言编写，均已在文中进行了说明。
- 在默认情况下，本书的数值运算结果均向下取整，如 $n/2$、$n/3$、$0.99n$，分别表示 $\lfloor n/2 \rfloor$、$\lfloor n/3 \rfloor$、$\lfloor 0.99n \rfloor$。

本书配套服务

　　由于作者水平有限，书中难免出现错误和不足之处。如果读者在阅读过程中发现问题或者存在疑问，欢迎读者到作者的微信公众号中留言、讨论。另外，作者在微信公众号中分享了本书的学习指南，包括每一章节的学习目标、难易程度和学习方法等。关注微信公众号"小争哥"，回复"学习指南"即可获得。

致谢

感谢作者的微信公众号"小争哥"的关注者，是你们的鼓励和支持，让作者持续输出更多算法相关的优质内容，也才会有本书的诞生。同时，感谢人民邮电出版社的编辑。当然，作者还要感谢自己的家人，是他们帮助作者处理好生活中的琐事，让作者全身心地投入到本书的写作中。

作者

目　录

第 3 章　递归、排序、二分查找 ································· 46

第 5 章 树 117

第6章 堆 ··· 141

第 **1** 章　复杂度分析

复杂度分析是算法的精髓。只要讲到数据结构与算法，就一定离不开复杂度分析。在后面的章节中，针对每一个数据结构和算法，我们都会对它的复杂度做详细分析。因此，读者只要掌握了复杂度分析，本书的内容基本上掌握了一半。

复杂度分析很重要，因此，作者准备用整章的篇幅进行详细讲解。希望读者学完这部分内容之后，在任何编程场景下，面对任何代码的复杂度分析，都能做到游刃有余。

1.1　复杂度分析（上）：如何分析代码的执行效率和资源消耗

我们知道，数据结构和算法解决的是"快"和"省"的问题，也就是如何让代码运行得更快，以及如何让代码更节省计算机的存储空间。因此，执行效率是评价算法好坏的一个非常重要的指标。那么，如何衡量算法的执行效率呢？这里就要用到我们本节要讲的内容：时间复杂度分析和空间复杂度分析。

1.1.1　复杂度分析的意义

我们把代码运行一遍，通过监控和统计手段，就能得到算法执行的时间和占用的内存大小，为什么还要做时间复杂度分析、空间复杂度分析呢？这种"纸上谈兵"似的分析方法比实实在在地运行一遍代码得到的数据更准确吗？

实际上，这是两种不同的评估算法执行效率的方法。对于运行代码来统计复杂度的方法，很多有关数据结构和算法的图书还给它起了一个名字：事后统计法。这种统计方法看似可以给出非常精确的数值，但却有非常大的局限性。

1. 测试结果受测试环境的影响很大

在测试环境中，硬件的不同得到的测试结果会有很大的差异。例如，我们用同样一段代码分别在安装了 Intel Core i9 处理器（CPU）和 Intel Core i3 处理器的计算机上运行，显然，代码在安装了 Intel Core i9 处理器的计算机上要比在安装了 Intel Core i3 处理器的计算机上的执行速度快很多。又如，在某台机器上，a 代码执行的速度比 b 代码要快，当我们换到另外一台配置不同的机器上时，可能会得到截然相反的运行结果。

2. 测试结果受测试数据的影响很大

我们会在后续章节详细讲解排序算法，这里用它进行举例说明。对同一种排序算法，待排序数据的有序度不一样，排序执行的时间会有很大的差别。在极端情况下，如果数据已经是有序的，那么有些排序算法不需要做任何操作，执行排序的时间就会非常短。除此之外，如果测试数据规模太小，那么测试结果可能无法真实地反映算法的性能。例如，对于小规模的数据排序，插入排序反而比快速排序快！

因此，我们需要一种不依赖具体的测试环境和测试数据就可以粗略地估计算法执行效率的方法。这就是本节要介绍的时间复杂度分析和空间复杂度分析。

1.1.2　大 O 复杂度表示法

如何在不运行代码的情况下，用"肉眼"分析代码后得到一段代码的执行时间呢？下面用一段非常简单的代码来举例，看一下如何估算代码的执行时间。求 $1 \sim n$ 的累加和的代码如下所示。

```
1 int cal(int n) {
2   int sum = 0;
3   int i = 1;
```

```
4    for (; i <= n; ++i) {
5      sum = sum + i;
6    }
7    return sum;
8  }
```

从在 CPU 上运行的角度来看，这段代码的每一条语句执行类似的操作：读数据—运算—写数据。尽管每一条语句对应的执行时间不一样，但是，这里只是粗略估计，我们可以假设每条语句执行的时间一样，为 *unit_time*。在这个假设的基础上，这段代码的总执行时间是多少呢？

执行第 2、3、7 行代码分别需要 1 个 *unit_time* 的执行时间；第 4、5 行代码循环运行了 *n* 遍，需要 2*n*×*unit_time* 的执行时间。因此，这段代码总的执行时间是 (2*n*+3)×*unit_time*。通过上面的举例分析，我们得到一个规律：一段代码的总的执行时间 *T*(*n*)（例子中的 (2*n*+3)×*unit_time*）与每一条语句的执行次数（累加数）（例子中的 2*n*+3）成正比。

按照这个分析思路，我们再来看另一段代码，如下所示。

```
1  int cal(int n) {
2    int sum = 0;
3    int i = 1;
4    int j = 1;
5    for (; i <= n; ++i) {
6      j = 1;
7      for (; j <= n; ++j) {
8        sum = sum +  i * j;
9      }
10   }
11 }
```

依旧假设每条语句的执行时间是 *unit_time*，那么这段代码的总的执行时间是多少呢？

对于第 2 ~ 4 行代码，每行代码需要 1 个 *unit_time* 的执行时间。第 5、6 行代码循环执行了 *n* 遍，需要 2*n*×*unit_time* 的执行时间。第 7、8 行代码循环执行了 n^2 遍，需要 $2n^2$×*unit_time* 的执行时间。因此，整段代码总的执行时间 *T*(*n*) = ($2n^2$+2*n*+3)×*unit_time*。尽管我们不知道 *unit_time* 的具体值，而且，每一条语句执行时间 *unit_time* 可能都不尽相同，但是，通过这两段代码执行时间的推导过程，可以得到一个非常重要的规律：一段代码的执行时间 *T*(*n*) 与每一条语句总的执行次数（累加数）成正比。我们可以把这个规律总结成一个公式，如式（1-1）所示。

$$T(n) = O(f(n)) \tag{1-1}$$

下面具体解释一下式（1-1）。其中，*T*(*n*) 表示代码执行的总时间；*n* 表示数据规模；*f*(*n*) 表示每条语句执行次数的累加和，这个值与 *n* 有关，因此用 *f*(*n*) 这样一个表达式来表示；式（1-1）中的 *O* 这个符号，表示代码的执行时间 *T*(*n*) 与 *f*(*n*) 成正比。

套用这个大 O 表示法，第一个例子中的 *T*(*n*) = (2*n*+3)×*unit_time* = *O*(2*n*+3)，第二个例子中的 *T*(*n*) = ($2n^2$+2*n*+3)×*unit_time* = *O*($2n^2$+2*n*+3)。实际上，大 O 时间复杂度并不具体表示代码真正的执行时间，而是表示代码执行时间随着数据规模增大的变化趋势，因此，也称为渐进时间复杂度（asymptotic time complexity），简称时间复杂度。

当 *n* 很大时，读者可以把它想象成 10000、100000，公式中的低阶、常量、系数 3 部分并不左右增长趋势，因此可以忽略。我们只需要记录一个最大量级。如果用大 O 表示法表示上面的两段代码的时间复杂度，就可以记为：*T*(*n*) = *O*(*n*) 和 *T*(*n*) = *O*(n^2)。

1.1.3 时间复杂度分析方法

前面介绍了时间复杂度的由来和表示方法。现在，我们介绍一下如何分析一段代码的时间复杂度。下面讲解两个比较实用的法则：加法法则和乘法法则。

1. 加法法则：代码总的复杂度等于量级最大的那段代码的复杂度

大 O 复杂度表示方法只表示一种变化趋势。我们通常会忽略公式中的常量、低阶和系数，只记录最大量级。因此，在分析一段代码的时间复杂度的时候，我们也只需要关注循环执行次数最多的那段代码。

我们来看下面这样一段代码。读者可以先试着分析一下这段代码的时间复杂度，然后与作者分析的思路进行比较，看看思路是否一样。

```
1  int cal(int n) {
2    int sum_1 = 0;
3    int p = 1;
4    for (; p <= 100; ++p) {
5      sum_1 = sum_1 + p;
6    }
7
8    int sum_2 = 0;
9    int q = 1;
10   for (; q <= n; ++q) {
11     sum_2 = sum_2 + q;
12   }
13
14   int sum_3 = 0;
15   int i = 1;
16   int j = 1;
17   for (; i <= n; ++i) {
18     j = 1;
19     for (; j <= n; ++j) {
20       sum_3 = sum_3 +  i * j;
21     }
22   }
23
24   return sum_1 + sum_2 + sum_3;
25 }
```

上述这段代码分为 4 部分，分别是求 sum_1、sum_2、sum_3，以及对这 3 个数求和。我们分别分析每一部分代码的时间复杂度，然后把它们放到一起，再取一个量级最大的作为整段代码的时间复杂度。

求 sum_1 这部分代码的时间复杂度是多少呢？因为这部分代码循环执行了 100 次（p = 100，一直不变，p 是个常量），所以执行时间是常量。

这里要再强调一下，即便这段代码循环执行 10000 次或 100000 次，只要是一个已知的数，与数据规模 n 无关，这也是常量级的执行时间。回到大 O 时间复杂度的概念，时间复杂度表示的是代码执行时间随数据规模（n）的增长趋势，因此，无论常量级的执行时间多长，它本身对增长趋势没有任何影响，在大 O 复杂度表示法中，我们可以将它（常量）省略。

求 sum_2、sum_3，以及对这 3 个数求和这 3 部分代码的时间复杂度分别是多少呢？答案是 $O(n)$、$O(n^2)$、常量。读者应该很容易就分析出来，就不再赘述了。

综合这 4 部分代码的时间复杂度，我们取其中最大的量级，因此，整段代码的时间复杂度

就为 $O(n^2)$。也就是说，总的时间复杂度等于量级最大的那部分代码的时间复杂度。这条法则就是加法法则，用公式表示出来，如式（1-2）所示。

如果

$$T1(n) = O(f(n));\quad T2(n) = O(g(n))$$

那么

$$T(n) = T1(n) + T2(n) = \max(O(f(n)), O(g(n))) = O(\max(f(n), g(n))) \quad\quad (1\text{-}2)$$

2. 乘法法则：嵌套代码的复杂度等于嵌套内外代码复杂度的乘积

我们刚讲了复杂度分析中的加法法则，再来看一下乘法法则，如式（1-3）所示。

如果

$$T1(n) = O(f(n));\ T2(n) = O(g(n))$$

那么

$$T(n) = T1(n) \times T2(n) = O(f(n)) \times O(g(n)) = O(f(n) \times g(n)) \quad\quad (1\text{-}3)$$

也就是说，假设 $T1(n) = O(n)$，$T2(n) = O(n^2)$，则 $T1(n) \times T2(n) = O(n^3)$。落实到具体的代码上，我们可以把乘法法则看成嵌套循环。我们通过例子来解释一下，如下所示。

```
1  int cal(int n) {
2    int ret = 0;
3    int i = 1;
4    for (; i <= n; ++i) {
5      ret = ret + f(i);
6    }
7  }
8
9  int f(int n) {
10   int sum = 0;
11   int i = 1;
12   for (; i <= n; ++i) {
13     sum = sum + i;
14   }
15   return sum;
16 }
```

我们单独观察上述代码中的 cal() 函数。如果 f() 函数只执行一条语句，那么第 4 ～ 6 行代码的时间复杂度 $T1(n) = O(n)$，但 f() 函数执行了多条语句，它的时间复杂度 $T2(n) = O(n)$，因此，cal() 函数的时间复杂度 $T(n) = T1(n) \times T2(n) = O(n \times n) = O(n^2)$。

1.1.4 几种常见的时间复杂度量级

虽然代码千差万别，但常见的时间复杂度量级并不多。简单总结一下，如图 1-1 所示，这涵盖了读者今后可以接触的绝大部分的时间复杂度量级。

接下来，我们介绍几种常见的时间复杂度量级。

1. $O(1)$

只要代码的执行时间不随数据规模 n 变化，代码就是常量级时间复杂度，统一记作 $O(1)$。需要特别强调的是，$O(1)$ 是常量级时间复杂度的一种表示方法，并不是指就只执行了一行代码。例如，下面这段代码，尽管它包含 3 行代码，但时间复杂度照样标记为 $O(1)$，而不是 $O(3)$。

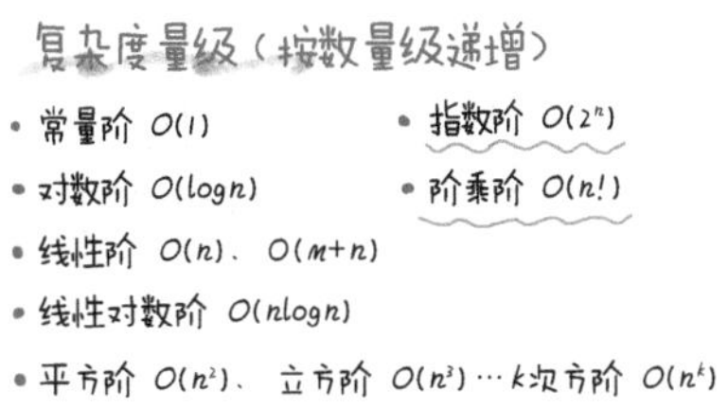

复杂度量级（按数量级递增）
- 常量阶 $O(1)$
- 对数阶 $O(\log n)$
- 线性阶 $O(n)$、$O(m+n)$
- 线性对数阶 $O(n\log n)$
- 平方阶 $O(n^2)$、立方阶 $O(n^3)$ … k 次方阶 $O(n^k)$
- 指数阶 $O(2^n)$
- 阶乘阶 $O(n!)$

图 1-1　常见的时间复杂度量级

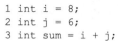

```
1 int i = 8;
2 int j = 6;
3 int sum = i + j;
```

2. $O(\log n)$、$O(n\log n)$

对数阶时间复杂度非常常见，但是它是最难分析的时间复杂度之一。我们通过一个例子来解释一下，如下所示。

```
1 i=1;
2 while (i <= n) {
3   i = i * 2;
4 }
```

根据前面讲的时间复杂度分析方法，第 3 行代码循环执行次数最多。因此，我们只要计算出这行代码被执行了多少次，就能知道整段代码的时间复杂度。

从上述代码中可以看出，变量 i 从 1 开始取值，每循环一次就乘以 2，当 i 值大于 n 时，循环结束，那么总共执行了多少次循环呢？实际上，变量 i 的取值就是一个等比数列。如果我们把它的取值序列写出来，就应该是下面这个样子。

i 的取值序列：$2^0, 2^1, 2^2, \cdots, 2^x$。i 初始值为 1（$2^0$），当 i（$2^x$）>n 时，循环终止。

因此，只要求出 x 是多少，我们就知道循环执行了多少次。对于在 $2^x = n$ 中求解 x 这个问题，直接给出答案：$x = \log_2 n$（以 2 为底，n 的对数）。因此，这段代码的时间复杂度就是 $O(\log_2 n)$。

现在，我们把上面的代码稍微修改一下，如下所示，这段代码的时间复杂度是多少？

```
1 i=1;
2 while (i <= n) {
3   i = i * 3;
4 }
```

修改后的代码的时间复杂度为 $O(\log_3 n)$。具体的分析就不再赘述了，读者可以参照上面讲的分析方法，自己试着分析一下。

实际上，无论是以 2 或 3 为底，还是以 10 为底，我们可以把所有对数阶的时间复杂度统一记为 $O(\log n)$，这是为什么呢？

根据对数之间的换底公式，$\log_3 n = \log_3 2 \times \log_2 n$，因此 $O(\log_3 n) = O(C \times \log_2 n)$，其中 $C = \log_3 2$ 是一个常量。基于前面的理论，在采用大 O 复杂度表示法的时候，我们可以忽略系数，即 $O(C \times f(n)) = O(f(n))$。因此，$O(\log_2 n)$ 等于 $O(\log_3 n)$。因此，对于对数阶时间复杂度，我们忽略对数的"底"，统一表示为 $O(\log n)$。

如果读者理解了前面讲的 $O(\log n)$，那么对于 $O(n\log n)$ 就很容易理解了。还记得上面提到的乘法法则吗？如果一段代码的时间复杂度是 $O(\log n)$，那么这段代码循环执行 n 遍，时间复杂度就是 $O(n\log n)$。$O(n\log n)$ 是一种常见的时间复杂度。例如，归并排序、快速排序的时间复杂度都是 $O(n\log n)$。我们会在第 3 章详细分析排序算法。

3. $O(m+n)$、$O(mn)$

现在，我们介绍一种比较特殊的情况：代码的时间复杂度由两个数据规模来决定。按照上面讲解的惯例，还是先看一段代码。

```
1 int cal(int m, int n) {
2   int sum_1 = 0;
3   int i = 1;
4   for (; i <= m; ++i) {
```

```
 5      sum_1 = sum_1 + i;
 6    }
 7    int sum_2 = 0;
 8    int j = 1;
 9    for (; j <= n; ++j) {
10      sum_2 = sum_2 + j;
11    }
12    return sum_1 + sum_2;
13  }
```

从上述代码可以看出，m 和 n 表示两个无关的数据规模。最终代码的时间复杂度与这两者有关。对于 m 和 n，因为无法事先评估谁的量级更大，所以在表示时间复杂度的时候，我们就不能省略其中任意一个，两者都要保留。因此，上面这段代码的时间复杂度是 $O(m+n)$。

1.1.5　空间复杂度分析方法

上文详细介绍了大 O 复杂度表示法和时间复杂度分析方法，理解了这些内容，读者学习空间复杂度分析就变得非常简单了。

前面我们讲到，时间复杂度的全称是渐进时间复杂度，表示算法的执行时间与数据规模之间的增长关系。类比一下，空间复杂度的全称是渐进空间复杂度（asymptotic space complexity），表示算法的存储空间与数据规模之间的增长关系。

我们还是通过具体的例子来解释一下空间复杂度，代码如下所示。

```
1 public void reverse(int a[], int n) {
2   int tmp[] = new int[n];
3   for (int i = 0; i < n; ++i) {
4     tmp[i] = a[n-i-1];
5   }
6   for (int i = 0; i < n; ++i) {
7     a[i] = tmp[i];
8   }
9 }
```

与时间复杂度分析类似，在第 3 行代码中，申请了一个空间来存储变量 i，但是它是常量阶的，与数据规模 n 没有关系，也就是说，i 占用的存储空间并不会随数据规模 n 变化，因此，在用大 O 复杂度表示法来表示空间复杂度的时候，可以将其省略。在第 2 行代码中，申请了一个大小为 n 的 int 类型数组，除此之外，剩下的代码没有占用更多的存储空间，因此，整段代码的空间复杂度就是 $O(n)$。

常见的空间复杂度有：$O(1)$、$O(n)$、$O(n^2)$、$O(\log n)$ 和 $O(n\log n)$，其中，$O(\log n)$、$O(n\log n)$ 这样的对数阶复杂度常见于递归代码。总体来说，空间复杂度分析比时间复杂度分析要简单很多。

1.1.6　内容小结

复杂度也称为渐进复杂度，包括时间复杂度和空间复杂度，用来分析算法的执行效率和内存消耗与数据规模之间的增长关系。复杂度越高阶的算法，执行效率越低，内存消耗越大。常见的复杂度并不多，从低阶到高阶：$O(1)$、$O(\log n)$、$O(n)$、$O(n\log n)$、$O(n^2)$，覆盖了几乎所有的数据结构和算法的复杂度。其中，$O(\log n)$、$O(n)$、$O(n\log n)$ 和 $O(n^2)$ 这几个复杂度量级的增长趋势对比如图 1-2 所示。

复杂度分析并不难，关键在于多练习。在后续章节中，作者会带领读者详细地分析每一种数据结构和算法的时间复杂度和空间复杂度。只要跟着作者的思路进行学习和练习，读者很快就能熟练掌握复杂度分析。对于简单的代码，读者一眼就能看出其复杂度，对于复杂的代码，稍微分析一下就能得出答案。

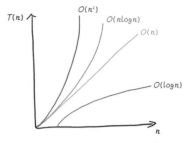

图 1-2 常见复杂度的增长趋势对比

1.1.7 思考题

有人说，我们的项目都会进行性能测试，如果再做代码的时间复杂度分析、空间复杂度分析，那么是不是多此一举呢？而且，每段代码都分析一下时间复杂度、空间复杂度，是不是很浪费时间呢？读者怎么看待这个问题呢？

1.2 复杂度分析（下）：详解最好、最坏、平均、均摊这 4 种时间复杂度

在 1.1 节中，我们讲了复杂度的大 O 表示法和分析方法，还举了一些常见复杂度分析的例子，如 $O(1)$、$O(\log n)$、$O(n)$ 和 $O(n\log n)$ 复杂度分析。

在本节中，我们继续进行时间复杂度分析，介绍 4 个更加细分的复杂度概念：最好情况时间复杂度（best case time complexity）、最坏情况时间复杂度（worst case time complexity）、平均情况时间复杂度（average case time complexity）和均摊时间复杂度（amortized time complexity）。

1.2.1 最好时间复杂度和最坏时间复杂度

我们在 1.1 节举的分析复杂度的例子都很简单，本节我们来看一个稍微复杂的例子，如下所示。读者可以用 1.1 节介绍的分析方法，自己先试着分析一下这段代码的时间复杂度。

```
1 //n表示数组array的长度
2 int find(int[] array, int n, int x) {
3   int i = 0;
4   int pos = -1;
5   for (; i < n; ++i) {
6     if (array[i] == x) pos = i;
7   }
8   return pos;
9 }
```

上述代码要实现的功能：在一个无序的数组（array）中，查找变量 x 出现的位置。如果没有找到，就返回 −1。按照 1.1 节介绍的分析方法，这段代码的复杂度是 $O(n)$，其中，n 代表数组的长度。

实际上，在数组中查找一个数据时，我们并不一定要把整个数组遍历一遍，有可能中途找到后就提前结束循环了。按照这个思路，我们对上面的代码进行优化，优化后的代码如下所示。

```
1 //n表示数组array的长度
2 int find(int[] array, int n, int x) {
3   int i = 0;
4   int pos = -1;
5   for (; i < n; ++i) {
6     if (array[i] == x) {
7       pos = i;
8       break;
9     }
10   }
11   return pos;
12 }
```

这个时候，问题就来了。优化之后的代码的时间复杂度还是 $O(n)$ 吗？显然，1.1 节介绍的分析方法解决不了这个问题。

要查找的变量 x 可能出现在数组的任意位置。如果数组中第一个元素正好等于要查找的变量 x，就不需要继续遍历剩下的 n–1 个数据了，时间复杂度就是 $O(1)$。如果数组中不存在变量 x，那么需要把整个数组遍历一遍，时间复杂度就变成了 $O(n)$。因此，在不同的情况下，这段代码的时间复杂度是不一样的。

为了表示代码在不同情况下的不同时间复杂度，我们引入 3 个概念：最好情况时间复杂度、最坏情况时间复杂度和平均情况时间复杂度。为了方便表述，在平时的开发中，我们往往把它们简称为：最好时间复杂度、最坏时间复杂度和平均时间复杂度。

顾名思义，最好情况时间复杂度就是：在最好的情况下，执行这段代码的时间复杂度。就像我们刚刚讲到的，在最好的情况下，要查找的变量 x 正好是数组的第一个元素，这种情况下对应的时间复杂度就是最好情况时间复杂度 $O(1)$。

同理，最坏情况时间复杂度就是：在最糟糕的情况下，执行这段代码的时间复杂度。就像刚举的那个例子，如果数组中没有要查找的变量 x，就需要把整个数组遍历一遍，这种情况下对应的时间复杂度就是最坏情况时间复杂度 $O(n)$。

1.2.2　平均时间复杂度

最好时间复杂度和最坏时间复杂度对应的都是极端情况下的时间复杂度，发生的概率其实并不大。为了更好地表示平均情况下的复杂度，我们需要引入平均时间复杂度这个概念。平均时间复杂度指的是代码被重复执行无数次，对应的时间复杂度的平均值。平均情况时间复杂度该怎么分析呢？我们还是借助刚才那个例子来解释。

要查找的变量 x 在数组中的位置，有 $n+1$ 种情况：x 在数组的 $0 \sim n-1$ 位置上和不在数组中。我们把每种情况下需要遍历的元素个数累加起来，然后除以 $n+1$，就可以得到需要遍历的元素个数的平均值，即

$$\frac{1+2+3+\cdots+n+n}{n+1} = \frac{n(n+3)}{2(n+1)} \tag{1-4}$$

前面讲到，在用大 O 表示法表示时间复杂度的时候，我们可以省略系数、低阶和常量，因此，式（1-4）简化之后，得到的平均情况时间复杂度就是 $O(n)$。

尽管平均时间复杂度是 $O(n)$ 这个结论是正确的，但计算过程稍微有点问题。问题在于：刚讲的这 $n+1$ 种情况出现的概率并不相同。接下来，我们具体分析一下。这里要用到一些概率论的知识，不过非常简单。

我们知道，要查找的变量 x，要么在数组里，要么不在数组里。这两种情况出现的概率都是 1/2。另外，要查找的数据出现在 $0 \sim n-1$ 这 n 个位置的概率也是一样的，为 $1/n$。因此，根据概率乘法法则，要查找的数据出现在 $0 \sim n-1$ 中任意位置的概率是 $1/(2n)$。

前面的推导过程存在的最大问题是没有将各种情况发生的概率考虑进去。如果我们把每种情况发生的概率也考虑进去，那么平均时间复杂度的计算过程就变成了式（1-5）。

$$1 \times \frac{1}{2n} + 2 \times \frac{1}{2n} + 3 \times \frac{1}{2n} + \cdots + n \times \frac{1}{2n} + n \times \frac{1}{2} = \frac{3n+1}{4} \tag{1-5}$$

这个值就是概率论中的加权平均值，也称为期望值。因此，平均时间复杂度更准确的描述应该为加权平均时间复杂度或者期望时间复杂度。

在引入概率之后，加权平均值为 $(3n+1)/4$。用大 O 复杂度表示法来表示，去掉系数和常量，仍然是 $O(n)$，与前面给出的结果相同。

读者可能会认为，平均情况时间复杂度分析真复杂，还涉及概率论的知识。实际上，在大多数情况下，我们并不需要区分最好时间复杂度、最坏时间复杂度和平均时间复杂度这 3 种情况。对于 1.1 节中的那些例子，在任何情况下，性能表现都一样，因此我们使用一种复杂度来表示就足够了。只有当同一段代码在不同情况下性能表现不同，并且时间复杂度有量级的差别时，我们才会使用这 3 种不同的复杂度来表示。

1.2.3　均摊时间复杂度

下面我们介绍平均时间复杂度的一个特殊情况：均摊时间复杂度。同时，我们会介绍均摊时间复杂度对应的分析方法：摊还分析法（也称为平摊分析法）。我们还是通过一个具体的例子来讲解，代码如下所示。

```
1  //array和count是类成员变量或者全局变量
2  int[] array = new int[n];
3  int count = 0; //表示数组中的元素个数
4  void insert(int val) {
5    if (count == array.length) {
6      int sum = 0;
7      for (int i = 0; i < array.length; ++i) {
8        sum = sum + array[i];
9      }
10     System.out.println(sum);
11     count = 0;
12   }
13   array[count] = val;
14   ++count;
15 }
```

上面这段代码实现了向数组中插入数据的功能。如果数组中有未占用空间，就直接将数据插入数组。当数组满了之后（count==array.length），用 for 循环遍历数组并求和，同时清空数组（count 表示数组中元素个数，count=0 就表示清空了数组），然后将新数据插入。

那么 insert() 函数的时间复杂度是多少呢？我们先用刚才介绍的 3 种时间复杂度的分析方法来分析一下。

在最好的情况下，数组中有未占用空间，此时只需要将数据插入到数组下标为 count 的位置，因此，最好时间复杂度为 $O(1)$。在最坏的情况下，数组中没有未占用空间，此时需要先进行一次数组的遍历求和，然后将数据插入，因此，最坏时间复杂度为 $O(n)$。

那么平均情况时间复杂度是多少呢？这里稍微强调一下，insert() 函数的平均时间复杂度指的是多次调用这个函数对应的时间复杂度的平均值。对于平均时间复杂度，我们先用前面提到的概率论的分析方法来分析。

假设数组的长度是 n。当数组中有未占用空间时，插入数据的时间复杂度是 $O(1)$。根据插入位置的不同（下标为 $0 \sim n-1$ 的位置），它又分为 n 种情况。除此之外，在数组没有未占用空间时，插入一个数据需要遍历数组，对应的时间复杂度是 $O(n)$。这 $n+1$ 种情况发生的概率一样，都是 $1/(n+1)$。因此，根据加权平均值的计算方法，平均时间复杂度的计算公式如式（1-6）所示。

$$1 \times \frac{1}{n+1} + 1 \times \frac{1}{n+1} + \cdots + 1 \times \frac{1}{n+1} + n \times \frac{1}{n+1} = O(n) \tag{1-6}$$

不过，对于 insert() 函数的平均时间复杂度分析，其实没有这么复杂，并不需要引入概率论的知识。这是为什么呢？我们对比一下 insert() 函数和前面的 find() 函数，读者就会发现这两者有很大的差别。

首先，find() 函数在极端情况下，复杂度才为 $O(1)$。而 insert() 函数在大部分情况下，时间复杂度为 $O(1)$，只有在个别情况下，复杂度才比较高，为 $O(n)$。这是 insert() 函数区别于 find() 函数的第一个地方。

我们再来看这两个函数第二个不同的地方。对于 insert() 函数，$O(1)$ 时间复杂度的插入和 $O(n)$ 时间复杂度的插入出现的频率是非常有规律的，有一定的前后时序关系，一般是在一个 $O(n)$ 时间复杂度的插入之后，紧跟着 $n-1$ 个 $O(1)$ 时间复杂度的插入操作，不断循环。

针对这样一种特殊场景的平均时间复杂度分析，我们可以不用概率论的分析方法，而是引入一种更加简单的分析方法：摊还分析法。对于通过摊还分析法得到的时间复杂度，我们给它起了一个更加特殊的名字——均摊时间复杂度。

那么究竟如何使用摊还分析法来分析算法的均摊时间复杂度呢？

我们还是继续看上面给出的那个例子。每一次 $O(n)$ 时间复杂度的插入操作都会跟着 $n-1$ 次 $O(1)$ 时间复杂度的插入操作，因此，如果我们把耗时多的那次操作的耗时均摊到接下来的 $n-1$ 次耗时少的操作上，那么均摊下来，这一组连续插入操作的均摊时间复杂度就是 $O(1)$。

均摊时间复杂度和摊还分析法的应用场景比较特殊，因此，它们并不是很常用。为了方便读者理解、记忆，这里简单总结一下它们的应用场景。

对一个数据结构进行一组连续操作，在大部分情况下，时间复杂度很低，只有个别情况下，时间复杂度比较高，而且，这些操作之间存在前后连贯的时序关系，这个时候，我们就可以将这一组操作放在一起分析，观察是否能将较高时间复杂度的那次操作的耗时均摊到其他较低时间复杂度的操作上。还有，在能够应用均摊时间复杂度分析的场景中，一般均摊时间复杂度就等于最好时间复杂度。

1.2.4 内容小结

本节介绍了几个复杂度分析相关的概念，它们分别是：最好时间复杂度、最坏时间复杂度、平均时间复杂度和均摊时间复杂度。之所以引入这几个复杂度概念，是因为同一段代码在不同输入的情况下性能表现有可能不同，复杂度量级有可能不一样。

在引入这几个概念之后，我们可以更加全面地表示一段代码的执行效率。而且，这几个概念理解起来并不难。最好时间复杂度和最坏时间复杂度分析起来也比较简单，但平均时间复杂度和均摊时间复杂度分析起来相对要复杂一些。如果读者觉得理解得还不是很深入，那么也不必担心，因为在后续具体的数据结构和算法学习中，可以继续对相关内容进行实践。

1.2.5 思考题

分析一下下面这段代码中 add() 函数的时间复杂度。

```
1  //类成员变量或全局变量：数组为array，长度为n，下标为i
2  int array[] = new int[10]; //初始大小为10
3  int n = 10;
4  int i = 0;
5  void add(int element) {
6    if (i >= n) { //数组空间不够了
7      //重新申请一个n的2倍大小的数组空间
8      int new_array[] = new int[n*2];
9      //把原来array数组中的数据依次复制到new_array
10     for (int j = 0; j < n; ++j) {
11       new_array[j] = array[j];
12     }
13     //new_array复制给array，array现在是n的2倍大小
14     array = new_array;
15     n = 2 * n;
16   }
17   array[i] = element;
18   ++i;
19 }
```

第2章 数组、链表、栈和队列

在本章中，我们讲解 4 种基础的数据结构：数组、链表、栈和队列。它们是高级、复杂的数据结构和算法的构建基础。除此之外，在这 4 种数据结构中，链表最为复杂。与链表有关的编程问题，很考验程序员的编程能力。另外，在面试中，链表相关的问题也是常考的题目。因此，读者需要多多练习。

2.1 数组（上）：为什么数组的下标一般从 0 开始编号

提到数组，读者肯定不陌生，甚至还会很自信地说，数组很简单。编程语言中一般会有数组这种数据类型。不过，它不仅是编程语言中的一种数据类型，还是基础的数据结构。尽管数组看起来非常基础、简单，但深究起来，数组还有很多值得思考的地方。

例如，在大部分编程语言中，数组的下标是从 0 开始编号的。读者是否想过，为什么数组的下标要从 0 开始编号，而不是从 1 开始呢？从 1 开始编号不是更符合人类的思维习惯吗？读者可以带着这些问题学习本节的内容。

2.1.1 数组的定义

什么是数组？数组是一种线性表数据结构，它用一组连续的内存空间存储一组具有相同类型的数据。在数组的这个定义中，包含了 3 个关键词。

数组的定义中的第一个关键词是"线性表"（linear list）。顾名思义，线性表指的是数据排列成像一条线一样的结构。线性表中的数据只有前、后两个方向。其实，除数组之外，本章要讲到的链表、栈和队列都是线性表结构，如图 2-1 所示。

与线性表相对立的概念是非线性表，如树、图等，如图 2-2 所示。之所以称为非线性表，是因为数据之间并不是简单的前后关系。从图 2-1 和图 2-2 可以直观地看出线性表和非线性表的区别。

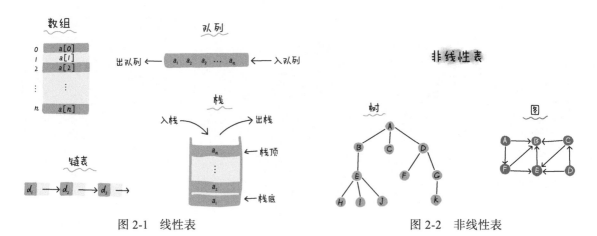

图 2-1　线性表　　　　　　　　　　　　　图 2-2　非线性表

数组的定义中的第二个关键词和第三个关键词是"连续的内存空间"和"相同类型的数据"。正是因为这两个限制，数组才有了一个重要的特性：随机访问。不过，有利就有弊，这两个限制也让数组的很多操作变得非常低效。例如，要想在数组中插入或者删除一个数据，为了保证数组中存储数据的连续性，我们需要做大量的数据搬移工作。

2.1.2　寻址公式和随机访问特性

"随机访问"具体指的是：支持在 $O(1)$ 时间复杂度内按照下标快速访问数组中的元素。我们用一个长度为 10、int 类型的数组 $a[10]$（代码实现为 `int[]a = new int[10]`）来举例。假设计算机给数组 $a[10]$ 分配了一块连续内存空间，其中，内存空间的首地址 base_address=1000。数组的内存存储模型如图 2-3 所示。

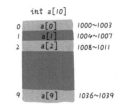

图 2-3　数组的内存存储模型

我们知道，计算机会给每个内存单元分配一个地址，目的是方便计算机通过地址来访问内存中的数据。当计算机想要访问下标为 i 的数组元素时，它首先通过下面的寻址公式（见式（2-1）），计算出该元素存储的内存地址，然后根据地址访问对应的内存单元。

$$a[i]\_address=base\_address+i \times data\_type\_size \qquad (2\text{-}1)$$

其中，data_type_size 表示数组中每个元素的大小。由于数组中存储的是 int 类型的数据（int 类型占 4 字节的存储空间），因此 data_type_size 就等于 4。

在这里，作者要纠正一个"错误"。作者在面试应聘者的时候，常常会向应聘者询问数组和链表的区别，很多应聘者回答："链表适合插入、删除，对应的时间复杂度为 $O(1)$；数组适合查找，查找的时间复杂度为 $O(1)$。"

实际上，这种表述是不准确的，因为在数组中查找数据的时间复杂度并不为 $O(1)$。即便是排好序的数组，用二分查找，时间复杂度也只能达到 $O(\log n)$。因此，正确的表述应该是：数组支持随机访问，根据下标访问元素的时间复杂度为 $O(1)$。

2.1.3　低效的插入和删除操作

在上文中，我们提到，为了保持内存数据的连续性，数组的插入、删除操作会比较低效。现在我们就来解释一下为什么这两种操作会低效，同时探讨一下有哪些改进方法。

我们先来看插入操作。

假设数组的长度为 n。现在，假设我们需要将一个数据插入到数组中的第 k 个位置。为了把第 k 个位置腾出来给新来的数据，我们需要将第 $k \sim n$ 这部分元素顺序地往后移动一位。在这种情况下，插入操作的时间复杂度是多少呢？读者可以自己先试着分析一下。

如果在数组的末尾插入元素，那么不需要移动数据，最好情况时间复杂度为 $O(1)$。但如果在数组的开头插入元素，那么所有的数据都需要依次往后移动一位，最坏情况时间复杂度是 $O(n)$。因为在每个位置插入元素的概率是相同的，所以平均情况时间复杂度为 $(1+2+\cdots+n)/n = O(n)$。

如果数组中的数据是有序的，在某个位置（假设下标为 k 的位置）插入一个新的数据时，就必须按照刚才的方法，搬移下标 k 之后的数据。但是，如果数组中存储的数据并没有任何规律，那么数组只是被当成一个存储数据的集合。在这种情况下，为了避免大规模的数据搬移，我们可以将第 k 位的数据搬移到数组的最后，然后把新数据直接放到第 k 个位置即可。为了更好地理解这段描述，我们通过一个例子来进一步解释一下。

假设数组 a 中存储了 5 个元素：a、b、c、d 和 e。现在，需要将元素 x 插入到第 3 个位置。

按照上面的处理思路，只需要将原本在第 3 个位置的 c 放入到 $a[5]$ 这个位置，然后将 $a[2]$ 赋值为 x。最后，数组中的元素为 a、b、x、d、e 和 c，如图 2-4 所示。

利用这种处理技巧，在特定场景下，在第 k 个位置插入数据的时间复杂度就变成了 $O(1)$。这种处理思路在快速排序中也会用到，在 3.5 节中具体讲解。

下面再看一下删除操作。

与插入操作类似，如果我们要删除第 k 个位置的数据，为了存储数据的连续性，那么也需要搬移数据，不然中间就会存在已经删除的数据，数组中的数据就不连续了。因此，如果删除数组末尾的数据，则最好时间复杂度为 $O(1)$；如果删除数组开头的数据，则最坏时间复杂度为 $O(n)$；如果删除任意位置的数据，则平均时间复杂度为 $O(n)$。

实际上，在某些特殊场景下，我们并不一定非得追求数组中数据的连续性。如果我们将多次删除操作集中在一起执行，删除的效率就会提高很多。我们还是通过例子来解释。

假设数组 $a[10]$ 中存储了 8 个元素：a、b、c、d、e、f、g 和 h。现在，我们要依次删除 a、b 和 c，如图 2-5 所示。

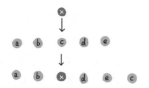

图 2-4　避免数据搬移的特殊插入方法

图 2-5　避免数据搬移的特殊删除方法

为了避免 d、e、f、g 和 h 这几个元素被搬移 3 次，每次的删除操作并不真正地搬移数据，而只是标记数据已被删除。当数组中没有更多的存储空间时，我们再集中触发执行一次真正的删除操作，这样就大大减少了删除操作导致的数据搬移次数。

如果读者了解 JVM（Java 虚拟机），就会发现，这不就是 JVM 标记清除"垃圾"回收算法的核心思想吗？没错。数据结构和算法的魅力就在于此。很多时候我们并不需要"死记硬背"某个数据结构或算法，而是要学习其背后的思想和处理技巧。这些东西才是最有价值的。如果读者细心留意，就会发现，无论是在软件开发还是架构设计中，总能找到数据结构和算法的影子。

2.1.4　警惕数组访问越界问题

在了解了数组的基本操作后，我们需要警惕数组访问越界的问题。首先，请读者分析一下下面这段 C 语言代码的运行结果。

```
int main(int argc, char* argv[]){
  int i = 0;
  int a[3] = {0};
  for(; i <= 3; i++){
    a[i] = 0;
    printf("hello world\n");
  }
  return 0;
}
```

这段代码的运行结果并非是输出 3 行"hello world"，而是会无限循环输出"hello world"，这是为什么呢？

实际上，上面这段代码是有bug的。数组大小为3，for循环的结束条件本应该是 i < 3，但被错误地写成 i <= 3。因此，当 i = 3 时，for 循环里的 a[i] = 0 这条代码语句访问越界了。

根据前面提到的数组寻址公式，a[3] 会被定位到某块不属于数组 a 的内存地址上，而这个地址正好是存储变量 i 的内存地址，那么 a[3] = 0 就相当于 i = 0，因此，就会导致代码无限循环，一直输出 "hello world"。

在 C 语言中，数组访问越界是一种未决行为，换句话说，C 语言规范并没有规定数组访问越界时编译器应该如何处理。访问数组的本质就是访问一段连续内存，只要通过偏移计算得到的内存地址是可用的，即便数组访问越界，程序就有可能不会报出任何错误。

数组访问越界一般会导致程序出现莫名其妙的运行错误，调试的难度非常大。除此之外，很多计算机病毒也正是利用了数组越界可以访问非法地址的漏洞来攻击系统的。因此，在写代码的时候，我们一定要警惕数组访问越界问题。

但并非所有的语言都像 C 语言一样，把数组越界检查的工作"交"给程序员来做。例如 Java 语言，它本身就会进行越界检查，如下面这两行 Java 代码，数组访问越界，运行时就会抛出 java.lang.ArrayIndexOutOfBoundsException 异常。

```
int[] a = new int[3];
a[3] = 10;
```

2.1.5　容器能否完全替代数组

针对数组类型，很多编程语言提供了容器类，如 Java 中的 ArrayList、C++ STL 中的 vector。在项目开发中，什么时候适合用数组？什么时候适合用容器？

这里作者用 Java 语言来举例。如果读者是 Java 工程师，应该很熟悉 ArrayList，那么它与数组相比，到底有哪些优势呢？

ArrayList 最大的优势是，可以将很多数组操作的细节封装起来，如上文提到的数组插入、删除数据时的搬移操作。除此之外，它还有一个优势，就是支持动态扩容。

因为数组需要连续的内存存储空间，所以在定义的时候，需要预先指定内存空间大小。如果我们申请了一个大小为 10 的数组，当第 11 个数据需要存储到数组中时，就需要重新分配一块更大的内存空间，将原来的数据复制过去，然后将新的数据插入。

如果使用 ArrayList，我们就完全不需要关心底层的扩容逻辑，刚才提到的这些扩容细节会封装在 ArrayList 中。

这里需要注意一点，由于扩容操作涉及内存申请和数据搬移，是比较耗时的，因此，如果事先能确定需要存储的数据的大小，最好在创建 ArrayList 的时候，事先指定容器的大小，这样就能避免在插入数据的过程中出现频繁的扩容操作。举例如下。

```
ArrayList<User> users = new ArrayList(10000); //事先指定容器大小
```

对于使用高级语言编程的读者，有了容器，数组是不是就无用武之地了呢？当然不是，有些时候，用数组会更加合适，如下面几种情况。

● Java ArrayList 无法存储基本类型，如 int、long，需要封装为 Integer 类和 Long 类，而自动装箱（autoboxing）、拆箱（unboxing）有一定的性能消耗，因此，如果特别关注性能，或者希望使用基本类型，就可以选用数组。

- 如果数据大小事先已知，并且对数据的操作非常简单，用不到 ArrayList 提供的大部分方法，那么可以直接使用数组。
- 还有一个算是作者的个人喜好：当需要表示多维数组时，使用数组往往会更加直观，如 Object[][] array。而如果使用容器的话，那么需要这样定义：ArrayList<ArrayList<Object>> array。这样编写比较麻烦，可读性也不如 Object[][] array 强。

总结一下，对于业务开发，直接使用容器就足够了，省时又省力。毕竟损耗一些性能，不会影响系统整体的性能。但如果我们进行的是一些底层的开发，如开发网络框架，性能的优化需要做到极致，这个时候，数组就会优于容器，成为首选。

2.1.6　解答本节开篇问题

现在我们来看一下开篇的问题：为什么在大多数编程语言中，数组的下标从 0 开始编号，而不是从 1 开始编号呢？

从数组存储的内存模型来看，"下标"确切的定义应该是"偏移"（offset）。$a[0]$ 就是相对于首地址偏移为 0 的内存地址，$a[k]$ 就是相对于首地址偏移 k 个 type_size 的内存地址。从 0 开始编号，计算 $a[k]$ 的内存地址只需要用式（2-2）。

$$a[k]\_address=base\_address+k\times type\_size \tag{2-2}$$

但是，如果从 1 开始编号，计算 $a[k]$ 的内存地址的公式就会变为式（2-3）。

$$a[k]\_address=base\_address+(k-1)\times type\_size \tag{2-3}$$

对比上面两个公式，我们不难发现，如果数组下标从 1 开始编号，每次按照下标访问数组元素，会多一次减法运算。数组是基础的数据结构，通过下标访问数组元素又是其基础的操作，效率的优化就要尽可能做到极致。因此，为了减少一次减法操作，数组的下标选择了从 0 开始编号，而不是从 1 开始编号。

不过，这个理由可能还不够充分。作者认为，数组的下标从 0 开始编号还是有其历史原因的。最初，C 语言设计者用 0 作为数组的起始下标，目的是在一定程度上减少 C 语言程序员学习其他编程语言的成本，之后的 Java、JavaScript 等效仿了 C 语言，继续沿用了数组下标从 0 开始编号的方式。

当然，也并不是所有的编程语言中的数组下标都是从 0 开始编号，如 MATLAB。甚至，一些语言支持负数下标，如 Python。

2.1.7　内容小结

数组是简单的数据结构，是很多数据结构的实现基础。数组用一块连续的内存空间存储相同类型的一组数据。数组最大的特点是支持在 $O(1)$ 的时间复杂度内按照下标快速访问元素，但插入操作、删除操作也因此变得比较低效，平均时间复杂度为 $O(n)$。在平时的业务开发中，我们可以直接使用编程语言提供的数组类容器，如 Java ArrayList，但是，对于偏底层的开发，考虑到性能，直接使用数组可能会更合适。

2.1.8　思考题

本节讲到了一维数组的内存寻址公式，类比一下，二维数组的内存寻址公式是怎样的呢？

2.2 数组（下）：数据结构中的数组和编程语言中的数组的区别

在 2.1 节中，我们提到了数组是存储相同数据类型的一块连续的存储空间。解读一下：数组中的数据必须是相同类型的，数组中的数据必须是连续存储的。只有这样，数组才能实现根据下标快速地访问数据。

有些读者可能会发现，在有些编程语言中，"数组"这种数据类型并不一定完全符合上面的定义。例如，在 JavaScript 中，数组中的数据不一定是连续存储的，也不一定是相同类型的，甚至，数组还可以是变长的。

```
var arr = new Array(4, 'hello', new Date());
```

在大部分关于数据结构和算法的图书中，在提到二维数组或者多维数组中数据的存储方式的时候，一般会这样介绍：二维数组中的数据以"先按行，再按列"（或者"先按列，再按行"）的方式依次存储在连续的存储空间中。如果二维数组定义为 $a[n][m]$，那么 $a[i][j]$ 的寻址公式如式（2-4）所示（以"先按行，再按列"的方式存储）。

$$address\_a[i][j] = address\_base+(i\times m+j)\times data\_size \qquad (2\text{-}4)$$

但是，在有些编程语言中，二维数组并不满足上面的定义，寻址公式也并非如此。例如，Java 中的二维数组的第二维可以是不同长度的，如下所示，而且第二维的 3 个数组（arr[0]、arr[1] 和 arr[2]）在内存中也并非连续存储。

```
int arr[][] = new int[3][];
arr[0] = new int[1];
arr[1] = new int[2];
arr[2] = new int[3];
```

难道有些关于数据结构和算法的图书里的讲解脱离实践？难道编程语言中的数组没有完全按照数组的定义来设计？哪个对呢？

实际上，这两种讲法都没错。编程语言中的"数组"并不完全等同于我们在介绍数据结构和算法的时候提到的"数组"。编程语言在实现自己的"数组"类型的时候，并不是完全遵循数据结构中"数组"的定义，而是针对编程语言自身的特点，进行了相应的调整。

在不同的编程语言中，数组这种数据类型的实现方式不大相同。本节利用几种比较典型的编程语言，如 C、C++、Java 和 JavaScript，向读者介绍一下几种比较有代表性的数组实现方式。

2.2.1 C/C++ 中数组的实现方式

在 C/C++ 中实现的数组完全符合数据结构中的数组的标准定义，利用一块连续的内存空间存储相同类型的数据。在 C/C++ 中，无论是基本的类型数据，如 int、long 和 char，还是结构体、对象，在数组中都是连续存储的。我们通过例子来解释一下。

```
int arr[3];
arr[0] = 0;
```

```
arr[1] = 1;
arr[2] = 2;
```

在上面的代码中，数组 arr 中存储的是 int 类型的数据，对应
的内存存储格式如图 2-6 所示。从图 2-6 中可以看出，数据存储在一
块连续的内存空间中。

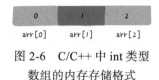

图 2-6　C/C++ 中 int 类型
数组的内存存储格式

在上面的例子中，数组存储的是基本类型数据，下面我们看一
下在利用数组存储对象（在 C 语言中，对象也称结构体（struct））时，数组在内存的存储格式。

```
struct Dog {
  char a;
  char b;
};
struct Dog arr[3];
arr[0].a = '0';
arr[0].b = '1';
arr[1].a = '2';
arr[1].b = '3';
arr[2].a = '4';
arr[2].b = '5';
```

在上面的代码中，数组 arr 在内存中的存储格式如图 2-7 所示，数据也是存储在连续的
内存空间中的。

上面介绍的是一维数组的存储格式，下面介绍在 C/C++ 语言中多维数组的存储格式。注
意，多维数组与二维数组类似，我们就用二维数组进行讲解。我们看一下下面这段代码。

```
struct Dog {
  char a;
  char b;
};
struct Dog arr[3][2];
```

在上面的代码中，struct Dog arr[3][2] 对应的存储格式如图 2-8 所示。从图 2-8 中
可以发现，C/C++ 语言中的二维数组与数据结构中的二维数组是一样的，数据是以"先按行，
再按列"的方式连续存储的。

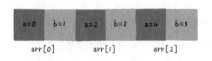

图 2-7　C/C++ 对象数组的存储格式

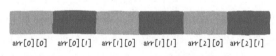

图 2-8　C/C++ 中二维数组的存储格式

在上文中，我们分析了 C/C++ 的基本数据类型数组、对象（结构体）数组，以及二维数组，
它们的数据存储格式完全符合数据结构中对数组的定义。

2.2.2　Java 中数组的实现方式

在介绍完 C/C++ 中的数组后，下面看一下 Java 中的数组。Java 中的数组的实现并没有完
全按照数据结构中数组的定义。我们还是分 3 种情况来分析：基本数据类型数组、对象数组和
二维数组（多维数组）。

首先，我们先来看一下基本数据类型数组，也就是说，数组中存储的是 int、long 和 char

等基本数据类型的数据。我们还是利用一段代码来进行讲解。

```
int arr[] = new int[3];
arr[0] = 0;
arr[1] = 1;
arr[2] = 2;
```

在上面的代码中，arr 数组中的数据在内存中的存储格式如图 2-9 所示。注意，new 申请的空间在堆中，arr 存储在栈中。arr 存储的是数组空间的首地址。

从图 2-9 可以看出，在 Java 中，基本数据类型数组符合数据结构中数组的定义。数组中的数据是相同类型的，并且存储在连续的内存空间中。

在介绍完基本数据类型数组后，我们再来看一下对象数组，也就是说，数组中存储的不是 int、long 和 char 这些基本类型数据，而是对象。我们还是用一个例子来说明。

```
public class Person {
  private String name;
  public Person(String name) {
    this.name = name;
  }
}
Person arr[] = new Person[3];
arr[0] = new Person("Peter");
arr[1] = new Person("Leo");
arr[2] = new Person("Cina");
```

在上面的代码中，数组 arr 中存储的是 Person 对象。同样，我们还是把数组中的数据在内存中的存储格式用图表示，如图 2-10 所示。

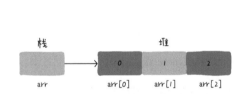

图 2-9　Java 中基本数据类型数组的存储格式

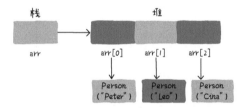

图 2-10　Java 中对象数组的存储格式

从图 2-10 中可以看出，在 Java 中，对象数组的存储格式已经与 C/C++ 中的对象数组的存储格式不一样了。在 Java 中，对象数组中存储的是对象在内存中的地址，而非对象本身。对象本身在内存中并不是连续存储的，而是散落在各个地方。

在了解了一维数组的存储方式后，我们再来看一下 Java 中的多维数组。在上文提到过，多维数组与二维数组类似，因此此处还是使用二维数组进行讲解。注意，Java 中的二维数组与数据结构中的二维数组有很大的区别。在 Java 中，二维数组中的第二维可以是不同长度的。

```
int arr[][] = new int[3][];
arr[0] = new int[1];
arr[1] = new int[2];
arr[2] = new int[3];
```

在上面的代码中，arr 是一个二维数组，第一维长度是 3，第二维的长度各不相同：arr[0] 的长度是 1，arr[1] 的长度是 2，arr[2] 的长度是 3。arr 数组在内存中的存储格式如图 2-11 所示。

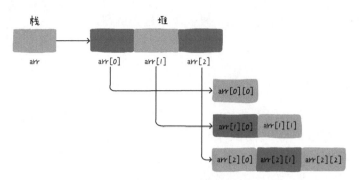

图 2-11　Java 中基本类型二维数组的存储格式

上面这个二维数组存储的是基本类型的数据，我们再来看一下在二维数组中存储对象时的数据存储格式。我们还是用一个例子来说明。

```
Person arr[][] = new Person[3][];
arr[0] = new Person[1];
arr[1] = new Person[2];
arr[2] = new Person[3];
arr[0][0] = new Person("Peter");
arr[1][1] = new Person("Leo");
```

在上面的代码中，arr 是一个对象类型二维数组。它在内存中的存储格式如图 2-12 所示。

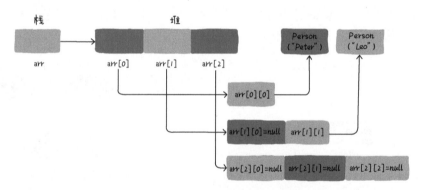

图 2-12　Java 中对象类型二维数组的存储格式

总结一下，在 Java 中，除基本类型一维数组之外，对象数组、二维数组与数据结构中的数组的定义有很大区别。

2.2.3　JavaScript 中数组的实现方式

如果 Java 中的数组只是根据语言自身的特点，在数据结构中的数组基础之上做的改造的话，那么 JavaScript 这种动态脚本语言中的数组完全被改得"面目全非"了。

在本章开头，我们提到过，JavaScript 中的数组可以存储不同类型的数据，数组中的数据也不一定是连续存储的，并且能支持变长数组。这完全就是与数据结构中的数组的定义相反的。

实际上，JavaScript 中的数组的底层实现原理已经完全不符合数据结构中的数组的定义了。

也就是说，JavaScript 中的数组只不过是名字叫数组而已，与数据结构中的数组几乎没有关系。

接下来，我们就来看一下 JavaScript 中的数组是如何实现的。实际上，JavaScript 中的数组会根据存储数据的不同，选择不同的实现方式。

如果数组中存储的是相同类型的数据，JavaScript 就真的会用数据结构中的数组来实现。也就是说，此时会分配一块连续的内存空间来存储数据。

如果数组中存储的是非相同类型的数据，JavaScript 就会用类似哈希表的结构来存储数据。也就是说，此时数据并不是连续存储在内存中的。这是 JavaScript 中的数组支持存储不同类型数据的原因。

如果我们向一个存储了相同类型数据的数组中插入一个不同类型的数据，那么 JavaScript 会将底层的存储结构从数组变成哈希表。

实际上，JavaScript 为了"照顾"一些底层应用的开发者，还提供了 ArrayBuffer 这样一种数据类型。ArrayBuffer 完全符合标准的数据结构中的数组的定义。ArrayBuffer 分配一块连续的内存空间，仅仅用来存储相同类型的数据。

2.2.4 内容小结

数据结构和算法先于编程语言出现。编程语言中的一些数据类型，并不能与经典的数据结构一一对应。例如，本节讲到的数组，很多编程语言中会有数组这种数据类型，而它们往往会根据自身的特点，在底层实现上做调整。

2.2.5 思考题

对比 C/C++ 和 Java 中的数组的实现，分别有什么优缺点？

2.3 链表（上）：如何基于链表实现 LRU 缓存淘汰算法

我们将在本节中学习"链表"（linked list）这种数据结构。链表虽然简单，但用处很大。例如，实现 LRU 缓存淘汰算法就会用到链表。

缓存是一种提高数据读取性能的技术，在硬件设计、软件开发中有着非常广泛的应用，如常见的 CPU 缓存、数据库缓存和浏览器缓存等。

缓存的大小有限，当缓存被填满时，哪些数据应该被清理？哪些数据应该被保留？这就需要缓存淘汰算法来决定。常见的缓存淘汰算法有 3 种：先进先出（First In, First Out, FIFO）、最少使用（Least Frequently Used, LFU）、最近最少使用（Least Recently Used, LRU）。

作者用一个简单的比喻来解释这几个算法。假如，我们买了很多本技术类图书，有一天，我们发现，这些书太多了，太占书房空间了，需要扔掉一部分图书。那么，我们如何选择扔掉哪些图书呢？实际上，我们就可以按照上面的 3 种缓存淘汰算法来清理图书。

本节的开篇问题：如何基于链表实现 LRU 缓存淘汰算法？带着这个问题，我们开始学习本节的内容吧！

2.3.1 链表的底层存储结构

相比数组，链表更复杂。对于初学者，掌握起来也要比数组稍难一些。在底层存储结构上，链表的特点与数组的特点截然不同。因此，我们常把链表与数组进行对比学习。

数组需要一块连续的内存空间来存储，对内存的要求比较高。如果我们创建一个数组时需要申请 100MB 大小的内存空间，当内存中没有连续的、足够大的存储空间时，即便内存的剩余总可用空间大于 100MB，仍然会申请失败。

而链表恰恰相反，它并不需要一块连续的内存空间，它通过"指针"将一组零散的内存块（在链表中称为"节点"）串联起来使用。这样就能避免在创建数组时一次性申请过大的内存空间而导致有可能创建失败的问题。

为了直观地进行对比，下面给出数组和链表的内存分布对比图，如图 2-13 所示。

除此之外，两种不同的底层存储结构

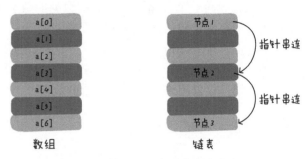

图 2-13 数组和链表的内存分布对比

决定了这两种数据结构有不同的操作优势，如数组比较"擅长"按照下标随机访问，链表比较"擅长"插入操作、删除操作。

2.3.2 链表的定义和操作

在链表中，为了将所有的节点串联起来，每个节点除存储数据本身之外，还需要额外存储下一个节点的地址。我们把这个记录下一个节点地址的指针称作 next 指针（后继指针），如图 2-14 所示。

从图 2-14 中可以看出，其中有两个节点比较特殊，它们分别是第一个节点和最后一个节点。我们把第一个节点称作头节点，把最后一个节点称作尾节点。其中，头节点用来记录链表的基地址，也就是起始地址。我们从头节点开始，可以遍历整个链表。尾节点是链表的最后一个节点，它的 next 指针不是指向下一个节点，而是指向一个空地址（在 Java 语言中，空地址用 null 表示）。

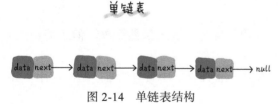

图 2-14 单链表结构

基于链表的定义，链表的 Java 代码实现如下所示。

```java
public class LinkedList {
  public class Node {
    public int data; //假设节点中存储的是int类型的数据
    public Node next;
  }
  private Node head = null;
}
```

前面讲过，为了保持数据的连续性，在数组中插入或删除一个数据时，需要做大量的数据搬移工作。因此，在数组中进行插入和删除操作的时间复杂度比较高，是 $O(n)$。而链表的存储空间本身就是不连续的，我们只需要操作链表节点的next指针，如图 2-15 所示，就能轻松实现插入操作和删除操作，因此，相对于数组，在链表中插入和删除数据更加高效，时间复杂度是 $O(1)$。

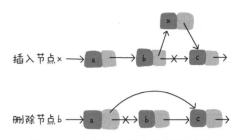

图 2-15　在链表中插入和删除数据

链表的查找操作、插入操作和删除操作的 Java 代码如下所示，读者可以结合图 2-15 理解代码。

```java
public Node find(int value) { //查找data==value的节点
  Node p = head;
  while (p != null && p.data != value) {
    p = p.next;
  }
  return p;
}

void insert(Node b, Node x) { //在节点b后插入节点x
  if (b == null) { //在链表头部
    x.next = head;
    head = x;
  } else {
    x.next = b.next;
    b.next = x;
  }
}

void remove(Node a, Node b) { //删除节点b(在已知前驱节点a的情况下)
  if (a == null) { //待删除节点b是头节点
    head = head.next;
  } else {
    a.next = a.next.next;//a.next.next等于b.next
  }
}
```

这里特别说明一下上述代码中的 remove() 函数。之所以能够实现在 $O(1)$ 时间复杂度删除节点 b，是因为我们事先已经获得了节点 b 的前驱节点 a，通过操作前驱节点 a 的 next 指针，就能快速删除节点 b。如果没有得到节点 b 的前驱节点，我们是无法实现在 $O(1)$ 时间复杂度删除节点 b 的，关于这一点，在下文中会更加详细地进行讲解。

前面讲到，数组中的数据存储在一块连续的内存空间中，我们可以根据首地址和下标，通过寻址公式直接计算出第 k 个元素对应的内存地址，因此，支持在 $O(1)$ 时间复杂度根据下标访问数据。但是，链表中的数据并非是连续存储的，因此，要想查找第 k 个元素，我们需要从链表的头节点开始，依次遍历节点，直到遍历到第 k 个节点为止。对应的 Java 代码实现如下所示。

```java
public Node get(int k) {
  Node p = head;
  int i = 0;
  while (p != null && i != k) {
    i++;
    p = p.next;
```

```
    }
    return p;
  }
```

实际上，读者可以把链表想象成一个队列，队列中的每个人都只知道自己后面的人是谁，因此，当我们希望知道排在第 k 位的人是谁的时候，就可以从第一个人开始，依次往后查找，直到找到排在第 k 位的那个人为止。因此，在链表中访问第 k 个数据的操作没有数组高效，时间复杂度是 $O(n)$。

2.3.3　链表的变形结构

2.3.2 节中提到的单链表是最简单的一种链表结构。实际上，还有很多更加复杂的链表结构，如双向链表、循环链表和双向循环链表。

循环链表是一种特殊的单链表。它与单链表唯一的区别就在于尾节点。我们知道，单链表的尾节点的 next 指针指向空地址，表示这就是最后的节点了。而循环链表的尾节点的 next 指针指向链表的头节点。如图 2-16 所示，循环链表像一个"环"一样首尾相连，因此称作循环链表。

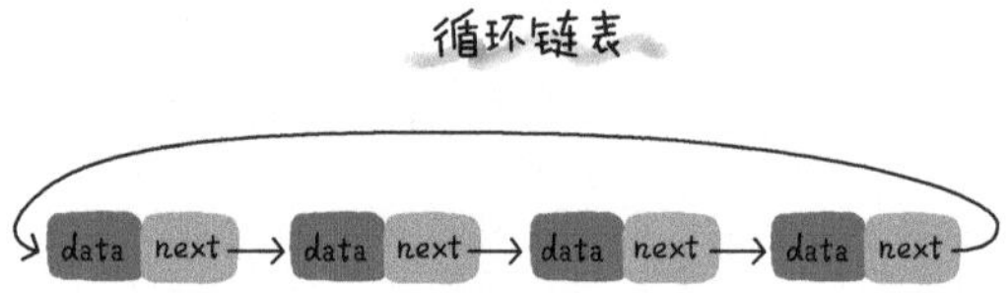

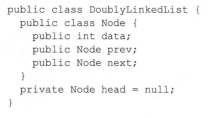

图 2-16　循环链表结构

和单链表相比，循环链表的优点是从链尾遍历到链头比较方便。当要处理的数据具有环形结构特点时，就特别适合采用循环链表。例如，对于著名的约瑟夫问题，尽管用单链表也可以实现，但是，如果用循环链表实现的话，代码就会简洁很多。

单链表和循环链表都比较简单，接下来，我们再来看一个更加复杂，但在实际的软件开发中更加常用的链表结构：双向链表。

单链表只有一个遍历方向（从前往后），每个节点只有 next 指针（后继指针），用来指向它后面的节点。而双向链表支持两个遍历方向，每个节点不只有 next 指针，还有 prev 指针（前驱指针），用来指向它前面的节点，如图 2-17 所示。

参照双向链表的定义，双向链表的 Java 代码实现如下所示。

图 2-17　双向链表结构

```java
public class DoublyLinkedList {
  public class Node {
    public int data;
    public Node prev;
    public Node next;
  }
  private Node head = null;
}
```

从图 2-17 中可以看出，存储同样多的数据，因为 prev 指针的存在，双向链表要比单链表占用更多的内存空间。不过，这样也有好处，双向链表支持在 $O(1)$ 时间复杂度找到某个节点的前驱节点。也正是因为这个特点，在某些情况下，双向链表的插入、删除等操作，要比单链表更简单和高效。例如，在某个节点的前面插入一个节点，在未知前驱节点的情况下删除某个节点。

读者可能会说，上文提到的单链表的插入、删除操作的时间复杂度已经是 $O(1)$ 了，双向链表还能再怎么高效呢？实际上，单链表中的插入、删除操作能做到 $O(1)$ 时间复杂度是有先决条件的。我们用删除操作来举例讲解。

在实际的软件开发中，从链表中删除一个数据无外乎下面这两种情况。

- 删除"值等于给定值"的节点。
- 删除给定指针指向的节点。

对于第一种情况，无论是单链表还是双向链表，为了查找值等于给定值的节点，我们都需要从链表的头节点开始依次遍历并对比，直到找到值等于给定值的节点，然后通过前面讲的指针操作将其删除。对应的 Java 代码如下所示。

```java
// 在单链表中删除值等于val的节点
public void remove(int val) {
  Node q = head;
  Node p = null; //q的前驱节点
  while (q != null && q.data != val) { //遍历查找q
    p = q;
    q = q.next;
  }
  if (q != null) { //找到了值等于val的节点q
    if (p == null) { //q是头节点
      head = q.next;
    } else {
      p.next = q.next;
    }
  }
}
// 在双向链表中删除值等于val的节点
public void remove(int val) {
  Node q = head;
  while (q != null && q.data != val) {
    q = q.next;
  }
  if (q != null) { //找到了值等于val的节点q
    if (q.prev == null) { //q是头节点
      head = q.next;
    } else {
      q.prev.next = q.next;
    }
  }
}
```

尽管单纯的删除操作的时间复杂度是 $O(1)$，但遍历查找是主要的耗时点，对应的时间复杂度为 $O(n)$。因此，无论是单链表还是双链表，第一种情况（删除值等于给定值的节点）对应的时间复杂度为 $O(n)$。

对于第二种情况（删除给定指针指向的节点），尽管我们已经找到了要删除的节点，但是删除节点 q 需要知道其前驱节点，而单链表并不支持直接获取前驱节点，因此，为了找到节点 q 的前驱节点，我们需要从头节点开始遍历链表，直到 p.next=q 为止，说明节点 p 就是节点 q 的前驱节点。但对于双向链表，因为双向链表中的节点已经保存了前驱节点的指针，因此，不需要像单链表那样遍历查找前驱节点。因此，针对第二种情况，单链表中的删除操作的时间复杂度是 $O(n)$，而双向链表中的删除操作的时间复杂度是 $O(1)$。第二种情况对应的 Java 代码如下所示。

```java
//在单链表中删除节点q
```

```
void remove(Node q) {
  if (q == null) {
    return;
  }
  if (head == q) {
    head = q.next;
    return;
  }
  Node p = head;
  while (p.next != null && p.next != q) {
    p = p.next;
  }
  if (p.next != null) {
    p.next = q.next;
  }
}
//在双向链表中删除节点q
void remove(Node q) {
  if (q == null) {
    return;
  }
  if (q.prev == null) { //q是头节点
    head = q.next;
    return;
  }
  q.prev.next = q.next;
}
```

同理，对于在某个指定节点前面插入一个节点这样一个操作，双向链表比单链表也更有优势。双向链表可以做到在 $O(1)$ 时间复杂度完成，而单链表需要 $O(n)$ 时间复杂度。

在实际的软件开发中，双向链表虽然会占用更多的内存，但比单链表的应用更加广泛，原因就在于双向链表可以快速找到某个节点的前驱节点，支持双向遍历。例如，Java 中的 LinkedHashMap 就用到了双向链表。我们在第 4 章介绍哈希表时还会对此进行详细讲解。

实际上，这会引出一个更加重要的知识点，就是用空间换时间的设计思想。当内存空间充足的时候，如果更加追求代码的执行效率，我们就可以选择空间复杂度相对较高、时间复杂度相对很低的算法或数据结构。相反，如果内存比较小，如代码运行在手机或者单片机上，这个时候，就要利用时间换空间的设计思路。

缓存实际上就是利用了空间换时间的设计思想。如果我们把数据存储在硬盘上，就会比较节省内存，但每次查找数据都要"询问"一次硬盘，查找速度会比较慢。但如果我们通过缓存技术，事先将数据加载到内存中，虽然会比较耗费内存空间，但是每次查询数据的速度就会大大提高。

如果把循环链表和双向链表整合在一起，就形成了一种新的链表结构：双向循环链表。双向循环链表结构如图 2-18 所示。

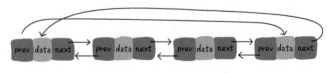

图 2-18 双向循环链表结构

2.3.4 链表与数组的性能对比

数组和链表是截然不同的两种内存组织方式。数组和链表的对比并不能局限于时间复杂度的对比。在实际的软件开发中，我们不能只根据时间复杂度就决定数据该选择哪个数据结构来存储，还需要考虑其他方面的因素。

数组使用连续的内存空间来存储数据。我们可以有效地利用 CPU 的缓存机制，预读数组中的数据，提高访问效率。而链表在内存中并不是连续存储的，因此，没办法预读，对 CPU 缓存不友好。

数组的缺点是大小固定，一经声明就要占用整块的连续内存空间。如果声明的数组过大，系统可能没有足够的连续内存空间分配给它，就会导致抛出"内存不足"（out of memory）异常。如果声明的数组过小，就可能会出现不够用的问题，需要扩容，申请一个更大的内存空间，把原数组中的数据都复制过去，非常耗时。而链表恰恰相反，本身没有大小的限制，天然地支持动态扩容。

关于动态扩容的耗时问题，我们用 Java 中的 ArrayList 来举例说明。如果我们用 ArrayList 存储了 1GB 大小的数据，当我们要往容器中插入新数据的时候，如果容器已经没有未占用空间，那么 ArrayList 会重新申请更大的存储空间（如 1.5GB），并把原数组中 1GB 大小的数据复制到新申请的空间中。是不是感觉很耗时？

相比链表，数组更加适合内存紧缺的开发场景。因为链表中的每个节点都需要额外的空间来存储 next 指针，因此，内存消耗会更多。而且，对链表进行频繁的插入、删除操作，还会导致频繁的内存申请和释放，容易产生内存碎片。对于 Java 语言，就可能会导致频繁的"垃圾"回收（Garbage Collection，GC），也会影响程序的性能。

2.3.5 解答本节开篇问题

现在，我们来看一下开篇问题：如何基于链表实现 LRU 缓存淘汰算法？

实现思路：维护一个有序单链表，越靠近链表尾部的节点存储越早访问的数据。当有一个新的数据被访问时，我们从链表头节点开始顺序遍历链表。

- 如果此数据之前已经被缓存在链表中，那么我们遍历得到这个数据对应的节点，并将其从原来的位置删除，然后插入到链表的头部。
- 如果此数据没有缓存在链表中，那么又可以分为下面两种情况：
  - 如果此时缓存未满，则将新的数据节点直接插入到链表头部；
  - 如果此时缓存已满，则删除链表尾节点，再将新的数据节点插入链表头部。

这样我们就用链表实现了一个简单的 LRU 缓存。现在我们看一下缓存访问的时间复杂度是多少。因为不管缓存有没有满，我们都需要遍历一遍链表，所以，对于这种基于链表的实现思路，缓存访问的时间复杂度为 $O(n)$。

实际上，我们可以引入哈希表来记录每个数据在链表中的位置，将缓存访问的时间复杂度降到 $O(1)$。关于这个优化，我们会在第 4 章介绍哈希表时进行详细讲解。

除使用链表实现 LRU 缓存淘汰算法以外，实际上，我们还可以用数组来实现 LRU 缓存淘汰算法。具体如何实现，这里不再赘述，留给读者自己思考。

2.3.6 内容小结

与数组一样，链表也是基础且常用的数据结构。不过，链表要比数组复杂，从普通的单链表衍生出几种链表结构，如双向链表、循环链表和双向循环链表。与数组相比，链表更适合插入、删除操作频繁的场景。不过，在具体软件开发中，我们要对数组和链表的各种性能进行对比，综合选择使用两者中的哪一个。

2.3.7 思考题

读者可能听说过如何判断一个字符串是否是回文字符串这个问题，本节的思考题是基于这个问题的改造版本。如果字符串存储在单链表中，而非数组中，那么如何判断字符串是否是回文字符串？相应的时间复杂度、空间复杂度是多少？

2.4 链表（下）：借助哪些技巧可以轻松地编写链表相关的复杂代码

在 2.3 节中，我们讲解了链表的基础知识。有些读者可能会有这种感觉，尽管掌握了链表的基础知识，但与链表相关的代码写起来还是很费劲。的确是这样的！

想要写好链表相关的代码并不是一件容易的事，尤其是对于那些复杂的链表操作，如链表反转、有序链表合并等，在代码实现时非常容易出错。从作者曾担任面试官的经验来看，能把"链表反转"的代码写对的人不足 10%。

本节总结了 6 个编写链表相关代码的技巧，希望能够帮助读者更好地编写链表相关的代码。

2.4.1 技巧 1：理解指针或引用的含义

大部分链表中的操作会涉及指针的操作，因此，要想写对链表相关的代码，首先要对指针有透彻的理解。

我们知道，有些语言中有"指针"这种语法概念，如 C 语言，而有些语言中没有，取而代之的是"引用"这种语法概念，如 Java、Python。无论是"指针"还是"引用"，实际上，它们要表达的意思都是相同的，存储的都是所指或所引用对象的内存地址。

接下来，作者就用 Java 语言中的"引用"来举例讲解。如果读者熟悉的是类似 C 语言这样没有指针的编程语言，也没有关系，读者把"引用"换成"指针"来理解即可。我们来看一个例子，如下所示。

```
Node p = new Node();
Node q = new Node();
p.next = q;
```

我们知道，在大部分编程语言中，"="左边的变量一般表示会被赋值，"="右边的变量一般表示取值，如 a=b 表示取变量 b 的值赋值给变量 a。同理，p.next=q 这行代码就表示将变量 q 的值（也就是 q 所指向节点的内存地址）赋值给 p 所指向节点的 next 指针。赋值之后，p 所指向节点的 next 指针指向 q 所指的节点。

2.4.2 技巧 2：警惕指针丢失和内存泄露

不知道读者有没有这样的感觉：在编写链表的实现代码的时候，指针有时指向这个节点，有时指向那个节点，一会儿我们就不知道指针指到哪里了。
指针经常是怎么"丢失"的呢？我们用单链表中的插入操
作为例来分析，如图 2-19 所示。

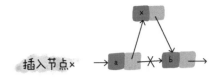

如图 2-19 所示，我们希望在节点 *a* 和相邻的节点 *b* 之
间插入节点 *x*。如果我们像下面这样实现代码，就会发生
指针丢失和内存泄露问题。

图 2-19　单链表中的插入操作

```
a.next = x;      //将a的next指针指向x节点
x.next = a.next; //试图将x的节点的next指针指向b节点
```

在第 1 行代码执行完之后，节点 *a* 的 next 指针已经不再指向节点 *b* 了，而是指向节点 *x*。
第 2 行代码相当于将 *x*（a.next）赋值给 x.next，节点 *x* 自己的 next 指针指向自己。整个
链表也因此截成了两段，从节点 *b* 往后的所有节点（包含 *b* 节点）都无法访问到了。

因此，在插入节点时，我们一定要注意操作的顺序，要先将节点 *x* 的 next 指针指向节点 *b*，
再把节点 *a* 的 next 指针指向节点 *x*，这样才不会丢失指针。因此，对于上面的插入操作的实现
代码，我们只需要交换一下第 1 行代码和第 2 行代码的位置，这样就正确了。

对于有些语言，如 C 语言，内存管理是由程序员负责的，对于删除的节点，如果没有调
用 free() 函数手动释放节点对应的内存空间，内存就无法被操作系统回收，其他程序就无法
使用，就会产生内存泄露。当然，对于像 Java 这种使用虚拟机自动管理内存的编程语言，就
不需要程序员手动释放内存。

2.4.3　技巧 3：利用"哨兵"简化代码

如何利用"哨兵"来简化代码？我们还是用链表中的插入操作来举例说明。假设我们要实
现一个支持在链表的尾部插入数据的函数，为了提高插入效率，我们使用 tail 遍历来记录当前
的尾结点，对应的 Java 代码实现如下所示。

```
public class LinkedList {
  public class Node {
    public int data;
    public Node next;
  }
  private Node head = null;
  private Node tail = null;

  public void insertAtTail(Node newNode) {
    tail.next = newNode;
    tail = newNode;
  }
}
```

但是，如果当前链表是一个空链表（head = null），这个时候调用 insertAtTail()
函数插入第一个节点，上面的代码逻辑就不正确了。我们需要对向空链表中插入第一个节点这
种特殊情况进行特殊处理，代码如下所示。

```
public void insertAtTail(Node newNode) {
  if (head == null) {
    head = newNode;
    tail = newNode;
```

```
      return;
    }
    tail.next = newNode;
    tail = newNode;
}
```

从上面的代码可以看出，对于向链表尾部插入数据这一操作，空链表和非空链表的插入逻辑是不一样的。在代码实现的时候，我们需要对空链表进行特殊处理。因此，代码实现就会变得烦琐，不够简洁，而且容易因为忘记处理特殊情况而导致产生 bug。有什么办法可以统一空链表的插入逻辑与非空链表的插入逻辑？

我们可以用"哨兵"来解决这个问题。"哨兵"这个词非常形象，因为我们常常用它来解决代码的"边界问题"。

在没有引入"哨兵"节点之前，对于空链表，head 和 tail 都等于 null。在引入"哨兵"节点之后，无论链表是不是空链表，head 和 tail 都不为 null。"哨兵"节点本身不存储数据。我们把这种有"哨兵"节点的链表称作带头链表。相反，没有"哨兵"节点的链表就称作不带头链表。带头链表的结构如图 2-20 所示。

有了"哨兵"节点之后，空链表和非空链表的插入操作就可以统一为相同的代码逻辑。相应的代码如下所示。

图 2-20　带头链表的结构

```
public class LinkedList {
  public class Node {
    public int data;
    public Node next;
  }
  private Node head = null;
  private Node tail = null;

  public LinkedList() {
    Node guard = new Node();
    head = guard;
    tail = guard;
  }

  public void insertAtTail(Node newNode) {
    tail.next = newNode;
    tail = newNode;
  }
}
```

实际上，这种利用"哨兵"降低代码实现难度的编程技巧，在很多算法的代码实现中会用到，如插入排序、归并排序和动态规划等（这些内容会在后续章节中进行介绍）。为了让读者对"哨兵"有更深的理解，我们再来看一个例子，如下面的 Java 代码所示。

```
//代码片段1：在数组a中，查找key,n表示数组a的长度
public int find(int[] a, int n, int key) {
  if(a == null || n <= 0) { //边界条件处理
    return -1;
  }
  //while循环包含两个比较操作：i < n和a[i] == key
  int i = 0;
  while (i < n) {
```

```
    if (a[i] == key) {
      return i;
    }
    ++i;
  }
  return -1;
}

//代码片段2：使用"哨兵"来优化代码
//例如：a=[4,2,3,5,9,6],n=6,key=7
public int find(int[] a, int n, int key) {
  if(a == null || n <= 0) {
    return -1;
  }
  //因为要将a[n-1]的值替换成key，因此要特殊处理这个值
  if (a[n-1] == key) {
    return n-1;
  }

  int tmp = a[n-1]; //把a[n-1]的值临时保存在变量tmp中，以便之后恢复
  a[n-1] = key; //把key的值放到a[n-1]中，此时a=[4,2,3,5,9,7]

  //比起代码片段1,while 循环只包含一个比较操作，少了i<n这个比较操作
  int i = 0;
  while (a[i] != key) {
    ++i;
  }

  a[n-1] = tmp; //恢复a[n-1]原来的值，此时a=[4,2,3,5,9,6]

  if (i == n-1) {
    return -1; //如果i == n-1，那么说明在0到n-2之间没有key，返回-1
  } else {
    return i; //否则，返回i，就是等于key值的元素的下标
  }
}
```

对比代码片段 1 和代码片段 2，如果数组 a 中包含的数据很多，如几万、几十万个数据，哪段代码运行得会更快呢？答案是代码片段 2。在这两段代码中，执行次数最多是 while 循环部分。在代码片段 2 中，我们通过一个"哨兵"：a[n-1] = key，成功减少了 i<n 这一条比较语句。不要小看这一条语句，当执行几万次，甚至几十万次时，累积执行时间的差距就很明显了。

当然，这只是为了举例说明"哨兵"的作用，读者写代码的时候千万不要写代码片段 2 那样的代码，因为可读性太差了。在大部分情况下，我们并不需要如此极致地追求性能。

2.4.4 技巧 4：留意边界条件和特殊情况

在实际的软件开发中，代码中的 bug 往往是由对边界条件或特殊情况处理不全或不当而产生的。链表代码也不例外。想要实现没有 bug 的链表的实现代码，我们一定要在编写的过程中或编写完成之后，检查边界条件和特殊情况是否考虑全面，代码在边界条件和特殊情况下是否能正确运行。下面是经常用来检查链表的实现代码是否正确的边界条件或特殊情况。

- 如果链表为空时，代码是否能正常工作？
- 如果链表只包含一个节点，代码是否能正常工作？
- 如果链表只包含两个节点，代码是否能正常工作？

● 如果要处理的节点是特殊节点，如头节点、尾节点，代码是否能正常工作？

当写完链表的实现代码之后，除验证代码在正常情况下的正确性，还需要验证在边界条件和特殊情况下，代码是否仍然能正常工作。

2.4.5 技巧 5：举例画图，辅助思考

对于稍微复杂的链表操作，如前面提到的单链表反转，指针有时指到这里，一有时指到那里，一会儿就不知道指针指到哪里了。针对这个问题，我们可以用举例法和画图法来解决。

针对复杂的链表问题，读者可以找一个具体的例子，把它画在纸上，然后看图思考解决方法，这样思路就会清晰很多。例如，对于向单链表中插入数据这样一个操作，作者一般会针对各种情况分别举一个例子，画出插入前和插入后的链表变化情况，如图 2-21 所示。看图写代码，是不是就简单多啦？

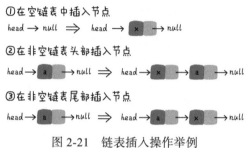

图 2-21　链表插入操作举例

2.4.6 技巧 6：多写多练，没有捷径

如果读者已经理解并掌握了前面所讲的技巧，但手写链表相关的代码时还是出现各种各样的错误，那么也不要着急。因为作者在开始学习链表的时候，这种状态也持续了很长一段时间。

其实，编写链表相关的代码没有太多技巧。读者只要把常见的链表操作的实现代码多写几遍，熟能生巧，就会逐渐掌握链表相关代码的编写。对于如何更好地编写链表相关的代码，读者需要投入大量的时间，如利用一个周末的时间，反复编写链表反转这一种操作的实现代码，一直练到能毫不费力地写出 "bug free" 代码为止。

为了帮助读者练习编写链表相关的代码，作者精选了下列 5 个常见的链表操作。读者只要熟练写出以下链表操作的实现代码，常见的链表操作的实现代码的编写就不成问题了。

● 单链表反转。
● 链表中环的检测。
● 两个有序的链表合并。
● 删除链表倒数第 k 个节点。
● 寻找链表的中间节点。

2.4.7 内容小结

本节讲解了编写链表相关代码的 6 个技巧：理解指针或引用的含义，警惕指针丢失和内存泄露，利用"哨兵"降低实现难度，重点留意边界条件处理，举例画图、辅助思考，以及多写多练。

编写链表相关的代码是比较考验编写者的逻辑思维能力的，因为在链表相关的代码中，到处是指针的操作、边界条件的处理，稍有不慎就容易产生 bug。观察一个人编写的链表相关的代码，可以看出此人写代码时是否足够细心，考虑问题是否全面，思维是否缜密。这也是很多面试官喜欢让面试者手写链表相关的代码的原因。因此，对于本节提到的几个链表操作，读者

一定要通过写代码的方式进行实现。

2.4.8 思考题

本节提到了可以用"哨兵"来降低代码的实现难度，除文中举的例子，读者是否还能想到"哨兵"的其他一些应用场景呢？

2.5 栈：如何实现浏览器的前进和后退功能

对于浏览器的前进、后退功能，读者肯定很熟悉。当我们依次访问页面 a、b、c 后，单击浏览器的后退按钮，就可以查看之前浏览过的页面 b 和页面 a。当后退到页面 a 之后，单击前进按钮，就可以重新查看页面 b 和页面 c。但是，如果后退到页面 b 之后，打开了新的页面 d，就无法再通过前进或后退功能查看页面 c 了。

假设读者是 Chrome 浏览器的开发工程师，那么如何实现前进和后退功能呢？实际上，这就要用到本节要讲的"栈"这种数据结构。带着这个问题，我们来学习本节的内容吧！

2.5.1 栈的定义

关于"栈"，有一个非常形象的比喻，栈就像一摞叠在一起的盘子，如图 2-22 所示。在放盘子的时候，我们只能将盘子放在最上面，不能将盘子任意塞到中间某个位置；在取盘子的时候，我们只能先取最上面的盘子，不能从中间某个位置任意抽出盘子。后进先出，先进后出，这就是典型的"栈"结构。

从栈的操作特性上来看，栈是一种"操作受限"的线性表，只允许在一端（也就是栈顶）插入和删除数据。

在开始学习栈的时候，作者对它存在的意义产生了很大的疑惑，因为作者认为，相比数组和链表，栈带给我们的只有限制，并没有任何优势。能用栈实现的操作，用数组或链表也能实现，我们为什么不直接使用数组或链表呢？为什么还要用"栈"这种"操作受限"的数据结构呢？

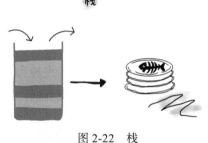

图 2-22 栈

单从功能上来讲，数组或链表确实可以完全替代栈。但是，特定的数据结构是对特定场景的抽象。数组或链表暴露了太多的操作接口，操作上的确灵活、自由，但同时，使用起来相对不可控，自然也就更容易出错。当某个数据集合只涉及在一端插入和删除数据，并且满足后进先出、先进后出特性的时候，我们就应该首选"栈"这种数据结构。

2.5.2 顺序栈和链式栈

从栈的定义可以看出，栈主要包含两个操作：入栈和出栈。入栈就是在栈顶插入一个数

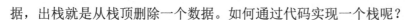

据，出栈就是从栈顶删除一个数据。如何通过代码实现一个栈呢？

前面讲过，数组和链表是基础的数据结构，其他很多数据结构的代码实现依赖它们。实际上，栈既可以用数组来实现，又可以用链表来实现。用数组实现的栈称作顺序栈，用链表实现的栈称作链式栈。

基于数组实现的顺序栈的代码如下所示。对于基于链表实现的链式栈的代码，读者可以对比基于数组实现的顺序栈的代码进行实现。下面这段代码是用 Java 编写的，不涉及任何高级语法，并且作者在代码中做了详细注释，因此，作者对这段代码就不进行说明了。

```java
public class ArrayStack { //基于数组实现的顺序栈
  private String[] items; //数组
  private int count;        //栈中元素的个数
  private int n;            //栈的大小

  public ArrayStack(int n) {
    this.items = new String[n]; //申请一个大小为n的数组空间
    this.count = 0;
    this.n = n;
  }

  public boolean push(String item) {
    if (count == n) return false; //数组空间不够了，入栈失败
    //将item放到下标为count的位置，并且count加1
    items[count] = item;
    ++count;
    return true;
  }

  public String pop() {
    if (count == 0) return null; //若栈为空，则直接返回null
    //返回下标为count-1的数组元素，并且栈中元素的个数count减1
    String tmp = items[count-1];
    --count;
    return tmp;
  }
}
```

现在，我们分析一下入栈和出栈操作的时间复杂度、空间复杂度。

无论是顺序栈还是链式栈，在入栈和出栈的过程中，我们在代码中只需要申请一两个临时变量，因此，空间复杂度是 $O(1)$。注意，尽管在栈中存储数据需要申请一个大小为 n 的数组或链表，但这并不代表空间复杂度就是 $O(n)$，因为数组或链表是用来存储原始数据的，并不是入栈、出栈操作过程中额外产生的。代码的空间复杂度指的是除原本的数据存储空间以外，算法运行过程中还需要的额外存储空间。

空间复杂度分析是不是很简单？其实时间复杂度也不难。无论是顺序栈还是链式栈，入栈、出栈只涉及栈顶数据的操作，因此，时间复杂度都是 $O(1)$。

2.5.3　支持动态扩容的顺序栈

上文给出的是一个大小固定的基于数组实现的顺序栈。在初始化栈时，我们就需要事先指定栈的大小。当栈满之后，就无法再往栈里添加数据了。尽管链式栈的大小不受限，但每个节点都要额外存储 next 指针，内存消耗相对较多。我们如何基于数组实现一个可以支持动态扩容的顺序栈呢？

读者是否还记得我们在 2.1 节中是如何实现支持动态扩容的数组的？当数组空间不够时，

我们就重新申请一块更大的内存空间，将原数组中的数据统统复制过去。这样就实现了一个支持动态扩容的数组。同理，如果要实现一个支持动态扩容的顺序栈，我们只需要底层依赖一个支持动态扩容的数组。当栈满了之后，我们就申请一个更大的数组，将原来的数据搬移到新数组中。支持动态扩容的顺序栈如图 2-23 所示。

对于支持动态扩容的顺序栈，我们分析一下出栈和入栈操作的时间复杂度。

出栈操作不会涉及内存的重新申请和数据的搬移，因此，出栈操作的时间复杂度仍然是 $O(1)$。但是，对于入栈操作，情况就不一样了。当栈中有未占用空间时，入栈操作的时间复杂度为 $O(1)$。当栈中没有未占用空间时，我们就需要重新申请内存和搬移数据，对应的时间复杂度就变成了 $O(n)$。

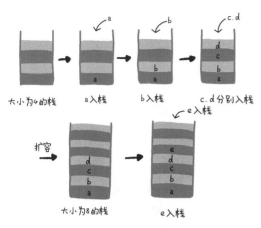

图 2-23　支持动态扩容的顺序栈

也就是说，对于入栈操作，最好时间复杂度是 $O(1)$，最坏时间复杂度是 $O(n)$。平均情况下的时间复杂度是多少呢？还记得我们在 1.2.3 节中讲的摊还分析法吗？入栈操作在平均情况下的时间复杂度就可以用摊还分析法来分析。

为了方便分析，我们事先做如下假设和定义。

● 当栈空间不够时，我们重新申请一个大小为原来 2 倍的数组。

● 为了简化分析，假设只有入栈操作，没有出栈操作。

● 将不涉及内存搬移的入栈操定义为 simple-push 操作，时间复杂度为 $O(1)$。

如果当前栈大小为 K，并且已满，当再有新的数据要入栈时，我们就需要重新申请 2 倍大小的内存空间，并且做 K 个数据的搬移操作，然后将新数据入栈，时间复杂度是 $O(K)$。接下来的 $K-1$ 次新数据的入栈操作，我们都不需要再重新申请内存和搬移数据，因此，这 $K-1$ 次入栈操作都只需要一个 simple-push 操作就可以完成，时间复杂度是 $O(1)$。支持动态扩容的顺序栈的入栈操作的时间复杂度如图 2-24 所示。

从图 2-24 中可以看出，这 K 次入栈操作总共涉及 K 次数据的搬移及 K 次 simple-push 操作。将 K 个数据搬移均摊到 K 次入栈操作，每个入栈操作只需要进行一次数据搬移和一个 simple-push 操作。因此，入栈操作的均摊时间复杂度为 $O(1)$。

通过对这个例子的分析，也印证了前面讲到的：均摊时间复杂度一般等于最好时间复杂度。在大部分情况下，入栈操作的时间复杂度是 $O(1)$，只

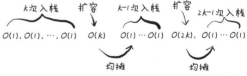

图 2-24　支持动态扩容的顺序栈的入栈操作的时间复杂度

有在个别情况才会退化为 $O(n)$，因此，把耗时多的入栈操作的时间均摊到其他入栈操作上，平均情况下的耗时就接近 $O(1)$。

2.5.4　栈在函数调用中的应用

现在，我们看一下栈在实际开发中的应用。栈作为一个基础的数据结构，应用场景还是很多的。其中，比较经典的一个应用场景就是函数调用栈。

我们知道，操作系统给每个线程分配了一块独立的内存空间，这块内存被组织成"栈"这种结构，用来存储函数调用时的临时变量。在函数的调用过程中，每调用一个新的函数，编译器就会将被调用函数的临时变量封装为栈帧并压入栈，当被调用函数执行完成并返回后，编译器就将这个函数对应的栈帧弹出栈。我们通过一个例子解释一下。

```c
int main() {
  int a = 1;
  int ret = 0;
  int res = 0;
  ret = add(3, 5);
  res = a + ret;
  printf("%d", res);
  reuturn 0;
}

int add(int x, int y) {
  int sum = 0;
  sum = x + y;
  return sum;
}
```

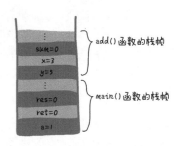

图 2-25　执行 add() 函数时的函数调用栈

从上面的代码中可以看出，main() 函数调用了 add() 函数，获取计算结果，并且与临时变量 a 相加，最后输出 res 的值。对于上面的代码，当执行到 add() 函数时，函数栈的情况如图 2-25 所示。

2.5.5　栈在表达式求值中的应用

下面我们看一下编译器如何利用栈来实现表达式求值这个应用场景。

为了方便解释，作者将算术表达式进行了简化，只包含加减乘除运算，如 34+13×9+44−12/3。对于四则运算，人脑可以很快算出答案，但对于计算机，理解这个表达式本身就是个挺难的事。

实际上，编译器就是通过两个栈来实现的表达式求值。其中一个栈用来保存操作数，另一个栈用来保存运算符。从左向右遍历表达式，当遇到数字时，我们就将其直接压入操作数栈；当遇到运算符时，我们就将其与运算符栈的栈顶元素进行比较。如果遇到的运算符比运算符栈的栈顶元素的优先级高，我们就将这个运算符压入栈；如果遇到的运算符比运算符栈的栈顶元素的优先级低，或者两者相同，我们就从运算符栈中取栈顶运算符，再从操作数栈的栈顶取两个操作数，然后进行计算，并把计算得到的结果压入操作数栈，继续比较这个运算符与运算符栈的栈顶元素。

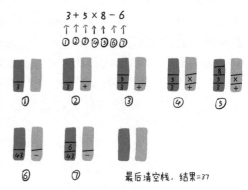

图 2-26　表达式 3+5×8−6 的求值过程

我们将 3+5×8−6 这个表达式的计算过程表示成了一张图，如图 2-26 所示。读者可以结合图 2-26 来理解上面讲解的计算过程。

2.5.6　栈在括号匹配中的应用

除用栈实现表达式的求值以外，我们还可以借助栈来检查表达式中的括号是否匹配。

我们假设表达式中只包含 3 种括号：圆括号 ()、方括号 [] 和花括号 {}，并且它们可以任意嵌套。例如，{[()]()[{}]}、[{()}([])] 等都是合法格式，而 {[}()]、[({)] 为不合法格式。对于一个表达式字符串，如何通过编程方式检查它是否合法呢？

我们用栈来保存未匹配的左括号，从左到右依次扫描字符串。当扫描到左括号时，则将其压入栈中；当扫描到右括号时，从栈顶取出一个左括号进行比较。如果两者能够匹配，如"("与")"匹配，"["与"]"匹配，"{"与"}"匹配，则继续扫描剩下的字符串。如果在扫描的过程中，遇到不能配对的右括号，或者栈中没有可匹配的数据，则说明该表达式为非法格式。

当所有的括号都扫描完之后，如果栈为空，则说明字符串为合法格式；否则，就说明有未匹配的左括号，表达式为非法格式。

2.5.7 解答本节开篇问题

现在，我们再来看一下本节的开篇问题：如何实现浏览器的前进、后退功能？其实，我们用两个栈就可以很好地解决这个问题。

我们创建两个栈：X 和 Y。首先，把首次浏览的页面依次压入栈 X。当单击后退按钮时，从栈 X 的栈顶取数据，然后压入栈 Y。当单击前进按钮时，从栈 Y 的栈顶取出数据，然后压入栈 X。当栈 X 中没有数据时，就说明没有页面可以继续通过单击后退按钮进行浏览了。当栈 Y 中没有数据时，就说明没有页面可以通过单击前进按钮进行浏览了。

例如，我们依次浏览了 a、b、c 这 3 个页面，就把 a、b、c 依次压入栈 X。此时，两个栈中的数据如图 2-27 所示。

当通过浏览器的后退按钮从页面 c 后退到页面 a 后，我们就把 c 和 b 从栈 X 中依次弹出，并且依次压入栈 Y。此时，两个栈中的数据如图 2-28 所示。

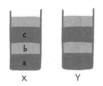

图 2-27　依次浏览页面 a、b、c 后栈的情况

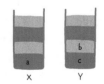

图 2-28　从页面 c 后退至页面 a 后栈的情况

这个时候，假如我们又想浏览页面 b，于是，我们单击前进按钮回到页面 b，此时 b 从栈 Y 中出栈，然后压入栈 X 中。此时，两个栈中的数据如图 2-29 所示。

这个时候，如果我们通过页面 b 跳转到新的页面 d，页面 c 就无法通过前进或后退按钮再次浏览了，因此，栈 Y 将被清空。此时，两个栈中的数据如图 2-30 所示。

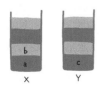

图 2-29　从页面 a 前进至页面 b 后栈的情况

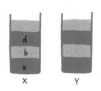

图 2-30　从页面 b 跳转到新的页面 d 后栈的情况

2.5.8　内容小结

栈是一种操作受限的数据结构，只支持入栈和出栈操作。"后进先出，先进后出"是它最大的特点。栈既可以基于数组来实现，又可以基于链表来实现。无论哪种实现方式，入栈和出栈的时间复杂度都为 $O(1)$。除此之外，我们还介绍了一种支持动态扩容的顺序栈，读者需要重点掌握它的均摊时间复杂度分析方法。

2.5.9　思考题

本节的思考题有两个，如下所示。

1）本节讲到，编译器使用函数调用栈来保存临时变量，为什么要用"栈"来保存临时变量呢？用其他数据结构不行吗？

2）在 Java 语言的 JVM 内存管理中，也有堆和栈的概念。栈内存用来存储局部变量和方法调用，堆内存用来存储 Java 对象。JVM 中的"栈"与本节提到的"栈"是不是一回事呢？如果不是，它为什么也称作"栈"呢？

2.6　队列：如何实现线程池等有限资源池的请求排队功能

我们知道，CPU 资源是有限的，这就导致任务的处理速度并不会一直随线程个数的增加而加快。相反，过多的线程会导致 CPU 频繁切换，处理性能反而会下降。因此，线程池的大小一般是通过综合考虑所处理任务的特点和硬件环境来设置的。

当向固定大小的线程池请求一个线程时，如果线程池中没有空闲资源，这个时候线程池该如何处理这个请求呢？线程池是拒绝还是要求排队？这两种处理策略又是怎么实现的呢？

实际上，这些问题并不复杂，其底层依赖的数据结构就是本节要讲到的队列。

2.6.1　队列的定义

队列这个概念非常好理解。读者可以把队列想象成排队买票，先来的人先买，后来的人只能站在队伍的末尾，不允许插队。先进先出是队列的最大特点。

在 2.5 节中，我们讲到，栈支持两个基本操作：入栈 push() 和出栈 pop()。队列与栈相似，也支持两个基本操作：入队 enqueue() 和出队 dequeue()。入队指的是将数据放入到队列尾部（队尾）；出队指的是从队列头部（队头）取数据。因此，队列与栈一样，也是一种操作受限的线性表数据结构。栈和队列的对比如图 2-31 所示。

作为一种基础的数据结构，队列的应用也很广泛，特别是一

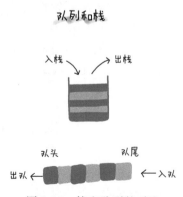

图 2-31　栈和队列的对比

些具有高级特性的特殊队列，如循环队列、阻塞队列和并发队列，它们在很多偏底层的系统、框架、中间件的开发中，起到关键性作用。例如，高性能队列 Disruptor、Linux 环形缓存都用到了并发队列；Java concurrent 并发包中公平锁的实现就利用了阻塞队列。

2.6.2 顺序队列和链式队列

与栈一样，队列既可以基于数组来实现，又可以基于链表来实现。基于数组实现的队列称作顺序队列，基于链表实现的队列称作链式队列。

我们先来看一下基于数组的实现方法，相应的 Java 代码如下所示。

```
public class ArrayQueue {
  private String[] items;
  private int n = 0;
  private int head = 0; //队头下标
  private int tail = 0; //队尾下标

  public ArrayQueue(int capacity) {
    items = new String[capacity];
    n = capacity;
  }

  public boolean enqueue(String item) {
    if (tail == n) return false; //tail == n表示队列已满
    items[tail] = item;
    ++tail;
    return true;
  }

  public String dequeue() {
    if (head == tail) return null; //head == tail表示队列为空
    String ret = items[head];
    ++head;
    return ret;
  }
}
```

对于栈，数据操作集中在栈顶，因此，只需要一个栈顶指针。但对于队列，数据入队操作发生在队尾，数据出队操作发生在队头，因此，我们需要两个指针：一个 head 指针，指向队头；一个 tail 指针，指向队尾。我们举例说明一下。

当 a、b、c、d 依次入队后，队列中的 head 指针指向下标为 0 的位置，tail 指针指向下标为 4 的位置，如图 2-32 所示。

当 a、b 出队，也就是调用两次出队操作后，队列中的 head 指针指向下标为 2 的位置，tail 指针仍然指向下标为 4 的位置，如图 2-33 所示。

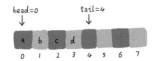

图 2-32 a、b、c、d 依次入队后的队列

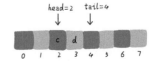

图 2-33 a、b 出队后的队列

随着不断有数据入队、出队，head 指针和 tail 指针会持续往后移动。当 tail 指针移动到数

组最右边的时候，即便数组中还有未占用空间（head 指针的前面），我们也无法继续向队列中添加数据了。这个问题该如何解决呢？

实际上，在 2.1 节，我们也遇到过类似的问题：数组的删除操作会导致数组中的数据不连续。还记得当时是怎么解决的吗？对，数据搬移！每次进行出队操作都相当于删除数组下标为 0 处的数据，要搬移整个队列中的数据，就会导致出队操作的时间复杂度从原来的 $O(1)$ 变为 $O(n)$。

实际上，我们并不需要在每次出队时搬移数据。只有当 tail 指针移动到数组的最右边后，如果有新的数据要入队，我们才集中触发一次数据搬移操作，将 head 指针到 tail 指针的数据整体搬移到数组从 0 开始的位置，如图 2-34 所示。

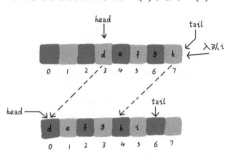

图 2-34　队列中数据的搬移操作

按照这个思路，我们重新编写 ArrayQueue 代码。出队函数 dequeue() 保持不变，我们稍加改造一下入队函数 enqueue()。改造之后的代码如下所示。

```java
public boolean enqueue(String item) {
  if (tail == n) { //表示队列末尾已经没有空间了
    if (head == 0) return false; //tail == n && head == 0表示队列已满
    for (int i = head; i < tail; ++i) { //数据搬移
      items[i-head] = items[i];
    }
    //搬移完之后重新更新head和tail
    tail -= head;
    head = 0;
  }
  items[tail] = item; //插入新数据
  ++tail;
  return true;
}
```

经过改造，出队操作的时间复杂度仍然是 $O(1)$，但入队操作的时间复杂度还是 $O(1)$ 吗？答案是否定的。读者可以利用均摊分析法分析一下。

接下来，我们再来看一下基于链表的队列实现方法。

我们同样需要两个指针：head 指针和 tail 指针，它们分别指向链表的第一个节点和最后一个节点。如图 2-35 所示，入队时，tail.next = new_node，tail = tail.next；出队时，head = head.next。具体的代码实现很简单，这里不再赘述。

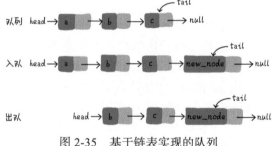

图 2-35　基于链表实现的队列

2.6.3　循环队列

在上面基于数组的队列的实现方式中，当 tail==n 时，我们需要搬移大量的数据，这就会导致入队操作的性能降低。那么有没有办法避免数据搬移呢？我们看一下使用循环队列的解决方法。

原本队列是有头有尾的，画出图来看像一条直线。对比循环链表，如果我们把队列的首尾相连，形成一个环，那么它就变成了循环队列，如图 2-36 所示。

从图 2-36 中可以看出，队列的大小为 8，当前 head=4，tail=7。当有一个新的元素 a 入队时，我们放到下标为 7 的位置。但这个时候，我们并不把 tail 更新为 8，而是将其在环中后移一位，指向下标为 0 的位置。当再有一个元素 b 入队时，我们将 b 放到下标为 0 的位置，然后 tail 加 1，更新为 1。因此，在 a、b 依次入队之后，循环队列中的元素如图 2-37 所示。

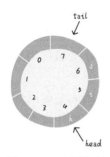

图 2-36　循环队列

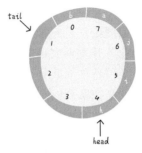

图 2-37　a、b 依次入队之后的循环队列

通过这样的方法，我们就成功避免了在 tail==n 时的数据搬移操作。循环队列的原理不难理解，但是代码实现相对要复杂一些。编写循环队列的实现代码的关键是确定队列空和队列满的判定条件。

对非循环队列，队列满的判断条件是 tail==n，队列空的判断条件是 head==tail。对于循环队列，队列空的判断条件仍然是 head==tail，但队列满的判断条件就稍微有点复杂了。作者给出了一张队列满时的循环队列示意图，如图 2-38 所示。

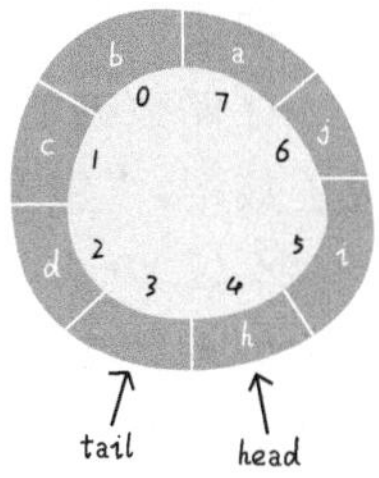

对于图 2-38 所示的队列满的情况，tail=3，head=4，n=8，其中，(3+1)%8=4。如果多画出几张队列满时的循环队列示意图，读者就会发现，当队列满时，head 和 tail 之间存在这样的关系：(tail+1)%n=head。

图 2-38　队列满时的循环队列

为了区分队列空和队列满的判定条件，循环队列中的 tail 指针指向的位置是不存储数据的。也就是说，循环队列会浪费一个存储空间。具体的代码实现如下所示。

```
public class CircularQueue {
  private String[] items;
  private int n = 0;
  private int head = 0;
  private int tail = 0;

  public CircularQueue(int capacity) {
    items = new String[capacity];
    n = capacity;
  }

  public boolean enqueue(String item) {
    if ((tail + 1) % n == head) return false;
    items[tail] = item;
    tail = (tail + 1) % n;
    return true;
  }

  public String dequeue() {
    if (head == tail) return null;
```

```
        String ret = items[head];
        head = (head + 1) % n;
        return ret;
    }
}
```

2.6.4　阻塞队列和并发队列

前面讲的内容偏理论，看起来很难与实际的项目开发扯上关系。确实，队列这种数据结构比较基础，平时的业务开发不大可能从零实现一个队列，甚至不会直接用到它。使用频率更高的队列是一些具有某种特性的队列，如阻塞队列、并发队列。

阻塞队列其实就是在队列的基础上增加了阻塞特性。在队列为空的时候，从队头取数据会被阻塞，直到队列中有数据才返回；在队列已满时，插入数据的操作会被阻塞，直到队列中有空闲位置后再插入数据，然后返回。阻塞队列如图 2-39 所示。

读者应该已经发现，图 2-39 所示的阻塞队列就是一个"生产者 - 消费者模型"。是的，我们可以使用阻塞队列轻松实现一个"生产者 - 消费者模型"。

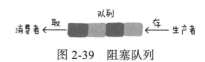

图 2-39　阻塞队列

这种基于阻塞队列实现的"生产者 - 消费者模型"可以有效地协调生产和消费的速度。当"生产者"生产数据的速度过快，"消费者"来不及"消费"时，存储数据的队列很快就会满了。这个时候，"生产者"就会阻塞等待，直到"消费者"消费了数据，"生产者"才会被唤醒继续"生产"。

不仅如此，基于阻塞队列，我们还可以通过协调"生产者"和"消费者"的个数来提高数据的处理效率。例如，我们可以多配置几个"消费者"来应对一个"生产者"，如图 2-40 所示。

图 2-40　多个"消费者"的阻塞队列

在介绍完阻塞队列后，我们再来看一下并发队列。在多线程的情况下，多个线程同时操作队列，就会存在线程安全问题。如何实现一个线程安全的队列呢？

线程安全的队列又称作并发队列。最简单的实现方式是直接在 enqueue()、dequeue() 函数上加"锁"，但这会导致同一时刻仅允许一个存或取操作，"锁"粒度太大会导致并发度太低。实际上，基于数组的循环队列，利用 CAS 原子操作，可以实现非常高效的无"锁"并发队列。这也是循环队列比链式队列应用更加广泛的原因。

2.6.5　解答本节开篇问题

在介绍完队列的相关知识后，我们回过头来看一下本节的开篇问题：当向固定大小的线程池请求一个线程时，如果线程池中没有空闲资源，这个时候线程池该如何处理这个请求呢？线程池是拒绝还是要求排队？这两种处理策略又是怎么实现的呢？

对于上述情况，一般有两种处理策略。第一种是非阻塞的处理方式，当线程池没有空闲线程时，直接拒绝新的线程请求；另一种是阻塞的处理方式，将请求排队，等到有空闲线程时，取出排队的请求继续处理。那么又该如何存储排队的请求呢？

我们希望公平地处理每个排队的请求，先进者先被服务，因此，队列这种数据结构就很适合存储排队请求。前面说过，队列有基于链表和基于数组两种实现方式。这两种实现方式对于排队请求又有什么区别呢？

基于链表的实现方式，可以实现一个支持无限排队的无界队列（unbounded queue），但有可能会导致过多的请求排队等待，请求处理的响应时间过长。因此，针对响应时间比较敏感的系统，基于链表实现的可无限排队请求的线程池是不合适的。

基于数组实现的有界队列（bounded queue），队列的大小有限，因此，当排队请求的队列满了之后，接下来的请求就会被拒绝。对于响应时间敏感的系统，这种处理方式相对更加合理。不过，设置一个合理的队列大小，也是非常有讲究的。队列太大就会导致等待的请求太多，队列太小又会导致无法充分利用系统资源，发挥最大性能。

除线程池之外，队列可以应用在任何有限资源池中，用于排队请求，如数据库连接池等。对于大部分资源有限的场景，当没有空闲资源时，基本上可以通过"队列"这种数据结构来实现请求排队。

2.6.6 内容小结

队列最大的特点是先进先出，基本操作有两个：入队和出队。与栈一样，它既可以基于数组来实现，又可以基于链表来实现。基于数组实现的队列称作顺序队列，基于链表实现的队列称作链式队列。

循环队列是本节的重点。它用来解决在出队、入队过程中的数据搬移问题。要想写出没有bug 的循环队列的实现代码，关键是要写对队列空和队列满的判定条件。

除此之外，本节还讲了两种高级的队列结构：阻塞队列、并发队列。它们的底层还是队列这种数据结构，只不过在队列的基础上附加了其他特性。阻塞队列的入队和出队操作是可以阻塞的，并发队列的入队和出队操作是多线程安全的。

2.6.7 思考题

如何用队列实现栈？如何用栈实现队列？

第**3**章 递归、排序、二分查找

本章介绍递归、排序、二分查找。其中，递归是比较基础的一种编程技巧，很多数据结构和算法的代码实现要用到递归。除此之外，排序和二分查找也是比较基础的算法。对于排序算法，在本章中，我们会介绍 8 种比较经典的排序算法，包括冒泡排序、插入排序、选择排序、快速排序、归并排序、桶排序、计数排序和基数排序。对于二分查找，我们将介绍经典的二分查找算法，并解决一些二分查找的变体问题。

3.1 递归：如何用 3 行代码找到"最终推荐人"

为了提高用户量，很多 App 有推荐用户注册返佣金这样的功能。一般来说，我们会通过数据库来记录这种推荐关系，如图 3-1 所示，其中，actor_id 表示用户 ID，referrer_id 表示推荐人 ID。

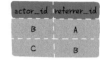

图 3-1 记录用户推荐关系的数据库表结构

给定一个用户 ID，如何通过编程查找这个用户的"最终推荐人"呢？我们通过举例的方式来解释一下什么是"最终推荐人"。例如，用户 A 推荐用户 B 到某一个 APP 上注册，用户 B 又推荐了用户 C 到这个 APP 上注册。那么，用户 C 的"最终推荐人"为用户 A，用户 B 的"最终推荐人"也为用户 A，而用户 A 没有"最终推荐人"。带着这个问题，我们开始学习本节的内容：递归（recursion）。

3.1.1 什么是递归

对于初学者，学习数据结构和算法有两个难点，一个是动态规划，另一个就是递归。动态规划会在 9.6.3 节详细讲解，本节重点讲解递归。

递归是一种应用非常广泛的编程方法。很多数据结构和算法的编程实现要用到递归，如深度优先搜索、遍历二叉树等。因此，读者一定要熟练掌握递归这种编程方式，否则，在学习复杂的数据结构和算法时会比较吃力。

什么是递归？我们通过生活中的一个例子来解释一下。

周末你带着女朋友去电影院看电影，女朋友问你："咱们现在坐在第几排啊？"假设电影院里面太黑了，看不清，没法数排数，针对这种情况，你该如何得知你们所在的座位排数？

作为程序员的我们，就要想到用递归来解决这个问题。这时，你可以问你所在位置的前面一排的人坐在第几排，只要在他所在座位排数上加 1，你就知道自己现在哪一排了。若前面的人也不清自己坐在哪一排，他为了搞清自己的座位排数，他也像你一样问他前一排的人。就这样一排排往前问，直到问到第一排的人，然后一排排地把座位排数传回来。等到你前一排的人告诉你他在哪一排，你就知道自己的座位所在的排数了。

这就是一个标准的递归求解问题的分解过程。在上面的求解自己所在座位的排数的过程中，"去"的过程称为"递"，"回来"的过程称为"归"。所有的递归问题基本上可以用递推公式来表示。我们将上面的这个例子通过递推公式表示出来，如式（3-1）所示。

$$f(n) = f(n-1) + 1 \quad 其中 f(1) = 1 \tag{3-1}$$

$f(n)$ 表示你想知道自己在哪一排，$f(n-1)$ 表示前一排的人所在的排数，$f(1) = 1$ 表示第一排的人知道自己在第一排。有了这个递推公式，我们就可以很轻松地将它"翻译"成递归代码，如下所示。

```
int f(int n) {
  if (n == 1) return 1;
  return f(n-1) + 1;
}
```

3.1.2　递归需要满足的 3 个条件

结合上面的求解自己所在座位的排数的例子，我们来分析一下究竟什么样的问题适合用递归来解决。实际上，只需要满足下面 3 个条件。

（1）待求解问题的解可以分解为几个子问题的解

子问题就是数据规模更小的问题。例如，前面提到的求解"自己在哪一排"这个问题，可以分解为求解"前一排人在哪一排"这样一个子问题。

（2）待求解问题与分解之后的子问题，只有数据规模不同，求解思路完全相同

求解"自己在哪一排"的思路，和前面一排人求解"自己在哪一排"的思路是一样的。

（3）存在递归终止条件

把问题分解为子问题，子问题再分解为子子问题，一层层往下分解，需要有终止条件，不能无限循环。还是求解"自己在哪一排"的例子，第一排的人不需要再继续询问任何人，就知道自己在哪一排，也就是 $f(1) = 1$，这就是这个递归问题的终止条件。

3.1.3　如何编写递归代码

现在，我们介绍一下如何编写递归代码。作者个人认为，编写递归代码的关键是写递推公式，寻找终止条件。有了递推公式，将递推公式"翻译"成代码就很简单了。我们举例说明一下。

假如楼梯有 n 级台阶，我们每步可以跨 1 级台阶或者 2 级台阶，请问上这 n 级台阶共有多少种走法？例如，楼梯有 7 级台阶，我们可以 2 级台阶、2 级台阶、2 级台阶、1 级台阶这样 4 步走上去，也可以 1 级台阶、2 级台阶、1 级台阶、1 级台阶、2 级台阶这样 5 步走上去，总之走法有很多。

实际上，我们可以根据第一步的走法，把所有走法分为两类：一类是第一步走了 1 级台阶，另一类是第一步走了 2 级台阶。因此，n 级台阶的走法就等于第一步走 1 级台阶后，走剩下的 $n-1$ 级台阶的走法，加上第一步走 2 级台阶后，走剩下的 $n-2$ 级台阶的走法。我们可以用式（3-2）表示。其中，$f(n)$ 表示走 n 级台阶有多少种走法。

$$f(n) = f(n-1) + f(n-2) \tag{3-2}$$

有了递推公式，编写递归代码的准备工作基本上就完成了一半。接下来，我们再来寻找一下终止条件。当有 1 级台阶时，我们不需要再继续递归，就只有一种走法，因此 $f(1) = 1$。不过，这个递归终止条件足够吗？我们可以用 $n=2$ 这样比较小的数据来试验一下。

当 $n=2$ 时，$f(2)=f(1)+f(0)$。如果递归终止条件只有一个，即 $f(1)=1$，$f(2)$ 就无法求解了。因此，除 $f(1)=1$，我们还要有 $f(0)=1$ 这样一个递归终止条件，表示走 0 级台阶只有一种走法，不过，这样看起来就不符合正常的逻辑思维了。因此，我们可以把 $f(2)=2$ 作为另外一个终止条件，表示走两级台阶有两种走法，一步走完或者分两步来走。

综上所述，递归终止条件就是 $f(1)=1$ 和 $f(2)=2$。这个时候，我们可以再用 $n=3$，$n=4$ 来验证一下这个终止条件是否足够。$f(3)=f(1)+f(2)$，$f(4)=f(2)+f(3)$，因此，现在的终止条件足够了。

现在，我们把递归终止条件和递推公式放到一起，如式（3-3）所示。

$$f(1) = 1$$
$$f(2) = 2$$
$$f(n) = f(n-1) + f(n-2)$$
（3-3）

有了式（3-3），我们把它"翻译"成递归代码就很简单了，如下所示。

```
int f(int n) {
  if (n == 1) return 1;
  if (n == 2) return 2;
  return f(n-1) + f(n-2);
}
```

总结一下，编写递归代码的关键是，找到将大问题分解为小问题的规律，并且基于此写出递推公式，然后推敲终止条件，最后将递推公式和终止条件"翻译"成代码。

3.1.4　编写递归代码的难点

上文讲了很多理论，也举了一些例子，但作为初学者，在面对递归的时候，往往还是会有一种琢磨不透的感觉。实际上，作者刚学递归的时候，也有这种感觉，这也是本章开头提到递归代码比较难理解的原因。

对于电影院排数那个例子，递归调用中只有一个分支，也就是说，一个问题只需要分解为一个子问题，我们很容易能够想清楚"递"和"归"的每一个步骤，因此，写起来、理解起来都不难。

但是，当我们面对的是把一个问题要分解为多个子问题的情况时，递归代码就没那么好理解了。像刚才提到的上台阶的例子，人脑几乎没办法把整个"递"和"归"的过程一步步都想清楚。

计算机"擅长"做重复的事情，因此，递归正合它的"胃口"。而人脑更喜欢直来直往的思维方式。当我们见到递归时，总是试图把递归展开，脑子里就会进行循环，一层层往下调用，然后一层层返回，试图搞清楚计算机每一步是怎么执行的。

对于递归代码，这种试图弄清楚整个递和归过程的做法，实际上是进入了一种思维误区，自己给自己制造了理解障碍。那么，对于递归，正确的思维方式应该是什么呢？

如果一个问题 A 可以分解为子问题 B、子问题 C 和子问题 D，在写递归代码的时候，我们可以假设子问题 B、子问题 C 和子问题 D 已经解决，在此基础上思考如何解决问题 A。而且，我们只需要思考问题 A 与子问题 B、子问题 C、子问题 D 这两层之间的关系，不需要一层层地往下思考子问题与子问题的关系。屏蔽递归细节，不要试图用人脑去分解递归的每个步骤，通过总结递推公式来写递归代码，这才是编写递归代码的正确方式。

3.1.5　警惕递归代码出现堆栈溢出

在实际的软件开发中，编写递归代码时，我们会遇到很多问题，如堆栈溢出。堆栈溢出会造成系统级的问题，后果非常严重。为什么递归代码容易造成堆栈溢出呢？

在 2.5 节中，我们讲过，函数调用会使用栈来保存临时变量。每调用一个新的函数，都会将临时变量封装为栈帧，压入内存栈，等函数执行完成后，再将栈帧弹出栈。我们知道，系统栈或者虚拟机栈空间一般不大。如果递归求解的数据规模很大，调用层次很深，一直往函数栈里添加数据，就有可能塞满函数栈，导致堆栈溢出。

例如下面这段代码，如果将系统栈或者 JVM 堆栈大小设置为 1KB，在求解 $f(19999)$ 时，便会出现堆栈溢出错误：Exception in thread "main" java.lang.StackOverflowError。

```
int f(int n) {
  if (n == 1) return 1;
  return f(n-1) + 1;
}
```

如何避免出现堆栈溢出呢？

我们可以通过在代码中限制递归调用的最大深度来解决这个问题。在递归调用超过一定深度（如 1000）之后，我们就限制代码不再继续往下递归了，直接返回报错信息。按照这个思路，我们把上面的代码稍微修改一下，就能避免堆栈溢出，如下所示。

```
int depth = 0; //全局变量，表示递归的深度
int f(int n) {
  ++depth;
  if (depth > 1000) throw exception;
  if (n == 1) return 1;
  return f(n-1) + 1;
}
```

不过，这种做法并不能完全解决问题，因为允许的最大递归深度与当前线程剩余的栈空间大小有关，事先无法计算。如果实时计算允许的递归深度，那么实现代码就会很复杂，也会影响代码的可读性。

3.1.6　警惕递归代码的重复计算问题

除堆栈溢出问题以外，编写递归代码时还要警惕重复计算问题。对于 3.1.3 节中的上台阶的例子，我们把整个递归过程画出来，如图 3-2 所示。

通过图 3-2，我们可以直观地看到，想要计算 $f(5)$，需要先计算 $f(4)$ 和 $f(3)$，而计算 $f(4)$ 也需要计算 $f(3)$，因此，$f(3)$ 就被计算了多次，这就是重复计算问题。

为了避免重复计算，我们可以通过使用备忘录（如哈希表），保存已经求解过的 $f(k)$。当递归调用到 $f(k)$ 时，先看一下是否已经求解过。如果是，则直接从哈希表中取值并返回，不需要重复计算。按照这个的思路，我们修改一下上面的代码，如下所示。

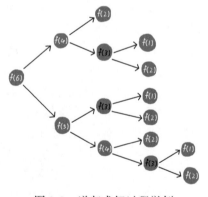

图 3-2　递归求解过程举例

```
int f(int n) {
  if (n == 1) return 1;
  if (n == 2) return 2;
  //hasSolvedList可以理解成一个Map,key是n,value是f(n)
  if (hasSolvedList.containsKey(n)) {
    return hasSolvedList.get(n);
  }
  int ret = f(n-1) + f(n-2);
  hasSolvedList.put(n, ret);
  return ret;
}
```

除堆栈溢出、重复计算这两个常见的问题，递归代码还有其他缺点。在执行效率上，当函数调用较多时，函数调用本身的耗时就会积聚成一个可观的时间成本。在空间复杂度上，因为递归调用一次就会在内存栈中保存一次现场数据，所以，在分析递归代码的空间复杂度时，需要额外考虑这部分的开销。例如下面这段代码，递归代码的空间复杂度并不是 $O(1)$，而是 $O(n)$。

```
int f(int n) {
  if (n == 1) return 1;
  return f(n-1) + 1;
}
```

3.1.7　将递归代码改写为非递归代码

使用递归编程有利也有弊。递归编程的好处是使用递归编写的代码的表达力很强，写起来非常简洁；而递归编程的劣势是空间复杂度高，存在堆栈溢出和重复计算等问题。因此，在实际的开发过程中，我们需要根据实际情况来决定是否使用递归实现。为了避免递归存在的问题，我们可以把递归代码改写为非递归代码，举例如下所示。

```
//递归代码
int f(int n) {
  if (n == 1) return 1;
  return f(n-1) + 1;
}

//非递归代码
int f(int n) {
  int ret = 1;
  for (int i = 2; i <= n; ++i) {
    ret = ret + 1;
  }
  return ret;
}
```

同样，上台阶的例子也可以改为非递归的实现方式。修改之后的代码如下所示。

```
int f(int n) {
  if (n == 1) return 1;
  if (n == 2) return 2;
  int ret = 0;
  int pre = 2;
  int prepre = 1;
  for (int i = 3; i <= n; ++i) {
    ret = pre + prepre;
    prepre = pre;
    pre = ret;
  }
  return ret;
}
```

那么，是不是所有的递归代码都可以改为这种迭代循环的非递归写法呢？

从理论上来讲，是的，因为递归本身就是借助栈来实现的，只不过它使用的栈是系统或虚拟机提供的函数调用栈，不需要在编程的时候显式定义。如果我们自己模拟函数调用栈，手动模拟入栈、出栈过程，那么任何递归代码都可以改写成看上去不是递归代码的样子。但这种思路实际上是将递归改为了"手动"递归，本质并没有变，也并没有解决前面提到的那些问题，徒增了实现的复杂度。

3.1.8 解答本节开篇问题

到此为止，递归相关的基础知识已经讲完了，我们回过头来看一下本节开篇提出的问题：给定一个用户 ID，如何通过编程查找这个用户的"最终推荐人"呢？具体的代码实现如下所示。

```
long findRootReferrerId(long actorId) {
  Long refId = select referrer_id from [table] where actor_id = actorId;
  if (refId == null) return actorId;
  return findRootReferrerId(refId);
}
```

我们用 3 行代码就解决了这个问题，是不是非常简洁？不过，在实际项目中，上面的代码并不能正常工作，因为存在下面两个问题。

- 如果递归调用层次过深，就可能存在堆栈溢出的问题。
- 如果数据库里存在"脏"数据，那么我们还需要处理由此产生的无限递归问题。例如，在测试环境下的数据库中，测试工程师为了方便测试，会人为地插入一些测试数据。如果一不小心插入了一些不合理的"脏"数据，如用户 A 的推荐人是用户 B，用户 B 的推荐人是用户 C，用户 C 的推荐人是用户 A，这样就会导致代码无限递归。

对于第一个问题，前面已经解答过了，可以用限制递归深度的方法来解决。对于第二个问题，我们也可以用限制递归深度的方法来解决。不过，还有一个更加高级的处理方法，就是自动检测 A-B-C-A 这种"环"的存在。如何检测环的存在呢？因为解决这个问题需要用到后面章节中的一些知识（哈希表、拓扑排序），所以留在后面章节中讲解。

3.1.9 内容小结

递归是一种高效、简洁的编码方式。只要是满足"3 个条件"的问题，就可以通过递归代码来解决。不过，递归代码比较难写、难理解。编写递归代码的关键是不要试图模拟计算机递归调用的过程。正确的编写方式是写出递推公式，找出终止条件，然后"翻译"成递归代码。虽然递归代码简洁、高效，但是它也有很多弊端，如堆栈溢出、重复计算、函数调用耗时多和空间复杂度高等。因此，在编写递归代码的时候，一定要避免出现这些问题。对于递归代码的时间复杂度和空间复杂度分析，我们在 3.5 节和 5.4 节中讲解。

3.1.10 思考题

在平时调试代码时，我们一般喜欢使用 IDE（集成开发环境）的单步跟踪功能，用以跟踪程序的运行，但对于规模比较大、递归层次很深的递归代码，几乎无法使用这种调试方式。对于递归代码，读者有什么好的调试方法呢？

3.2 尾递归：如何借助尾递归避免递归过深导致的堆栈溢出

我们知道，简洁是递归代码的一个特点，几行代码就可以实现很复杂的功能。但是，在实际的软件开发中，编写递归代码需要特别注意，因为一不小心就会引入 bug。递归导致的堆栈溢出问题是最常见的问题之一。

避免递归代码导致堆栈溢出的方法有很多，在 3.1 节，我们提到了限制递归调用的最大深度、将递归代码改为非递归代码等，这些是在软件开发中经常用到的。

关于如何避免递归产生堆栈溢出的问题，还有另外一种方法：将递归改写成尾递归。不过，什么样的递归代码才能改写为尾递归呢？尾递归真的能避免堆栈溢出吗？本节我们就探讨一下这些问题。

3.2.1 递归产生堆栈溢出的原因

首先，我们讨论一下为什么递归会产生堆栈溢出。

我们知道，函数调用采用函数调用栈来保存现场（局部变量、返回地址等）。函数调用栈是在内存中开辟的一块存储空间。它被组织成"栈"这种数据结构，数据先进后出。

递归的过程包含大量的函数调用。如果递归求解的数据规模很大，函数调用层次很深，那么函数调用栈中的数据（栈帧）会越来越多，而函数调用栈空间一般不大，这个时候，就会存在堆栈溢出的风险。

我们举个例子来说明一下。如下所示，这是求 n 的阶乘的递归代码。

```
int f(int n) {
  if (n <= 1) return 1;
  return n * f(n-1);
}
```

当 f(n) 执行到调用 f(n-1) 时，编译器将局部变量 n 和 f(n-1) 的返回地址（返回地址可以看成程序执行到了哪条语句，在 f(n-1) 返回之后，f(n) 从这条语句继续执行）封装成一个栈帧，保存在函数调用栈中，然后跳转到 f(n-1) 函数体内。

在 f(n-1) 函数执行完成之后，返回结果（假设是 res），编译器就从函数调用栈中取出之前保存的栈帧（n 和返回地址）。通过返回地址，编译器就知道之前执行到了哪条语句（即 return n * f(n-1) 这条语句），就可以接着从这条语句继续往下执行：将栈帧中保存的 n 的值，与 f(n-1) 的值（即 res）相乘（n*res），并且将结果返回。

如果我们不在函数调用栈里保存局部变量和返回地址，是否可行？答案是否定的。

在 f(n) 函数调用 f(n-1) 之前，如果编译器不把返回地址保存在栈中，那么在 f(n-1) 函数执行完成并返回后，编译器就不知道该从哪条语句继续执行了。如果编译器不把局部变量 n 保存在栈中，那么在 f(n-1) 函数执行完成并返回后，编译器即便知道要继续从哪条语句执行，但并不知道 n 的值，也无法继续执行"return n * f(n-1)"这条语句。

在上文中，我们把函数调用栈解释清楚了。求 n 的阶乘的递归代码的函数调用栈如图 3-3

所示。当 *n* 很大时，如 *n*=10000，在执行过程中，编译器就要向栈中压入 10000 个栈帧。如果这 10000 个栈帧的大小超过了栈的最大可以承载的大小，就会产生堆栈溢出。

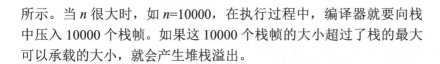

图 3-3　f(n) 的函数调用栈

3.2.2　什么样的递归代码可以改写为尾递归

在理解了递归产生堆栈溢出的原因后，我们再看一下，在某些特定情况下，为什么递归改为尾递归之后，可以避免堆栈溢出。

首先，我们必须明确，并不是所有的递归代码都可以改写为尾递归。一般情况下，只有递归调用出现在函数中的最后一行，并且没有任何局部变量参与最后一行代码的计算，这样的递归代码才可以改写成尾递归。求阶乘的递归代码就符合这个要求，因此，它可以改为尾递归。改写成尾递归之后的代码如下所示。

```
int f(int n, int res) {
  if (n <= 1) return res;
  return f(n - 1, n * res);
}
```

3.2.3　尾递归真的可以避免堆栈溢出吗

从理论上来讲，尾递归是有可能解决堆栈溢出问题的。注意这里的"有可能" 3 个字，作者会在下文进行解释。

上文讲过，函数调用栈中保存局部变量和返回地址，而对于尾递归代码，递归调用出现在最后一行代码中，返回之后不需要继续往下执行，因此，返回地址可以不用保存；而局部变量 n 也被移动到新的函数 f(n-1,n*res) 中，也不需要保存到栈中。也就是说，对于尾递归代码，我们没有什么东西必须保存在函数调用栈中，因此，就不需要向栈里压入数据，也就不存在堆栈溢出问题了。

不过，理论归理论。尾递归是否能避免堆栈溢出，还要看编程语言是否支持尾递归优化。这种针对尾递归调用不压栈任何数据的策略，在编程语言中称为"尾递归优化"。

有些编程语言支持尾递归优化，如 C 语言。C 语言会先识别代码，判断是不是一个尾递归代码。识别这一步骤很简单，递归调用是最后一个要执行的语句，并且没有其他局部变量参与最后一个语句的执行，这样就满足尾递归优化了。当代码被识别为尾递归代码之后，编程语言在执行这个尾递归代码的时候，就不需要进行压栈操作了。

想要支持尾递归，编程语言需要进行额外的识别工作，但并不是所有的编程语言都愿意"付出"这个代价，因此，很多编程语言并不支持尾递归优化。也就是说，即便我们把递归代码写成尾递归的形式，很多编程语言也不会主动去识别，而只会当成普通的递归代码来处理。除此之外，即便像 C 语言这种支持尾递归优化的编程语言，在编译代码的时候，我们也必须设置启动尾递归优化的参数，才能真正启动这个优化。

在实际的软件开发中，尾递归其实并没有太大作用，因为我们不能期望用它来避免递归导致的堆栈溢出问题。之所以这么说，具体理由如下：

● 并不是所有的编程语言都支持尾递归优化；

- 并不是所有的递归都可以改成尾递归；
- 能改成尾递归的代码都可以改成迭代；
- 尾递归代码的可读性很差。

3.2.4 思考题

根据如下代码，求解斐波那契数列的递归代码的空间复杂度。

```
int f(int n) {
  if (n == 0 || n == 1) {
    return n;
  }
  return f(n-1) + f(n-2);
}
```

3.3 排序算法基础：从哪几个方面分析排序算法

对于程序员，对排序不会感到陌生。很多人学的第一个算法就是排序算法。大部分编程语言提供了排序相关的函数。在平常的项目开发中，我们也经常会用到排序功能。排序算法是基础的算法，而且非常重要。

排序算法有很多，经典的排序算法包括冒泡排序、插入排序、快速排序、归并排序和堆排序等，应用场景比较特殊的排序算法有桶排序、计数排序和基数排序等，还有一些读者可能感觉比较陌生的排序算法，如"猴子"排序、睡眠排序和"面条"排序等。

对于排序算法，除学习算法原理、代码实现之外，更重要的是学习每个算法的特点，知道在什么场景下应该选择哪种排序算法。读者可能会说，选择时间复杂度越低的算法不就越好吗？在实际的软件开发中，仅仅依靠时间复杂度来选择排序算法肯定是不够的。因此，本节就先讲一下我们一般会从哪几个方面分析排序算法。

3.3.1 排序算法的执行效率

对于排序算法的执行效率，一般会从以下几个方面来分析。

1. 最好时间复杂度、最坏时间复杂度和平均时间复杂度

在分析排序算法的时间复杂度时，我们要分别给出最好、最坏、平均情况下的时间复杂度，以及这些不同的复杂度对应的待排序数据的特点。对于排序算法，原始数据的有序度（接近有序的程度，这个概念后面会讲到）对排序的执行时间会有比较大的影响。在极端情况下，对接近有序或完全无序的原始数据进行排序，排序需要的时间会有比较大的差别。为了了解排序算法在不同情况下的性能表现，我们需要综合分析这 3 个时间复杂度。

2. 时间复杂度的系数、常数和低阶

我们知道，时间复杂度反映的是算法的执行时间随数据规模 n 的增长趋势。在用大 O 表示法表示复杂度的时候，我们常常会忽略系数、常数和低阶。但在实际的软件开发中，要排序

的数据可能规模很小，如 n 为 0、100 或 1000，因此，在对时间复杂度相同的排序算法进行性能对比的时候，就要把系数、常数和低阶也考虑进来。

3. 比较次数和交换（或移动）次数

常用的排序算法，如冒泡排序、插入排序、选择排序、快速排序和归并排序等，是基于比较的排序算法。这类排序算法的执行过程涉及两个操作：比较元素大小和交换（或移动）元素位置。而这两个操作的耗时是不同的，比较元素大小的耗时要少于交换（或移动）元素位置。因此，在需要对排序算法的执行效率进行精细化分析时，要把比较次数和交换（或移动）次数区分开来统计。

3.3.2 排序算法的内存消耗

前面我们讲过，算法的内存消耗可以通过空间复杂度来衡量，排序算法也不例外。除空间复杂度分析之外，根据排序算法是否需要额外的非常量级的数据存储空间，我们还常把排序算法分为原地排序算法（在原数据存储空间上完成排序操作）和非原地排序算法（需要额外的非常量级的数据存储空间才能完成排序）。

这里需要特别注意的是，原地排序并不与 $O(1)$ 空间复杂度划等号。一个排序算法是原地排序算法，但它的空间复杂度可能并不是 $O(1)$。反过来讲，一个排序算法的空间复杂度是 $O(1)$，那么它肯定是原地排序算法。关于这一点的解释，我们放到 3.5 节中讲解。

3.3.3 排序算法的稳定性

对于大部分算法，只分析执行效率和内存消耗就足够了。不过，排序算法还有一个特有的分析维度：稳定性。根据稳定性，我们把排序算法分为稳定排序算法和不稳定排序算法。如果待排序的数据中存在值相等的元素，经过稳定排序算法排序之后，相等元素之间原有的先后顺序不变，经过不稳定排序算法排序之后，相等元素之间原有的先后顺序可能会被改变。

我们通过一个例子来解释一下。例如，有这样一组数据：2、9、3、4、8、3，按照从小到大排序之后就变成了：2、3、3、4、8、9。

这组数据里有两个 3。在经过某种排序算法排序之后，如果两个 3 的前后顺序没有改变，我们就把这种排序算法称为稳定排序算法；如果两个 3 的前后顺序发生变化，那么对应的排序算法就称为不稳定排序算法。

读者可能要问了：两个 3 不是一样的吗？

实际上，为了简化对算法的讲解，我们一般是用整数或字符串这些基本数据类型的数据作为算法处理的对象的。但在真正的软件开发中，我们要排序的往往不是单纯的整数或字符串，而是复杂的数据类型"对象"，我们按照"对象"的某个属性（称为算法处理的 key 值）来排序。因此，尽管两个对象的 key 值相同（如在上面的例子中，都是 3），但其他属性有可能不同，因此，属于不同的对象。

读者可能还会问：即便处理的是对象，既然 key 相等，谁在前谁在后又有什么关系？

对于这个问题，我们举个例子来解释。假设现在要给电商交易系统中的"订单"排序。订单有两个属性：下单时间和订单金额。如果有 10 万条订单数据，我们希望按照金额从小到大对它们排序。对于金额相同的订单，我们希望按照下单时间从早到晚排序。对于这样一个排序需求，我们该如何实现呢？

我们最先想到的处理方法：首先按照金额对订单进行排序，然后遍历排序之后的订单，对于每个金额相同的小区间再按照下单时间排序。这种排序思路理解起来很直接，符合我们的常规思维，但是实现起来却比较复杂。

我们再来看一下借助稳定排序算法的处理思路。我们先按照下单时间给订单排序，注意是按照下单时间而不是金额。在排序完成之后，再利用稳定排序算法，按照订单金额重新排序。在两遍排序之后，我们得到的订单数据就是按照金额从小到大排序，金额相同的订单按照下单时间从早到晚排序的。这种处理思路实现起来非常简洁，但理解起来比较困难。

稳定排序算法可以保持金额相同的两个对象，在排序之后的前后顺序不变。在第一次排序之后，所有的订单按照下单时间从早到晚排序。在第二次排序中，我们用稳定排序算法按照金额排序，相同金额的订单原有的先后顺序不变，仍然保持按照下单时间从早到晚排序，如图 3-4 所示。

按下单时间排序

ID	下单时间	金额/元
1	2018年9月3日 15:06:07	50
2	2018年9月3日 16:08:10	30
3	2018年9月3日 18:01:33	40
4	2018年9月3日 20:23:31	30
5	2018年9月3日 22:15:13	30
6	2018年9月4日 05:07:33	60

按金额重新排序

ID	下单时间	金额/元
2	2018年9月3日 16:08:10	30
4	2018年9月3日 20:23:31	30
5	2018年9月3日 22:15:13	30
3	2018年9月3日 18:01:33	40
1	2018年9月3日 15:06:07	50
6	2018年9月4日 05:07:33	60

图 3-4　借助稳定排序算法对订单排序

3.3.4　内容小结

在本节中，我们主要学习了如何分析排序算法。前面讲过，一般情况下，我们通过执行效率和内存消耗来分析一个算法，排序算法也不例外。

在分析算法的执行效率的时候，我们一般会从最好、最坏、平均 3 个方面来分析，并且给出不同复杂度对应的不同数据特点。对于相同时间复杂度的排序算法，我们还需要考虑复杂度表示中的低阶、系数和常数，更细致一点，还会对比较次数、移动或者交换次数来区别统计。

在分析算法的内存消耗的时候，除采用空间复杂度来分析之外，根据是否能在原数据存储空间上完成排序，排序算法还能分为原地排序算法和非原地排序算法。空间复杂度为 $O(1)$ 的排序算法肯定是原地排序算法，不过，反过来，原地排序算法的空间复杂度不一定是 $O(1)$。

除对执行效率和内存消耗的分析之外，对于排序算法，我们往往还会考察其稳定性。如果待排序的数据中存在值相等的元素，经过稳定排序算法排序之后，相等元素之间原有的先后顺序不变，经过不稳定排序算法排序之后，相等元素之间原有的先后顺序可能会被改变。

3.3.5　思考题

我们平时提到的排序算法是将数据全部加载到内存中处理，如果数据量比较大，无法一次性把数据全部放到内存中，那么又该如何对数据进行排序呢？

3.4 $O(n^2)$ 排序：为什么插入排序比冒泡排序更受欢迎

排序算法有很多，本书中只介绍众多排序算法中的一小部分，如冒泡排序、插入排序、选择排序、归并排序、快速排序、计数排序、基数排序和桶排序，它们是经典和常用的排序算法。按照时间复杂度，可以把它们分成 3 类（分别在 3.4 节～ 3.6 节进行讲解），如表 3-1 所示。

表 3–1　排序算法分类

节	时间复杂度	排序算法
3.4 节	$O(n^2)$	冒泡排序、插入排序、选择排序
3.5 节	$O(n\log n)$	快速排序、归并排序
3.6 节	$O(n)$	桶排序、计数排序、基数排序

带着问题学习是一种比较高效的学习方法。因此，按照惯例，我们还是先来看一个思考题：插入排序和冒泡排序的时间复杂度是相同的，都是 $O(n^2)$，在实际的软件开发中，为什么我们更倾向于选择使用插入排序而不是冒泡排序呢？

3.4.1 冒泡排序

整个冒泡排序（bubble sort）过程包含多次冒泡操作。每一次冒泡操作都会遍历整个数组，依次对数组中相邻的元素进行比较，看是否满足大小关系要求，如果不满足，就将它们互换位置。一次冒泡操作会让至少一个元素移动到它应该在的位置，重复 n 次，就完成了 n 个数据的排序工作。

我们通过一个例子来看一下冒泡排序的整个过程。假设我们要对一组数据：4、5、6、3、2、1，按照从小到大顺序进行排序。第一次冒泡操作的详细过程如图 3-5 所示。

从图 3-5 中可以看出，经过一次冒泡操作之后，6 这个元素已经存储在正确的位置上了。要想完成所有数据的排序，进行 6 次这样的冒泡操作即可，如图 3-6 所示。

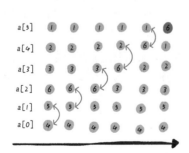

图 3-5　第一次冒泡操作的详细过程　　　图 3-6　冒泡排序的整个过程

实际上，上面的处理过程还可以继续优化。当某次冒泡操作已经没有数据交换时，说明数组已经达到完全有序，不用再继续执行后续的冒泡操作。例如图 3-7 所示的例子，给 6 个元素排序只需要 4 次冒泡操作。

冒泡排序算法的原理不难理解，对应的代码实现如下所示。

冒泡次数	冒泡后结果	是否有数据交换
初始状态	3 5 4 1 2 6	一
第1次冒泡	3 4 1 2 5 6	有
第2次冒泡	3 1 2 4 5 6	有
第3次冒泡	1 2 3 4 5 6	有
第4次冒泡	1 2 3 4 5 6	无，结束排序操作

图 3-7　冒泡排序优化

```
void bubbleSort(int[] a, int n) {
  if (n <= 1) return;
  for (int i = 0; i < n; ++i) {
    boolean flag = false; //提前退出冒泡循环的标志位
    for (int j = 0; j < n - i - 1; ++j) {
      if (a[j] > a[j+1]) { //交换相邻的两个元素
        int tmp = a[j];
        a[j] = a[j+1];
        a[j+1] = tmp;
        flag = true;  //表示有数据交换
      }
    }
    if (!flag) break;  //没有数据交换，提前退出
  }
}
```

接下来，结合 3.3 节讲的内容，我们来分析一下冒泡排序。

第一，冒泡排序是原地排序算法吗？

由于冒泡的过程只涉及相邻数据的交换操作，只需要常量级的临时空间，因此，空间复杂度为 $O(1)$，是一个原地排序算法。

第二，冒泡排序是稳定排序算法吗？

在冒泡排序中，只有交换才可以改变两个元素的前后顺序。为了保证冒泡排序的稳定性，在冒泡的过程中，我们对两个大小相等的相邻的元素不做交换，这就能保证相同大小的元素，在排序前后原有的先后顺序不会改变，因此，冒泡排序是稳定排序算法。

第三，冒泡排序的时间复杂度是多少？

在最好的情况下，要排序的数据已经是有序的了，我们只需要进行一遍冒泡操作，就可以结束了，因此，最好时间复杂度是 $O(n)$。而在最坏的情况下，要排序的数据刚好是倒序排列的，我们需要进行 n 次冒泡操作，因此，最坏时间复杂度为 $O(n^2)$，如图 3-8 所示。

最好、最坏情况下的时间复杂度都不难分析，那么平均情况下的时间复杂度是多少？

前面讲过，平均时间复杂度全称为加权平均期望时间复杂度，分析的时候需要结合概率论的知识。对于包含n个数据的集合，n 个数据就有$n!$种不同的排列方式。对于不同的排列方式，冒泡排序执行的时间是不同的。例如我们前面举的那两个例子，尽管都包含 6 个元素，但其中一个要进行 6 次冒泡操作，而另一个只需要 4 次冒泡操作。如果用概率论方法定量分析平均时间复杂度，涉及的数学推理和计算会很复杂。为了简化平均时间复杂度的分析，这里还有另外一种思路：通过"有序度"和"逆序度"这两个概念来进行分析。

什么是有序度和逆序度？

有序度是指数组中具有有序关系的元素对的个数，如果用数学表达式表示出来，就是 $a[i] \leqslant a[j], i < j$（假设从小到大为有序）。具体的例子如图 3-9 所示。

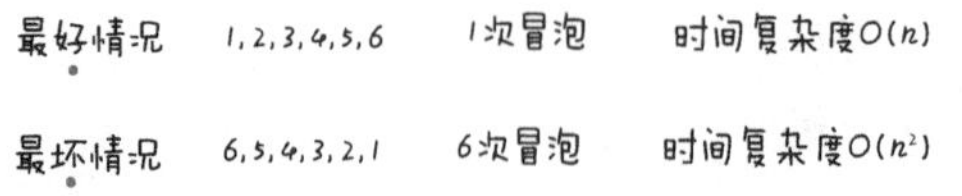

最好情况　1, 2, 3, 4, 5, 6　　1次冒泡　　时间复杂度 $O(n)$

最坏情况　6, 5, 4, 3, 2, 1　　6次冒泡　　时间复杂度 $O(n^2)$

图 3-8　冒泡排序的最好时间复杂度、最坏时间复杂度

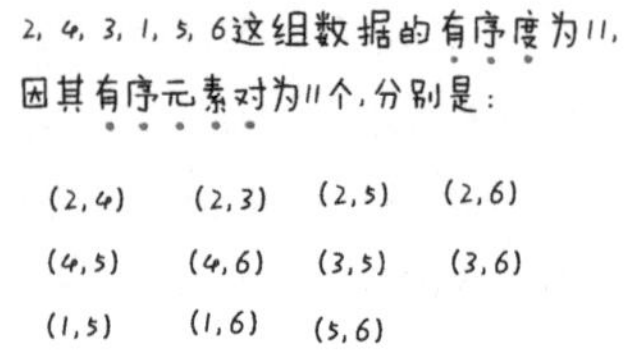

2, 4, 3, 1, 5, 6 这组数据的有序度为 11,
因其有序元素对为 11 个, 分别是:

(2,4)	(2,3)	(2,5)	(2,6)
(4,5)	(4,6)	(3,5)	(3,6)
(1,5)	(1,6)	(5,6)	

图 3-9　有序度举例

逆序度的定义正好与有序度相反，是指数组中逆序元素对的个数。而逆序元素对的定义也与有序元素对正好相反，如果用数学表达式表示出来，就是 $a[i]>a[j], i<j$（假设从小到大为有序）。

对于一个倒序（假设从小到大为有序）排列的数组，如 [6,5,4,3,2,1]，有序度是 0，逆序度是 $n(n-1)/2$，也就是 15；对于一个完全有序的数组，如 [1,2,3,4,5,6]，有序度是 $n(n-1)/2$，也就是 15，逆序度是 0。我们把完全有序的数组的有序度称为满有序度（也就是 $n(n-1)/2$）。

满有序度、有序度、逆序度之间有一定的关系：逆序度 = 满有序度 − 有序度。排序的过程就是增加有序度、减少逆序度的过程。当最终达到满有序度时，排序就完成了。

我们还是用冒泡排序来举例说明。

假设要排序的数组的初始状态是 [4,5,6,3,2,1]，其中，有序元素对有 (4,5)、(4,6) 和 (5,6)，因此数组的初始有序度是 3。因为此数组总共包含 6 个元素，所以排序完成之后终态的满有序度为 $n(n-1)/2 = 15$。整个排序过程的有序度变化如图 3-10 所示。

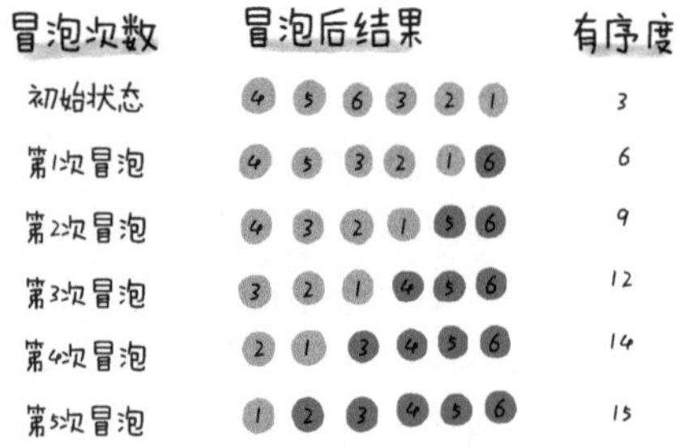

冒泡排序过程包含两个基本操作：比较和交换。因为冒泡排序只会交换相邻的两个元素，所以每进行一次交换操作，有序度就增加 1。因此，无论冒泡排序算法怎样改进，总交换次数是确定的，即为逆序度，也就是 $n(n-1)/2$ 减去初始有序度。在此例中，就是 15−3 = 12，也就是说，要进行 12 次交换操作。

冒泡次数	冒泡后结果	有序度
初始状态	4 5 6 3 2 1	3
第1次冒泡	4 5 3 2 1 6	6
第2次冒泡	4 3 2 1 5 6	9
第3次冒泡	3 2 1 4 5 6	12
第4次冒泡	2 1 3 4 5 6	14
第5次冒泡	1 2 3 4 5 6	15

图 3-10　冒泡排序过程中有序度的变化

在了解了有序度和逆序度这两个概念后，我们再来思考一下，对于包含 n 个数据的数组进行冒泡排序，平均交换次数是多少呢？

在最坏的情况下，初始状态的有序度是 0，因此，要进行 $n(n-1)/2$ 次交换。在最好的情况下，初始状态的有序度是 $n(n-1)/2$，就不需要进行交换。我们可以取中间值 $n(n-1)/4$，用它表示初始有序度既不是很高也不是很低的平均情况。换句话说，在平均情况下，需要 $n(n-1)/4$ 次交换操作，也就是说，交换操作次数是 n^2 量级的。而比较操作肯定要比交换操作多，复杂度的上限又是 $O(n^2)$（最坏的情况下），因此，比较操作次数也是 n^2 量级的。综合比较和交换两部分操作，冒泡排序平均情况下的时间复杂度是 $O(n^2)$。

这个平均时间复杂度推导过程其实并不严格，但是，很多时候却很实用，毕竟概率论的定量分析太复杂。在 3.5 节介绍快速排序的时候，我们还会用这种"不严格"的方法来分析平均时间复杂度。

3.4.2　插入排序

我们先来看这样一个问题：对于一个有序数组，往里添加一个新数据后，如何继续保持数组中的数据仍然有序呢？

　　解决方法很简单。我们只要遍历数组，用新数据依次与数组中的数据比较大小，找到它应该插入的位置，再将其插入即可，如图 3-11 所示。

　　这是维护动态数组有序的一个方法，即动态地往有序集合中添加数据，我们可以通过这种方法保持数组中的数据一直有序。而对于一组静态数据，我们也可以借鉴这种插入方法来进行排序，于是就有了插入排序（insertion sort）算法。

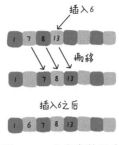

图 3-11　在有序数组中插入数据

　　那么插入排序具体是如何借助上文提到的思路来实现排序的呢？

　　首先，我们将数组中的数据分为两个区间：已排序区间和未排序区间。初始已排序区间只有一个元素，就是数组中的第一个元素。插入算法的核心思想是取未排序区间中的元素，在已排序区间中找合适的插入位置将其插入，并保证已排序区间数据一直有序。重复这个过程，直到未排序区间中元素为空，算法结束。

　　我们举一个例子来说明一下。如图 3-12 所示，要排序的数据是 4、5、6、1、3、2。其中，左侧为已排序区间，右侧是未排序区间。

　　插入排序过程也包含两种基本操作：元素的比较和移动。当我们需要将一个数据 a 插入到已排序区间时，需要用数据 a 与已排序区间的数据依次比较大小，找到合适的插入点。在找到插入点之后，我们还需要将插入点之后的数据顺序往后移动一位，这样才能腾出位置给数据 a 插入。

　　对于不同的查找插入点方法（从头到尾、从尾到头），总的比较次数是有区别的。但对于一个给定的初始序列，移动操作的总次数是固定的，就等于数组的逆序度。

　　为什么说移动次数就等于逆序度呢？我们还是用刚才的例子来解释，如图 3-13 所示。满有序度是 $n(n-1)/2=15$，初始序列的有序度是 5，逆序度是 10。在插入排序中，移动数据的个数总和也等于 10=3+3+4。

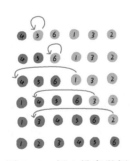

图 3-12　插入排序举例

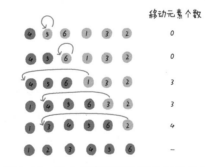

图 3-13　插入排序过程中移动元素的个数

插入排序的原理也比较容易理解，对应的代码实现如下所示。

```
public void insertionSort(int[] a, int n) {
  if (n <= 1) return;
  for (int i = 1; i < n; ++i) {
    int value = a[i];
    int j = i - 1;
    for (; j >= 0; --j) {  //查找插入的位置
      if (a[j] > value) {
        a[j+1] = a[j];  //数据移动
      } else {
        break;
```

```
      }
    }
    a[j+1] = value; //插入数据
  }
}
```

与冒泡排序算法一样，我们再来回答下面 3 个问题。

第一，插入排序是原地排序算法吗？

通过原理介绍和代码实现，我们可以很明显地看出，插入排序的运行过程并不需要额外的存储空间，因此，它是原地排序算法。同时，它的空间复杂度也是 $O(1)$。

第二，插入排序是稳定排序算法吗？

对于未排序区间的某个元素，如果在已排序区间存在与它值相同的元素，我们选择将它插入到已排序区间值相同元素的后面，这样就可以保持值相同元素原有的前后顺序不变，因此，插入排序是稳定排序算法。

第三，插入排序的时间复杂度是多少？

如果要排序的数据已经是有序的，我们就不需要移动任何数据。如果我们选择从尾到头在已排序区间里查找插入位置，那么每次只需要比较一个数据就能确定插入位置。因此，综合元素移动和比较的次数，最好时间复杂度为 $O(n)$。

如果数组是倒序的，那么每次插入都相当于在数组的第一个位置插入新的数据。因此，需要移动大量的数据，最坏时间复杂度为 $O(n^2)$。

还记得我们在数组中插入一个数据的平均时间复杂度是多少吗？没错，是 $O(n)$。因此，对于插入排序，每次插入操作都相当于在数组中插入一个数据，循环执行 n 次插入操作，因此，平均时间复杂度为 $O(n^2)$。

当然，我们也可以参照冒泡排序的平均时间复杂度的分析方法，采用逆序度、有序度来分析插入排序的平均时间复杂度。这里不再赘述，留给读者自己分析。

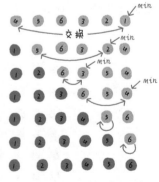

图 3-14　选择排序举例

3.4.3　选择排序

选择排序（selection sort）的实现思路类似插入排序，也将整个数组划分为已排序区间和未排序区间。两者的不同点在于：选择排序每次从未排序区间中找到最小的元素，将其放到已排序区间的末尾。我们还是通过一个例子来解释一下，如图 3-14 所示。

按照上面介绍的原理，我们给出相应的实现代码，如下所示。

```
public void selectionSort(int[] a, int n) {
  if (n <= 1) return;
  for (int i = 0; i < n-1; ++i) { //循环n-1次就可以
    int minPos = i;
    for (int j = i; j < n; ++j) { //查找min
      if (a[j] < a[minPos]) {
        minPos = j;
      }
    }
    //交换元素
    int tmp = a[i];
    a[i] = a[minPos];
```

```
        a[minPos] = tmp;
    }
}
```

按照惯例，对于选择排序算法，我们也有 3 个问题需要思考。不过，前面两种排序算法已经分析得很透彻了，这里直接给出答案，不作详细分析。

选择排序的空间复杂度为 $O(1)$，是一种原地排序算法。选择排序的最好时间复杂度、最坏时间复杂度、平均时间复杂度都为 $O(n^2)$。选择排序是稳定排序算法吗？对于这个问题，作者重点解释一下。

选择排序不是稳定排序算法。从图 3-14 中可以看出，选择排序每次要找剩余未排序元素中的最小值，然后与前面的元素交换位置。这里的交换操作破坏了排序算法的稳定性。例如 5、8、5、2、9 这样一组数据，使用选择排序来排序的话，第一次找到最小的元素是 2，与第一个元素 5 交换位置，那么第一个 5 和中间的 5 的原有的先后顺序就改变了，因此，选择排序就是不稳定的了。

3.4.4 解答本节开篇问题

现在，我们来看一下本机开篇的问题：插入排序和冒泡排序的时间复杂度是相同的，都是 $O(n^2)$，在实际的软件开发中，为什么我们更倾向于选择使用插入排序而不是冒泡排序呢？

前面讲到，冒泡排序无论如何优化，元素交换的总次数是一个固定值，是原始数据的逆序度。插入排序与冒泡排序类似，元素移动的总次数等于原始数据的逆序度。尽管如此，但如果我们再进行细致比较，就会发现，从代码实现上来看，冒泡排序的数据交换操作要比插入排序的数据移动操作复杂。冒泡排序的交换操作需要 3 个赋值语句，而插入排序只需要 1 个赋值语句，具体代码对比如下所示。

```
//冒泡排序中数据的交换操作
if (a[j] > a[j+1]) { //交换
  int tmp = a[j];
  a[j] = a[j+1];
  a[j+1] = tmp;
  flag = true;
}

//插入排序中数据的移动操作
if (a[j] > value) {
  a[j+1] = a[j]; //数据移动
} else {
  break;
}
```

我们把执行一个赋值语句的时间粗略地计为单位时间，然后，分别用冒泡排序和插入排序对同一个逆序度是 K 的数组进行排序。冒泡排序需要进行 K 次交换操作，每个交换操作需要 3 个赋值语句，因此，交换操作总耗时就是 $3K$ 个单位时间。而插入排序需要进行 K 次数据移动操作，每个移动操作需要 1 个赋值语句，因此，移动操作的总耗时是 K 个单位时间。因此，插入排序要比冒泡排序快。

这只是理论上的分析。为了验证这个结论，针对冒泡排序和插入排序，作者编写了一个性能对比测试程序，随机生成 10000 个数组，每个数组中包含 200 个数据，然后在作者的机器上分别用冒泡排序和插入排序来排序，冒泡排序大约用了 700ms 才执行完成，而插入排序只需要大约 100ms！

　　尽管冒泡排序和插入排序在时间复杂度上是相同的，都是 $O(n^2)$，但是，如果我们希望把性能优化做到极致，那么肯定首选插入排序。除此之外，对于插入排序，本节只讲了最简单的一种，它还有很大的优化空间，如果感兴趣，读者可以自行学习一下它的升级版：希尔排序。

3.4.5　内容小结

　　在本节中，我们分析了 3 种时间复杂度是 $O(n^2)$ 的排序算法：冒泡排序、插入排序和选择排序。3 种排序算法的对比如表 3-2 所示。读者需要重点掌握的是它们的原理、实现、性能和稳定性分析。

表 3-2　3 种排序算法的对比

	是否为原地排序	是否为稳定排序	最好时间复杂度	最坏时间复杂度	平均时间复杂度
冒泡排序	是	是	$O(n)$	$O(n^2)$	$O(n^2)$
插入排序	是	是	$O(n)$	$O(n^2)$	$O(n^2)$
选择排序	是	否	$O(n^2)$	$O(n^2)$	$O(n^2)$

　　在这 3 种排序算法中，对于冒泡排序、选择排序，我们学习它们的目的只是为了开拓思维，在实际开发中应用其实并不多。在实际开发过程中，插入排序的作用还是挺大的。在 3.7 节讲到排序优化的时候，我们会讲到，在有些编程语言中，其排序函数的实现会用到插入排序。

3.4.6　思考题

　　特定算法依赖特定数据结构。本节介绍的几种排序算法都是基于数组实现的。如果数据存储在链表中，这 3 种排序算法是否还能正常工作？如果能，对应的时间复杂度、空间复杂度是多少呢？

3.5　$O(n\log n)$ 排序：如何借助快速排序思想快速查找第 K 大元素

　　在 3.4 节中，我们学习了 3 种时间复杂度是 $O(n^2)$ 的排序算法：冒泡排序、插入排序和选择排序。因为它们的时间复杂度比较高，所以只适合小规模数据的排序。在本节中，我们学习两种时间复杂度为 $O(n\log n)$ 的排序算法：归并排序和快速排序。这两种排序算法性能更好、更常用，更适合大规模数据的排序。

　　归并排序和快速排序都用到了分治算法思想，算法思想非常巧妙。实际上，我们还可以借助排序算法的处理思想来解决一些非排序相关的问题，例如，如何在 $O(n)$ 的时间复杂度内查找一个无序数组中的第 K 大元素？带着这个问题，我们开始本节的学习。

3.5.1　归并排序的原理和实现

　　归并排序的原理并不复杂，重点是理解分治算法思想和递归处理思路。如果要排序一个数组，那么我们首先把数组从中间分解成前后两部分，然后对前后两部分分别排序，最后将排好序的两部分合并在一起，这样整个数组就有序了。我们通过一个例子来看一下归并排序的执行过程，如图 3-15 所示。

归并排序使用的是分治算法思想。分治，顾名思义，就是分而治之，将一个大问题分解成小的子问题并逐个解决。小的子问题解决了，大问题也就解决了。

从上文的描述中，读者有没有感觉到，分治算法思想与上文提到的递归很像。是的，分治算法一般是用递归来实现的。分治是一种解决问题的处理思想，递归是一种编程技巧。关于分治算法思想，我们会在

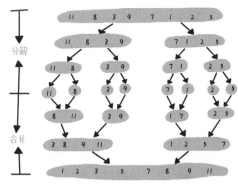

图 3-15 归并排序的执行过程

10.2 节详细讲解，这里就不展开讨论了。我们将本节的重点聚焦在排序算法上。

现在，我们就来探讨一下如何用递归来实现归并排序。

前面讲过，编写递归代码的技巧是：写递推公式，寻找终止条件，最后将递推公式和终止条件"翻译"成代码。因此，要想写出归并排序的递归代码，我们先要写出它的递推公式（见式（3-4））和终止条件。

递推公式：

$$\text{merge\_sort}(p,r)=\text{merge}(\text{merge\_sort}(p,q),\text{merge\_sort}(q+1,r)) \qquad (3\text{-}4)$$

终止条件：$p \geq r$，不用再继续分解。

在式（3-4）中，$\text{merge\_sort}(p,r)$ 表示对下标从 p 到 r 的数组数据进行归并排序。我们将这个排序问题转化为了两个子问题，$\text{merge\_sort}(p,q)$ 和 $\text{merge\_sort}(q+1,r)$，其中下标 q 表示 p 和 r 的中间位置，也就是 $(p+r)/2$。当下标从 p 到 q 和从 $q+1$ 到 r 这两个子数组都排好序之后，我们再将两个有序的子数组合并在一起（式（3-4）中的 merge()），这样下标从 p 到 r 的数组数据就排好序了。

有了递推公式，"翻译"成代码就简单多了。这里只给出伪代码，读者可以将其"翻译"成自己熟悉的编程语言代码。

```
//归并排序算法，A是数组,n表示数组大小
merge_sort(A, n) {
  merge_sort_c(A, 0, n-1)
}

//递归调用函数
merge_sort_c(A, p, r) {
  //递归终止条件
  if p >= r  then return
  //取p到r的中间位置q
  q = (p+r) / 2
  //分治递归
  merge_sort_c(A, p, q)
  merge_sort_c(A, q+1, r)
  // 将A[p,q]和A[q+1,r]合并为A[p,r]
  merge(A[p,r], A[p,q], A[q+1,r])
}
```

其中，merge(A[p,r],A[p,q],A[q+1,r]) 这个函数的作用就是将已经有序的 A[p,q] 和 A[q+1,r] 合并成一个有序数组 A[p,r]。如何合并呢？

如图 3-16 所示，我们申请一个临时数组 *tmp*，大小与 A[*p,r*] 相同。两个游标 *i* 和 *j* 起初分别指向 A[*p,q*] 和 A[*q*+1,*r*] 的第一个元素。比较 A[*i*] 和 A[*j*] 这两个元素，如果 A[*i*] ≤ A[*j*]，就把 A[*i*] 放入到临时数组 *tmp*，并将 *i* 后移一位，否则将 A[*j*] 放入到临时数组 *tmp*，并将 *j* 后移一位。继续比较 A[*i*] 和 A[*j*]，直到其中一个子数组中的所有数据都放入临时数组 *tmp* 中，结束比较，然后把另外一个数组中的数据依次加入到临时数组 *tmp* 的末尾。此时，临时数组 *tmp* 中存储的就是两个子数组合并之后的结果。最后，把临时数组 *tmp* 中的数据复制到原数组 A[*p,r*] 中。

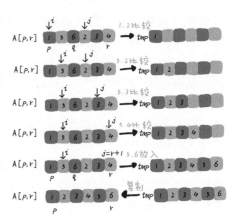

图 3-16　归并排序的合并操作

根据上面的原理描述，我们把 merge() 函数写成伪代码的形式，如下所示。

```
merge(A[p,r], A[p,q], A[q+1,r]) {
  var i := p,j := q+1,k := 0 //初始化变量i, j, k
  var tmp := new array[0,r-p] //申请一个大小与A[p,r]一样的临时数组
  while i <= q AND j <= r do {
    if A[i] <= A[j] {
      tmp[k++] = A[i++]
    } else {
      tmp[k++] = A[j++]
    }
  }

  //判断哪个子数组中有剩余数据
  var start := i,end := q
  if j <= r then start := j, end := r

  //将剩余的数据复制到临时数组tmp
  while start <= end do {
    tmp[k++] = A[start++]
  }

  // 将tmp中的数组复制回A[p,r]
  for i := 0 to r-p do {
    A[p+i] = tmp[i]
  }
}
```

还记得前面讲过的利用"哨兵"简化编程的处理技巧吗？如果借助"哨兵"，merge() 函数的代码实现会更加简洁。如何来做，这个问题留给读者思考。

3.5.2　归并排序的性能分析

对于归并排序，我们需要分析一下它的时间复杂度、空间复杂度及稳定性。

第一，归并排序是稳定排序算法吗？

结合归并排序的原理和实现代码，我们可以发现，归并排序是否稳定关键要看 merge() 函数，也就是两个有序子数组合并成一个有序数组这部分逻辑。

在合并的过程中，如果前半部分 A[*p,q*] 和后半部分 A[*q*+1,*r*] 之间有值相同的元素，那么我们可以像上面的伪代码中的处理方法那样，先把位于前半部分 A[*p,q*] 中的值相同的元素放入临

时数组 *tmp*，再把后半部分中的值相同的元素放入临时数组 *tmp*。这样就能保证值相同的元素在合并前后的先后顺序不变。因此，归并排序是稳定排序算法。

第二，归并排序的时间复杂度是多少？

因为归并排序涉及递归，所以它的时间复杂度的分析有点复杂。我们正好借此机会来学习一下如何分析递归代码的时间复杂度。

在 3.1 节中提到过递归的适用场景：一个问题 a 可以分解为子问题 b 和子问题 c，求解问题 a 可以分解为求解子问题 b 和子问题 c。在子问题 b 和子问题 c 解决之后，我们再把子问题 b 和子问题 c 的结果合并成问题 a 的结果。

假设求解问题 a、子问题 b 和子问题 c 的时间分别是是 $T(a)$、$T(b)$ 和 $T(c)$，就可以得到式（3-5）所示的递推关系式。其中，K 表示将子问题 b 和子问题 c 的结果合并成问题 a 的结果所消耗的时间。

$$T(a) = T(b)+T(c)+K \tag{3-5}$$

通过刚才的分析，我们可以得到一个重要的结论：不仅递归代码可以写成递推公式，递归代码的时间复杂度的计算也可以写成递推公式。

利用式（3-5），我们来分析一下归并排序的时间复杂度。

假设对包含 n 个元素的数组进行归并排序需要的时间是 $T(n)$，归并排序会将数组分解为两个子数组进行排序，排序两个子数组对应的时间分别是 $T(n/2)$。通过分析 merge() 函数的代码，我们可以知道，merge() 函数合并两个有序子数组的时间复杂度是 $O(n)$。因此，套用式（3-5），归并排序的时间复杂度的计算公式如式（3-6）所示。

$T(1) = $ C（当 $n = 1$ 时，只需要常量级的执行时间，因此表示为 C）

$$T(n) = 2T(n/2)+n \quad (n>1) \tag{3-6}$$

基于式（3-6），我们求解 $T(n)$，将它表示成只包含 n 的表达式。具体的求解过程如下所示。

$$
\begin{aligned}
T(n) &= 2T(n/2)+n \\
&= 2(2T(n/4)+n/2)+n=4T(n/4)+2n \\
&= 4(2T(n/8)+n/4)+2n=8T(n/8)+3n \\
&= 8(2T(n/16)+n/8)+3n=16T(n/16)+4n \\
&\ \ ... \\
&= 2^kT(n/2^k)+kn
\end{aligned}
\tag{3-7}
$$

如上所示，通过一步步的推导，我们得到 $T(n)=2^kT(n/2^k)+kn$。此时，我们不但没有将 T 从公式中移除，而且引入了新的参数 k。不过，我们还有一个条件没有用到，就是当 $n=1$ 时，$T(1)=$C。利用这个条件，当 $T(n/2^k)=T(1)$ 时，也就是 $n/2^k=1$，我们得到 $k=\log_2 n$。我们将 k 值代入式（3-7），得到 $T(n)=Cn+n\log_2 n$。如果我们用大 O 标记法来表示的话，$T(n)$ 就等于 $O(n\log n)$。因此，归并排序的时间复杂度是 $O(n\log n)$。

从上面的原理分析和伪代码实现可以看出，归并排序的执行效率与原始数组的有序程度无关。因此，其时间复杂度非常稳定，无论是最好情况、最坏情况，还是平均情况，时间复杂度都是 $O(n\log n)$。

第三，归并排序的空间复杂度是多少？

归并排序可以做到在任何情况下时间复杂度都是 $O(n\log n)$。在下文讲到快速排序的时候，读者会发现，即便是快速排序，也无法达到像归并排序这样的性能表现，在最坏的情况下，快速排序的时间复杂度也要达到 $O(n^2)$。归并排序如此优秀，即使在最坏的情况下，时间复杂度

也可以达到 $O(n\log n)$，为什么归并排序并没有像快速排序那样被广泛应用呢？

这是因为归并排序有一个致命的"弱点"，就是它不是原地排序算法。归并排序的合并函数在合并两个有序数组为一个有序数组的时候，需要借助非常量级的额外的存储空间（临时数组 tmp）。我们可以很容易地辨别归并排序不是原地排序算法，但归并排序的空间复杂度到底是多少呢？是 $O(n)$？还是 $O(n\log n)$？

如果继续按照类似递归的时间复杂度的分析方法，通过递推公式来求解，那么由此得到的归并排序的空间复杂度就是 $O(n\log n)$。不过，用类似分析时间复杂度的思路来分析空间复杂度是不对的。

之所以不能像分析时间复杂度那样分析空间复杂度，是因为空间复杂度是一个峰值，而时间复杂度是一个累加值。递归代码的空间消耗并不能像时间消耗那样累加。空间复杂度表示在程序运行过程中最大的内存消耗，而不是累加的内存消耗。

尽管每次合并操作都需要申请额外的临时数组 tmp，但在函数完成之后，临时数组 tmp 所占用的内存就被释放了。在任意时刻，只会有一个函数在执行，也就只会有一个临时数组 tmp 在使用。占用的临时内存空间最大也不会超过 n 个数据的大小，对应的空间复杂度也就是 $O(n)$。

除此之外，在分析递归代码的空间复杂度的时候，还要包含函数调用栈的空间消耗。从图 3-17 中可以看出，归并排序递归的最大深度是 $\log_2 n$，每次递归调用，只需要将少量几个变量压入栈（临时数组 tmp 不会入栈），因此，每层函数调用的空间消耗是常量级的，因此，归并排序总的函数调用栈空间的消耗是 $O(\log n)$。

综合上述两部分，归并排序的空间复杂度是 $O(n+\log n)$，省略低阶部分，也就是 $O(n)$。

3.5.3　快速排序的原理和实现

介绍完了归并排序，我们再来看一下快速排序（quick sort）。快速排序也利用了分治算法思想。乍一看，它有点像归并排序，但处理思路其实完全不一样。我们在下文会讲解两者的区别。现在，我们先来看一下快速排序的算法原理。

如果要排序数组中下标从 p 到 r 的数据，那么，我们选择 p 到 r 之间的任意一个数据作为 pivot（分区点），然后遍历从 p 到 r 的数据，将小于 pivot 的放到左边，将大于或等于 pivot 的放到右边，将 pivot 放到中间。经过这一步骤处理之后，从 p 到 r 的数据就被分成了 3 个部分。假设 pivot 现在所在位置的下标是 q，那么从 p 到 $q-1$ 的数据都小于 pivot，中间是 pivot，从 $q+1$ 到 r 的数据都大于或等于 pivot。基于 pivot 对 p 到 r 的数据分区的示例如图 3-17 所示。

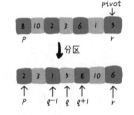

图 3-17　基于 pivot 对 p 到 r 的数据分区的示例

根据分治的处理思想，分区完成之后，我们递归地排序下标从 p 到 $q-1$ 的数据和下标从 $q+1$ 到 r 的数据，直到待排序区间大小缩小为 1，这就说明数组中所有的数据都有序了。如果用递推公式将上面的过程表示出来，如式（3-8）所示。

递推公式：

$$\text{quick\_sort}(p,r)=\text{partition}(p,r)+\text{quick\_sort}(p,q-1)+\text{quick\_sort}(q+1,r) \tag{3-8}$$

终止条件：$p \geqslant r$。我们可以将式（3-8）转化成递归代码，此处用伪代码编写，如下所示。

```
quick_sort(A, n) {
  quick_sort_c(A, 0, n-1)
```

```
}

// 快速排序递归函数,p、r为下标
quick_sort_c(A, p, r) {
  if p >= r then return
  q = partition(A, p, r) //分区
  quick_sort(A, p, q-1)
  quick_sort(A, q+1, r)
}
```

归并排序有一个合并函数 merge(), 对应地, 快速排序有一个分区函数 partition()。实际上, 刚才已经讲过了, partition() 所做的工作就是随机选择一个元素作为 pivot (一般选择 *p* 到 *r* 区间中的最后一个元素), 然后基于 pivot 对 *A*[*p*,*r*] 分区。分区函数返回分区之后 pivot 的下标。

如果不考虑空间消耗的话, 那么 partition() 函数实现起来非常简单。如图 3-18 所示, 我们首先申请两个临时数组 *X* 和 *Y*, 然后遍历 *A*[*p*,*r*], 将小于 pivot 的元素都复制到临时数组 *X*, 将大于或等于 pivot 的元素都复制到临时数组 *Y*, 最后, 将数组 *X* 中的数据、pivot、数组 *Y* 中的数据依次复制到 *A*[*p*,*r*]。

但是, 如果按照这种思路来实现的话, 那么 partition() 函数执行的过程需要消耗很多额外的内存空间, 因此, 快速排序就不是原地排序算法了。如果我们希望快速排序是原地排序算法, 那么需要在原数组 *A*[*p*,*r*] 之上完成分区操作。

原地分区函数的实现思路非常巧妙, 写成伪代码如下所示。

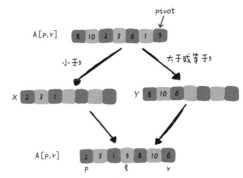

图 3-18 分区的简单实现方式

```
partition(A, p, r) {
  pivot := A[r]
  i := p
  for j := p to r do {
    if A[j] < pivot {
      swap A[i] with A[j]
      i := i+1
    }
  }
  swap A[i] with A[r]
  return i
}
```

原地分区函数的处理思路有点类似选择排序。我们通过游标 *i* 把 *A*[*p*,*r*−1] 分成两部分。*A*[*p*,*i*−1] 的元素都小于 pivot (也就是 *A*[*r*]), 我们暂且称它 "已处理区间", 对应地, *A*[*i*,*r*−1] 是 "未处理区间"。每次从未处理区间 *A*[*i*,*r*−1] 中取一个元素 *A*[*j*], 与 pivot 对比, 如果小于 pivot, 则将其插入到已处理区间的尾部, 也就是下标为 *i* 的位置。

读者还记得数组的插入操作吗? 在数组某个位置插入元素, 需要搬移数据, 非常耗时。当时我们介绍了一种处理技巧, 就是通过交换来避免搬移。这里我们就可以借助这种处理技巧, 只需要将 *A*[*i*] 与 *A*[*j*] 交换, 就可以在 *O*(1) 时间复杂度内将 *A*[*j*] 放到下标为 *i* 的位置。

为了方便读者理解, 作者画了一张图来展示分区的整个过程, 如图 3-19 所示。

分区的过程涉及交换操作, 如果数组中有两个相同的元素, 如 [6,8,7,6,3,5,9,4], 在经过第一次分区操作之后, 两个 6 的相对先后顺序就会改变。因此, 快速排序并不是稳定排序算法。

到此，我们介绍完了快速排序的原理。现在，我们再来探讨另外一个问题：快速排序和归并排序都利用了分治算法思想，递推公式和递归代码也非常相似，它们的区别在哪里？

从图3-20中可以发现，归并排序的处理过程是由下到上的，先处理子问题，再合并。而快速排序正好相反，它的处理过程是由上到下的，先分区，再处理子问题。归并排序虽然是稳定的、时间复杂度为$O(n\log n)$的排序算法，但它不是原地排序算法。前面讲过，归并排序之所以不是原地排序算法，主要是因为合并函数无法在原地执行。快速排序通过巧妙的设计实现了原地分区函数，解决了归并排序太耗内存的问题。

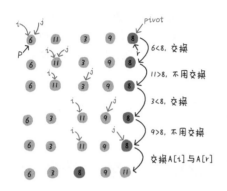

图 3-19 原地分区处理过程

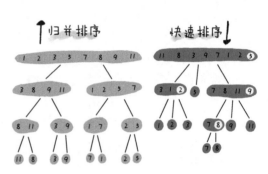

图 3-20 归并排序和快速排序的原理对比

3.5.4 快速排序的性能分析

我们在上文中已经对快速排序是否是原地排序、是否是稳定排序做了分析，现在，我们再来分析一下它的时间复杂度和空间复杂度。

快速排序也是用递归来实现的，因此，它的时间复杂度也可以通过递推公式来计算。如果每次分区都能把大区间分成大小接近的两个小区间，在这种假设下，快速排序的时间复杂度递推公式如式（3-9）所示。式（3-9）与归并排序的递推公式完全相同，因此，快速排序的时间复杂度也是$O(n\log n)$。

$$T(1) = C（当 n = 1 时，只需要常量级的执行时间，因此表示为 C）$$

$$T(n) = 2T(n/2)+n（n>1）\tag{3-9}$$

但是，式（3-9）成立的前提是：对于每次分区，我们选择的pivot都很合适，正好能将大区间均等地一分为二，但实际上这很难做到。

我们再来看一个比较极端的例子：数组中的数据原本就已经有序了，如[1,3,5,6,8]。如果我们每次选择最后一个元素作为pivot，那么每次分区得到的两个小区间都是很不均等的。我们需要进行大约n次分区操作，才能完成快速排序的整个过程。每次分区平均要扫描大约$n/2$个元素，因此，快速排序的时间复杂度就从$O(n\log n)$退化成了$O(n^2)$。

上文提到了两个极端情况，一个是分区极其均衡，另一个是分区极其不均衡。它们分别对应最好时间复杂度和最坏时间复杂度。那么快速排序的平均时间复杂度是多少呢？

假设每次分区操作都将大区间分成元素比例为9∶1的两个小区间。继续套用递归的时间复杂度的计算方法，递推公式如式（3-10）所示。

$$T(1) = C（当 n = 1 时，只需要常量级的执行时间，表示为 C）$$

$$T(n) = T(n/10)+T(9n/10)+n（n>1） \tag{3-10}$$

虽然式（3-10）可以求解，但求解过程非常复杂，作者不推荐使用这种方法。实际上，除递推公式以外，求解递归的时间复杂度还有其他方法，如递归树。在 5.4 节，我们会利用递归树详细分析快速排序在这种分区比例下的时间复杂度。这里我们先只给出结论：即便分区不平均，只要分区比例是一个确定的常量（如 9:1、99:1、999:1 等），快速排序的时间复杂度仍然是 O(nlogn)。

在分析了快速排序的时间复杂度后，下面分析一下它的空间复杂度。前面讲到，快速排序是一种原地排序算法，排序的过程不需要额外的临时空间，在原数组上就能完成。不过，前面还讲到，原地排序并不意味着空间复杂度就是 O(1)。由于快速排序是用递归来实现的，因此，它还会消耗函数调用栈空间。

在分区点选择比较恰当的情况下，每次分区都将大区间均衡地一分为二，因此，递归的最大深度约为 $\log_2 n$，而每次压栈的数据只有常量级大小，因此，总的空间复杂度是 O(logn)。在分区点选择非常不恰当（分区不均衡）的情况下，如原始数据完全有序，递归的最大深度就变成了 n，因此，最坏的情况下，空间复杂度就变成了 O(n)。在平均情况下，递归深度也是对数级别的，具体的分析方法留在 5.4 节中讲解。

3.5.5 解答本节开篇问题

现在我们来看一下本节开篇问题：如何在 O(n) 的时间复杂度内查找一个无序数组中的第 K 大元素？这里我们假设第 K 大的意思是从小到大排序的第 K 个元素。例如，对于 4、2、5、12、3 这样一组数据，从小到大排序之后是 2、3、4、5、12，第 2 大元素是 3。

我们借助快速排序中的分区方法来解决这个问题。选择数组 A[0,n−1] 中的最后一个元素 A[n−1] 作为 pivot，对数组 A[0,n−1] 进行原地分区，这样数组就分成了 3 部分：A[0,p−1]、A[p]、A[p+1,n−1]。

如果 K=p+1，那么 A[p] 就是第 K 大元素；如果 K>p+1，就说明第 K 大元素出现在 A[p+1,n−1] 中，我们再按照上面的思路递归地在 A[p+1,n−1] 中查找；如果 K<p+1，就在 A[0,p−1] 里继续查找。

我们举例说明一下上述处理过程，如图 3-21 所示。

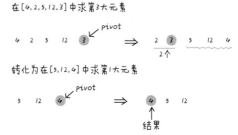

图 3-21 利用快速排序思想求第 K 大元素

我们再来探讨一下，为什么上述解决思路的时间复杂度是 O(n)？

第一次分区查找需要遍历 n 个元素。第二次分区查找只需要遍历 n/2 个元素。依此类推，每次分区查找遍历元素的个数分别为 n、n/2、n/4、n/8、n/16，直到区间缩小为 1。

如果我们把每次分区查找遍历元素的个数加起来，就是总的需要遍历的元素个数。n+n/2+n/4+n/8+…+1 这是一个等比数列求和，结果等于 2n−1。因此，上述解决思路的时间复杂度就为 O(n)。

读者可能会说，还有个很笨的办法，每次取数组中的最小值，将其移动到数组的最前面，然后在剩下的数组中继续找最小值，依此类推，执行 K 次，找到的数据不就是第 K 大元素了吗？

虽然这个方法可以解决问题，但时间复杂度就不是 $O(n)$ 了，而是 $O(Kn)$。读者可能会说，时间复杂度中的系数不是可以忽略吗？$O(Kn)$ 不就等于 $O(n)$ 吗？

$O(n)$ 和 $O(Kn)$ 可不能这么简单地划等号。当 K 是比较小的常量时，如 1、2，最好时间复杂度确实是 $O(n)$；但当 K 等于 $n/2$ 或者 n 时，最坏情况下的时间复杂度就是 $O(n^2)$ 了。而基于快速排序的解决方案，我们可以借助 3.7 节将要讲到的其他分区点查找方法，保证每次分区都比较均衡，这样就可以保证时间复杂度在大部分情况下是 $O(n)$。

3.5.6　内容小结

归并排序和快速排序是稍微复杂的排序算法，它们都利用了分治算法思想，代码都可以通过递归来实现，并且实现过程非常相似。理解归并排序的关键是理解递推公式和合并函数 merge()。理解快速排序的关键是理解递推公式和分区函数 partition()。

归并排序是一种在任何情况下的时间复杂度都比较稳定的排序算法，这也使它存在致命的缺点，即归并排序不是原地排序算法，空间复杂度比较高，是 $O(n)$。正因如此，它没有快速排序应用广泛。

虽然快速排序在最坏的情况下的时间复杂度是 $O(n^2)$，但平均情况下的时间复杂度是 $O(n\log n)$。不仅如此，快速排序的时间复杂度退化到 $O(n^2)$ 的概率非常小，我们可以通过合理地选择 pivot 来避免极端情况的发生。

3.5.7　思考题

假设有 10 个接口访问日志文件，每个日志文件的大小约 300MB，每个文件里的日志都是按照时间戳从小到大排序的。现在，我们希望将这 10 个较小的日志文件，合并为 1 个日志文件，合并之后的日志仍然按照时间戳从小到大排序。如果处理上述排序任务的机器的内存只有 1GB，那么，在有限的机器资源的情况下，读者有什么好的解决思路能快速地将这 10 个日志文件合并？

3.6　线性排序：如何根据年龄给 100 万个用户排序

在 3.4 节和 3.5 节中，我们学习了几种常用的排序算法，包括时间复杂度为 $O(n^2)$ 的冒泡排序、插入排序和选择排序，时间复杂度为 $O(n\log n)$ 的归并排序和快速排序。在本节中，我们学习 3 种时间复杂度是 $O(n)$ 的排序算法：桶排序、计数排序和基数排序。

由于桶排序、计数排序和基数排序的时间复杂度是线性的，因此，我们把这类排序也称为线性排序（linear sort）。之所以能做到线性的时间复杂度，主要是因为它们都不是基于比较的排序算法，排序的过程不涉及元素之间的比较操作。

桶排序、计数排序和基数排序理解起来都不难，时间复杂度、空间复杂度分析起来也很简单，但是，对待排序的数据有苛刻的要求，因此，本节学习的重点是掌握这些排序算法的适用场景。

按照惯例，在开始正式的内容讲解前，作者还是先给出一道思考题：如何根据年龄给 100 万个用户排序？读者可能会说，利用 3.5 节介绍的归并排序、快速排序就可以解决呀！是的，归并排序、快速排序可以解决上述问题，但是它们的时间复杂度最低也是 $O(n\log n)$。有没有更快的排序方法呢？

3.6.1 桶排序

桶排序（bucket sort）的核心处理思想是先定义几个有序的"桶"，将要排序的数据分到这几个"桶"里，对每个"桶"里的数据单独进行排序，再把每个"桶"里的数据按照顺序依次取出，组成的序列就是有序的了。桶排序的示例如图 3-22 所示。

桶排序的时间复杂度为什么是 $O(n)$ 呢？我们一起分析一下。

如果要排序的数据有 n 个，那么我们把它们均匀地划分到 m 个"桶"内，每个"桶"里就有 $k=n/m$ 个元素。每个"桶"内部使用快速排序算法来排序，时

对这组金额在0~49之间的订单进行桶排序：
22, 5, 11, 41, 45, 26, 29, 10, 7, 8, 30, 27, 42, 43, 40

5,7,8	10,11	22,26, 27,29	30	40,41, 42,43,45
0~9	10~19	20~29	30~39	40~49

图 3-22　桶排序的示例

间复杂度为 $O(k\log k)$。m 个"桶"内部排序的总的时间复杂度就是 $O(mk\log k)$。因为 $k=n/m$，所以整个桶排序的时间复杂度就是 $O(n\log(n/m))$。当"桶"的个数 m 接近数据个数 n 时，$\log(n/m)$ 就是一个非常小的常量，这个时候桶排序的时间复杂度就接近 $O(n)$。

桶排序看起来表现很出色，它是不是可以替代我们之前讲的排序算法呢？

答案当然是否定的。为了让读者更容易理解桶排序的核心思想，作者刚才做了很多假设。实际上，桶排序对排序数据有一定的特殊要求。

首先，待排序数据容易划分成 m 个"桶"，并且，"桶"与"桶"之间有着天然的大小顺序。这样每个桶内的数据都排完序之后，"桶"与"桶"之间的数据不需要再进行排序。

其次，数据在各个"桶"之间的分布是比较均匀的。如果数据经过划分之后，有些"桶"里的数据非常多，有些"桶"里的数据非常少，很不平均，那么"桶"内数据排序的时间复杂度就不是常量级了。在极端情况下，如果数据都被集中划分到一个桶里，那么桶排序就退化为时间复杂度为 $O(n\log n)$ 的排序算法了。

实际上，桶排序比较适合用在外部排序中。所谓的外部排序就是数据存储在外部磁盘中，数据量比较大，而内存有限，无法将数据全部加载到内存中处理。

例如有 10GB 的订单数据，我们希望按照订单金额（假设订单金额都是正整数）进行排序，但是机器的内存有限，只有几百 MB，没办法把 10GB 的数据一次性全部加载到内存中。这个时候该怎么办呢？

我们可以借助桶排序的处理思想来解决这个问题。我们先扫描一遍文件，查看订单金额所处的数据范围。假设经过扫描之后我们得到：订单金额最小是 1 元，最大是 10 万元。我们将所有订单根据金额划分到 100 个"桶"里，第一个"桶"存储金额在 1 元～1000 元的订单，第二"桶"存储金额在 1001 元～2000 元的订单，依此类推。每一个"桶"对应一个文件，并且按照金额范围的大小顺序编号命名（00、01、02……99）。

在理想的情况下，如果订单金额在 1 元～10 万元均匀分布，那么订单会被均匀划分到 100 个小文件中，每个小文件存储大约 100MB 的订单数据。这样我们就可以将这 100 个小文件依次放到内存中，用快速排序算法来排序，排完序之后重新写回文件。

等所有文件都排好序之后，我们只需要按照文件编号，从小到大依次读取每个小文件中的

订单数据，并将其写入到一个大文件中。这个大文件存储的就是按照金额从小到大排好序的所有订单数据了。

不过，订单按照金额在1元～10万元并不一定是均匀分布的，因此，10GB大小的订单数据是无法均匀地被划分到100个文件中的。有可能某个金额区间的数据特别多，对应的文件就会很大，没法一次性读入内存。这又该怎么办呢？

针对这些划分之后还是比较大的文件，我们可以对其继续进行划分。例如，订单金额在1元～1000元的数据比较多，我们就将这个区间继续划分为10个更小的区间：1元～100元，101元～200元，201元～300元……901元～1000元。如果划分之后，101元～200元的订单还是太多，还是无法一次性读入内存，就再继续对其划分，直到所有的文件都能读入内存为止。

3.6.2　计数排序

实际上，计数排序（counting sort）是桶排序的一种特殊情况。当要排序的n个数据所处的范围并不大的时候，如最大值是k，我们就可以把数据划分成k个"桶"。每个"桶"内的数据都是相等的，省掉了"桶"内排序的时间。

在查高考成绩的时候，我们用过高考查分系统。在查分数的时候，该系统会显示考生的成绩以及考生所在省的成绩排名。如果考生所在的省有50万名考生，如何通过成绩快速得出名次呢？

假设满分是900分，最低分是0分，这个数据的范围很小，因此，我们可以将成绩划分成901个"桶"，分别对应0分～900分。根据考生的成绩，我们将这50万名考生划分到这901个"桶"里。"桶"内的数据是分数相同的考生，因此并不需要再进行排序。我们只需要依次扫描每个"桶"，将"桶"内的考生依次输出到一个数组中，就实现了对50万名考生的排序。因为该示例只涉及扫描遍历操作，所以时间复杂度是$O(n)$。

计数排序的算法思想简单，与桶排序类似，只是"桶"的大小粒度不一样。 计数排序中的"计数"的含义是什么呢？

想解答这个问题，我们就要来看计数排序的实现方法。我们还是用考生查询高考成绩那个例子来解释。为了方便说明，作者缩小了数据规模。假设只有8个考生，分数范围为0分～5分。这8个考生的成绩放在数组$A[8]$中，成绩分别是：2、5、3、0、2、3、0和3。

考生的成绩从0分到5分，我们使用大小为6的数组$C[6]$表示"桶"，其下标对应分数。不过，$C[6]$内存储的并不是考生，而是分数（也就是下标）对应的考生个数。我们只需要遍历一遍记录考生分数的数组$A[8]$，就可以得到$C[6]$的值，如图3-23所示。

从图3-23可以看出，得3分的考生有3个，成绩小于3分的考生总计4个，因此，成绩为3分的考生在排序之后的有序数组$R[8]$中，会保存到下标为4、5和6的位置（见图3-24）。

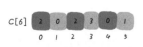

图3-23　数组$C[6]$的值

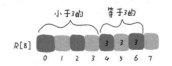

图3-24　数组$R[8]$的值

如何快速计算每个分数的考生在有序数组中对应的存储位置呢？

处理方法非常巧妙，可能不太容易想到。处理思路是这样的：对 $C[6]$ 数组顺序累加求和，$C[6]$ 存储的数据就变成了图 3-25 所示的样子。$C[k]$ 里存储小于或等于分数 k 的考生个数。

接下来，我们探讨一下，如何根据数组 A 和数组 C 填充数组 R？这一部分是计数排序中最复杂、最难理解的，请读者集中精力！

从后往前（注意是从后往前，后面会有解释）依次扫描数组 $A[2,5,3,0,2,3,0,3]$，当扫描到数组末尾元素 3 时，我们从数组 C 中取出下标为 3 的元素值 7。7 表示的意思是：到目前为止，分数小于或等于 3 的考生有 7 个，也就是说，3 是数组 R 中的第 7 个元素（也就是下标为 6 的位置）。我们把这个 3 放到数组 $R[6]$ 的位置。当 3 放入到数组 R 中后，小于或等于 3 的元素就只剩下 6 个了，因此，相应的 $C[3]$ 要减 1，变成 6。

依此类推，当我们扫描到第 2 个分数为 3 的考生的时候，就会把这个 3 放入数组 R 中的第 6 个元素的位置（也就是下标为 5 的位置）。当扫描完整个数组 A 后，数组 R 内的数据就是按照分数从小到大有序排列的了。这种利用计数数组（数组 C）来排序的实现方式是不是很巧妙？这也正是计数排序名称的由来。

根据数组 A 和数组 C 填充数组 R 的详细处理过程，如图 3-26 所示。

计数排序算法的原理有点复杂，但代码实现却比较简单，如下所示。

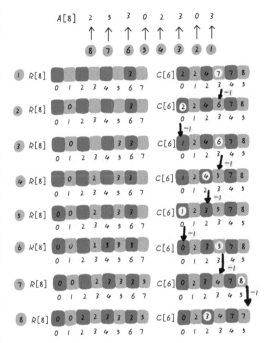

图 3-25　数组 $C[6]$ 的值

图 3-26　根据数组 A 和数组 C 填充数组 R

```java
public void countingSort(int[] a, int n) {
  if (n <= 1) return;
  //查找数组中数据的范围
  int max = a[0];
  for (int i = 1; i < n; ++i) {
    if (max < a[i]) {
      max = a[i];
    }
  }
  int[] c = new int[max + 1]; //申请一个计数数组c，下标范围是[0,max]
  for (int i = 0; i <= max; ++i) {
    c[i] = 0;
  }
  //计算每个元素的个数，放入数组c中
  for (int i = 0; i < n; ++i) {
    c[a[i]]++;
  }
  //依次累加
  for (int i = 1; i <= max; ++i) {
    c[i] = c[i-1] + c[i];
  }
  //临时数组r，存储排序之后的结果
  int[] r = new int[n];
  for (int i = n - 1; i >= 0; --i) {
```

```
        int index = c[a[i]]-1;
        r[index] = a[i];
        c[a[i]]--;
    }
    //将结果复制给数组a
    for (int i = 0; i < n; ++i) {
        a[i] = r[i];
    }
}
```

看到这里，读者可能会有疑问：为什么要从后往前处理数组 A？

在计数排序的过程中，我们之所以从后往前处理数组 A，就是为了保证排序算法的稳定性，也就是排序前后，值相同的元素的相对前后顺序不变。之所以不能通过数组 C 直接得到数组 R，需要扫描数组 A，也是因为数组 A 中存储的不仅仅只是成绩。实际上，数组 A 中存储的是考生对象，成绩只是其中包含的一项信息，还有如考号、姓名等其他很多信息。

计数排序的时间复杂度是 $O(n+k)$，k 表示要排序的数据范围，如果 k 远小于 n，那么时间复杂度就可以表示为 $O(n)$。反过来讲，计数排序只能应用在数据范围不大的场景中，如果数据范围 k 比要排序的数据 n 大很多，就不适合用计数排序了。

除此之外，计数排序只能给非负整数排序。如果待排序的数据是其他类型的，那么我们需要将其在不改变相对大小的前提下，转化为非负整数。我们还是用查询高考成绩这个例子来解释。如果考生成绩精确到小数点后一位，那么我们可以将所有的分数都先乘以 10，转化成整数，然后放到 9010 个桶内。如果待排序的数据中有负数，数据的范围是 [−1000,1000]，我们可以先把每个数据都加 1000，转化成非负整数后再处理。

3.6.3 基数排序

我们先来看这样一个排序问题：假设有 10 万个手机号码，我们希望将这 10 万个手机号码从小到大排序。利用快速排序来排序手机号码，时间复杂度可以达到 $O(n\log n)$，还有更高效的排序算法吗？桶排序、计数排序能派上用场吗？

手机号码有 11 位，范围太大，显然不适合用桶排序和计数排序这两种排序算法。针对这个排序问题，我们介绍一种新的线性排序算法：基数排序（radix sort）。

上述这个问题有这样一个规律：假设要比较两个手机号码 a 和 b 的大小，如果在前面几位中，手机号码 a 已经比手机号码 b 大，那么后面的几位就不用再比较了。

还记得在 3.2 节中讲解排序算法稳定性的时候举的订单排序的例子吗？这里也可以借助相同的处理思路，先按照最后一位来排序手机号码，再按照倒数第二位重新排序手机号码，依此类推，最后按照第一位来排序手机号码。经过 11 次排序之后，手机号码就按照从小到大有序了。

手机号码稍微有点长，画图比较不容易看清楚，我们重新举一个字符串排序的例子。假设要排序 hke、iba、hzg、ikf、hac 这几个字符串，用基数排序来排序的处理过程如图 3-27 所示。

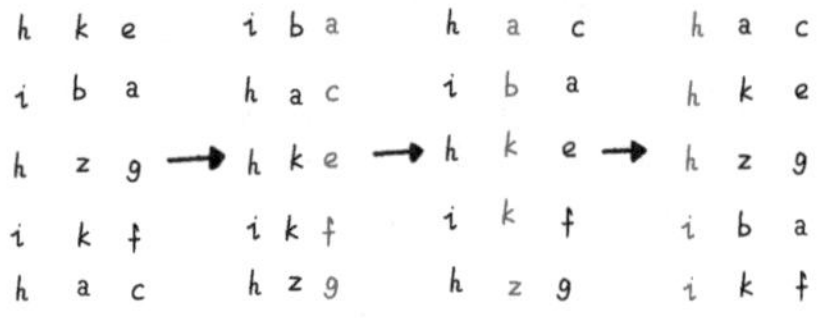

图 3-27 基数排序示例

注意，这里按照每位来排序手机号码的排序算法必须是稳定的，否则这个实现思路就是不正确的。如果是非稳定排序算法，后一次排序并不会兼顾前一次排序之后的数据顺序，那么之前所做的基于低位的排序就相当于白做了。

根据每一位来排序手机号码这一排序需求，可以使用刚讲过的桶排序或者计数排序来完成，它们的时间复杂度可以达到 $O(n)$。如果要排序的数据有 k 位，我们就需要 k 次桶排序或者计数排序，总的时间复杂度是 $O(kn)$。当 k 不大的时候，如手机号码只有 11 位，k 就是 11，因此，基数排序的时间复杂度近似于线性 $O(n)$。

实际上，有的时候，待排序的数据并不都是等长的。例如，我们要排序牛津词典中的 20 万个英文单词。其中最短的单词只有 1 个字母，最长的单词有 45 个字母（作者特意查了一下）。对于这种不等长的数据，基数排序还适用吗？

实际上，只要对原始数据稍微处理一下，不等长数据也可以用基数排序来排序。我们可以把所有的单词补齐到相同长度，位数不够的就在后面补"0"，因为根据 ASCII 值，所有字母都大于"0"，因此，补"0"并不会改变原数据的大小顺序。

总结一下，基数排序对待排序数据也是有特殊要求的，需要数据可以分割出独立的"位"，并且位之间要有递进关系：如果 a 数据的高位比 b 数据大，那么剩下的低位就不用比较了。除此之外，每一位的数据范围不能太大，可以使用其他线性排序算法来排序，否则，基数排序的时间复杂度就无法达到 $O(n)$ 了。

3.6.4 解答本节开篇问题

现在，我们再回过头来看一下本节开篇的问题：如何根据年龄给 100 万用户排序？现在这个问题是不是变得非常简单了呢？

实际上，根据年龄给 100 万用户排序，与按照成绩给 50 万考生排序的解决思路相同。这个问题既可以使用桶排序解决，又可以使用计数排序来解决。这里说一下桶排序的处理思路，关于计数排序的处理思路，留给读者自己思考。

假设年龄最小为 1 岁，最大不超过 150 岁。我们可以遍历这 100 万个用户，根据年龄将其划分到 150 个"桶"里，然后，依次顺序遍历这 150 个"桶"中的元素。这样就按照年龄给 100 万用户进行了排序。

3.6.5 内容小结

本节讲解了 3 种线性时间复杂度的排序算法：桶排序、计数排序和基数排序。它们对待排序数据有一定的特殊要求，应用不是非常广泛。但是，如果数据特征正好符合这些排序算法的要求，应用这些算法会更高效，时间复杂度可以达到 $O(n)$。

桶排序和计数排序的排序思想是非常相似的，都是针对范围不大的数据，将数据划分到不同的"桶"里来实现排序。基数排序要求数据可以划分成高低位，位之间有递进关系。而且，每一位的数据范围不能太大，因为基数排序需要借助桶排序或者计数排序来完成每一个位的排序工作。

3.6.6 思考题

本节讲的是针对特殊数据的排序算法。实际上，还有很多看似排序但又不需要使用排序算法就能处理的排序问题，例如下面这样一个问题。

对 [D,a,F,B,c,A,z] 这个字符数组进行排序，要求将其中所有的小写字母都排在大写字母的前面，但小写字母内部和大写字母内部不要求有序，如 [a,c,z,D,F,B,A] 就是符合要求的一个排序结果。这个排序需求该如何实现呢？如果字符串中存储的不仅有大小写字母，还有数字，我们现在要将小写字母放到数组的最前面，大写字母放在数组的最后，数字放在数组的中间，不用排序算法，又该怎么实现呢？

3.7　排序优化：如何实现一个高性能的通用的排序函数

很多编程语言会提供排序函数，如 C 语言中 qsort()，C++ STL 中的 sort()、stable_sort()，以及 Java 语言中的 Collections.sort()。在平时的开发中，一般直接使用这些现成的函数来实现业务逻辑中的排序功能。读者是否知道这些排序函数是如何实现的吗？底层依赖了哪种排序算法？

基于上述这些问题，本节就来介绍一下排序的最后一部分内容：如何实现一个高性能的通用的排序函数。

3.7.1　如何选择合适的排序算法

我们先回顾一下前面讲过的几种排序算法，如表 3-3 所示。

表 3-3　常用排序算法对比

	是原地排序？	是稳定排序？	平均时间复杂度
冒泡排序	是	是	$O(n^2)$
插入排序	是	是	$O(n^2)$
选择排序	是	否	$O(n^2)$
快速排序	是	否	$O(n\log n)$
归并排序	否	是	$O(n\log n)$
桶排序	否	是	$O(n+k)$，k 为数据范围
计数排序	否	是	$O(n)$
基数排序	否	是	$O(dn)$，d 为数据维度

虽然线性排序算法的时间复杂度比较低，但适用场景比较少，对数据有特殊的要求。因此，对于实现一个通用的排序函数，线性排序算法并不适用。

对小规模数据进行排序，我们可以选择时间复杂度是 $O(n^2)$ 的算法；对大规模数据进行排序，我们会选择更加高效的时间复杂度是 $O(n\log n)$ 的排序算法。因此，为了兼顾任意规模数据的排序，一般首选时间复杂度是 $O(n\log n)$ 的排序算法，作为主要的排序算法来实现排序函数。

时间复杂度是 $O(n\log n)$ 的排序算法有归并排序、快速排序，在 6.2 节我们还会讲到堆排序。堆排序和快速排序都有比较多的应用，如 Java 语言采用堆排序实现排序函数，C 语言使用快速排序实现排序函数。而使用归并排序的场景并不多，主要原因是归并排序并不是原地排序算法。如果要排序 100MB 大小的数据，除数据本身占用的内存之外，归并排序执行过程中还需要额外占用 100MB 的内存空间，内存耗费翻倍。因此，在实际的软件开发中，排序算法是否是原地排序算法是一个非常重要的选择标准。

3.7.2 如何优化快速排序

前面讲到，快速排序比较适合用来实现排序函数，但是，我们也知道，快速排序在最坏情况下的时间复杂度是 $O(n^2)$，如何解决"复杂度恶化"这个问题呢？

前面讲到，如果数据原来就是有序的或者接近有序的，每次的分区点都选择最后一个数据，那么快速排序的性能就会变得非常糟糕，时间复杂度会退化为 $O(n^2)$。实际上，这种 $O(n^2)$ 时间复杂度出现的主要原因是分区点的选择不够合理。

理想的分区点是：被分区点分开的两个小区间大小接近相等。如果我们"粗暴"地直接选择第一个或者最后一个数据作为分区点，不考虑数据的特点，就会导致在某些情况下分区极其不均衡，影响快速排序的性能。如何选择合理的分区点呢？

这里介绍两个常用和简单的分区方法：三数取中法和随机法。

1. 三数取中法

我们从区间的首、尾、中间，分别取出一个数据，然后对比大小，取这 3 个数据的中间值作为分区点。但是，如果要排序的数组比较大，那么"三数取中法"得到的分区可能还是不够均衡。在这种情况下，我们可以使用"五数取中"或者"十数取中"的分区方法。

2. 随机法

随机法是指每次从要排序的区间中随机选择一个元素作为分区点。这种方法并不能保证每次分区点的选择都比较好，但是从概率的角度来讲，也不大可能会出现每次分区点的选择都很差的情况。对于时间复杂度退化为最糟糕的 $O(n^2)$ 的情况，出现的可能性不大。

快速排序是用递归来实现的。在 3.1 节中，我们曾经提醒过，要警惕递归堆栈溢出。对于如何避免快速排序递归层次过深而导致的堆栈溢出，我们有两种方法：第一种是限制递归深度，一旦递归过深，超过了我们事先设定的阈值，就停止递归，改为其他排序算法，如堆排序、插入排序；第二种是我们模拟实现一个函数调用栈，手动模拟递归压栈、出栈的过程，这样就避开了系统栈大小的限制。

3.7.3 排序函数举例分析

为了让读者更具体地了解编程语言中的排序函数是如何实现的，我们用 C 语言的 glibc 库中的 qsort() 函数举例说明一下。但从名字上来看，qsort() 函数很像是基于快速排序实现的，实际上它并不仅仅依赖快速排序这一种排序算法。

如果读者阅读 qsort() 函数的源码，就会发现，qsort() 函数会优先使用归并排序。尽管归并排序的空间复杂度是 $O(n)$，但对于小规模数据的排序，如排序 1KB 或 2KB 大小的数据，归并排序执行过程中需要额外的少量内存是可以接受的。现在的计算机的内存很大，我们很多时候更关注的是程序的执行效率而不是内存的消耗。

但如果要排序的数据量很大，如排序 100MB 的数据，这个时候再用归并排序就不合适了，额外的内存消耗过多，qsort() 函数会改为用快速排序。

对于快速排序，qsort() 是如何选择分区点的呢？如果读者阅读 qsort() 函数的源码，就会发现，qsort() 函数选择分区点的方法就是"三数取中法"。还有前面提到的递归太深会导致堆栈溢出的问题，qsort() 是通过实现一个栈，模拟递归函数调用栈来解决的。

实际上，qsort() 函数并不仅仅用到了归并排序和快速排序，它还用到了插入排序。在快速排序的过程中，当要排序的区间中的元素个数小于或等于 4 时，qsort() 函数就选择使用插入排序对小区间的数据进行排序。这样做的原因是在小规模数据面前，$O(n^2)$ 时间复杂度的算法并不一定比 $O(n\log n)$ 时间复杂度的算法执行效率低。

算法的性能可以通过时间复杂度来分析，但是，时间复杂度并不等于代码实际的运行时间。时间复杂度代表的只是增长趋势。时间复杂度的大 O 表示法会省略低阶、系数和常数。$O(n\log n)$ 在没有省略低阶、系数和常数之前，可能是 $O(kn\log n+c)$，而且 k 和 c 有可能还是一个比较大的数。假设 $k=1000$，$c=200$，当对小规模数据（如 $n=100$）排序时，如下计算可得：n^2 的值实际上比 $kn\log n+c$ 还要小。因此，对于小数据量的排序，我们选择比较简单、不需要递归的插入排序。

$$kn\log n+c=1000\times100\times\log100+200>10000$$
$$n^2=100\times100=10000$$

还记得之前讲到的用"哨兵"来简化代码编写的编程技巧吗？qsort() 函数的插入排序的代码实现也利用了这种编程技巧。读者可以阅读 qsort() 源码来了解具体的实现细节。虽然利用"哨兵"可能只是让代码少执行一次判断语句，但毕竟排序函数是常用、基础的函数，再小的性能优化都是值得去做的。

3.7.4　内容小结

本节讲解了如何实现一个高性能的通用的排序函数，内容偏重实战，贯穿了前面几节的内容，也算是一个回顾。大部分排序函数会采用 $O(n\log n)$ 时间复杂度的排序算法作为主要的排序算法来实现，当然，在特殊的情况下，还会选择使用其他排序算法，如当数据规模较小时，就会选择使用插入排序。

本节着重讲解了快速排序的一些优化策略，如如何合理选择分区点、如何避免递归层次太深等。最后，我们还分析了 C 语言中 qsort() 的底层实现原理。

3.7.5　思考题

在本节中，作者分析了 C 语言中的 qsort() 的底层实现原理，读者能否像作者一样，分析一下自己熟悉的编程语言中的排序函数是用什么排序算法实现的？用了哪些优化手段？

3.8　二分查找：如何用最省内存的方式实现快速查找功能

前几节讲解了排序算法，本节讲解针对有序数据的一种快速查找算法：二分查找（binary

search），也称为折半查找。二分查找的思想非常简单，但是，越简单的东西往往越难掌握，想要灵活应用就更加困难。

按照惯例，我们还是先来看下列问题：假设有 1000 万个整型数据，每个数据占 8B，如何设计数据结构和算法，快速判断某个整数是否出现在这 1000 万个整型数据中？如果我们希望这个功能不要占用太多的内存，内存占用最多不要超过 100MB，该如何实现呢？

带着这些问题，让我们开始学习本节内容吧！

3.8.1　无处不在的二分思想

二分查找是一个简单且容易理解的算法，在生活和工作中随处可见。

我们现在玩一个猜字游戏。作者随机写一个位于 0 和 99 之间的数字，然后读者猜测作者写的是什么。读者每猜一次，作者就会告诉读者，他猜的数字比作者写的数字是大还是小。重复上述过程，直到猜中为止。读者想一下，如何快速猜中作者写的数字？

假设作者写的数字是 23，读者可以按照如图 3-28 所示的步骤，每次都猜区间的中间数，直到猜中为止（如果猜测范围的数字有偶数个，中间数有两个，那么我们选择较小的那个）。总共只需要 7 次就猜出来了，是不是很快？这个例子用的就是二分思想。

按照上面这种二分查找的猜法，即便把游戏的数据范围扩大到 0 ～ 999，最多也只需要 10 次就能猜中。不信的话，读者可以自己尝试一下。

刚才举的是一个生活中的例子，我们现在再回到实际的开发场景中。假设有 1000 条已经按照金额从小到大排序的订单数据，其中，每个订单的金额都不同，并且单位是元。现在，我们想知道是否存在金额等于 19 元的订单。如果存在，则返回订单数据；如果不存在，则返回 null。该如何实现呢？

比较简单的办法是从第一个订单开始，遍历这 1000 个订单，直到找到金额等于 19 元的订单为止。但这样的查找方法效率很低，在最坏的情况下，可能要遍历完这 1000 条记录才能得到结果。现在，我们就来探讨一下，如何利用二分查找来加快查询速度？

为了方便讲解，我们假设只有 10 个订单，订单金额分别是：8、11、19、23、27、33、45、55、67 和 98。根据二分查找的思想，我们用要查找的 19 与区间的中间数比对大小，缩小查找区间的范围。具体的二分查找过程，如图 3-29 所示。其中，low 和 high 表示待查找区间的下标，mid 表示待查找区间的中间元素下标。

次数	猜测范围	中间数	对比大小
第1次	0~99	49	49 > 23
第2次	0~48	24	24 > 23
第3次	0~23	11	11 < 23
第4次	12~23	17	17 < 23
第5次	18~23	20	20 < 23
第6次	21~23	22	22 < 23
第7次	23		✓

图 3-28　猜数字游戏示例

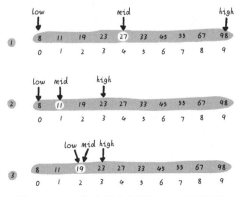

图 3-29　二分查找金额等于 19 元的订单

3.8.2 $O(\log n)$ 惊人的查找速度

二分查找是一种非常高效的查找算法，高效到什么程度呢？我们通过时间复杂度来定量分析一下。假设有序数组的大小是 n，在每次二分查找后，数据范围都会缩小到原来的一半。在最坏的情况下，直到待查找区间缩小为 1 才停止。待查找区间的大小变化如下所示。

$$n, \frac{n}{2}, \frac{n}{4}, \frac{n}{8}, \cdots, \frac{n}{2^k}$$

上述是一个等比数列。当 $n/2^k = 1$ 时，k 的值就是总的二分查找的次数。而每一次二分查找只涉及数据的大小比较操作，因此，经过了 k 次二分查找操作，时间复杂度就是 $O(k)$。通过 $n/2^k = 1$，我们可以求得 $k = \log_2 n$，因此，二分查找的时间复杂度是 $O(\log n)$。

到目前为止，二分查找是我们遇到的第一个时间复杂度为 $O(\log n)$ 的算法。$O(\log n)$ 时间复杂度的算法是一类极其高效的算法，有的时候甚至比时间复杂度是常量级 $O(1)$ 的算法还要高效。为什么这么说呢？

因为 $\log n$ 是一个非常"恐怖"的数量级，即便 n 非常大，对应的 $\log n$ 也很小。例如，$n = 2^{32}$，这个数很大了吧，大约是 42 亿。对这样大的数据取对数，得到的结果很小，是 32。也就是说，在大约 42 亿个数据中二分查找一个数据，最多只需要比较 32 次，查找速度快到有点不可思议。

前面讲过，用大 O 标记法表示时间复杂度的时候，我们会省略常数、系数和低阶。对于常量级时间复杂度的算法，$O(1)$ 有可能表示的是一个非常大的常量值，如 $O(1000)$、$O(10000)$。因此，有的时候，$O(1)$ 时间复杂度的算法未必比 $O(\log n)$ 时间复杂度的算法执行效率高。

对数运算的逆运算就是指数运算。有一个非常著名的"阿基米德与国王下棋"的故事，读者可以自行搜索一下，再感受一下指数的"恐怖"。这也是为什么我们说指数时间复杂度的算法非常低效的原因。

3.8.3 二分查找的递归与非递归实现

实际上，简单的二分查找并不难写，难写的是二分查找的变体问题。在 3.9 节中，我们会详细讲解二分查找变体问题。本节介绍一下如何编写简单的二分查找算法。

简单的二分查找问题是：有序数组中不存在重复元素，利用二分查找算法在其中查找值等于给定值的数据。代码实现如下所示。

```java
public int bsearch(int[] a, int n, int value) {
  int low = 0;
  int high = n - 1;
  while (low <= high) {
    int mid = (low + high) / 2;
    if (a[mid] == value) {
      return mid;
    } else if (a[mid] < value) {
      low = mid + 1;
    } else {
      high = mid - 1;
    }
  }
```

```
    return -1;
  }
```

在上面的代码中，`low`、`high`、`mid` 是数组下标，其中，`low` 和 `high` 表示待查找区间的起止下标。在初始时，`low=0`，`high=n-1`。`mid` 表示 [low,high] 区间的中间位置。通过比较 `a[mid]` 与 `value` 来更新待查找区间的范围（也就是 `low` 和 `mid` 的值），直到找到待查找数据或者区间大小缩小为 0，程序退出循环。除此之外，我们需要注意下面 3 个容易出错的地方。

1. 循环退出条件

循环退出条件是 `low<=high`，而不是 `low<high`。

2. mid 的计算公式

实际上，`mid=(low+high)/2` 这种写法是有问题的。如果 `low` 和 `high` 比较大，那么两者之和就有可能超过整型数据类型可以表示的范围。为了避免这个问题，我们可以将 `mid` 的计算公式改写成 `mid=low+(high-low)/2`。除此之外，如果想要将性能优化到极致，那么我们可以将公式里的除法运算改写成位运算：`mid=low+((high-low)>>1)`，因为相比除法运算，计算机处理位运算的速度要快得多。

3. low 和 high 的更新

`low=mid+1`，`high=mid-1`。注意这里的 "+1" 和 "−1"，如果直接写成 `low=mid` 或者 `high=mid`，就有可能会发生 "死" 循环。例如，当 `high=3`，`low=3` 时，如果 `a[3]` 不等于 `value`，就会导致一直循环而不退出。

实际上，除使用循环来实现以外，二分查找还可以用递归来实现，代码如下所示。

```
//二分查找的递归实现
public int bsearch(int[] a, int n, int val) {
  return bsearchInternally(a, 0, n - 1, val);
}

private int bsearchInternally(int[] a, int low, int high, int value) {
  if (low > high) return -1;
  int mid =  low + ((high - low) >> 1);
  if (a[mid] == value) {
    return mid;
  } else if (a[mid] < value) {
    return bsearchInternally(a, mid+1, high, value);
  } else {
    return bsearchInternally(a, low, mid-1, value);
  }
}
```

3.8.4　二分查找应用场景的局限性

尽管二分查找的时间复杂度是 $O(\log n)$，效率非常高，但它的应用场景有很大的局限性。那么，什么情况下适合使用二分查找？什么情况下不适合使用二分查找？

首先，二分查找依赖数组这种数据结构。

如果数据存储在链表中，是否可以用二分查找呢？答案是不可以的，主要原因是二分查找算法执行的过程涉及按照下标快速访问数据的操作。在 2.1 节和 2.2 节中，我们讲过，数组按照下标访问数据的时间复杂度是 $O(1)$，而链表按照下标访问数据的时间复杂度是 $O(n)$。因此，如果数据存储在链表中，那么二分查找的时间复杂就会变得很高。

其次，二分查找针对的是静态有序数据。

二分查找的这个要求比较苛刻，数据必须是有序的。如果数据无序，那么我们需要先对数据排序。如果数据集合是静态的，也就是说，集合中没有频繁地数据插入和删除，那么我们可以预处理数据，事先进行一次排序，然后，就可以支持多次二分查找操作。排序的成本可被均摊，查找的边际成本比较低。

但是，如果数据集合有频繁的插入和删除操作，要想用二分查找，要么每次插入、删除操作都保证数据仍然有序，要么在每次二分查找之前都先进行一次排序。针对这种动态数据集合，无论哪种方法，维护有序的成本都很高。

因此，二分查找只能用在插入、删除操作不频繁，一次排序、多次查找的场景中。针对动态变化的数据集合，二分查找将不再适用。针对动态数据集合，我们可以使用哈希表、二叉查找树等数据结构来支持快速查找数据。

再次，数据量太小不适合用二分查找。

如果要处理的数据量很小，完全没有必要用二分查找，顺序遍历就足够了。例如，我们在一个大小为 10 的数组中查找一个元素，不管用二分查找还是顺序遍历，查找速度都差不多。只有数据量比较大的时候，二分查找的优势才会比较明显。

不过，这里有一个例外。如果数据之间的比较操作非常耗时，无论数据量大小，我们推荐使用二分查找。例如，数组中存储的不是普通的整型数据，而是长度超过 300 的字符串，如此长的两个字符串之间比对大小，非常耗时。我们需要尽可能地减少比较次数来提高性能，这个时候二分查找就比顺序遍历更有优势了。

最后，数据量太大也不适合用二分查找。

二分查找底层依赖数组这种数据结构，而数组为了支持按照下标快速访问元素，要求存储数据的内存空间必须是连续的，对内存的要求比较苛刻。例如，对于 1GB 大小的数据，如果希望用数组来存储，就需要申请 1GB 的连续内存空间。二分查找运行在数组这种数据结构之上，因此，太大的数据用数组存储就比较吃力了，也就不能用二分查找了。

3.8.5　解答本节开篇问题

现在，我们来看一下本节的开篇问题：假设有 1000 万个整型数据，每个数据占 8B，如何设计数据结构和算法，快速判断某个整数是否出现在这 1000 万个整型数据中？如果我们希望这个功能不要占用太多的内存，内存占用最多不要超过 100MB，该如何实现呢？

比较简单的办法就是将数据存储在数组中，每个数据的大小是 8B，1000 万个整型数据大约占用 80MB 的内存空间，符合 100MB 的内存限制。我们先对这 1000 万个整型数据从小到大排序，再利用二分查找算法，就可以快速查找想要的数据了。

这个问题看起来并不难，很轻松就能解决。实际上，其中暗藏"玄机"。如果读者有一定的数据结构和算法基础，知道哈希表、二叉查找树这些支持快速查找的动态数据结构，那么读者可能会觉得，用哈希表和二叉查找树也可以解决这个问题。实际上是不行的。

虽然大部分情况下用二分查找可以解决的问题，用哈希表、二叉查找树也可以解决。但是，无论是哈希表还是二叉查找树，都需要占用比较多的额外内存空间。如果用哈希表或二叉查找树来存储这 1000 万个整型数据，用 100MB 的内存肯定是存不下的。而二分查找底层依赖的是数组，除数据本身之外，不需要额外存储其他信息，是最节省内存空间的存储方式，因此，刚好能在限定的内存大小条件下解决这个问题。

3.8.6 内容小结

本节讲解了针对有序数据的一种高效查找算法：二分查找算法，它的时间复杂度是 $O(\log n)$。

二分查找的核心思想理解起来非常简单，有点类似分治算法思想。每次二分查找用待查找数据与区间的中间元素对比，将待查找区间缩小为一半，直到找到要查找的元素，或者区间被缩小为 0。二分查找的实现代码比较容易写错，读者需要注意 3 个容易出错的地方：循环退出条件，mid 的计算公式，low 和 high 的更新。

虽然二分查找的性能比较出色，但应用场景比较有限。二分查找的底层必须依赖数组，并且要求数据是静态有序的。对于较小规模的数据的查找问题，我们直接使用顺序遍历就可以了，二分查找的优势并不明显。对于较大规模的数据的查找问题，因为数据很难存储在数组中，因此，也不适合用二分查找来实现。

3.8.7 思考题

本节的思考题有两个，如下所示。

1）如何编程实现"求一个数的平方根"？（要求精确到小数点后 6 位）

2）文中讲到，如果数据使用链表存储，二分查找的时间复杂就会变得很高，那么二分查找的时间复杂度究竟是多少呢？

3.9 二分查找的变体：如何快速定位 IP 地址对应的归属地

通过 IP 地址查找 IP 地址的归属地，不知道读者有没有尝试过？在百度搜索框里随便输入一个 IP 地址，搜索引擎就会返回它的归属地，如图 3-30 所示。

图 3-30　搜索 IP 地址对应的归属地

实际上，这个功能实现起来并不复杂，它是通过维护一个很大的 IP 地址库来实现的。在 IP 地址库中，包含 IP 地址范围和归属地的对应关系，如下所示。当想要查询 202.*.133.13 这个 IP 地址的归属地的时候，我们就在地址库中搜索，发现这个 IP 地址落在 202.*.133.0 ～ 202.*.133.255 这个 IP 地址范围内，然后，就将这个 IP 地址范围对应的归属地"山东省东营市"显示给用户。

```
[202.*.133.0, 202.*.133.255]   山东省东营市
[202.*.135.0, 202.*.136.255]   山东省烟台市
[202.*.156.34, 202.*.157.255] 山东省青岛市
[202.*.48.0, 202.*.48.255] 江苏省宿迁市
[202.*.49.15, 202.*.51.251] 江苏省泰州市
[202.*.56.0, 202.*.56.255] 江苏省连云港市
```

不过，在庞大的地址库中顺序遍历查找 IP 地址所在的区间，是非常耗时的。假设 IP 地址库中有 12 万个 IP 地址范围与归属地的对应关系，在如此庞大的 IP 地址库中，如何快速定位一个 IP 地址的归属地呢？带着这个问题，我们开始本节的学习吧！

3.9.1　什么是二分查找变体问题

关于二分查找，不知道读者有没有听过这样一个说法："10 个二分 9 个错"。虽然二分查找的原理极其简单，但是，想要写出没有 bug 的二分查找实现代码并不容易。高德纳（Donald E.Knuth）在《计算机程序设计艺术 卷 3：排序与查找》中提到："尽管第一个二分查找算法于 1946 年出现，然而第一个完全正确的二分查找算法实现直到 1962 年才出现。"

读者可能会认为 3.8 节展示的二分查找的实现代码并不难写。实际上，那是因为 3.8 节介绍的只是非常简单的一种二分查找：在不存在重复元素的有序数组中，查找值等于给定值的元素。对于这种二分查找，代码实现确实不难。但对于二分查找的变体问题，代码实现却非常有难度。

二分查找的变体问题有很多，我们选择其中 4 个比较常见的来讲解，如图 3-31 所示。

这里需要特别说明一下，为了简化讲解，本节内容都以数据从小到大排序为前提的。对于从大到小排序的数据，解决思路是类似的。除此之外，在阅读下面的内容之前，希望读者自己能先动手试着写一下这 4 个变体问题的实现代码，这样才会对"二分查找的实现代码比较难写"有更加深刻的体会。

> 常见的 4 种二分查找变体问题
> • 查找第一个值等于给定值的元素
> • 查找最后一个值等于给定值的元素
> • 查找第一个值大于或等于给定值的元素
> • 查找最后一个值小于或等于给定值的元素

图 3-31　常见的二分查找变体问题

3.9.2　变体问题 1：查找第一个值等于给定值的元素

3.8 节中的二分查找是比较简单的一种，即有序数据集合中不存在重复数据，我们在其中查找值等于某个给定值的数据。如果我们对这个问题稍作修改：有序数据集合中存在重复数据，我们希望找到第一个值等于给定值的数据，那么 3.8 节的二分查找的实现代码是否还能继续执行呢？如图 3-32 所示，有序数组中 a[5]、a[6] 和 a[7] 的值都等于 8，是重复数据。我们希望查找数组中第一个等于 8 的数据，结果会返回下标 5。

a[10]　| 1 | 3 | 4 | 5 | 6 | 8 | 8 | 8 | 11 | 18 |
　　　　　0　1　2　3　4　5　6　7　8　9

图 3-32　存在重复数据的有序数组

如果我们按照 3.8 节介绍的二分查找的代码实现，首先用 8 与区间的中间值 a[4] 比较，8 比

6 大，于是在下标 5 ～ 9 继续查找。下标 5 ～ 9 的中间位置是下标 7，*a*[7] 正好等于 8，因此代码就返回结果了。尽管 *a*[7] 也等于 8，但它并不是我们想要找的第一个等于 8 的元素，因为第一个值等于 8 的元素是数组下标为 5 的元素。因此，这样看来，3.8 节介绍的二分查找的实现代码无法处理这种二分查找变体问题。因此，针对这种变体问题，我们需要稍微改造一下3.8 节中相应的代码。

有很多关于二分查找变体问题的解决方法，一般比较简洁，如下面这种写法。

```java
public int bsearch(int[] a, int n, int value) {
  int low = 0;
  int high = n - 1;
  while (low <= high) {
    int mid = low + ((high - low) >> 1);
    if (a[mid] >= value) {
      high = mid - 1;
    } else {
      low = mid + 1;
    }
  }
  if (low < n && a[low]==value) return low;
  else return -1;
}
```

上面的代码尽管非常简洁，但理解起来却非常有难度，也很容易出错。另外，作者建议不要对它们进行"死记硬背"。因此，对于这类二分查找变体问题，作者给出了一种实现思路，如下所示。

```java
public int bsearch(int[] a, int n, int value) {
  int low = 0;
  int high = n - 1;
  while (low <= high) {
    int mid =  low + ((high - low) >> 1);
    if (a[mid] > value) {
      high = mid - 1;
    } else if (a[mid] < value) {
      low = mid + 1;
    } else {
      if ((mid == 0) || (a[mid - 1] != value)) return mid;
      else high = mid - 1;
    }
  }
  return -1;
}
```

下面说明一下上面这段代码。

a[mid] 与要查找的 value 的大小关系有 3 种情况：大于、小于和等于。对于 a[mid]>value 的情况，我们需要更新 high=mid-1；对于 a[mid]<value 的情况，我们需要更新 low=mid+1。这两点都很好理解。那么，当 a[mid]=value 的时候，该如何处理呢？

如果我们查找的是任意一个值等于给定值的元素，当 a[mid] 等于要查找的值时，a[mid] 就是我们要找的元素。但是，如果我们查找的是第一个值等于给定值的元素，当 a[mid] 等于要查找的值时，我们需要确认一下这个 a[mid] 是不是第一个值等于给定值的元素。如何确认呢？

如果 mid 等于 0，也就是说，这个元素已经是数组的第一个元素，那么它肯定就是我们要找的第一个值等于给定值的元素；如果 mid 不等于 0，但 a[mid] 的前一个元素 a[mid-1] 不等于 value，那么也说明 a[mid] 就是我们要找的第一个值等于给定值的元素。

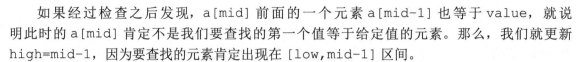

如果经过检查之后发现，a[mid] 前面的一个元素 a[mid-1] 也等于 value，就说明此时的 a[mid] 肯定不是我们要查找的第一个值等于给定值的元素。那么，我们就更新 high=mid-1，因为要查找的元素肯定出现在 [low,mid-1] 区间。

对比上面的两段代码，是不是第二段代码更好理解呢？很多人觉得二分查找变体问题的实现代码很难写，主要原因是他们太追求第一种那样简洁的写法。而对于进行工程开发的人，代码易读懂、没有 bug，其实更重要，因此作者强烈推荐第二种写法。

3.9.3　变体问题 2：查找最后一个值等于给定值的元素

前面的问题是查找第一个值等于给定值的元素，如果我们把问题再稍作微改：查找最后一个值等于给定值的元素，又该如何实现呢？

如果读者掌握了上一个问题的解决方法，那么对于这个问题，应该就能轻松解决了。具体的代码实现如下所示。

```
public int bsearch(int[] a, int n, int value) {
  int low = 0;
  int high = n - 1;
  while (low <= high) {
    int mid =  low + ((high - low) >> 1);
    if (a[mid] > value) {
      high = mid - 1;
    } else if (a[mid] < value) {
      low = mid + 1;
    } else {
      if ((mid == n - 1) || (a[mid + 1] != value)) return mid;
      else low = mid + 1;
    }
  }
  return -1;
}
```

如果 a[mid] 这个元素已经是数组中的最后一个元素，那么它肯定是我们要找的最后一个值等于给定值的元素；如果 a[mid] 的后一个元素 a[mid+1] 不等于 value，那么也说明 a[mid] 就是我们要找的最后一个值等于给定值的元素。

如果经过检查之后发现，a[mid] 后面的元素 a[mid+1] 也等于 value，就说明当前的这个 a[mid] 并不是最后一个值等于给定值的元素。我们就更新 low=mid+1，因为要找的元素肯定出现在 [mid+1,high] 区间。

3.9.4　变体问题 3：查找第一个值大于或等于给定值的元素

现在，我们再来看下一种二分查找的变体问题：在有序数组中，查找第一个值大于或等于给定值的元素。例如，有序数组为 [3,4,6,7,10]，第一个大于或等于 5 的元素是 6。

实际上，这个问题的解决思路与前面的两种变体问题的解决思路类似，代码甚至更简洁，如下所示。

```
public int bsearch(int[] a, int n, int value) {
  int low=0;
  int high=n-1;
```

```
    while (low<=high) {
      int mid = low + ((high - low) >> 1);
      if (a[mid] >= value) {
        if ((mid == 0) || (a[mid - 1] < value)) return mid;
        else high = mid - 1;
      } else {
        low = mid + 1;
      }
    }
    return -1;
}
```

如果 a[mid] 小于要查找的值 value，那么要查找的值肯定在 [mid+1,high] 区间，因此，我们更新 low=mid+1。

对于 a[mid] 大于或等于给定值 value 的情况，我们要先看一下 a[mid] 是不是我们要查找的第一个值大于或等于给定值的元素。如果 a[mid] 前面已经没有元素，或者前面一个元素小于要查找的值 value，那么 a[mid] 就是我们要查找的第一个值大于或等于给定值的元素。

如果 a[mid-1] 也大于或等于要查找的值 value，就说明要查找的元素在 [low,mid-1] 区间，因此，我们就将 high 更新为 mid-1，在 [low,mid-1] 区间继续查找。

3.9.5　变体问题 4：查找最后一个值小于或等于给定值的元素

现在，我们来看最后一种二分查找的变体问题：查找最后一个值小于或等于给定值的元素。例如，有序数组为 [3,5,6,8,9,10]，最后一个值小于或等于 7 的元素就是 6。看起来是不是有点类似上面的二分查找变体问题？实际上，解决思路是一样的。

有了前面的基础，对于这个二分查找变体问题，读者完全可以自己解决，因此作者不详细分析了，直接给出对应的代码，如下所示。

```
public int bsearch(int[] a, int n, int value) {
  int low = 0;
  int high = n - 1;
  while (low <= high) {
    int mid =  low + ((high - low) >> 1);
    if (a[mid] > value) {
      high = mid - 1;
    } else {
      if ((mid == n - 1) || (a[mid + 1] > value)) return mid;
      else low = mid + 1;
    }
  }
  return -1;
}
```

3.9.6　解答本节开篇问题

现在，我们看一下本节的开篇问题：如何快速定位一个 IP 地址的归属地呢？

如果 IP 地址区间与归属地的对应关系不经常更新，那么我们可以先预处理这 12 万条数据，让其按照 IP 地址区间的起始 IP 地址从小到大排序。如何排序呢？我们知道，IP 地址可以转化为 32 位的整型数。因此，我们可以将起始地址按照对应的整型值的大小关系，从小到大进行排序。

现在，这个问题就可以转化为刚才提到的变体问题 4：在有序数组中，查找最后一个值小于或等于给定值的元素。

当要查询某个 IP 地址的归属地时，我们首先可以通过二分查找，找到最后一个起始 IP 地址小于或等于给定 IP 地址的 IP 区间，然后，检查这个 IP 地址是否在这个 IP 地址区间，如果在，就取出对应的归属地信息并显示，如果不在，就返回"未查找到"这样的提示信息。

3.9.7　内容小结

在 3.8 节中，我们提到过，凡是用二分查找能解决的问题，对于其中的绝大部分，我们更倾向于用哈希表或者二叉查找树来解决。那么，二分查找真的没什么用处了吗？

对于查找值等于给定值的问题，我们可以使用二分查找解决，也可以使用哈希表、二叉查找树来解决。但是，对于在本节中提到的 4 种二分查找变体问题，二分查找更加有优势，而使用哈希表或二叉查找树难以解决。

二分查找变体问题对应的实现代码写起来非常困难，很容易因为细节处理不好而产生 bug，这些容易出错的细节有：终止条件、区间上下界更新、返回值选择。因此，对于本节的内容，读者最好能自己实践一下，对锻炼自身的编码能力、逻辑思维能力会很有帮助。

3.9.8　思考题

本节留给读者的思考题也是一个非常规的二分查找问题：如果有序数组是一个循环有序数组，如 [4,5,6,1,2,3]，那么，针对这种情况，如何实现一个求"值等于给定值"的二分查找算法呢？

第 **4** 章　哈希表、位图和哈希算法

本章介绍哈希表、位图和哈希算法。哈希表支持快速地进行查找、插入和删除数据操作，是软件开发中常用的一种数据结构。位图是哈希表的一种特殊情况，使用二进制位来表示数据是否存在。在 4.4 节，我们讲解位图时，会介绍一种特殊的位图：布隆过滤器，它比位图更加节省存储空间。哈希函数是哈希表设计的关键，在 4.5 节，我们基于哈希函数这一种哈希算法的应用，讲解更多哈希算法的应用。

4.1 哈希表（上）：Word 软件的单词拼写检查功能是如何实现的

对于我们经常使用的 Office Word 办公软件，读者有没有留意过它的拼写检查功能？一旦我们在 Word 里输入一个错误的英文单词，它就会用标红的方式提示"拼写错误"。作为一名软件工程师，读者有没有想过这个功能是如何实现的呢？

只要读者学完本节的内容：哈希表（又称散列表），就能像微软 Office 的开发工程师一样，轻松实现这个功能。

4.1.1 哈希思想

哈希表（hash table）是数组的一种扩展，由数组演化而来，底层依赖数组支持按下标快速访问元素的特性。换句话说，如果没有数组，就没有哈希表。我们举例来解释一下。

假如有 89 名选手参加学校运动会。为了方便记录成绩，每个选手胸前都会贴上自己的参赛号码。这 89 名选手依次编号为 1 ～ 89。现在我们希望编程实现这样一个功能：通过编号快速找到对应的选手信息。如何实现这个功能呢？

我们可以把这 89 名选手的信息放在数组里。对于编号为 1 的选手的信息，放到数组中下标为 1 的位置；对于编号为 2 的选手的信息，放到数组中下标为 2 的位置，依此类推，对于编号为 k 的选手的信息，放到数组中下标为 k 的位置。

参赛编号与数组下标一一对应，当需要查询参赛编号为 x 的选手信息时，只需要将下标为 x 的数组元素取出，时间复杂度就是 $O(1)$，效率非常高。

实际上，这个例子已经用到了哈希思想。在这个例子里，参赛编号是自然数，并且与数组下标形成一一映射关系，因此，利用数组按下标访问元素的时间复杂度是 $O(1)$ 这一特性，我们就可以实现按照编号快速查找选手信息这一功能。

不过，这个例子中蕴含的哈希思想还不够明显，我们把这个例子稍微改造一下。

假设校长提出要求，参赛编号不能这么简单，要加上年级、班级这些详细信息，于是，我们把编号的规则稍微修改一下，用 6 位数字来表示，如 051167，其中，前两位 05 表示年级，中间两位 11 表示班级，最后两位还是原来的编号 1 ～ 89。这个时候，又该如何存储选手信息，才能支持通过编号快速查找选手信息呢？

问题的处理思路与之前的类似。尽管现在不能直接把参赛编号作为数组下标来使用，但我们可以截取参赛编号的后两位作为数组下标。当通过参赛编号查询选手信息时，我们用同样的方法，取参赛编号的后两位作为数组下标，从数组中取这个下标对应的选手信息。

这就是典型的哈希思想。其中，参赛选手的编号称为键（key）或者关键字（keyword）。我们用键来标识一个选手。我们把参赛编号转化为数组下标的映射方法称为哈希函数。哈希函数计算得到的值称为哈希值。哈希表示例如图 4-1 所示。

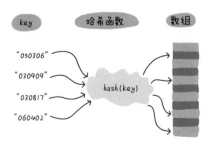

图 4-1 哈希表示例

通过这个例子，我们可以总结出这样的规律：哈希表利用的是数组按下标访问元素的时间复杂度是 $O(1)$ 这一特性。我们通过哈希函数把元素的键值映射为下标，然后，将对应的数据存储在数组中对应下标的位置。当按照键值查询元素时，我们使用同样的哈希函数，将键值转化为数组下标，从数组中这个下标对应的位置取数据。

4.1.2　哈希函数

从上面的例子中可以看出，哈希函数在哈希表中起着关键作用。哈希函数首先是一个函数，我们可以把它定义成 hash(key)，其中，key 表示元素的键值，hash(key) 的值表示经过哈希函数计算得到的哈希值。

对于参赛编号改造前的情况，编号就是数组下标，因此，hash(key) 就等于 key。对于参赛编号经过改造后的情况，哈希函数的实现也不难，伪代码如下所示。

```
int hash(String id) {
  //获取后两位字符
  string lastTwoChars = id.substr(length-2, length);
  //将后两位字符转换为整数
  int hashValue = convert lastTwoChas to int-type;
  return hashValue;
}
```

在上面的例子中，哈希函数比较简单，代码很容易实现。但如果参赛选手的编号是随机生成的 6 位数字，又或者是 a～z 的字符串，那么又该如何构造哈希函数呢？

下面总结了哈希函数设计时的 3 个基本要求：

1）哈希函数计算得到的哈希值是一个非负整数；

2）如果 key1=key2，那么 hash(key1)==hash(key2)；

3）如果 key1 ≠ key2，那么 hash(key1) ≠ hash(key2)。

其中，第一个基本要求理解起来应该没有任何问题，因为数组下标是从 0 开始的，因此，哈希函数生成的哈希值也必须是非负整数。第二个基本要求也很好理解，相同的 key 经过哈希函数得到的哈希值也应该是相同的。第三个基本要求理解起来可能有难度，作者说明一下。这个要求看起来合情合理，但是，在实际情况中，要想找一个没有冲突（key 不同对应的哈希值也不同）的哈希函数，几乎是不可能的。即便像业界著名的 MD5、SHA、CRC 等哈希算法，也无法完全避免哈希冲突。而且，因为数组的存储空间有限，所以也会加大哈希冲突的概率。

关于哈希函数的设计，在 4.2 节中，我们还会有更多的讲解。

4.1.3　哈希冲突

再好的哈希函数也无法避免哈希冲突。那么，究竟该如何解决哈希冲突呢？常用的方法有两类：开放寻址法（open addressing）和链表法（chaining）。

1. 开放寻址法

开放寻址法的核心思想：一旦出现哈希冲突，就通过重新探测新位置的方法来解决冲突。如何重新探测新位置呢？

最简单的探测方法是线性探测法（linear probing）。

当向哈希表中插入数据时，如果某个数据经过哈希函数计算之后，对应的存储位置已经被占用了，我们就从这个位置开始，在数组中依次往后查找，直到找到空闲位置为止。

我们举例解释一下，如图 4-2 所示，其中，黄色区域表示空闲位置，橙色区域表示已经存储了数据。从图 4-2 中可以看出，哈希表的大小为 10，在数据 x 插入之前，哈希表中已经插入了 6 个数据。数据 x 经过哈希函数计算之后，被哈希到下

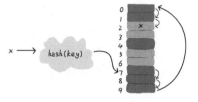

图 4-2 基于线性探测法解决冲突的哈希表的插入操作

标为 7 的位置，但这个位置已经存储了其他数据，因此，就产生了冲突。于是，我们就从下标为 7 的位置开始，顺序地往后遍历数组，查看有没有空闲位置，如果遍历到数组尾部仍然没有找到空闲位置，就再从数组开头开始寻找，直到找到空闲位置为止，也就是图 4-2 中下标为 2 的位置，最后，将数据 x 插入到这个位置。

在哈希表中查找元素的过程有点类似插入过程，如图 4-3 所示，通过哈希函数计算出待查找数据 y 的哈希值 7，然后比较数组中下标为 7 的元素和待查找元素，如果相等，则说明就是要查找的元素；否则，就从下标 7 开始在数组中顺序往后依次查找，直到找到相等的数据，或者，遍历到数组中的空闲位置还没有找到，这就说明待查找数据在哈希表中不存在。

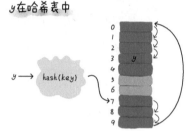

哈希表不仅支持插入、查找操作，还支持删除操作。对于使用线性探测法解决冲突的哈希表，删除操作稍微有些特别，不能单纯地把待删除元素所在位置设置为空（NULL）。

在查找数据的时候，一旦通过线性探测法遍历到空闲位置，我们就认定哈希表中不存在这个数据。但是，如果这个空闲位置是后来删除的，就会导致原来的查找算法失效。本来存在的数据有可能被认定为不存在。为了解决这个问题，我们将待删除数据的存储空间特殊标记为"deleted"。当利用线性探测法查找数据的时候，遇到标记为"deleted"的空间，并不会停下来，而是会继续往下探测，如图 4-4 所示。

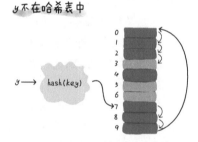

图 4-3 基于线性探测法解决冲突的哈希表的查找操作

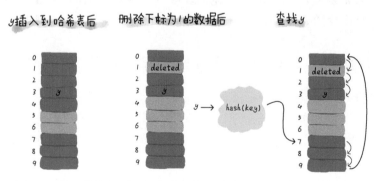

图 4-4 基于线性探测法解决冲突的哈希表的删除操作和查找操作

对于线性探测法，当哈希表中插入的数据越来越多时，空闲位置会越来越少，哈希冲突发生的概率就会越来越大，线性探测的时间就会越来越长。在极端情况下，需要探测整个哈希表

才能找到空闲位置并将数据插入，因此，最坏情况下的时间复杂度为 $O(n)$。同理，在删除数据和查找数据时，也有可能线性探测整个哈希表。

对于开放寻址法，除线性探测法之外，还有另外两种经典的探测方法：二次探测法（quadratic probing）和双重哈希法（double hashing）。

二次探测法与线性探测法很像，线性探测法的探测步长是 1，探测的下标序列是 hash(key)+0、hash(key)+1、hash(key)+2……而二次探测法的探测步长变成了原来的"二次方"，探测的下标序列是 hash(key)+0、hash(key)+1^2、hash(key)+2^2……

双重哈希法使用多个哈希函数：hash1(key)、hash2(key)、hash3(key)……如果第一个哈希函数计算得到的存储位置已经被占用，再用第二个哈希函数重新计算存储位置，依此类推，直到找到空闲的存储位置为止。

2. 链表法

链表法是一种更加常用的解决哈希冲突的方法，相比开放寻址法，它要简单得多。如图 4-5 所示，在哈希表中，每个"桶"或者"槽"（slot）会对应一个链表，我们把哈希值相同的元素放到相同槽位对应的链表中。

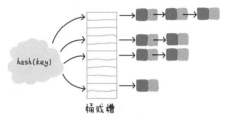

图 4-5 基于链表法解决冲突的哈希表

当插入数据的时候，我们只需要通过哈希函数计算出对应的"槽"，然后将数据插入到这个"槽"对应的链表中。插入数据的时间复杂度是 $O(1)$。当要查找、删除数据时，我们同样通过哈希函数计算出对应的"槽"，然后，遍历链表查找或删除数据。那么，查找和删除操作的时间复杂度是多少呢？

对于基于链表法解决冲突的哈希表，查找、删除操作的时间复杂度与链表的长度 k 成正比，也就是 $O(k)$。对于哈希比较均匀的哈希函数，从理论上来讲，$k=n/m$，其中 n 表示哈希表中数据的个数，m 表示哈希表中"槽"的个数。当 k 是一个不大的常量时，我们可以粗略地认为，在哈希表中查找、删除数据的时间复杂度是 $O(1)$。

我们把上面的 k 称为装载因子（load factor）。装载因子用公式表示出来就是：装载因子 = 哈希表中的元素个数 / 哈希表的长度（"槽"的个数）。装载因子越大，说明链表长度越长，哈希表的性能就会越低。

4.1.4 解答本节开篇问题

现在，我们再来看一下本节的开篇问题：Word 软件中的单词拼写检查功能是如何实现的？

英语字典中的英文单词大约有 20 万个左右，假设单词的平均长度是 10，因此，平均一个单词占用 10B 的存储空间，那么 20 万个英文单词大约占 2MB 大小的存储空间。对于现在的计算机，20 万个英文单词完全可以放在内存里面。因此，我们可以用哈希表来存储整个英文词典中的单词。

当用户输入某个英文单词时，我们用用户输入的单词在哈希表中查找。如果找到，则说明拼写正确；如果没有找到，则说明拼写可能有误，划线标红给予提示。借助哈希表这种数据结构，我们可以轻松实现快速判断 Word 文档中是否存在拼写错误这样一个功能。

4.1.5 内容小结

本节讲解了关于哈希表的一些比较基础的理论知识，包括哈希表的由来、哈希函数、哈希冲突的解决方法。

哈希表来源于数组，它借助哈希函数，对数组进行扩展，利用的是数组支持按照下标快速访问元素的特性。除此之外，我们重点讲解了哈希冲突的解决方法，主要有两种：开放寻址法和链表法。其中，链表法更加简单、常用。对于开放寻址法，我们又介绍了 3 种具体的探测方法：线性探测法、二次探测法和双重哈希法。

4.1.6 思考题

本节的思考题有两个，如下所示。

1）假设有 10 万条 URL 访问日志，如何按照访问次数给 URL 排序？

2）有两个字符串数组，每个数组大约有 10 万个字符串，如何快速找出两个数组中相同的字符串？

4.2 哈希表（中）：如何打造一个工业级的哈希表

通过 4.1 节的学习，我们知道，哈希表的查询效率并不能笼统地认为是时间复杂度 $O(1)$，因为它与哈希函数、装载因子和哈希冲突等都有关系。如果哈希函数设计得不好，或者装载因子过高，都可能导致哈希冲突发生的概率升高，查询效率下降。

在极端情况下，有些恶意的攻击者，还有可能通过精心构造的数据，使得所有的数据经过哈希函数之后，全部哈希到同一个"槽"里。如果我们使用的是基于链表的冲突解决方法，那么这个时候，哈希表就会退化为链表，查询的时间复杂度就从 $O(1)$ 急剧退化为 $O(n)$。

如果哈希表中有 10 万个数据，那么退化后的哈希表的查询时间就变成了原来的 10 万倍。举例来说，如果之前执行 100 次查询只需要 0.1s，那么现在就需要 10000s。这样就有可能因为查询操作消耗大量 CPU 或线程资源，导致系统无法响应其他请求，从而让恶意攻击者达到"拒绝服务"攻击（DoS）的目的。这就是哈希表碰撞攻击的基本原理。

在本节中，我们就来探讨下面一个问题，如何设计一个可以应对各种异常情况的工业级的哈希表？利用这个工业级的哈希表，在哈希冲突的情况下，可以避免哈希表性能的急剧下降，并且能抵抗哈希表碰撞攻击。

4.2.1 设计哈希函数

哈希函数设计的好坏，决定了哈希表冲突概率的大小，也直接决定了哈希表的性能，那么，如何设计一个好的哈希函数呢？

首先，哈希函数的设计不能太复杂。过于复杂的哈希函数，势必会消耗太多计算时间，也会间接地影响哈希表的性能。其次，哈希函数生成的值要尽可能随机且均匀分布，这样才能避免或者最小化哈希冲突，即便出现冲突，哈希到每个"槽"里的数据也会比较平均，避免出现单一"槽"内数据特别多的情况。

在实际的软件开发中，对于哈希函数的设计，我们还需要综合考虑其他因素，如关键字的长度、特点、分布，以及哈希表的大小等。我们介绍几个常用的哈希函数的设计方法，让读者有个直观的感受。

第一个例子是 4.1 节提到的学生运动会的例子，通过分析参赛编号的特征，我们把编号中的后两位作为哈希值。实际上，我们还可以用类似的哈希函数处理手机号码。因为手机号码的前几位相同的可能性很大，但后面几位是随机的，所以我们可以取手机号码的后 4 位作为哈希值。这种通过分析数据特点来设计哈希函数的方法称为"数据分析法"。

第二个例子是 4.1 节提到的开篇问题：Word 软件中的单词拼写检查功能是如何实现的？对于这个问题的哈希函数，我们可以这样设计：将单词中每个字母的 ASCII 码值"进位"相加，得到的结果再与哈希表的大小求余取模，把最终的值作为哈希值。例如，英文单词 nice 的哈希值的计算如下所示。

$$\text{Hash}("nice")=(('n'-'a')\times 26\times 26\times 26+('i'-'a')\times 26\times 26$$
$$+('c'-'a')\times 26+('e'-'a'))/78978$$

实际上，哈希函数的设计方法还有很多，如直接寻址法、平方取中法、折叠法和随机数法等，这里我们就不一一讲解了。如果读者对它们感兴趣的话，可以自行研究。

4.2.2 解决装载因子过大的问题

我们在 4.1 节提到过，装载因子越大，说明哈希表中的元素越多，空闲位置越少，哈希冲突的概率就会越大，插入、删除和查找数据时的性能都会随之降低。

对于没有频繁插入和删除操作的静态数据集合，因为数据是静态已知的，我们容易根据数据的特点等，设计出很好的、冲突极少的哈希函数。

但对于有频繁插入和删除操作的动态数据集合，因为无法事先预估将要加入的数据个数，因此，无法事先申请一个足够大的哈希表。随着越来越多的数据的加入，装载因子会越来越大。当装载因子大到一定程度之后，大量的哈希冲突就会导致哈希表性能急剧下降。这个时候该怎么办呢？

还记得我们前面多次提到过的"动态扩容"吗？例如数组、栈、队列的动态扩容。

对于哈希表，当装载因子过大时，我们也可以进行动态扩容，重新申请一个更大的哈希表，将原哈希表中的数据搬移到新哈希表。假设每次扩容都重新申请一个原哈希表两倍大小的新哈希表。如果原哈希表的装载因子是 0.8，经过扩容之后，新哈希表的装载因子就下降为原来的一半，变成了 0.4。

对数组、栈和队列的扩容，数据搬移操作比较简单。但对哈希表的扩容，数据搬移操作要复杂很多。因为哈希表的大小变了，数据的存储位置也变了，所以，我们需要通过哈希函数重新计算每个数据在新哈希表中的存储位置。如图 4-6 所示，在原哈希表中，21 这个元素存储在下标为 0 的位置，搬移到新哈希表中之后，存储在下标为 7 的位置。

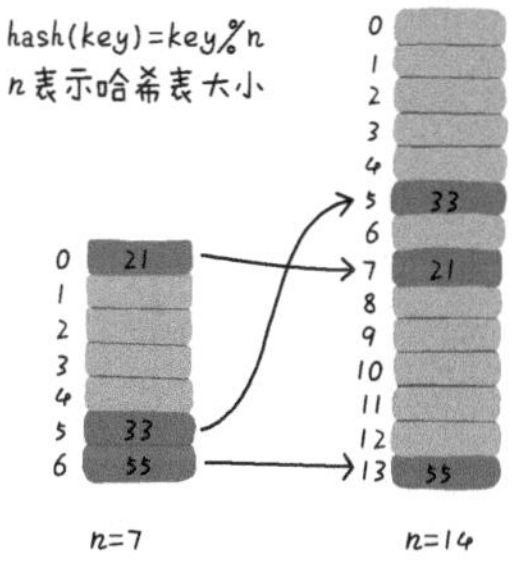

对于支持动态扩容的哈希表，插入操作的时间复杂度是多少呢？

在大部分情况下，插入新数据不会触发扩容，因此，插入操作的最好时间复杂度是 $O(1)$。如果装载因子过高，超过事先设置的阈值，那么，在插入新数据时，就会触发扩容，需要重新申请内存空间，重新计算每个数据的哈希值，并且将数据从原哈希表搬移到新哈希表，因此，最坏情况下插入操作的时间复杂度

图 4-6 哈希表动态扩容

是 $O(n)$。利用时间复杂度的摊还分析法，均摊情况下的时间复杂度接近最好时间复杂度，为 $O(1)$。对于均摊时间复杂度的分析，这里就不详细讲解了，读者可以参照支持动态扩容的数组、栈和队列的均摊复杂度分析方法自行分析。

如果随着数据的删除，哈希表中的数据变少，未占用空间变大，那么，在装载因子小于某个阈值时，我们还可以对哈希表进行缩容。当然，如果我们更加在意执行效率，能够容忍多消耗一点内存空间，那么也可以不进行缩容。

前面讲过，当哈希表的装载因子超过某个阈值时，就会触发扩容。我们需要合理选择装载因子的阈值。阈值太大会导致哈希冲突过多，阈值太小会导致内存浪费严重。如果内存空间不紧张，对执行效率要求高，那么我们可以选择小一点的阈值；相反，如果内存空间紧张，对执行效率要求不高，那么可以适当选择大一点的阈值，甚至可以大于 1（如基于链表法解决冲突的哈希表）。

4.2.3 避免低效的扩容

对于支持动态扩容的哈希表，在大部分情况下，插入数据的速度很快，但是，在特殊情况下，当装载因子已经达到阈值时，插入数据前需要先进行扩容。这个时候，插入数据就会变得非常慢，甚至无法令人接受。

我们用一个极端的例子来解释一下。如果哈希表当前的大小为 1GB，当启动扩容时，需要对 1GB 的数据重新计算哈希值，并且搬移到新的哈希表中。这样的操作听起来就很耗时。

如果我们的项目的代码直接服务于用户，对响应时间要求比较高，尽管大部分情况下，插入数据的速度很快，但是，极个别速度非常慢的插入操作，也会让用户"崩溃"。这个时候，这种集中扩容的机制就不合适了。

为了解决集中扩容耗时过多的问题，我们将扩容操作穿插在多次插入操作的过程中，分批完成。当装载因子触达阈值之后，我们只创建新哈希表，但并不将原哈希表中的数据全部搬移到新哈希表中。

当有新数据要插入时，除将新数据插入新哈希表之外，还会从原哈希表中搬移一个数据到新哈希表中。每插入一个新数据到哈希表，我们都重复上面的过程。经过多次插入操作之后，原哈希表中的数据就一点点地被搬移到新哈希表中了。这样我们就将数据的搬移工作分散到了多次数据插入操作中，没有了集中的一次性大量数据搬移操作，所有的插入操作都变得很快，如图 4-7 所示。

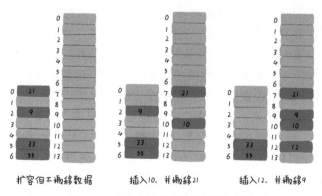

图 4-7 非集中搬移数据的扩容策略

通过均摊方法，将扩容的代价均摊到多次插入操作中，就避免了扩容耗时过多的问题。基于这种扩容方式，在任何情况下，插入数据的时间复杂度都是 $O(1)$。

不过，在原哈希表中的数据没有完全搬移到新哈希表中之前，原哈希表占用的内存不会被释放，内存占用会比较多，而且，对于查询操作，为了兼容新、旧哈希表中的数据，我们需要同时在新、旧两个哈希表中查找。

4.2.4 选择合适的冲突解决方法

针对哈希冲突，在 4.1 节中，我们介绍了两种解决方法：开放寻址法和链表法。在实际的软件开发中，这两种解决冲突的方法较常用。例如，Java 中 LinkedHashMap 采用链表法解决冲突，ThreadLocalMap 通过基于线性探测的开放寻址法解决冲突。这两种解决冲突的方法各有哪些优势和劣势？又分别适合哪些应用场景呢？

1. 开放寻址法

我们先来看一下开放寻址法有哪些优点。

对于基于开放寻址法解决冲突的哈希表，数据存储在数组中，可以有效地利用 CPU 缓存加快查询速度。相对于基于链表法解决冲突的哈希表，基于开放寻址法解决冲突的哈希表不涉及链表和指针，方便序列化。

我们再来看一下开放寻址法有哪些缺点。

在 4.1 节中，我们讲过，基于开放寻址法解决冲突的哈希表，删除数据的操作会比较麻烦，需要特殊标记删除的数据。而且，在开放寻址法中，所有的数据都存储在一个数组中，比起链表法，发生冲突的概率更高。因此，基于开放寻址法解决冲突的哈希表，装载因子不能太大，必须小于 1，而基于链表法解决冲突的哈希表，装载因子可以大于 1。这就导致存储相同数量的数据，开放寻址法比链表法需要占用更多的存储空间。

综上所述，当数据量比较小、装载因子小的时候，适合采用开放寻址法。这也是 Java ThreadLocalMap 使用开放寻址法解决哈希冲突的原因。

2. 链表法

基于链表法解决冲突的哈希表，数据存储在链表中。基于开放寻址法解决冲突的哈希表，数据存储在数组中。链表节点可以在用到时再创建，而数组必须事先创建好。因此，链表法对内存的利用率比开放寻址法要高。

链表法比起开放寻址法，对大装载因子的容忍度更高。开放寻址法只适用装载因子小于 1 的情况。在装载因子接近 1 时，就会有大量的哈希冲突，导致大量的探测、再哈希等，性能急剧下降。但对于链表法，只要哈希函数计算得到的值比较随机且均匀，即便装载因子变成 10，也只是链表的长度变长了一点而已，性能下降并不多。

不过，前面也讲到，链表中的节点要存储 next 指针，因此，会消耗额外的内存空间，对于小对象的存储，有可能会让内存的消耗翻倍。而且，链表中的节点在内存中是零散分布的，不是连续的，对 CPU 缓存不友好，这也对哈希表的性能有一定的影响。

当然，如果我们存储的是大对象，也就是说，对象的大小远远大于一个指针的大小（4B 或 8B），那么链表中指针的内存消耗就可以忽略了。

实际上，我们可以将链表法中的链表改造为其他更高效的数据结构，如红黑树。这样，即便出现哈希冲突，在极端情况下，所有的数据都哈希到同一个"桶"内，最终哈希表也只是退化成一个红黑树，查询的效率也不会太差，时间复杂度是 $O(\log n)$。这样就能有效避免上文提到的哈希碰撞攻击，如图 4-8 所示。

4.2.5 工业级的哈希表举例分析

在上文中，我们介绍了实现一个工业级哈希表涉及的一些关键技术，现在，我们具体来看一下，工业级的哈希表 Java HashMap 是如何应用这些技术来实现的。

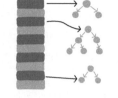
图 4-8 将链表改造成红黑树

1. 初始大小

HashMap 默认的初始大小是 16，当然，这个默认值是可以设置的，如果事先知道大概的数据量，我们就可以通过修改默认的初始大小，减少动态扩容的次数，这样会大大提高 HashMap 的性能。

2. 装载因子和动态扩容

HashMap 的最大装载因子默认是 0.75，当 HashMap 中元素个数超过 0.75×capacity（capacity 表示哈希表的容量）时，就会触发扩容，扩大到原来的两倍。

3. 哈希冲突的解决方法

HashMap 采用链表法解决哈希冲突。在 JDK 1.8 中，HashMap 做了进一步优化，引入了红黑树。当链表长度太长（默认大于或等于 8）时，链表就转换为红黑树。我们可以利用红黑树支持快速增加、删除、修改和查询的特点，提高 HashMap 的性能。当红黑树的节点个数小于或等于 6 的时候，HashMap 又会将红黑树转化为链表。因为在数据量较小的情况下，比起链表，红黑树在性能上的优势并不明显，甚至会更差，因为红黑树维护平衡性的操作复杂且耗时。

4. 哈希函数

Java HashMap 的哈希函数的设计并不复杂，追求的是简单高效、分布均匀，如下所示。

```
int hash(Object key) {
  int h = key.hashCode();
  return (h ^ (h >>> 16)) & (capacity -1); //capacity表示哈希表的大小
}
```

其中，hashCode() 返回的是 Java 对象的 hash code。例如，String 类型对象的 hashCode() 如下所示，读者稍微了解一下即可，不需要深入研究。

```
public int hashCode() {
  int var1 = this.hash;
  if(var1 == 0 && this.value.length > 0) {
    char[] var2 = this.value;
    for(int var3 = 0; var3 < this.value.length; ++var3) {
      var1 = 31 * var1 + var2[var3];
    }
    this.hash = var1;
  }
  return var1;
}
```

4.2.6 解答本节开篇问题

现在，我们看一下本节的开篇问题：如何设计一个可以应对各种异常情况的工业级的哈希表？如果这是一道面试题或者是摆在读者面前的实际开发问题，读者会从哪几个方面思考解决呢？

作者说一下自己的思路。首先，作者会思考，何为一个工业级的哈希表？工业级的哈希表应该具有哪些特性？结合已经学习过的知识，作者认为应该满足下面几个要求：

- 支持快速的查询、插入、删除操作；
- 内存占用合理，不能浪费过多的内存空间；
- 性能稳定，在极端情况下，哈希表的性能也不会退化到无法接受的地步。

如何实现这样一个哈希表？作者会从下面 3 个方面来考虑设计思路：

- 设计一个合适的哈希函数；
- 设置合理的装载因子阈值，并且设计动态扩容策略；
- 选择合适的哈希冲突解决方法。

关于哈希函数、装载因子、动态扩容策略，以及哈希冲突的解决办法，我们前面讲过了，具体如何选择，还要结合具体的业务场景和业务数据来具体分析。

4.2.7 内容小结

4.1 节的内容侧重理论，本节的内容则侧重实战，主要讲解了如何设计一个工业级的哈希表，以及如何应对各种异常情况，防止在极端情况下，哈希表的性能退化过于严重。

关于哈希函数的设计，我们要尽可能让哈希后的值随机且均匀分布。除此之外，哈希函数的设计也不能太复杂，否则计算耗时太多，也会影响哈希表的性能。

关于哈希冲突解决方法的选择，大部分情况下，链表法更加常用。而且，我们还可以通过将链表改造成其他更加高效的数据结构，如红黑树，来避免哈希表的时间复杂度退化成 $O(n)$，抵御哈希碰撞攻击。不过，对于小规模数据、装载因子不高的哈希表，开放寻址法更加适合。无论我们如何设计哈希函数，选择什么样的哈希冲突解决方法，随着哈希表中的数据的不断增加，装载因子会逐渐增大，当超过某个阈值时，就会触发扩容。为了避免集中扩容导致的性能急剧下降，我们采用均摊的方法，将数据搬移操作分散到多个插入操作中。

4.2.8 思考题

本节讲到，Java 中的 HashMap 进一步做了优化，引入了红黑树。当链表长度大于或等于 8 时，就将链表转化成红黑树，而当红黑树中的节点个数小于或等于 6 时，又会将红黑树转化成链表。本节的思考题：为什么红黑树中的节点个数小于或等于 6 时才转化成链表，而不是小于 8 时就触发转化？

4.3 哈希表（下）：如何利用哈希表优化 LRU 缓存淘汰算法

通过前面章节的学习，读者有没有发现，有两种数据结构经常会被放在一起使用，那就是哈希表和链表。在 2.2 节中，我们介绍了如何用链表来实现 LRU 缓存淘汰算法，但是，基于链表的实现方法的时间复杂度是 $O(n)$，当时我们提到，通过引入哈希表可以将时间复杂度降到 $O(1)$。除此之外，如果读者熟悉 Java 语言，就会发现 LinkedHashMap 也用到了哈希表和链表这两种数据结构。

在本节中，我们介绍一下在 LRU 缓存淘汰算法和 LinkedHashMap 中哈希表和链表是如何组合使用的，以及它们组合后一般用来解决什么问题。

4.3.1 LRU 缓存淘汰算法

首先，我们回顾一下在 2.2 节中是如何通过链表实现 LRU 缓存淘汰算法的。

我们维护一个有序的链表，越靠近链表尾部的节点存储越早访问的数据（头节点存储最新访问的数据，尾节点存储最早访问的数据），并且记录头指针和尾指针，分别指向链表的头节点和尾节点。因为缓存大小有限，当缓存空间不够，需要淘汰数据的时候，我们就直接将链表尾部的节点删除。

当要缓存某个数据的时候，先在链表中查找这个数据。如果没有找到，则直接将数据放到链表的头部；如果找到了，我们就把它移动到链表的头部。因为查找数据需要遍历链表，所以，单纯用链表实现的 LRU 缓存淘汰算法的时间复杂度很高，是 $O(n)$。

总结一下，一个缓存（cache）系统主要包含下面几个操作：

● 往缓存中添加一个数据；

● 从缓存中删除一个数据；

● 在缓存中查找一个数据。

这 3 个操作都涉及"在链表中遍历查找数据"，如果单纯地采用链表来实现 LRU 缓存淘汰算法，那么这 3 个操作的时间复杂度都只能是 $O(n)$。如何让"查找数据"更加高效呢？我们可以在原有的有序链表之上，再构建一个哈希表作为索引，哈希表中的每个节点额外存储一个指向有序链表节点的指针。通过哈希表就能快速查找到需要删除的有序链表的节点。有序链表和哈希表相结合实现的 LRU 缓存淘汰算法如图 4-9 所示。

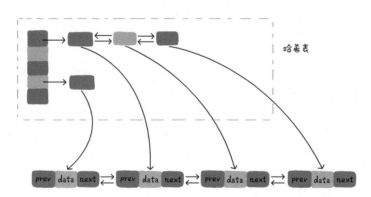

图 4-9　有序链表和哈希表相结合实现的 LRU 缓存淘汰算法

基于图 4-9 这样的组合结构，如何做到 $O(1)$ 时间复杂度实现上述的 3 个操作？

首先，我们来看如何在缓存中查找一个数据。在哈希表中，查找数据的时间复杂度接近 $O(1)$，因此，通过哈希表，我们可以很快地在缓存中找到要查找的数据。当找到待查找的数据之后，我们还需要将它移动到有序链表的头部。

其次，我们来看如何从缓存中删除数据。借助哈希表，我们可以在 $O(1)$ 时间复杂度找到要删除的有序链表的节点。有序链表是双向链表，支持在 $O(1)$ 时间复杂度内删除节点。

最后，我们来看如何往缓存中添加一个数据。在添加数据之前，先要查找数据是否已经存在，借助哈希表，查找的时间复杂度可以控制在 $O(1)$。如果在缓存中找到这个数据，则将其移动到有序链表的头部；如果没有找到，则将其直接插入到有序链表的头部。

上述实现原理对应的 Java 代码如下所示。

```java
public class LRUCache {
  private class DLinkedNode {
    public int key;
    public int value;
    public DLinkedNode prev;
    public DLinkedNode next;
    public DLinkedNode(int key, int value) {
      this.key = key;
      this.value = value;
    }
  }

  private Map<Integer, DLinkedNode> cache = new HashMap<Integer, DLinkedNode>();
  private int size;
  private int capacity;
  private DLinkedNode head;
  private DLinkedNode tail;

  public LRUCache(int capacity) {
    this.size = 0;
    this.capacity = capacity;
    this.head = new DLinkedNode(-1, -1); //"哨兵"节点
    this.tail = new DLinkedNode(-1, -1); //"哨兵"节点
    this.head.prev = null;
    this.head.next = tail;
    this.tail.prev = head;
    this.tail.next = null;
  }

  public int get(int key) {
    if (size == 0)
      return -1;
    DLinkedNode node = cache.get(key);
    if (node == null)
      return -1;
    removeNode(node);
    addNodeAtHead(node);
    return node.value;
  }

  public void put(int key, int value) {
    DLinkedNode node = cache.get(key);
    if (node != null) {
      node.value = value;
      removeNode(node);
      addNodeAtHead(node);
      return;
    }

    if (size == capacity) {
```

```
      cache.remove(tail.prev.key);
      removeNode(tail.prev);
      size--;
    }
    DLinkedNode newNode = new DLinkedNode(key, value);
    addNodeAtHead(newNode);
    cache.put(key, newNode);
    size++;
  }

  public void remove(int key) {
    DLinkedNode node = cache.get(key);
    if (node != null) {
      removeNode(node);
      cache.remove(key);
      return;
    }
  }

  private void removeNode(DLinkedNode node) {
    node.next.prev = node.prev;
    node.prev.next = node.next;
  }

  private void addNodeAtHead(DLinkedNode node) {
    node.next = head.next;
    head.next.prev = node;
    head.next = node;
    node.prev = head;
  }
}
```

4.3.2　Java LinkedHashMap

在 4.2 节中，我们讲到，Java HashMap 底层是用哈希表来实现的。LinkedHashMap 比 HashMap 多了一个"Linked"。而这里的"Linked"并不是说 LinkedHashMap 是通过链表法解决哈希冲突的。作者初学 LinkedHashMap 的时候，也对它误解了很久。实际上，LinkedHashMap 是通过双向有序链表和哈希表这两种数据结构组合实现的。LinkedHashMap 中的"Linked"指的是双向有序链表。

关于 LinkedHashMap 的具体实现原理，我们通过一段代码来分析，如下所示。

```
HashMap<Integer, Integer> m = new LinkedHashMap<>();
m.put(3, 11);
m.put(1, 12);
m.put(5, 23);
m.put(2, 22);
for (Map.Entry e : m.entrySet()) {
  System.out.println(e.getKey());
}
```

在上面这段代码中，数据会按照插入顺序依次被输出，也就是说，输出的顺序是 3、1、5、2。读者会不会对输出的顺序有些疑问？哈希表中的数据是经过哈希函数打乱之后无规律存储的，LinkedHashMap 是如何实现按照数据的插入顺序来输出的呢？

这是因为 LinkedHashMap 不仅用到了哈希表，还用到了有序链表。基于有序链表，它不仅支持按插入顺序遍历并输出数据，还支持按访问顺序遍历并输出数据，如下代码所示。

```
//10是初始大小,0.75是装载因子,true是表示按照访问时间排序
HashMap<Integer, Integer> m = new LinkedHashMap<>(10, 0.75f, true);
m.put(3, 11);
m.put(1, 12);
m.put(5, 23);
m.put(2, 22);
m.put(3, 26);
m.get(5);
for (Map.Entry e : m.entrySet()) {
  System.out.println(e.getKey());
}
```

在创建 LinkedHashMap 的时候，我们通过参数（第 3 个参数设置为 true）明确指定按照访问时间排序数据，因此，这段代码输出的结果是 1、2、3、5。接下来，我们详细解释一下上面这段代码的执行过程。

put() 函数会将数据添加到有序链表的尾部，因此，在前 4 个添加操作完成之后，链表中的数据如图 4-10 所示。

图 4-10　前 4 个添加操作完成之后的有序链表

当再次将键值为 3 的数据放入 LinkedHashMap 的时候，会先查找这个键值是否已经存在，因为已经存在，所以，会先将已经存在的 (3,11) 删除，并且将新的 (3,26) 放到链表的尾部。此时，有序链表中的数据如图 4-11 所示。

当访问键值为 5 的数据之后，我们将被访问的数据移动到有序链表的尾部。此时，有序链表中的数据如图 4-12 所示。

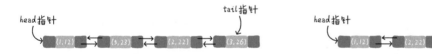

图 4-11　再次添加键值为 3 的数据之后的有序链表　　图 4-12　访问键值为 5 的数据之后的有序链表

最后，遍历有序链表后输出的结果就是 1、2、3、5。从上面的分析可以发现，按照访问时间排序的 LinkedHashMap 本身就是一个支持 LRU 缓存淘汰算法的缓存系统。

4.3.3　内容小结

虽然哈希表支持高效的数据插入、删除和查找操作，但是哈希表中的数据是经过哈希函数打乱之后无规律存储的。它无法支持按照某种顺序遍历并输出数据。为了解决这个问题，我们将哈希表和有序链表结合在一起使用。

有序链表支持按照某种顺序遍历并输出数据，哈希表和有序链表结合起来，就可以实现既支持快速的插入、删除和查找操作，又支持 $O(n)$ 时间复杂度按序遍历并输出数据。

4.3.4　思考题

如果将本节中的有序链表从双向链表改为单链表，LRU 缓存淘汰算法和 Java 中的 LinkedHashMap 是否还能正常工作？为什么？

4.4　位图：如何实现网页"爬虫"中的网址链接去重功能

"爬虫"是搜索引擎中非常重要的一个系统，负责爬取几十亿个，甚至上百亿个网页。"爬虫"的工作原理是通过解析已经爬取页面中的网页链接，然后爬取这些链接对应的网页。而同一个网页链接有可能被包含在多个页面中，这就会导致"爬虫"在爬取的过程中，重复爬取相同的网页。如果读者是一名负责"爬虫"系统开发的工程师，会如何解决重复爬取问题呢？

我们可以将已经爬取网页链接记录下来，在爬取一个新链接之前，我们用它在已经爬取的网页链接列表中查找是否存在。如果存在，就说明这个链接已经被爬取过了；如果不存在，就说明这个链接还没有被爬取过，可以继续爬取。等爬取到这个链接对应的网页之后，我们再将这个链接添加到已爬取网页链接列表中。

问题的解决思路非常简单。不过，我们应该如何记录已经爬取的网页链接呢？

4.4.1　基于哈希表的解决方案

关于如何记录已经爬取的网页链接这个问题，我们可以先来探讨一下，是否可以用之前学过的数据结构来解决？

数据结构要记录的对象是网页链接，也就是 URL，在它之上需要支持的两个操作包括添加一条网页链接和查询一条网页链接。除这两个功能要求之外，在非功能性方面，我们还要求这两个操作的执行效率尽可能高。除此之外，因为我们处理的是上亿级别的网页链接，内存消耗非常大，所以，存储效率也要尽可能高。

满足这些条件的数据结构有哪些呢？实际上，哈希表、红黑树和跳表这些动态数据结构都支持快速地进行插入、查询数据操作。目前为止，我们学过的只有哈希表。因此，我们就用哈希表来举例说明。

假设我们要爬取 10 亿个网页（像 Google、百度这样的通用搜索引擎，爬取的网页可能会更多），为了判重，我们把这 10 亿条网页链接存储在哈希表中。我们估算一下这大约需要占用多少内存空间。

假设一条网页链接的平均长度是 64B，那么单单存储这 10 亿条网页链接，就需要大约 60GB 的内存空间。哈希表必须维持较小的装载因子，这样才能保证不会出现过多的哈希冲突。除此之外，如果哈希表是用链表法解决哈希冲突的，那么它还要存储链表指针。因此，如果将这 10 亿条网页链接构建成哈希表，需要的内存空间会远大于 60GB。

当然，对于一个大型的搜索引擎，即便内存要求是 100GB，其实也不算太高，我们可以采用分治的处理思想，使用多台机器（如 20 台内存是 8GB 的机器）来存储这 10 亿条网页链接。在 4.5 节中，我们会详细讲解这个处理思路，这里就不展开了。

4.4.2　基于位图的解决方案

对于网址链接去重这个问题，上文讲到的分治加哈希表的处理思路已经可以应用在实际的开发中了。不过，我们应该考虑，在添加、查询数据的效率方面，以及内存消耗方面，是否还可以进一步优化？

读者可能会说，在哈希表中添加和查询数据的时间复杂度已经是 $O(1)$ 了，还能有进一步优化的空间吗？实际上，前面讲过，时间复杂度并不能完全代表代码的执行时间。大 O 时间复杂度表示法会忽略常数、系数和低阶，并且统计的对象是语句的频度。不同的语句，执行时间也是不同的。时间复杂度只是表示执行时间随数据规模的变化趋势，并不能度量在特定的数据规模下，代码执行的时间具体是多少。

如果时间复杂度中的系数是 10，通过优化，我们将系数降为 1，尽管时间复杂度没有变化，但执行效率却提高了 10 倍。对于实际的软件开发，效率提升了 10 倍，显然是非常值得我们对其进行优化的。

对于基于链表法解决冲突的哈希表，在查询网址链接时，我们通过哈希函数定位到某个链表之后，还需要用待判重的网址链接，依次比对链表中的每条网址链接。比对的操作是比较耗时的，主要原因有以下两个。

1）链表中的节点在内存中不是连续存储的，无法利用 CPU 高速缓存做预读，数据访问效率会打折扣。

2）链表中的每个数据都是网址链接。网址链接不是简单的数字，而是平均长度为 64B 的字符串。也就是说，我们要让待判重的网址链接，与链表中的每条网址链接进行字符串匹配。显然，如此长的字符串匹配操作，比起单纯的数字比对，要慢很多。

基于以上两点，执行效率方面有待优化。在内存消耗方面，如果想要更加节省内存，就得换一种解决方案，利用本节要讲的存储结构：布隆过滤器（Bloom filter）。

在讲解布隆过滤器前，我们需要先讲解另外一种存储结构：位图（bitmap），因为布隆过滤器本身就是基于位图实现的，是对位图的一种改进。

我们先来看一个与本节开篇问题类似、但稍微简单一点的问题。假设有 1000 万个范围在 1 ～ 1 亿的整数。如何快速查找某个整数是否出现在这 1000 万个整数中？

当然，这个问题仍然可以使用哈希表来解决。不过，针对这个 "特殊" 问题，我们可以使用一种比较 "特殊" 的哈希表，就是位图。

我们申请一个大小为 1 亿、数据类型为布尔类型（true 或者 false）的数组，将这 1000 万个整数作为数组下标对应的数组元素值设置成 true。例如，整数 5 包含在这 1000 万个整数中，我们就将下标为 5 的数组元素值设置为 true，即 *array*[5]=true，如图 4-13 所示。

图 4-13 位图示例

当要查询某个整数 K 是否在这 1000 万个整数中的时候，我们只需要将对应的数组值 *array*[K] 取出，查看是否等于 true。如果 *array*[K]=true，那么说明这 1000 万个整数中包含这个整数 K；如果 *array*[K]=false，那么说明这 1000 万个整数中不包含这个整数 K。

我们知道，表示 true 和 false 这两个布尔值，只需要用一个二进制位（bit）。二进制位 1 表示 true，二进制位 0 表示 false。但是，在很多高级编程语言中，布尔类型占用 1B 大小的内存空间。对于位图，有没有更加节省内存的存储方式呢？

实际上，我们可以用一个 char 类型数据表示一个长度是 16 的位图（注意，Java 中的 char 类型占 2B，也就是 16 个二进制位），同理，用 char 类型的 *a*[n] 数组表示长度是 $n\times 16$ 的位图。

在存取位图中的数据时，我们用数据除 16，得到这个数据存储在哪个数组元素中后，用数据与16求余，得到数组存储在这个数组元素中的哪一个二进制位上。例如，对于53，与16相除得到的结果是3（商的部分），也就是说，数据存储在 *a*[3] 这个数组元素上，然后，将53与16求余的结果是5，也就是说，数据存储在 *a*[3] 这个数组元素的第5个二进制位上。

参照上面的原理，位图的代码实现如下所示。

```java
public class BitMap { //在Java中，char类型占16bit，也即是2B
  private char[] bytes;
  private int nbits;

  public BitMap(int nbits) {
    this.nbits = nbits;
    this.bytes = new char[nbits/16+1];
  }

  public void set(int k) {
    if (k > nbits) return;
    int byteIndex = k / 16;
    int bitIndex = k % 16;
    bytes[byteIndex] |= (1 << bitIndex);
  }

  public boolean get(int k) {
    if (k > nbits) return false;
    int byteIndex = k / 16;
    int bitIndex = k % 16;
    return (bytes[byteIndex] & (1 << bitIndex)) != 0;
  }
}
```

因为位图通过数组下标来定位数据，所以访问效率非常高。而且，我们只需要用一个二进制位就能表示一个数字，在数字范围不大的情况下，相对于哈希表，位图这种数据结构非常节省内存。

对于在1000万个整数中查找数据这个问题，如果我们使用哈希表来存储这1000万个数据，那么大约需要40MB的内存空间。如果我们使用位图来存储这1000万个数据，因为数字范围为1～1亿，所以只需要1亿个二进制位，也就是说，12MB左右的内存空间就足够了。

4.4.3 基于布隆过滤器的解决方案

不过，位图的应用场景有一定的局限性，就是数据所在的范围不能太大。如果数据所在的范围很大，如在1000万个整数中查找数据这个问题，数据范围不是1～1亿，而是1～10亿，那么位图就要占用10亿个二进制位，也就是120MB大小的内存空间，相比哈希表，内存占用不降反增。

为了解决内存占用不降反增这个问题，我们对位图进行改进和优化，于是，布隆过滤器就产生了。

还是刚才提到的在1000万个整数中查找数据这个例子，数据个数是1000万，数据的范围变成了1～10亿。布隆过滤器的做法：尽管数据范围增大了，但我们仍然使用包含1亿个二进制位的位图，通过哈希函数对数据进行处理，让哈希值落在1～1亿这个范围内。例如，我们把哈希函数设计成简单的求余操作：$f(x) = x \% n$。其中，x 表示数据，n 表示位图的大小（这里是1亿）。

我们知道，哈希函数存在冲突问题，对于100000001和1这两个数字，经过上面那个求余取模的哈希函数处理之后，最后的哈希值都是1。这就导致我们无法区分 *BitMap*[1]=true 表示的是 1 还是 100000001 了。

当然，为了降低冲突发生的概率，我们可以设计一个更复杂、更随机的哈希函数。除此之外，还有其他方法吗？我们看一下布隆过滤器的处理方法。既然一个哈希函数可能会存在冲突，那么使用多个哈希函数一起定位一个数据，是否能降低冲突发生的概率呢？

我们使用 K 个哈希函数，分别对同一个数据计算哈希值，得到的结果分别记作 $X1,X2,X3,\cdots,XK$。我们把这 K 个哈希值作为位图的下标，将对应的 $BitMap[X1],BitMap[X2],BitMap[X3],\cdots,BitMap[XK]$ 都设置成 true，也就是说，我们用 K 个二进制位而非一个二进制位来表示一个数据是存在的。

当要查询某个数据是否存在时，我们使用同样的 K 个哈希函数，分别对数据计算哈希值，得到 $Y1,Y2,Y3,\cdots,YK$ 这 K 个值。我们用这 K 个哈希值作为下标，看对应位图中的数值是否都为 true。如果 $BitMap[Y1],BitMap[Y2],BitMap[Y3],\cdots,BitMap[YK]$ 都为 true，则说明这个数据存在；如果其中任意一个不为 true，就说明这个数据不存在。如图 4-14 所示，数据 163 经过 3 个哈希函数计算之后，哈希值分别为 1、4、6，因此，BitMap 数组中下标为 1、4、6 的元素值设置为 1。当要查询数据 237 是否存在时，将数据 237 经过 3 个哈希函数计算之后，哈希值分别为 0、4、7，而在 BitMap 数组中，下标为 0、4、7 的元素值并非都为 1，因此，判定数据 237 不存在。

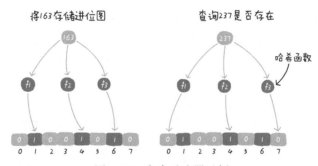

图 4-14　布隆过滤器示例

对于两个不同的数字，经过一个哈希函数处理之后，可能会产生相同的哈希值。但是，经过 K 个哈希函数处理之后，K 个哈希值都相同的概率就非常低了。不过，这种处理方式又带来了新的问题，那就是容易产生误判。如图 4-15 所示，数据 146、196 存储到 BitMap 数组之后，下标为 0、2、3、4、6、7 的元素值设置为 1。当要查询数据 177 是否存在时，经过 3 个哈希函数计算之后，哈希值分别是 1、2、7，尽管数据 177 不存在，但 BitMap 数组中下标为 1、2、7 的元素值都为 1，因此，就会误判为数据 177 存在。

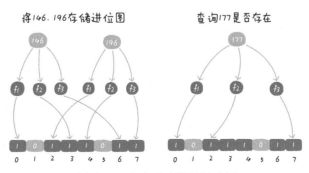

图 4-15　布隆过滤器误判示例

布隆过滤器的误判有一个特点：只有在判断其存在的情况下，才有可能发生误判，也就是说，判定为存在时有可能并不存在。如果某个数据经过布隆过滤器后判断为不存在，就说明这个数据是真的不存在，这种情况是不会存在误判的。

尽管布隆过滤器会存在误判，但是，这并不影响它发挥大的作用。很多业务场景对误判有一定的容忍度。例如"爬虫"中的网址链接判重问题，即便一个没有被爬取过的网页，被误判为已经被爬取，对于搜索引擎，也并不是什么大事情，是可以容忍的，毕竟网页太多了，搜索引擎也不可能完全爬取到。而且，只要我们调整哈希函数的个数、位图大小与要存储数据的个数的比例，就可以将这种误判的概率降到非常低。

除此之外，我们还可以利用布隆过滤器在判定数据不存在的情况下不会出现误判的特点，在访问数据库进行数据查询前，先访问布隆过滤器，如果经过布隆过滤器后判定数据不存在，就不需要继续访问数据库了，这样就能减少数据库查询操作。

4.4.4　回答本节开篇问题

现在我们再看一下本节的开篇问题：如果读者是一名负责"爬虫"系统开发的工程师，会如何解决重复爬取问题呢？

如果我们理解了位图和布隆过滤器，那么本节的开篇问题就容易解决了。

我们用布隆过滤器记录已经爬取过的网页链接，假设需要判重的网页有 10 亿个，那我们可以用一个网页数量 10 倍大小的位图来存储，也就是包含 100 亿个二进制位，换算成字节，大约占用 1.2GB 的内存空间。而用哈希表判重至少需要 100GB 的内存空间。相比来说，布隆过滤器在存储空间的消耗上，降低了非常多。

我们再来看一下，利用布隆过滤器，在执行效率方面，是否比哈希表更加高效？

布隆过滤器使用多个哈希函数对同一个网页链接进行处理，CPU 只需要将网页链接从内存中读取一次，进行多次哈希计算，这组操作是 CPU 密集型的。而在哈希表的处理过程中，我们需要读取哈希值相同（哈希冲突）的多个网页链接，分别与待判重的网页链接进行字符串匹配。因为这个操作涉及很多内存数据的读取，所以是内存密集型的。我们知道，CPU 计算比内存访问更快速，因此，从理论上来讲，布隆过滤器的判重方式更加高效。

4.4.5　内容小结

关于搜索引擎"爬取"网页的去重问题的解决，我们从哈希表讲到位图，再讲到布隆过滤器。布隆过滤器非常适合这种不需要完全准确的、允许存在小概率误判的大规模判重场景。除"爬取"网页去重这个例子，还有其他例子，如统计一个大型网站每天的 UV 数，也就是每天有多少用户访问了网站，我们也可以使用布隆过滤器，对重复访问的用户进行去重。

布隆过滤器的误判率主要与哈希函数的个数、位图的大小有关。布隆过滤器更适用于静态数据。对于动态数据，当经过布隆过滤器中的数据越来越多时，位图中不是 true 的位置就会越来越少，误判率就会越来越高。因此，对于动态数据，布隆过滤器还需要支持动态扩容。

当布隆过滤器中，数据个数与位图大小的比例超过某个阈值的时候，我们就重新申请一个新的位图。对于后进入的新数据，会被放置到新的位图中。但是，如果要判断某个数据是否在布隆过滤器中已经存在，我们就需要查看多个位图，相应的执行效率会降低。

位图、布隆过滤器的应用广泛，很多编程语言已经实现了相应的数据类型，如 Java BitSet、Redis BitMap，以及 Google 的 Guava 工具包中的 BloomFilter。如果读者对它们感兴趣，那么可以自己去研究一下这些类的源码。

4.4.6 思考题

如何对一个存储了 1 亿个整数（范围为 1 ~ 10 亿）的文件中的数据进行排序？

4.5 哈希算法：如何防止数据库脱库后用户信息泄露

还记得 2011 年 CSDN 的"脱库"事件吗？当时，CSDN 网站被"黑客"攻击，超过 600 万用户的注册邮箱和密码明文被泄露，很多网友对 CSDN 明文保存用户密码的行为产生了不满。假设读者是 CSDN 的一名工程师，会如何存储用户密码这么重要的数据呢？我们仅仅使用 MD5 对存储内容进行加密就足够了吗？要想解决上述问题，我们就要先理解哈希算法。

哈希算法的历史悠久，业界著名的哈希算法有很多，如 MD5 算法、SHA 等。在平时的开发中，基本上是直接使用现成的开源代码来实现。因此，本节并不会过多地剖析哈希算法的原理，也不会教读者如何设计一个哈希算法，而是从实战的角度出发，告诉读者在实际的开发中如何应用哈希算法来解决问题。

4.5.1 哈希算法介绍

哈希算法的原理非常简单，用一句话就能概括：将任意长度的二进制值串映射为固定长度的二进制值串，这个映射的规则就称为"哈希算法"。原始数据映射之后得到的二进制值串就称为"哈希值"。一般来说，哈希算法需要满足下面几个要求：

- 从哈希值不能反向推导出原始数据（因此，哈希算法也称为单向哈希算法）；
- 对数据变化敏感，哪怕原始数据只改动一个二进制位，对应的哈希值也大不相同；
- 哈希冲突的概率要很小，不同原始数据对应相同哈希值的概率非常小；
- 哈希算法的执行效率要高，对较长的文本，也能快速计算出哈希值。

关于上面的这几个要求，我们用 MD5 算法来举例说明一下。

我们分别对"我的微信公众号是小争哥"和"小争哥"这两个文本计算 MD5 哈希值，得到两个看起来毫无规律的字符串，如下所示（MD5 哈希值长度为 128 位，为了方便表示，一般会将其转化成十六进制编码）。无论原始文本的长短，通过 MD5 哈希之后，得到的哈希值的长度都是相同的，并且看起来就像一堆随机数，完全没有规律。

```
MD5("我的微信公众号是小争哥") = 1D03B0EDB61762CFE49B52A305545D50
MD5("小争哥") = 1C03CFBC309ED1AC68A6A4F63BA6599B
```

我们再来看两个非常相似的文本："我的微信公众号是小争哥！"和"我的微信公众号是小争哥"。这两个文本只有一个感叹号的区别。我们用 MD5 算法分别计算哈希值，尽管两个

原始文本只有一个标点符号的差别，但得到的哈希值完全不同，毫无联系。

```
MD5("我的微信公众号是小争哥！") = 6DBA6A44EC338B23B5B9AFE6753C38C6
MD5("我的微信公众号是小争哥") = 1D03B0EDB61762CFE49B52A305545D50
```

前面讲到，通过哈希算法得到的哈希值，很难反向推导出原始数据。在上面的例子中，我们很难通过哈希值"1D03B0EDB61762CFE49B52A305545D50"反向推出对应的文本"我的微信公众号是小争哥"。

哈希算法要处理的原始数据多种多样，对于非常大的原始数据，如果哈希算法的计算耗时很长，那么这种哈希算法就只能停留在理论研究层面，很难应用到实际的软件开发中。对于 MD5 算法，对长达 4000 多个汉字的文章计算 MD5 哈希值，耗时也不会超过 1ms。

哈希算法的应用非常广泛，我们选取了常见的 7 个应用来讲解，它们分别是安全加密、唯一标识、数据校验、哈希函数、负载均衡、数据分片和分布式存储。

4.5.2　应用 1：安全加密

说到哈希算法的应用，我们最先想到的应该就是安全加密。在实际的软件开发中，常用的哈希算法有 MD5（Message-Digest 5，消息摘要 5）算法和 SHA（Secure Hash Algorithm，安全哈希算法）。除这两个之外，还有很多加密算法，如 DES（Data Encryption Standard，数据加密标准）、AES（Advanced Encryption Standard，高级加密标准）。

前面讲到的关于哈希算法的 4 个要求，对于用于加密的哈希算法，有两个要求格外重要。第一个要求是要很难根据哈希值反向推导出原始数据，这是基本的要求，毕竟加密的目的是防止原始数据泄露；第二个要求是哈希冲突的概率要很小。实际上，无论哪种哈希算法，我们只能尽量减少冲突的概率，理论上是没办法做到完全不冲突的。

之所以无法做到零冲突，是基于组合数学中一个基础理论：鸽巢原理（也称为抽屉原理）。如果我们把 11 只鸽子放在 10 个鸽巢内，那么肯定有 1 个鸽巢中的鸽子数量多于 1 个，换句话说，肯定有两只鸽子在同一个鸽巢内。

有了鸽巢原理的铺垫，我们再来探讨一下，为什么哈希算法无法做到零冲突？

我们知道，哈希算法产生的哈希值的长度是固定且有限的。例如，MD5 哈希值是固定的 128 位二进制串，能表示的数据是有限的，最多能表示 2^{128} 个数据，而我们要计算哈希值的原始数据的范围是无穷大的。2^{128} 个 MD5 哈希值相当于鸽巢，原始数据相当于鸽子。基于鸽巢原理，如果我们对 $2^{128}+1$ 个数据求 MD5 哈希值，就必然会出现某两个数据的哈希值相同。从另一个角度来看，哈希值越长的哈希算法，哈希冲突的概率就会越低。

不过，即便哈希算法存在哈希冲突的问题，但哈希值的范围很大，冲突的概率极低，因此，相对来说，破解的难度还是很大。例如，MD5 有 2^{128} 个不同的哈希值，这已经是一个天文数字了。对于一个 MD5 哈希值，如果我们希望通过毫无规律的穷举，找到对应的原始数据，耗费的时间会是天文数字，在有限的时间和资源下，哈希算法是很难被破解的。

$$2^{128}=340282366920938463463374607431768211456$$

越复杂、越难破解的加密算法，计算哈希值需要的时间也就越长。例如，SHA-256 比 SHA-1 更复杂、更安全，相应的计算时间就会更长。密码学界也一直致力于找到一种计算快速并且难以被破解的哈希算法。除此之外，在实际的开发过程中，我们要通过权衡破解难度和计算成本来决定究竟使用哪种加密算法。

4.5.3 应用 2：唯一标识

我们先来看一个例子。在海量的图库中，查询一张图片是否存在，我们不能单纯地只利用图片的元信息（如图片名称）来比对，因为有可能存在名称相同但图片不同，或者名称不同但图片相同的情况。那么，我们应该如何实现更精准的图片搜索呢？

我们知道，任何文件在计算机中都可以表示成一个二进制码串，因此，我们可以用要查找的图片的二进制码串与图库中图片的二进制码串进行比对。但是，每个图片小则几十 KB、大则几 MB，转化成二进制后的二进制码串会很长，比对起来非常耗时。

为了解决这个问题，我们可以给每一张图片取一个唯一标识，或者称为信息摘要。例如，我们可以从图片的二进制码串开头取 100B，中间取 100B，末尾取 100B，然后，将这 300B 放到一块，通过哈希算法（如 MD5 算法）处理，得到一个更短的字符串（也就是哈希值），用它作为图片的唯一标识。通过比对唯一标识来代替比对原始图片，这样就能大大提高检索的效率。

如果还想继续提高检索的效率，那么我们可以把每张图片的唯一标识，以及对应的图片文件在图库中的路径信息，存储在哈希表中。当要查询某张图片是不是在图库中的时候，我们先通过哈希算法对这张图片取唯一标识，然后在哈希表中查找是否存在这个唯一标识。

如果哈希表中不存在这个唯一标识，就说明这张图片不在图库中；如果哈希表中存在这个唯一标识，我们再从哈希表中取出唯一标识对应的图片文件的路径信息，基于路径信息从图库中获取图片，然后与待查找图片做二进制码串的全量比对，查看是否完全相同。如果相同，就说明已经存在；如果不相同，就说明两张图片尽管唯一标识相同，但并不是相同的图片。

4.5.4 应用 3：数据校验

BT（Bit Torrent）是基于 P2P（Peer-to-Peer，点对点）协议实现的，实现原理并不复杂。例如，对于一个大小为 2GB 的资源，BT 软件会将整个资源文件分割成多个文件块（如分成 100 块，每块大约 20MB），从不同的机器上并行下载，等所有的文件块都下载完成之后，BT 软件再将它们组装成一个完整的资源。

我们知道，网络传输并不是绝对安全的，下载的文件块有可能被宿主机器恶意修改过，又或者是下载的过程中出现了错误。如果我们没有能力检测这种恶意修改或者下载过程中出现的错误，就会导致最终合并后的资源无法正常使用，甚至导致计算机"中毒"。那么，如何验证下载的文件块是安全、正确和完整的呢？

我们可以通过哈希算法，对这 100 个文件块分别取哈希值，并且将哈希值保存在种子文件中。在前面讲过，哈希算法有一个特点，就是对数据的变化很敏感。只要文件块的内容有一点改变，最后计算出的哈希值就会完全不同。因此，当文件块下载完成之后，我们通过相同的哈希算法，对下载好的文件块逐一求哈希值，然后与种子文件中保存的哈希值做比较。如果两次计算的哈希值不同，就说明下载的文件块有问题，需要从其他宿主机器重新下载。

4.5.5 应用 4：哈希函数

实际上，哈希函数也是哈希算法的一种应用。

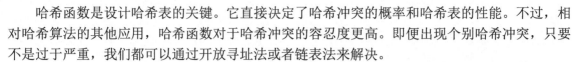

哈希函数是设计哈希表的关键。它直接决定了哈希冲突的概率和哈希表的性能。不过，相对哈希算法的其他应用，哈希函数对于哈希冲突的容忍度更高。即便出现个别哈希冲突，只要不是过于严重，我们都可以通过开放寻址法或者链表法来解决。

不仅如此，哈希函数也并不关心哈希值是否容易被反向解密。它更加关注哈希后的值是否均匀分布，数据能否被均匀地哈希在各个"槽"中。除此之外，哈希函数执行的快慢，也会影响哈希表的性能，因此，哈希函数一般比较简单，更加追求效率。

4.5.6　应用 5：负载均衡

负载均衡算法有很多，如轮询、随机和加权轮询等。如何才能实现一个会话粘滞（session sticky）的负载均衡算法呢？会话粘滞指的是，属于同一会话的所有请求都会被路由到同一台服务器上。

最直接的方法是维护一个客户端的 IP 地址或会话 ID 与服务器编号的映射关系表。这个映射关系表相当于一个路由表。客户端每次发出的请求都会根据路由表转发到相应的服务器上。这种方法虽然简单，但存在下面两个弊端：

- 如果客户端很多，路由表就会很大，比较浪费内存空间；
- 客户端的下线、上线、服务器扩容、缩容都需要更新路由表，维护成本大。

为了解决这些问题，我们换一种思路，不维护硬编码的映射关系，而是通过哈希算法，对客户端的 IP 地址或者会话 ID 计算哈希值，将计算得到的哈希值与服务器个数求模取余，假设最终得到的值是 k，那么请求就会被发送到编号为 k 的服务器上处理。这样就节省了内存，同时没有映射表的维护成本，还能实现会话粘滞，一举多得。

4.5.7　应用 6：数据分片

哈希算法还可以用于数据的分片。我们来看两个经典的例子。

1. 如何统计"搜索关键词"出现的次数

假设有 1TB 大小的日志文件，里面记录了用户的搜索关键词，我们想要快速统计出每个关键词被搜索的次数。这个功能该如何实现呢？

这个问题有两个难点。第一个难点是日志文件很大，没办法一次性全部加载到一台机器的内存中。第二个难点是如果只用一台机器来处理这样巨大的数据，耗时会很长。

针对这两个难点，我们可以先对数据进行分片，再利用多台机器并行处理。具体的处理思路是这样的：首先从日志文件中依次读出每个搜索关键词，并且通过哈希算法计算哈希值，然后与机器个数求模取余，假设最终得到的值是 k，那么数据就会被发送到编号为 k 的机器上处理。相同的关键词会被分配到相同的机器上。每台机器分别计算关键词出现的次数，最后所有机器上的统计结果合并起来就是最终的结果。

实际上，这就是 MapReduce 的基本设计思想。

2. 如何快速判断图片是否在图库中

针对这个问题，其实我们在上文介绍了一种方法，即给每个图片取唯一标识（或者信息摘要），然后基于唯一标识构建哈希表，通过哈希表来初步判断图片是否存在。假设图库中有 1 亿张图片，图片数量太大，机器内存有限，在单台机器上构建哈希表是行不通的。我们可以借助同样的处理思路，先对数据进行分片，再多机并行处理。我们准备 n 台机器，让每台机器只维护其中一部分图片对应的哈希表。

当判断一张图片是否在图库中时，我们通过同样的哈希算法，计算图片的唯一标识，然后，用这个唯一标识与机器个数求余取模，假设得到的值是 k，就去编号为 k 的机器上存储的哈希表中查找。

现在，我们来估算一下，为这 1 亿张图片构建哈希表大约需要多少台机器。

在哈希表中，每个数据对象包含两个信息：唯一标识和图片文件的路径。假设唯一标识是通过 MD5 算法生成的，长度为 128 个二进制位，也就是 16B。假设文件路径的平均长度是 128B。如果我们用链表法来解决冲突问题，每个节点还需要存储 8B 大小的指针。因此，哈希表中每个数据对象占用 152B（16+128+8，这里只是估算，并不需要特别准确）。

假设一台机器的内存大小为 2GB，哈希表的装载因子为 0.75，那么一台机器可以给大约 1000 万（2GB×0.75/152B）张图片构建哈希表。因此，如果要对 1 亿张图片构建哈希表，需要十几台机器。在工程中，这种估算还是很重要的，能让我们事先对需要投入的资源、资金有个大概的了解，能更好地评估解决方案的可行性。

实际上，针对这种海量数据的处理问题，我们往往会采用多机并行处理的方式。借助这种分片的处理思路，可以突破单机内存、CPU 等资源的限制。

4.5.8 应用 7：分布式存储

在实际的项目开发中，为了提高数据读取、写入的能力，我们一般采用分布式的方式来存储海量数据，如分布式缓存。如果有海量的数据需要缓存，一台缓存机器肯定是不够的，于是，我们就需要将数据缓存在多台机器上。

如何决定将哪些数据放到哪台机器上呢？我们可以通过哈希算法计算数据的哈希值，然后用哈希值与机器个数求余取模，这个最终值就是对应的缓存机器的编号。

假设我们目前有 10 台机器，但随着数据的增多，原有的 10 台机器已经装载不下了，那么我们就需要进行扩容，如将机器的台数增加到 11 台。这时候麻烦就来了。数据原本是与 10 求余取模，如 13 这个数据，与 10 求余取模之后的结果是 3，存储在编号为 3 这台机器上。但是，增加一台机器之后，我们对数据按照 11 求余取模，13 这个数据就被重新分配到 2 号机器上了，如图 4-16 所示。

新增机器之后，所有的数据需要在机器之间重新做分配，相当于缓存全部失效。所有的数据请求都穿透缓存，直接去请求数据库，进而就会"压垮"数据库。

为了解决新增机器之后缓存全部失效的问题，一致性哈希算法就产生了。

假设有 k 台机器，数据的哈希值的范围是 [0,MAX]。我们将整个范围划分成 m 个区间（m 远大于 k），每台机器负责 m/k 个

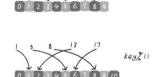

图 4-16 扩容后重新求余取模

小区间。当有新机器加入的时候，我们就将某几个小区间的数据搬移到新机器上。这样，既不需要全部重新计算哈希值并搬移数据，又保持了各个机器上数据数量的均衡。

一致性哈希算法的基本思想就是这么简单。除此之外，它还会借助虚拟环和虚拟节点，让代码的实现更加优雅。在这里，作者就不展开讲了，如果读者感兴趣，可以自行研究一下。

除上面讲到的分布式缓存，实际上，一致性哈希算法的应用非常广泛，在很多分布式存储系统中，可以见到一致性哈希算法的影子。

4.5.9　解答本节开篇问题

我们现在来看一下本节的开篇问题：如何存储用户密码这么重要的数据？

我们可以通过哈希算法，对用户密码进行加密之后再存储，不过最好选择相对更安全的加密算法，如 SHA 等（因为 MD5 算法已经号称被破解了）。不过，仅仅加密之后存储就足够了吗？

读者有没有听说过"字典攻击"？如果用户信息被"脱库"，"黑客"虽然用到是加密之后的密文，但可以通过"猜"的方式来破解密码。之所以可以"猜"，是因为有些用户的密码实在太简单了，如很多人习惯将 00000、123456 这样简单的数字组合作为密码，很容易就被猜中。那么，具体是如何"猜"的呢？

"黑客"只需要维护一个常用密码的字典表，把字典表中的每个密码用哈希算法计算哈希值，然后用哈希值与脱库后的密文比对。如果相同，基本上就可以认为，这个加密之后的密码对应的明文密码就是字典表中的这个密码。注意，这里说的是"基本上就可以认为"，因为根据我们前面学习的内容，哈希算法存在哈希冲突，也有可能出现密文一样，但是明文并不一样的情况。

针对"字典攻击"，我们可以引入一个"盐"（salt），与用户密码组合在一起，增加密码的复杂度。我们用组合之后的字符串作为原始数据，通过哈希算法加密，将它存储到数据库中，进一步增加破解的难度。不过这里多说一句，安全和攻击是一种博弈关系，不存在绝对的安全。换一种角度来说，所有的安全措施，只是增加攻击的成本而已。

4.5.10　内容小结

本节的内容偏重实战。在本节中，我们讲解了哈希算法的 7 个经典应用场景。
- 安全加密
- 唯一标识
- 数据校验
- 哈希函数
- 负载均衡
- 数据分片
- 分布式存储

4.5.11　思考题

区块链是目前一个热门的领域，其底层的实现原理并不复杂。其中，哈希算法就是区块链的一个非常重要的理论基础。读者是否知道区块链使用的是哪种哈希算法？是为了解决什么问题而使用的？

第**5**章 树

在前面的章节中，我们学习的数据结构都是线性表，如数组、链表、栈和队列。在本章中，我们学习一种非线性表：树。树比之前讲过的几种线性表要复杂得多，也是面试中常考的知识点，因此它也是我们学习的重点。

在本章中，我们首先介绍树的定义，二叉树的定义，二叉树的存储和遍历，然后重点介绍二叉查找树，以及它的一种特殊类型：平衡二叉查找树。接着，我们将会介绍树的一个重要的应用：递归树，利用它来分析递归代码的时间复杂度。最后，我们将会介绍一种比较复杂的树：B+ 树，它常用来构建存储在外存（如磁盘）上的索引，如 MySQL 的索引。

5.1 树和二叉树：什么样的二叉树适合用数组存储

本节我们先从基础的树、二叉树讲起，重点讲解树的定义、二叉树的定义，以及二叉树的存储和遍历。按照惯例，我们先提出一些问题：二叉树有哪几种存储方式？什么样的二叉树适合用数组存储？带着这些问题，我们开始本节的学习。

5.1.1 树的定义

什么是"树"（tree）？在介绍树的定义之前，我们先来看几个例子，如图 5-1 所示。

从图 5-1 中我们可以发现，"树"这种数据结构倒过来看，很像现实生活中的树。我们把"树"上的每个元素称为节点。节点与节点之间具有一定的关系：上下节点为"父子"节点，左右节点为"兄弟"节点。

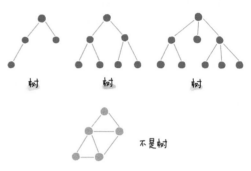

图 5-1　树和非树的示例

例如，在图 5-2 所示的树中，节点 A 是节点 B 的父节点，节点 B 是节点 A 的子节点。因为 B、C、D 这 3 个节点的父节点是同一个节点，所以它们之间互称为兄弟节点。我们把没有父节点的节点称为根节点，也就是图 5-2 中的节点 E。我们把没有子节点的节点称为叶子节点或者叶节点，如图 5-2 中的 G、H、I、J、K、L 这几个节点是叶子节点。

除此之外，关于树，还有 3 个比较相似的概念：高度（height）、深度（depth）和层（level），相应的定义如下所示。

- 节点的高度 = 节点到叶子节点的最长路径长度（边数）
- 节点的深度 = 根节点到这个节点的路径长度（边数）
- 节点的层 = 节点的深度 +1
- 树的高度 = 根节点的高度

这 3 个概念的相关定义比较容易混淆，作者举了个例子，如图 5-3 所示，读者可以对照着图来理解定义。

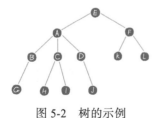

图 5-2　树的示例

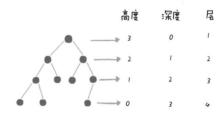

图 5-3　高度、深度和层的举例说明

5.1.2 二叉树的定义

树的结构多种多样，不过，最常用还是二叉树（binary tree）。

对于二叉树，每个节点最多有两个"叉"，也就是两个子节点，分别是左子节点和右子节点。不过，二叉树并不要求每个节点都必须要有两个子节点，允许有的节点只有左子节点，有的节点只有右子节点。图 5-4 所示的几个树都是二叉树。依此类推，读者可以想象一下四叉树、八叉树长什么样子。

在图 5-4 中，编号 2 和编号 3 对应的两个二叉树比较特殊。其中，对于编号 2 对应的二叉树，它的叶子节点全都在最底层，除叶子节点之外，每个节点都有左右两个子节点，这种特殊的二叉树称为满二叉树。对于编号 3 对应的二叉树，它的叶子节点分布在最下面一层和倒数第二层，而且，最下面一层的叶子节点都靠左排列，我们把这种二叉树称为完全二叉树。

满二叉树很好理解，也很好识别，但是完全二叉树，有的人可能就分不清了。作者给出了几个完全二叉树和非完全二叉树的例子，如图 5-5 所示，读者可以对比这几个例子来理解完全二叉树的定义。

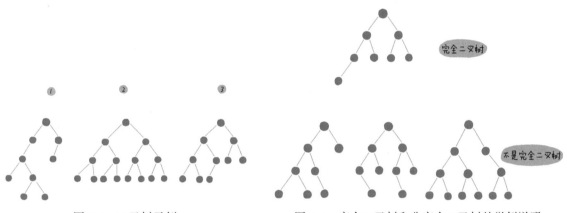

图 5-4　二叉树示例　　　　　图 5-5　完全二叉树和非完全二叉树的举例说明

读者可能会说，满二叉树的特征非常明显，可以把它单独拿出来讲，这个可以理解，但完全二叉树的特征不怎么明显，单从"长相"上来看，完全二叉树并没有特别特殊的地方。为什么我们还要特意把完全二叉树拿出来单独介绍呢？为什么偏偏把最下面一层叶子节点靠左排列这样的树称为完全二叉树？如果最下面一层叶子节点都靠右排列，那么这样的二叉树就不能称为完全二叉树了吗？

5.1.3　二叉树的存储

要理解完全二叉树的定义，我们需要先了解一下如何表示（或存储）一棵二叉树。

存储一棵二叉树一般有两种方法：一种是基于指针（或引用）的链式存储方式，另一种是基于数组的顺序存储方式。

我们先来看一下比较简单、直观的链式存储方式。从图 5-6 中我们可以清楚地看出，每个节点包含 3 个字段：数据本身，以及指向左右子节点的两个指针。我们从根节点开始，通过左右子节

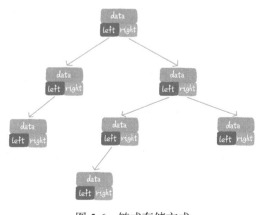

图 5-6　链式存储方式

点的指针，就可以把整棵树串起来。这种存储方式比较常用。大部分二叉树相关的代码是通过这种结构来存储二叉树的。

二叉树的链式存储方式的 Java 代码实现如下所示。

```java
public class Node { //节点的定义
  public int data;
  public Node left;
  public Node right;
}
```

接下来，我们再来看基于数组的顺序存储方式。

我们用数组来存储所有的节点。对于节点之间的父子关系，通过数组下标计算得到。如果节点 X 存储在数组中下标为 i 的位置，那么，下标为 $2i$ 的位置存储的就是它的左子节点，下标为 $2i+1$ 的位置存储的就是它的右子节点，下标为 $i/2$ 的位置存储的就是它的父节点。

通过这种方式，我们只要知道根节点存储的位置（在一般情况下，为了方便计算父子节点的下标，根节点会存储在下标为 1 而不是 0 的位置），就可以通过对下标的计算，把整棵树串起来。

我们举例来解释一下。如图 5-7 所示，根节点 A 存储在下标 $i=1$ 的位置，那么它的左子节点 B 就存储在下标为 $2i=2$ 的位置，右子节点 C 就存储在下标为 $2i+1=3$ 的位置。依此类推，节点 B 的左子节点 D 存储在下标为 4 的位置，右子节点 E 存储在下标为 5 的位置。

不过，上面给出的例子比较特殊，例子中的树是一棵完全二叉树，因此，仅仅"浪费"了一个下标为 0 的数组存储空间。如果树是非完全二叉树，按照上面的存储规则，其实会浪费比较多的数组存储空间，如图 5-8 所示。

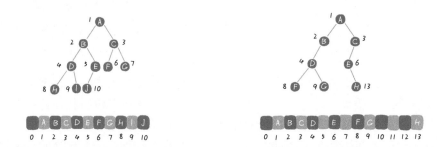

图 5-7　顺序存储方式的举例说明　　　图 5-8　非完全二叉树的顺序存储方式的举例说明

因此，对于非完全二叉树，我们一般会使用链式存储方式来存储。对于完全二叉树，相对于链式存储方式，基于数组的顺序存储方式更节省内存，不需要记录左右子节点指针。这是完全二叉树会单独拿出来讲的原因，也是完全二叉树要求最下面一层的叶子节点都靠左排列的原因。当我们在第 6 章讲到堆和堆排序的时候，读者就会发现，其实堆就是一种完全二叉树，它常用的存储方式就是使用数组来存储。

5.1.4　二叉树的遍历

前面讲了二叉树的定义和存储方法，现在，我们来看二叉树中非常重要的一个操作：二叉树的遍历。这也是面试中经常会被问到的关于二叉树的基础问题。

如何将二叉树中所有节点遍历输出？经典的方法有 3 种：前序遍历、中序遍历和后序遍历。其中，前序、中序和后序指的是节点与它的左右子树节点遍历输出的先后顺序。3 种遍历方式如图 5-9 所示。

- 前序遍历：对于树中的任意节点，首先输出它自己，然后输出它的左子树，最后输出它的右子树。
- 中序遍历：对于树中的任意节点，首先输出它的左子树，然后输出它自己，最后输出它的右子树。
- 后序遍历：对于树中的任意节点，首先输出它的左子树，然后输出它的右子树，最后输出它自己。

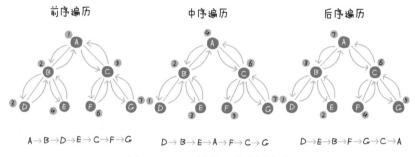

图 5-9　二叉树的 3 种遍历方式

实际上，对树的很多操作非常适合用递归来实现。二叉树的前、中、后序遍历就是典型的递归过程。例如前序遍历，其实就是首先输出根节点，然后递归输出左子树，最后递归输出右子树。

前面讲到，写递归代码的关键是写出递推公式，而写递推公式的关键是将问题分解为子问题。要解决问题 A，我们首先假设子问题 B 和子问题 C 已经解决，然后来看如何利用子问题 B 和子问题 C 的解来得出问题 A 的解。前、中、后序遍历的递推公式如式（5-1）～式（5-3）所示。

前序遍历的递推公式：

$$preOrder(root)=print\ root \rightarrow preOrder(root.left) \rightarrow preOrder(root.right) \quad (5\text{-}1)$$

中序遍历的递推公式：

$$inOrder(root)=inOrder(root.left) \rightarrow print\ root \rightarrow inOrder(root.right) \quad (5\text{-}2)$$

后序遍历的递推公式：

$$postOrder(root)=postOrder(root.left) \rightarrow postOrder(root.right) \rightarrow print\ root \quad (5\text{-}3)$$

有了递推公式，代码写起来就简单多了。3 种遍历方式的代码实现如下所示。

```java
public void preOrder(Node root) {
  if (root == null) return;
  System.out.println(root.data);
  preOrder(root.left);
  preOrder(root.right);
}

public void inOrder(Node root) {
  if (root == null) return;
  inOrder(root.left);
  System.out.println(root.data);
  inOrder(root.right);
}

public void postOrder(Node root) {
  if (root == null) return;
  postOrder(root.left);
```

```
    postOrder(root.right);
    System.out.println(root.data);
}
```

现在，我们探讨一下，二叉树的前、中、后序遍历的时间复杂度分别是多少？

从图 5-9 中可以看出，每个节点最多会被访问 3 次（图 5-9 中，对于某个节点，指向它的箭头最多有 3 个），因此 3 种遍历操作的时间复杂度与节点的个数 n 成正比，也就是说，二叉树的前、中、后序遍历的时间复杂度是 $O(n)$。

5.1.5　解答本节开篇问题

在学完了本节的内容之后，本节开篇提出的问题的答案就显而易见了。

完全二叉树适合用数组来存储。二叉树有两种存储方式：链式存储方式和顺序存储方式。链式存储方式是通用的，适合所有的二叉树和非二叉树树。在平时的开发中，我们一般是用链式存储方式来表示一棵树。

不过，对于完全二叉树，基于数组的顺序存储方式更加节省存储空间，操作起来也并不复杂，因此，完全二叉树比较适合用数组来存储，如第 6 章中讲到的堆就是用这种方式来存储的。

5.1.6　内容小结

本节讲解了一种非线性表：树。关于树，有几个比较常用的概念：根节点、叶子节点、父节点、子节点、兄弟节点、节点的高度、节点的深度和节点的层数，以及树的高度。

常用的树是二叉树。二叉树的每个节点最多有两个子节点，分别是左子节点和右子节点。有两种比较特殊的二叉树，分别是满二叉树和完全二叉树。满二叉树又是完全二叉树的一种特殊情况。

二叉树有两种存储方式：基于指针的链式存储方式和基于数组的顺序存储方式。基于数组的顺序存储方式比较适合完全二叉树，非完全二叉树用数组存储会导致数组中间存在"空洞"，比较浪费存储空间。除此之外，前、中、后序遍历是二叉树里非常重要的操作，遍历的时间复杂度都是 $O(n)$。读者需要牢牢掌握 3 种遍历方式的原理和代码实现。

5.1.7　思考题

本节讲解了二叉树的 3 种遍历方式：前序遍历、中序遍历和后序遍历。实际上，还有一种遍历方式，就是按层遍历，即首先遍历第一层节点，然后遍历第二层节点，依此类推。如何实现按层遍历呢？

5.2　二叉查找树：相比哈希表，二叉查找树有何优势

5.1 节介绍了树、二叉树，以及二叉树的遍历，本节学习一种具有特殊功能的二叉树：二

又查找树，用它来组织动态数据集合，可以支持数据的快速插入、删除和查找操作。

我们知道，哈希表也支持数据的快速插入、删除和查找操作，并且这3个操作的时间复杂度都为 $O(1)$。既然有了这么高效的哈希表，那么在所有用到二叉查找树的场景中是不是都可以替换成使用哈希表？哪些场景不适合用哈希表，必须要用二叉查找树来实现？

5.2.1 二叉查找树的定义和操作

前面讲到，二叉树是树中常用的一种类型，而二叉查找树（binary search tree，也称为二叉搜索树）又是二叉树中常用的一种类型。二叉查找树是为了实现快速查找而产生的。不过，它不仅支持快速查找数据，还支持快速插入、删除数据。它是怎么做到的呢？

实际上，这归功于二叉查找树特有的结构。对于二叉查找树中的任意一个节点，其左子树中每个节点的值都要小于这个节点的值，而右子树中每个节点的值都要大于这个节点的值，如图 5-10 所示。

接下来，我们重点介绍一下对二叉查找树的查找、插入和删除操作是如何实现的。

1. 查找操作

首先，我们看一下如何在二叉查找树中查找一个节点。我们先取根节点，如果要查找的数据等于根节点的值，就直接返回根节点。如果要查找的数据比根节点的值小，按照二叉查找树的定义，要查找的数据只有可能出现在左子树中，就在左子树中继续递归查找。同理，如果要查找的数据比根节点的值大，就在右子树中继续递归查找。二叉查找树的查找操作示例如图 5-11 所示。

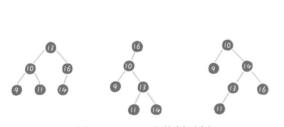

图 5-10 二叉查找树示例

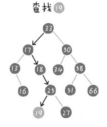

图 5-11 二叉查找树的查找操作示例

根据上述的查找操作过程，二叉查找树的查找操作的代码实现如下所示。

```java
public class BinarySearchTree {
  private Node tree;

  public Node find(int data) {
    Node p = tree;
    while (p != null) {
      if (data < p.data) p = p.left;
      else if (data > p.data) p = p.right;
      else return p;
    }
    return null;
  }

  public static class Node {
    private int data;
    private Node left;
```

```
    private Node right;
    public Node(int data) {
      this.data = data;
    }
  }
}
```

2. 插入操作

为了简化二叉查找树的插入操作，我们把新插入的数据放在叶子节点上。我们从根节点开始，依次比较要插入的数据和二叉查找树中节点的值的大小关系，来寻找合适的插入位置。

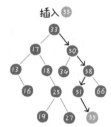

如果要插入的数据比当前节点的值大，并且当前节点的右子树为空，我们就将新数据直接插到右子节点的位置；如果右子树不为空，我们就再递归遍历右子树，直到找到插入位置。同理，如果要插入的数据比当前节点的值小，并且当前节点的左子树为空，我们就将新数据插入到左子节点的位置；如果左子树不为空，我们就再递归遍历左子树，直到找到插入位置。二叉查找树的插入操作示例如图 5-12 所示。

图 5-12　二叉查找树的插入操作示例

根据上述的插入操作过程，二叉查找树的插入操作的代码实现如下所示。

```
public void insert(int data) {
  if (tree == null) {
    tree = new Node(data);
    return;
  }
  Node p = tree;
  while (p != null) {
    if (data > p.data) {
      if (p.right == null) {
        p.right = new Node(data);
        return;
      }
      p = p.right;
    } else { //data < p.data
      if (p.left == null) {
        p.left = new Node(data);
        return;
      }
      p = p.left;
    }
  }
}
```

3. 删除操作

相比二叉查找树的查找、插入操作，二叉查找树的删除操作要复杂一些。针对待删除节点的子节点个数的不同，我们分 3 种情况来处理。

第一种情况：要删除的节点没有子节点，我们只需要直接将父节点中指向要删除节点的指针置为 null，如删除图 5-13 中的节点 55。

第二种情况：要删除的节点只有一个子节点（只有左子节点或者右子节点），我们只需要更新父节点中指向要删除节点的指针，让它重新指向要删除节点的子节点，如删除图 5-13 中的节点 13。

第三种情况：要删除的节点有两个子节点，这种情况比较复杂。我们需要找到这个节点的右子树中的"最小节点"，把它替换到要删除的节点上。然后，删除这个"最小节点"，因为"最小节点"肯定没有左子节点（如果有左子节点，就不是最小节点了），所以可以应用上面两条规则来删除这个最小节点。例如，删除图5-13中的节点18。

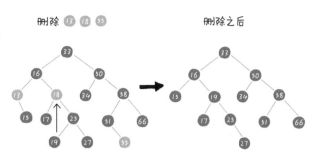

图 5-13　二叉查找树的删除操作示例

根据上述的删除操作过程，删除操作的代码实现如下所示。

```
public void delete(int data) {
  Node p = tree; //p指向要删除的节点，初始化指向根节点
  Node pp = null; //pp记录的是p的父节点
  while (p != null && p.data != data) {
    pp = p;
    if (data > p.data) p = p.right;
    else p = p.left;
  }
  if (p == null) return; //没有找到
  //要删除的节点有两个子节点
  if (p.left != null && p.right != null) { //查找右子树中的最小节点
    Node minP = p.right;
    Node minPP = p; //minPP表示minP的父节点
    while (minP.left != null) {
      minPP = minP;
      minP = minP.left;
    }
    p.data = minP.data; //将minP的数据替换到p中
    p = minP; //下面就变成了删除minP了
    pp = minPP;
  }
  //删除节点是叶子节点或者仅有一个子节点
  Node child; //p的子节点
  if (p.left != null) child = p.left;
  else if (p.right != null) child = p.right;
  else child = null;
  if (pp == null) tree = child; //删除的是根节点
  else if (pp.left == p) pp.left = child;
  else pp.right = child;
}
```

实际上，对于二叉查找树的删除操作，还有一个非常简单、取巧的处理方法，就是只将要删除的节点标记为"已删除"，但并不真正从树中将这个节点去掉。不过，已经删除的节点还需要存储在内存中，比较浪费内存空间，而且查询效率也会变低。但是，删除操作就变得非常简单。同时，插入、查找操作的代码实现也并没有因此变复杂。

4. 其他操作

除插入、删除和查找操作之外，二叉查找树还支持快速地查找最大节点、最小节点，以及某个节点的前驱节点和后继节点等操作。这些操作作为练习留给读者自己实现。除此之外，二叉查找树还有一个重要特性：中序遍历二叉查找树可以从小到大有序输出数据，并且时间复杂度是 $O(n)$，非常高效。因此，二叉查找树也称为二叉排序树。

5.2.2　支持重复数据的二叉查找树

在前面的讲解中，我们默认二叉查找树中不存在数据值相同的节点。如果树中存在数据值相同的节点，那么二叉查找树该如何存储？如何实现查找、插入和删除操作呢？

针对包含值相同的节点的二叉查找树，我们有两种存储方式。

第一种存储方法比较简单。在二叉查找树中，每一个节点存储的不是一个数据，而是一组数据。通过链表和支持动态扩容的数组等数据结构，把值相同的数据存储在同一个节点上。

第二种存储方法不好理解，不过更加优雅。每个节点仍然只存储一个数据。当插入数据时，在查找插入位置的过程中，如果碰到一个节点的值与要插入数据的值相同，我们就将要插入的数据放到这个节点的右子树，也就是说，某个节点的右子树中存储的是大于或等于这个节点的值的节点，如图 5-14 所示。

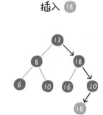

图 5-14　支持重复数据的二叉查找树的插入操作

当查找数据时，遇到值相同的节点，我们并不立刻停止查找，而是继续在右子树中查找，直到遇到叶子节点才停止。这样就可以把值等于要查找值的所有节点都找出来，如图 5-15 所示。

对于删除操作，我们也需要先查找到所有要删除的节点，然后，按前面讲的普通二叉查找树的删除操作，依次删除这些节点，如图 5-16 所示。

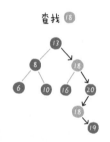

图 5-15　支持重复数据的二叉查找树的查找操作

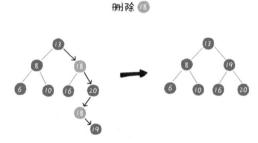

图 5-16　支持重复数据的二叉查找树的删除操作

5.2.3　二叉查找树的性能分析

现在，我们分析一下二叉查找树的插入、删除和查找操作的时间复杂度。

实际上，对于同一组数据，我们可以构建各种不同的二叉查找树。如图 5-17 所示，它们是针对同一组数据构建的二叉查找树。由于结构不同，因此插入、删除和查找操作的执行效率也不同。对于图 5-17 中的第一个二叉查找树，根节点的左右子树极度不平衡，已经退化成了链表，因此，查找的时间复杂度就变成了 $O(n)$。

上面分析了一种糟糕的情况：二叉查找树的

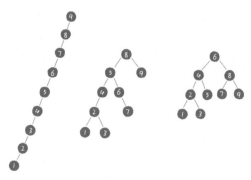

图 5-17　针对同一组数据构建的不同二叉查找树

左右子树极度不平衡，退化成链表。现在，我们再来分析一个理想的情况：二叉查找树是一棵完全二叉树（或满二叉树）。

实际上，从原理和代码实现可以发现，插入、删除和查找操作的时间复杂度与树的高度成正比，也就是 $O(\text{height})$。要想求得 3 个操作的时间复杂度，我们只需要求得二叉查找树的高度。

在包含 n 个节点的完全二叉树中，第一层包含 1 个节点，第二层包含 2 个节点，第三层包含 4 个节点，依此类推。下面一层的节点个数是上面一层的节点个数的 2 倍，那么第 K 层包含的节点个数就是 2^{K-1}。

不过，对于完全二叉树，最后一层的节点个数有点不遵守上面的规律了。它包含的节点个数范围为 $1 \sim 2^{L-1}$ 个（我们假设最大层数是 L）。节点总个数 n 和最大层数 L 之间有如下关系。

$$n \geqslant 1+2+4+8+\cdots+2^{L-2}+1$$
$$n \leqslant 1+2+4+8+\cdots+2^{L-2}+2^{L-1}$$

借助等比数列求和公式，我们可以计算出 L 的范围是 $[\log_2(n+1), \log_2 n+1]$。完全二叉树的层数小于或等于 $\log_2 n+1$，也就是说，完全二叉树的高度小于或等于 $\log_2 n$（树的高度等于最大层数减 1）。因此，如果二叉查找树是一棵完全二叉树，那么其插入、删除和查找操作的时间复杂度是 $O(\log n)$。

显然，极度不平衡的二叉查找树的性能不能满足我们的需求。我们需要构建一种无论怎么删除、插入数据，在任何时候，都能保持任意节点的左右子树比较平衡的二叉查找树，这就是 5.3 节要讲到的平衡二叉查找树。

5.2.4　解答本节开篇问题

哈希表的插入、删除和查找操作的时间复杂度都是常量级的，非常高效。而二叉查找树在比较平衡的情况下，插入、删除和查找操作的时间复杂度才能达到 $O(\log n)$，相对哈希表，二叉查找树好像并没有优势。现在，我们再回过头来看一下开篇问题：既然有了这么高效的哈希表，那么在所有用到二叉查找树的场景中是不是都可以替换成使用哈希表？哪些场景不适合用哈希表，必须要用二叉查找树来实现？

哈希表并不能替代二叉查找树，主要原因有下面 4 个。

第一，哈希表中的数据是无序存储的，如果要输出有序数据序列，需要先进行排序，或者配合有序链表来使用。而对于二叉查找树，我们只需要中序遍历，就可以在 $O(n)$ 的时间复杂度内，输出有序数据序列。

第二，哈希表扩容耗时很多，而且，当遇到哈希冲突时，性能不稳定。尽管二叉查找树的性能也不稳定，但是，在工程中，我们常用的平衡二叉查找树的性能非常稳定，时间复杂度稳定在 $O(\log n)$。

第三，前面讲过，$O(\log n)$ 是一个非常低的时间复杂度。在实际的软件开发中，$O(\log n)$ 的算法并不一定比 $O(1)$ 的算法运行速度慢。具体的执行效率与数据规模，以及时间复杂度中的常量、系数和低阶等有关。尽管哈希表上操作的时间复杂度是常量级的，但因为哈希冲突的存在，再加上哈希函数的计算耗时，在实际运行中，哈希表并不一定就比平衡二叉查找树效率高。

第四，哈希表的构造比二叉查找树复杂，需要考虑的东西很多，如哈希函数的设计、冲突解决办法、扩容和缩容等。平衡二叉查找树只需要考虑如何维护平衡性，而且，这个问题的解决方案也比较成熟、固定。

综合以上 4 点原因,二叉查找树在某些方面是优于哈希表的,也就是说,二叉查找树的存在必然有它存在的理由。在实际的开发过程中,我们需要结合具体情况来选择使用哈希表还是二叉查找树。

5.2.5　内容小结

本节讲解了一种特殊的二叉树:二叉查找树。它支持快速查找、插入和删除操作。

在二叉查找树中,每个节点的值大于左子树节点的值,小于右子树节点的值,不过,这只是针对没有重复数据的情况。对于存在重复数据的二叉查找树,我们介绍了两种构建二叉查找树的方法,一种是让每个节点存储多个值相同的数据,另一种是将值相同的数据放到右子树中。

在二叉查找树中,查找、插入和删除等操作的时间复杂度与树的高度成正比。不过,如果二叉查找树退化为链表,那么查找操作的时间复杂度就变成了 $O(n)$,这是最糟糕的一种情况。如果二叉查找树是一棵完全二叉树,那么上述 3 个操作的时间复杂度就是 $O(\log n)$,这是最理想的一种情况。

为了避免时间复杂度的退化,针对二叉查找树,我们又设计了一种更加复杂的树:平衡二叉查找树(详见 5.3 节),每个节点的左右子树高度相差不大,这样时间复杂度就可以达到 $O(\log n)$。

5.2.6　思考题

本节讲解了二叉树的高度的理论分析方法,只给出了粗略的估算值。本节的思考题:如何通过编程方式确切地求出一棵给定二叉树的高度?

5.3　平衡二叉查找树:为什么红黑树如此受欢迎

在 5.1 节和 5.2 节中,我们依次讲解了树、二叉树和二叉查找树。二叉查找树是常用的一种二叉树,它支持快速插入、删除和查找操作,各个操作的时间复杂度与树的高度成正比,在理想的情况下,时间复杂度是 $O(\log n)$。

不过,二叉查找树在频繁的动态更新过程中,可能会出现树的高度远大于 $\log_2 n$ 的情况,从而导致各个操作的效率下降。在极端情况下,二叉树会退化为链表,相应地,时间复杂度就会退化为 $O(n)$。要解决性能退化问题,就需要用到本节要介绍的平衡二叉查找树。

在大部分数据结构和算法图书中,在讲到平衡二叉查找树时,就会用红黑树举例。不仅如此,在实际的工程开发中,对于很多需要平衡二叉查找树的地方,我们会选择使用红黑树,但实际上,红黑树只是众多平衡二叉查找树中的一种,AVL、Treap 和 Splay Tree 也是平衡二叉查找树。为什么红黑树如此受欢迎呢?带着这个问题,让我们一起来学习本节的内容吧!

5.3.1　平衡二叉查找树的定义

平衡二叉查找树的严格定义是这样的:二叉树中任意一个节点的左右子树的高度相差不能

大于 1。从这个定义来看，5.2 节介绍的完全二叉树、满二叉树是平衡二叉树，非完全二叉树有可能是平衡二叉树，如图 5-18 所示。

平衡二叉查找树不仅满足平衡二叉树的定义，还同时满足二叉查找树的特点。最先被提出的平衡二叉查找树是 AVL 树，它严格符合平衡二叉查找树的定义，即任何节点的左右子树高度相差不超过 1，是一种高度平衡的二叉查找树。

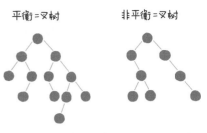

图 5-18　平衡二叉树和非平衡二叉树的举例说明

但是，很多平衡二叉查找树其实并没有严格符合上面的定义（树中任意一个节点的左右子树的高度相差不能大于 1），如红黑树，从根节点到各个叶子节点的最长路径有可能会比最短路径长 1 倍。

学习数据结构和算法是为了应用，因此，作者认为没必要"死记硬背"定义。对于平衡二叉查找树这个概念，可以从数据结构的由来理解"平衡"的意思，认识起来会更清晰。

提出平衡二叉查找树是为了解决二叉查找树因为频繁的插入、删除等动态更新导致的性能退化问题。因此，平衡二叉查找树中"平衡"的意思其实就是让整棵树尽可能"矮胖"而非"高瘦"，左右看起来比较"对称"和"平衡"，避免出现左子树很高、右子树很矮的情况。这样就能让整棵树的高度相对来说低一些，插入、删除和查找等操作的效率就会高一些。

因此，如果我们现在设计一个新的平衡二叉查找树，只要树的高度不比 $\log_2 n$ 大很多（如树的高度仍然是对数量级的），尽管它不符合我们前面讲的严格的平衡二叉查找树的定义，但我们仍然可以认为这是一个合格的平衡二叉查找树。

5.3.2　红黑树的定义

平衡二叉查找树其实有很多，如 Splay Tree（伸展树）、Treap（树堆）等，但是一提到平衡二叉查找树，常提及的就是红黑树，它的"出镜率"甚至要高于平衡二叉查找树。

红黑树（Red-Black Tree，R-B Tree）是一种相对平衡的二叉查找树，不符合严格意义上平衡二叉查找树的定义。

如图 5-19 所示，对于红黑树中的节点，一类被标记为黑色，另一类被标记为红色。除此之外，红黑树还需要满足以下 4 个要求：

图 5-19　红黑树示例

- 根节点是黑色的；
- 每个叶子节点都是黑色的空节点，也就是说，叶子节点不存储数据；
- 任何上下相邻的节点不能同时为红色，也就是说，红色节点被黑色节点隔开；
- 对于每个节点，从该节点到其叶子节点的所有路径，都包含相同数目的黑色节点。

5.3.3　红黑树的性能分析

上文提到过，平衡二叉查找树的提出是为了解决二叉查找树因为动态更新导致的性能退化问题。因此，"平衡"可以等价为性能不退化，"近似平衡"就等价为性能退化不太严重。

在 5.2 节中提到过，二叉查找树上的很多操作的时间复杂度与树的高度成正比。一棵极其平衡的二叉树（满二叉树或完全二叉树）的高度大约是 $\log_2 n$，因此，如果要证明红黑树是近似平衡的，只需要证明红黑树的高度近似于 $\log_2 n$（比如同一量级）。

红黑树的高度不是很好计算，我们一步步来推导。

首先，我们来看，如果我们将红色节点从红黑树中去掉，那么只包含黑色节点的红黑树的高度是多少？如图 5-20 所示，红色节点删除之后，有些节点就没有父节点了，我们直接将这些节点悬挂在祖父节点（父节点的父节点）下。因此，二叉树就变成了四叉树。

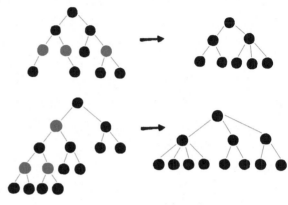

图 5-20　删除红色节点之后的红黑树

在红黑树的定义里有这么一条：从任意节点到其叶子节点的每个路径都包含相同数目的黑色节点。从图 5-20 中可以发现，从只包含黑色节点的四叉树中取出某些节点，放到叶子节点位置，四叉树就变成了完全二叉树。因此，仅包含黑色节点的四叉树的高度比包含相同节点个数的完全二叉树的高度还要小。

完全二叉树的高度是 $\log_2 n$，"四叉黑树"的高度要低于完全二叉树，因此，去掉红色节点仅包含黑色节点的红黑树的高度也不会超过 $\log_2 n$。

现在，我们把红色节点加回去，红黑树的高度会变成多少？

在红黑树中，红色节点不能上下相邻，有一个红色节点，就至少要有一个黑色节点将它与其他红色节点隔开。在任意一条路径上，黑色节点不比红色节点少，因此，加入红色节点之后，红黑树的最长路径不会超过 $2\log_2 n$，也就是说，红黑树的高度不超过 $2\log_2 n$。

红黑树只比高度平衡的 AVL 树高了 1 倍，因此损失的性能并不多。而相对于 AVL 树，红黑树维护平衡性的成本更低，因此，性能并不比 AVL 树差。

5.3.4　解答本节开篇问题

现在，我们来看一下本节的开篇问题：为什么红黑树如此受欢迎呢？

AVL 树是一种高度平衡的二叉树，查找数据的效率非常高，但是，AVL 树为了维持这种高度的平衡，需要付出更多的代价。为了维持平衡性，每次插入、删除数据都要对树中节点的分布做调整，操作复杂、耗时。

红黑树只做到了近似平衡，并没有做到严格定义上的平衡，因此，维护平衡性的成本比 AVL 树要低，但性能又损失不大。对于工程应用，我们更倾向于维护成本和性能相对折中的红黑树。更加重要的一点是，大部分编程语言提供了封装了红黑树实现的类，我们直接拿来用即可，不需要从零开始实现，大大节省了开发时间。

5.3.5　内容小结

很多读者认为红黑树很难掌握，的确如此，维护平衡性的原理和代码实现确实比较难理解。不过，对于红黑树，我们不应该把学习的重点放在它的原理和代码实现上。相比原理和代码实现，我们更应该掌握它的由来、特性和适用场景。

红黑树是一种近似平衡的二叉查找树。它是为了解决二叉查找树动态数据更新导致的性能退化问题而创造的。红黑树的高度近似于 $\log_2 n$，插入、删除和查找操作的时间复杂度都是 $O(\log n)$。

5.3.6 思考题

在读者熟悉的编程语言中，哪种数据类型的实现用到了红黑树？

5.4 递归树：如何借助树求递归算法的时间复杂度

本节介绍树的一种特殊应用：递归树。

我们知道，递归代码的时间复杂度分析起来很麻烦。在 3.5 节中，我们提到过如何利用递推公式分析归并排序和快速排序的时间复杂度，当时我们还提到，对于快速排序的平均时间复杂度，如果仍然使用递推公式来分析，就会涉及非常复杂的数学推导，计算起来很困难。

实际上，对于递归代码的时间复杂度，除利用递推公式来分析之外，我们还可以利用本节要讲的递归树来分析。利用递归树，我们可以轻松求解递推公式很难求解的时间复杂度，如快速排序的平均时间复杂度。

5.4.1 递归树时间复杂度分析法

上文提到过，递归的处理思想就是将大问题分解为小问题，然后将小问题分解为小小问题。这样一层层地分解，直到问题的数据规模被分解得足够小，不用再继续递归分解为止。

如果我们把这个一层层的分解过程画成图，这个过程其实就是一棵树。我们给这棵树起一个名字，称为递归树。图 5-21 所示的是在求解斐波那契数列时递归代码对应的递归树。节点里的数字表示数据的规模，一个节点问题的求解可以分解为左右两个子节点问题的求解。

通过上面这个例子，读者应该对递归树有了一个感性的认识。现在，我们再借助归并排序看一下如何利用递归树来分析递归代码的时间复杂度。归并排序递归代码对应的递归树如图 5-22 所示。

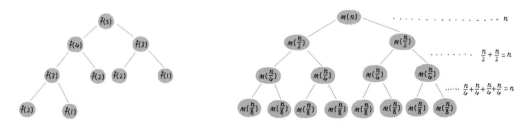

图 5-21 求解斐波那契数列时递归代码对应的递归树 　　图 5-22 归并排序递归代码对应的递归树

归并排序的分解过程耗时很少，比较耗时的是归并过程，也就是把两个小数组合并为大数组的过程。从图 5-22 中可以看出，每一层归并操作消耗的时间总和是一样的，与数据规模 n

成正比。

我们把每一层归并操作消耗的时间粗略记作 n。我们只需要知道这棵树的高度 h，用高度 h 乘以每一层消耗的时间 n，就可以得到总的时间复杂度，即 $O(nh)$。

从图 5-22 中可以看出，归并排序递归代码对应的递归树是一棵满二叉树。满二叉树的高度大约为 $\log_2 n$，因此，归并排序递归代码的时间复杂度就是 $O(n\log n)$。

接下来，我们利用递归树，带领读者实战分析一下快速排序、斐波那契数列和全排列对应的递归代码的时间复杂度。

5.4.2 实战 1：快速排序的时间复杂度分析

对于快速排序的时间复杂度计算，我们先来回顾一下递推公式分析方法。

在最好的情况下，快速排序每次分区都能将大区间一分为二，对应的时间复杂度递推公式：$T(n)=2T(n/2)+n$。我们很容易由此推导出时间复杂度是 $O(n\log n)$。但并不是每次分区都这么"幸运"，正好一分为二。假设在平均情况下，每次分区之后，两个分区的大小比例为 $1:k$，如 $k=9$，对应的时间复杂度递推公式如式（5-4）所示。

$$T(n)=T(n/10)+T(9n/10)+n \tag{5-4}$$

从理论上来讲，通过式（5-4）是可以推导出时间复杂度的，但推导过程非常复杂，读者可以自己试一下。而利用递归树来分析就简单多了。我们还是令 k 等于 9，快速排序递归代码对应的递归树如图 5-23 所示。

在快速排序过程中，每次分区都需要遍历待分区区间的所有数据，因此，每一层分区操作所遍历的数据个数总和为 n。现在我们只需要求出递归树的高度 h，整个排序过程遍历的总数据个数就是 $h \times n$，也就是说，时间复杂度就是 $O(hn)$。

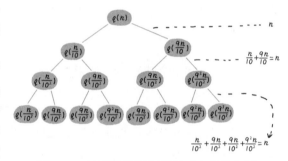

图 5-23　快速排序递归代码对应的递归树

因为每次分区并不是将区间均匀地一分为二，所以递归树并不是一棵满二叉树。因此，不能简单地认为递归树的高度是 $\log_2 n$。那么，这样一棵递归树的高度又是多少呢？

我们知道，快速排序的递归终止条件是待排序区间大小为 1，也就是说，递归树的叶子节点的数据规模为 1。根节点的数据规模是 n，叶子节点的数据规模是 1，从根节点到叶子节点，需要经历多少个节点呢？从图 5-23 中可以发现，最左边的一条路径是最短路径，每经过一个节点，数据规模减小为原来的 1/10；最右边的一条路径是最长路径，每经过一个节点，数据规模就减小为原来的 9/10。如图 5-24 所示，通过计算，我们可以得到，从根节点到叶子节点的最短路径的长度是 $\log_{10} n$，最长路径的长度是 $\dfrac{\log_{10} n}{9}$。

$n, \dfrac{n}{10}, \dfrac{n}{10^2}, \dfrac{n}{10^3}, \cdots, 1 \longrightarrow$ 最短路径 $h=\log_{10} n$

$n, \dfrac{9n}{10}, \dfrac{9^2 n}{10^2}, \dfrac{9^3 n}{10^3}, \cdots, 1 \longrightarrow$ 最长路径 $h=\log_{\frac{10}{9}} n$

图 5-24　最短路径和最长路径的长度计算公式

综上所述，快速排序过程中遍历数据的总个数介于 $n\log_{10} n \sim n\log_{\frac{10}{9}} n$。根据复杂度的大 O 表示法，对数复杂度的底数不管是多少，我们统一写成 $\log n$，因此，当分区大小比例是 1:9 时，快速排序的时间复杂度仍然是 $O(n\log n)$。

刚刚我们假设 $k=9$，得到的时间复杂度是 $O(n\log n)$。如果我们假设 $k=99$，每次分区极其不平均，分区之后两个区间的大小比例是 1:99，这种情况下的时间复杂度又是多少呢？

我们可以类比 $k=9$ 时的分析过程。当 $k=99$ 的时候，树的最短路径是 $\log_{100} n$，最长路径是 $\log_{\frac{100}{99}} n$，因此，总遍历数据个数介于 $n\log_{100} n \sim n\log_{\frac{100}{99}} n$。尽管底数变了，但时间复杂度仍然是 $O(n\log n)$。

也就是说，对于 k 等于 9、99、999 或 9999 等，只要 k 的值不随 n 变化，是一个事先确定的常量，那么对应的时间复杂度仍然是 $O(n\log n)$。

5.4.3 实战 2：斐波那契数列的时间复杂度分析

接下来，我们分析一下斐波那契数列的递归代码的时间复杂度，相关代码如下所示。

```
int f(int n) {
  if (n == 1) return 1;
  if (n == 2) return 2;
  return f(n-1) + f(n-2);
}
```

上述递归代码对应的递归树如图 5-25 所示。

我们先来探讨一下，斐波那契数列递归代码对应的递归树的高度是多少呢？

$f(n)$ 分解为 $f(n-1)$ 和 $f(n-2)$，数据规模是 -1 或 -2，叶子节点的数据规模是 1 或者 2。从根节点到叶子节点，每条路径长短不一。从图 5-25 中可以看出，最左边的一条路径是最长路径，每经过一个节点，n 值为 -1，因此，最长路径的长度大约是 n；最右边的一条路径是

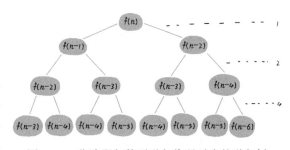

图 5-25　斐波那契数列递归代码对应的递归树

最短路径，每经过一个节点，n 值为 -2，因此，最短路径的长度大约是 $n/2$。

每次分解之后的合并操作只需要一次加法运算，我们把合并操作的耗时记作 1。如图 5-25 所示，第一层合并操作的总耗时为 1，第二层合并操作的总耗时为 2，第三层合并操作的总耗时为 2^2，依此类推，第 k 层合并操作的总耗时就是 2^{k-1}。整个递归代码的总耗时就是每一层耗时的总和。

最长路径的长度是 n，因此，总耗时的上限是 2^n-1，计算过程如下所示：

$$1+2+\cdots+2^{n-1}=2^n-1$$

最短路径的长度是 $n/2$，因此，总耗时的下限为 $2^{n/2}-1$，计算过程如下所示：

$$1+2+\cdots+2^{n/2-1}=2^{n/2}-1$$

也就是说，斐波那契数列递归代码的时间复杂度介于 $O(2^{n/2}) \sim O(2^n)$。虽然这个结果还不够精确，只是一个范围，但我们起码可以知道斐波那契数列递归代码的时间复杂度是指数级的，非常高。

5.4.4 实战 3：全排列的时间复杂度分析

前面两个递归代码的时间复杂度分析比较简单，我们再来看一个稍微复杂一点的。

"把 n 个数据的所有排列都列出来"，这就是求全排列问题。例如，把 1、2、3 这 3 个数

据的所有排列都列出来，如下所示。

```
1, 2, 3
1, 3, 2
2, 1, 3
2, 3, 1
3, 1, 2
3, 2, 1
```

如何编程输出一组数据的全排列呢？这个问题非常适合用递归来实现。

对于求解 n 个数据的全排列问题，如果我们已经确定了最后一位数据，就变成了求解剩下 $n-1$ 个数据的全排列问题。最后一位数据可以是 n 个数据中的任意一个，取值就有 n 种情况。因此，"n 个数据的全排列"问题就可以分解成 n 个"$n-1$ 个数据的全排列"问题。假设这 n 个数据存储在数组 a 中，对应的递推公式如式（5-5）所示。

$$f(a,n)=\{a[0] \text{ 放置在最后一位 },f(a,n-1)\}$$
$$+\{a[1] \text{ 放置在最后一位 },f(a,n-1)\}$$
$$+\cdots$$
$$+\{a[n-1] \text{ 放置在最后一位 },f(a,n-1)\} \qquad (5-5)$$

我们把上面的递推公式写成递归代码，如下所示。

```
//调用方式：int[]a ={1, 2, 3, 4}; printPermutations(a, 4, 4);
//k表示要处理的子数组的数据个数
public void printPermutations(int[] data, int n, int k) {
  if (k == 1) {
    for (int i = 0; i < n; ++i) {
      System.out.print(data[i] + " ");
    }
    System.out.println();
  }
  for (int i = 0; i < k; ++i) {
    int tmp = data[i];
    data[i] = data[k-1];
    data[k-1] = tmp;
    printPermutations(data, n, k-1);
    tmp = data[i];
    data[i] = data[k-1];
    data[k-1] = tmp;
  }
}
```

利用递推公式分析方法，我们很难分析上述代码的时间复杂度。而借助递归树，分析起来就比较简单了。上述代码对应的递归树不是标准的二叉树，而是一个多叉树，如图 5-26 所示。

如图 5-26 所示，经过第一层递归分解，得到 n 个数据规模是 $n-1$ 的子问题。第二层有 n 个节点，每个节点又分解得到 $n-1$ 个数据规模是 $n-2$ 的子问题，因此，第三层总的节点个数是 $n(n-1)$，依此类推。每一个节点的产生都对应一次数据交换操作，因此，产生第二层节点总的数据交换次数是 n，产生第三层节点总的数据交换次数是 $n(n-1)$，依此类推，产生第 k 层节点总的数据交换次数是 $n(n-1)(n-2)\cdots(n-k+1)$，产生最后一层节点总的数据交换次数是 $n(n-1)(n-2)\times\cdots\times 2\times 1$。每一层的数

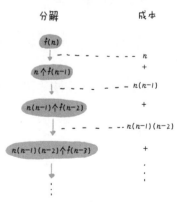

图 5-26　全排列递归代码对应的递归树

据交换次数之和就是全排列过程中所需要的总的数据交换次数，如式（5-6）所示。

$$n+n(n-1)(n-2)+\cdots+n(n-1)(n-2)\times\cdots\times2\times1 \qquad (5\text{-}6)$$

式（5-6）的计算过程比较复杂，我们先只看最后一项 $n(n-1)(n-2)\times\cdots\times2\times1$，它实际上就是 $n!$。而前面的 $n-1$ 项的值都小于最后一项，因此，式（5-6）的最终值肯定小于 $n\times n!$，也就是说，全排列递归代码的时间复杂度介于 $O(n!)\sim O(n\times n!)$。虽然不够精确，但这样一个范围已经让我们了解到全排列递归代码的时间复杂度是非常高的。

5.4.5　内容小结

本节讲解了如何利用递归树来分析递归代码的时间复杂度，加上之前讲过的递推公式分析法，到目前为止，我们已经学习了两种递归代码时间复杂度的分析方法。

有些代码比较适合用递推公式来分析，如归并排序的时间复杂度分析；有些代码比较适合采用递归树来分析，如快速排序的平均时间复杂度分析。而对于有些代码，可能两种方法都不适用，如二叉树前、中、后序遍历的时间复杂度分析。

时间复杂度分析的理论知识并不多，也不复杂，掌握起来也不难，但是，在我们平时的工作、学习中，面对的代码千差万别，能够灵活应用学到的复杂度分析方法分析具体的代码，并不是一件简单的事情，因此，我们平时要多实战、多练习，只有这样，才能在进行任何代码的时间复杂度分析时做到游刃有余。

5.4.6　思考题

假设 1 个细胞的生命周期是 3 小时，1 小时分裂一次。求 n 小时后，容器内有多少个细胞？请读者用已经学过的递归时间复杂度的分析方法，分析一下这个递归问题的时间复杂度。

5.5　B+ 树：MySQL 数据库索引是如何实现的

作为一名软件工程师，MySQL 数据库对我们来说肯定再熟悉不过了。作为主流的数据存储系统，MySQL 数据库在软件开发中有着举足轻重的地位。在开发中，为了加快数据库中数据的查找速度，一般会对表中的数据创建索引。MySQL 数据库索引是如何实现的？底层依赖的是什么数据结构和算法？

思考的过程比结论更重要，因此，本节会尽量还原这个解决方案的提出过程，让读者知其然，知其所以然。

5.5.1　典型需求：按值查询和按区间查询

如何通过索引加快数据库表的查询速度呢？为了方便讲解，我们限定对于数据库表只包含下面这样两个查询需求：

- 根据某个具体值来查找数据，如 `select * from user where id=1234;`

● 根据某个区间值来查找数据，如 select * from user where id > 1234 and id < 2345。

除功能性需求之外，在执行效率方面，我们希望通过索引让数据查询速度更快；在内存消耗方面，我们希望索引不要占用太多的内存。

5.5.2 基于哈希表和二叉查找树的解决方案

现在，我们来看一下，能否利用已经学过的数据结构来满足以上两个需求。

对于支持快速查询操作的数据结构，我们已经学过的有哈希表和平衡二叉查找树。

哈希表按值查询的性能很好，时间复杂度是 $O(1)$，但它不能支持按照区间快速查找数据。因此，哈希表不能满足我们的需求。尽管平衡二叉查找树查询的性能也很高，时间复杂度是 $O(\log n)$，而且，对树进行中序遍历，可以输出有序的数据序列，仍然不能满足按照区间快速查找数据的需求。

实际上，数据库索引所用到的数据结构与二叉查找树很像，称为 B+ 树。B+ 树是通过二叉查找树演化过来的。为了还原发明 B+ 树时的整个思考过程，因此，接下来，作者就从二叉查找树开始讲起，介绍一下如何从二叉查找树一步步改造成 B+ 树。

5.5.3 基于 B+ 树的解决方案

为了支持按照区间快速查找数据，我们对二叉查找树进行改造，在原本的二叉查找树之下再添加一层节点，并且这层节点存储在有序链表中，如图 5-27 所示。在 4.3 节，我们将哈希表与有序链表结合在一起使用，这里改造之后的二叉查找树相当于将二叉查找树与有序链表结合在一起使用。

如果要查询某个区间的数据，那么，我们只需要用区间的起始值，在树中进行查找，当定位到有序链表中的某个节点之后，再从这个节点开始顺着有序链表往后遍历，直到有序链表中的节点数据值大于区间的终止值为止。遍历有序链表得到的数据就是落在要查找区间范围内的数据。在改造之后的二叉查找树中进行区间查找如图 5-28 所示。

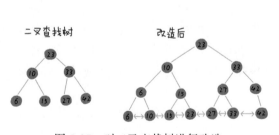

图 5-27　对二叉查找树进行改造

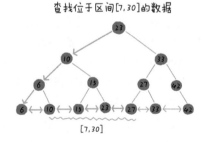

图 5-28　在改造之后的二叉查找树中进行区间查找

如果数据库中的某个表的数据量很大，对应的索引也会很大，将索引存储在内存中，占用的内存就会非常多。例如，给 1 亿个数据构建二叉查找树索引（改造之后的二叉查找树），那么索引就会包含大约 2 亿个节点，每个节点假设占用 16B，就需要占用大约 2GB 大小的内存空间。也就是说，给一个表构建索引需要消耗 2GB 大小的内存，那么给 10 个表构建索引，就需要消耗 20GB 大小的内存，显然是内存无法承受的。如何解决索引占用内存过多的问题呢？

我们可以借助时间换空间的设计思路，把索引存储在磁盘中，而非内存中。不过，磁盘是一个访问速度较慢的存储设备。一般来说，内存的访问速度是纳秒级别的，而磁盘的访问速度是毫秒级别的。对于同样大小的数据，从磁盘中读取花费的时间是从内存中读取所花费时间的上万倍或几十万倍。对于这种将索引存储在磁盘中的方案，如果每读取一个节点都对应一次磁盘 IO 操作，尽管内存消耗减少了，但同时数据查询的效率也大大降低了。

为了避免因为磁盘 IO 操作导致的性能下降，我们需要尽可能地减少磁盘 IO 操作。前面讲到，树上很多操作的时间复杂度与树的高度成正比，降低树的高度，就能减少磁盘 IO 操作。如何降低树的高度呢？

如果我们把索引构建成 m 叉树（m>2），高度是不是比二叉树要小呢？

我们对 16 个数据构建二叉树索引（改造后的二叉查找树），树的高度是 4，查找一个数据需要 4 次磁盘 IO 操作（如果根节点存储在内存中，其他节点存储在磁盘中）。如果对这 16 个数据构建五叉树索引，树的高度是 2，查找一个数据只需要两次磁盘 IO 操作。如果我们对 1 亿个数据构建 100 叉树索引，树的高度仅仅只为 4，在一个数据中查找一个数据只需要 4 次磁盘 IO 操作。

实际上，m 叉查找树与有序链表构建成的 m 叉树索引就是 B+ 树。B+ 树的具体结构如图 5-29 所示。

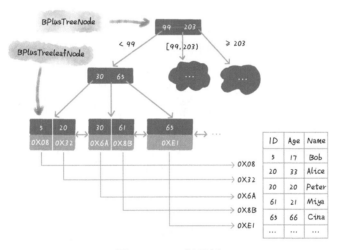

图 5-29　B+ 树示例

图 5-29 中的 B+ 树对应的代码实现如下所示。假设我们给 int 类型的数据库的表字段添加索引，那么，代码中的 keywords 是 int 类型的。

```
/**
 * B+ 树非叶子节点的定义
 *
 * 假设keywords=[3, 5, 8, 10]
 * 4个键值将数据分为5个区间:(-INF,3), [3,5), [5,8), [8,10), [10,INF)
 * 5个区间分别对应:children[0]...children[4]
 *
 * m值是事先计算得到的，计算的依据是让所有信息的大小正好等于页的大小:
 * PAGE_SIZE = (m-1)*4[keywords的大小]+m*8[children的大小]
 */
public class BPlusTreeNode {
  public static int m = 5; //5叉树
  public int[] keywords = new int[m-1]; //键值，用来划分数据区间
```

```
    public BPlusTreeNode[] children = new BPlusTreeNode[m]; //子节点
}

/**
 * B+树中叶子节点的定义
 *
 * B+树中的叶子节点与内部节点是不一样的，
 * 叶子节点存储的是值，而非区间
 * 在这个定义里，每个叶子节点存储3个数据行的键值及地址信息
 *
 * k值是事先计算得到的，计算的依据是让所有信息的大小正好等于页的大小：
 * PAGE_SIZE = k*4[keywords的大小]+k*8[dataAddress的大小]
 *              +8[prev的大小]+8[next的大小]
 */
public class BPlusTreeLeafNode {
    public static int k = 3;
    public int[] keywords = new int[k]; //数据的键值
    public long[] dataAddress = new long[k]; //数据地址
    public BPlusTreeLeafNode prev; //有序链表的前驱节点指针
    public BPlusTreeLeafNode next; //有序链表的后继节点指针
}
```

对于包含相同个数数据的 m 叉树索引，m 越大，树的高度就越小，那么 m 叉树中的 m 是不是越大越好呢？

无论是内存中的数据，还是磁盘中的数据，操作系统都是按页（1 页大小通常是 4KB，这个值可以通过 getconfig PAGE_SIZE 命令查看）来读取的，一次读 1 页数据。如果要读取的数据量超过 1 页的大小，就会触发多次 IO 操作。因此，在选择 m 大小的时候，要尽量让每个节点的大小等于一个页的大小。这样，读取一个节点就只需要一次磁盘 IO 操作，如图 5-29 所示。尽管索引可以大大提高数据库的查询效率，但是，有利也有弊，数据的写入过程会涉及索引的更新，因此，也会导致写入数据的效率下降。

对于一个 B+ 树，m 值是根据页的大小事先计算好的，也就是说，每个节点最多只能有 m 个子节点。在往数据库中写入数据的过程中，有可能某些节点的子节点个数超过 m 个，这个时候，我们该如何来调整呢？

实际上，处理思路并不复杂。我们可以将这个节点分裂成两个节点。但是，节点分裂之后，其上层父节点的子节点个数就有可能超过 m 个。不过，这也没关系，我们可以用同样的方法，将父节点也分裂成两个节点。这种级联反应会从下往上，一直影响到根节点。对于分裂过程，读者可以结合着图 5-30 来理解（图 5-30 中的 B+ 树是一个三叉树。我们限定叶子节点中数据的个数超过 2 个时就分裂节点；在非叶子节点中，子节点的个数超过 3 个时就分裂节点）。

因为要时刻保证 B+ 树索引是一个 m 叉树，所以索引的存在会导致数据库写入速度降低。实际上，不仅写入数据会变慢，删除数据也会变慢，因为在删除数据的时候，也要更新索引节点。频繁的数据删除操作会导致某些节点中子节点的个数变得非常少，长此以往，如果每个节点的子节点都比较少，势必会影响索引的效率。

我们可以设置一个阈值，如 $m/2$。如果某个节点的子节点个数小于 $m/2$，就将它与相邻的兄弟节点合并。不过，合并之后节点的子节点个数有可能会超过 m。针对这种情况，我们可以借助插入数据的处理方法，再分裂节点。

文字描述不是很直观，作者举一个删除操作的例子，如图 5-31 所示，读者可以对比着理解（图 5-31 中的 B+ 树是一个五叉树。我们限定叶子节点中，数据的个数少于 2 个时就合并节

点；在非叶子节点中，子节点的个数少于 3 个时就合并节点）。

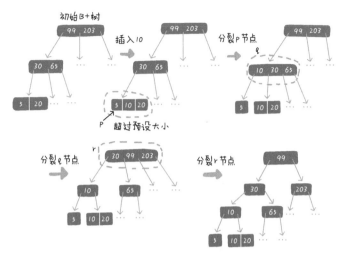

图 5-30　分裂节点举例说明

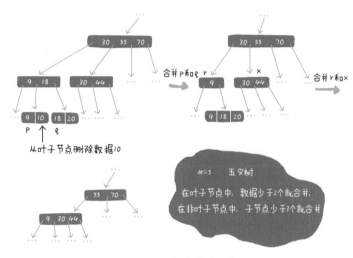

图 5-31　合并节点示例

5.5.4　内容小结

本节讲解了数据库索引依赖的底层数据结构：B+ 树。它通过将多叉树索引存储在磁盘中，做到了时间、空间的平衡，既保证了执行效率，又节省了内存。

在本节的讲解中，为了详细地介绍 B+ 树的由来，内容看起来比较零散。为了方便读者掌握和记忆，这里再总结一下 B+ 树的特点：

● B+ 树由 m 叉查找树和有序链表组合而成；

● 每个节点中子节点的个数不能超过 m，也不能小于 $m/2$；

● 根节点的子节点个数可以不超过 $m/2$，这是一个例外；

● 一般情况下，根节点会被存储在内存中，其他节点存储在磁盘中。

除 B+ 树，读者可能还听说过 B 树、B- 树，这里简单提一下。实际上，B- 树就是 B 树，英文名称都是 B-Tree，这里的 "-" 并不是相对 B+ 树中的 "+"，而只是一个连接符。这个很容易误解。而 B 树实际上是低级版的 B+ 树，或者说 B+ 树是 B 树的改进版。B 树与 B+ 树的不同点主要集中在下面这两个地方：

- B+ 树中的节点不存储数据，只是索引，而 B 树中的节点存储数据；
- B 树中的叶子节点并不需要链表来串联。

也就是说，B 树只是一个每个节点的子节点个数不能小于 $m/2$ 的 m 叉树。

5.5.5　思考题

在 B+ 树中，将叶子节点串起来的链表是单链表还是双向链表？为什么？

第6章 堆

在本章中，我们介绍一种特殊的二叉树：堆（heap）。堆的应用场景非常多，如堆排序、优先级队列、求 TOP K 和求中位数等，下文会详细讲解。其中，堆作为优先级队列，在图相关的算法中常被用到，如 Dijkstra 算法、A* 算法和 Prim 算法。

6.1　堆：如何维护动态集合的最值

按照惯例，我们先来看本节的开篇问题：假设有一个动态数据集合，其支持 4 个操作：插入数据、按值删除数据、查询最大值和删除最大值。如何实现这样一个动态集合，让每个操作的时间复杂度尽可能低呢？

带着这个问题，让我们开始学习本节的内容吧。

6.1.1　堆的定义

我们先来看一下堆的定义。只要满足下面两个要求的二叉树就是堆。

● 堆必须是一个完全二叉树。

● 堆中的每个节点的值必须大于或等于（或者小于或等于）其子树中每个节点的值。实际上，我们还可以换一种说法，堆中每个节点的值都大于或等于（或者小于或等于）其左右子节点的值。这两种表述是等价的。

如果堆中每个节点的值都大于或等于子树中每个节点的值，我们把这种堆称为"大顶堆"。如果堆中每个节点的值都小于或等于子树中每个节点的值，我们就把这种堆称为"小顶堆"。根据定义，并结合图 6-1，读者可以看一下哪几个是堆？是大顶堆还是小顶堆？

在图 6-1 中，第 1 个和第 2 个是大顶堆，第 3 个是小顶堆，第 4 个不是堆。除此之外，从图 6-1 中还可以看出，对于同一组数据，我们可以构建多种不同形态的堆。

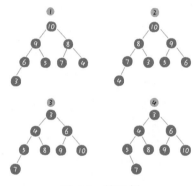

图 6-1　堆示例

6.1.2　堆的存储

5.1 节提到过，完全二叉树比较适合用数组来存储。用数组来存储完全二叉树是非常节省存储空间的，因为不需要存储左右子节点指针，只需要通过数组下标运算，就可以找到某个节点的左右子节点和父节点。因此，堆也适合用数组来存储，如图 6-2 所示。

从图 6-2 中可以看出，堆中的数据从数组下标为 1 的位置开始存储。对于数组中下标为 i 的节点，其左子节点的下标为 $2i$，右子节点的下标为 $2i+1$，父节点的下标为 $i/2$。如果堆中的数据从数组下标为 0 的位置开始存储，实际上也是可以的，唯一变化的就是计算父、子节点下标的公式变了，即对于下标为 i 的节点，其左子节点的下标就变成了 $2i+1$，右子节点的下标变成了 $2i+2$，父节点的下标变成了 $(i-1)/2$。因此，对比来看，对于从数组下标为 1 的位置开始存储堆中数据这种存储方式，计算父节点、子节点的下标更方便。

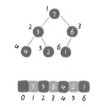

图 6-2　用数组存储堆

了解了如何存储一个堆，我们再来探讨一下，堆一般支持哪些操作？其中，比较常用的操作有 3 种, 分别是往堆中插入元素、获取堆顶元素、删除堆顶元素, 除此之外, 还有一种不常用的操作, 就是按照节点指针 (也就是数组下标) 删除任意元素。

我们知道, 对于大顶堆, 堆顶元素是最大值, 获取堆顶元素, 实际上就相当于取集合中的最大值。获取堆顶元素的操作非常简单, 只需要返回数组中下标为 1 的元素, 因此, 时间复杂度是 $O(1)$。接下来, 我们重点看一下其他 3 种操作。注意, 如果没有特殊说明, 下文都是用大顶堆来讲解。对于小顶堆, 读者可以简单地进行类比。

6.1.3 往堆中插入元素

在往堆中插入新的元素时, 我们需要继续让堆满足定义中的两个要求。

如果我们把新元素插到堆的末尾 (也就是数组的末尾), 如图 6-3 所示, 此时的堆就不满足定义中的第一个要求了 (堆必须是完全二叉树)。于是, 我们就需要进行调整, 让其重新满足堆的定义。我们给这个调整的过程起了一个名字, 称为堆化 (heapify)。

堆化分两种: 自上而下和自下而上。这里我们先讲自下而上这种堆化方法。堆化的过程非常简单。假设要堆化的节点是 a。我们顺着节点 a 所在的路径向上对比, 如果节点 a 大于父节点, 就将节点 a 和父节点互换, 然后继续用节点 a 与新的父节点对比, 重复这个过程, 直到节点 a 小于或等于父节点为止。自下而上的堆化的示例如图 6-4 所示。

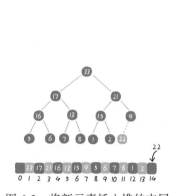

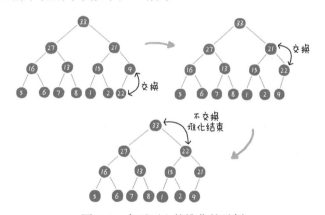

图 6-3 将新元素插入堆的末尾

图 6-4 自下而上的堆化的示例

基于上述原理, 往堆中插入数据的代码实现如下所示。

```java
public class Heap {
  private int[] a; //数组, 从下标1开始存储数据
  private int n;   //堆可以存储的最大的数据个数
  private int count; //堆中已经存储的数据个数

  public Heap(int capacity) {
    a = new int[capacity + 1];
    n = capacity;
    count = 0;
  }

  public void insert(int data) {
    if (count >= n) return; //堆满了
    ++count;
    a[count] = data;
    int i = count;
```

```
    while (i/2 > 0 && a[i] > a[i/2]) { //自下而上的堆化
      swap(a, i, i/2); //swap()函数的作用：交换下标为i和i/2的两个元素
      i = i/2;
    }
  }
}
```

6.1.4 删除堆顶元素

对于大顶堆，堆顶节点就是最大节点。当堆顶节点删除之后，我们需要把第二大节点（也就是根节点的左右子节点中的其中一个）放到堆顶，然后迭代地删除第二大节点，依此类推，直到叶子节点被删除。用第二大节点替代堆顶节点的删除方法如图 6-5 所示。

不过，经过上述处理之后，最后得到的堆就不是完全二叉树了。实际上，我们只需要稍微改变一下处理思路，就可以解决这个问题。如图 6-6 所示，我们把最后一个节点放到堆顶，然后利用自上而下的堆化方式让堆重新满足定义。自上而下的堆化方式与前面讲到的自下而上的堆化方式类似。从堆顶元素开始，对父子节点进行对比，对于不满足大小关系的父子节点互换位置，并且重复这个过程，直到父子节点之间满足大小关系为止。

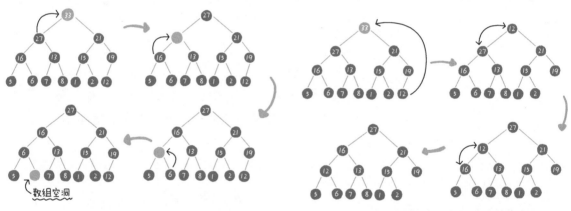

图 6-5　用第二大节点替代堆顶节点的删除方法　　　图 6-6　用末尾节点替代堆顶节点的删除方法

基于上述原理，删除堆顶元素的代码实现如下所示。

```
public void removeMax() {
  if (count == 0) return; //堆中没有数据
  a[1] = a[count];
  --count;
  heapify(a, count, 1);
}

private void heapify(int[] a, int n, int i) { //自上而下的堆化
  while (true) {
    int maxPos = i;
    if (i*2 <= n && a[i] < a[i*2]) maxPos = i*2;
    if (i*2+1 <= n && a[maxPos] < a[i*2+1]) maxPos = i*2+1;
    if (maxPos == i) break;
    swap(a, i, maxPos);
    i = maxPos;
  }
}
```

6.1.5 删除任意元素

对于堆中的删除操作，我们在上文中介绍的是一种特殊情况：删除堆顶元素。删除堆顶元素是在实际的开发中经常碰到的一种情况。现在，我们再来探讨一下，如何实现非堆顶的普通元素的删除？

实际上，这包含两类删除操作：按值删除节点（或元素）和按节点指针（也就是数组下标）删除节点（或元素）。按值删除节点指的是删除值等于给定值的节点，因此，在删除之前，我们需要先查找到值等于给定值的节点。按节点指针删除节点指的是给定一个节点的指针，不需要查找，直接删除它。读者可以类比 2.2 节中的链表的删除操作。

这里，我们先介绍如何按节点指针删除节点。按值删除节点留在解答本节开篇问题时讲解。

因为堆是用数组来存储的，所以按节点指针删除节点，实际上，就等于删除给定数组下标的元素。我们仍然可以借助上文讲到的删除堆顶元素的方法，将最后一个元素替换到要删除的元素的位置，然后针对替换之后的元素，执行堆化操作。

不同的是，我们需要根据替换元素与删除元素的大小关系，选择不同的堆化方式。如果替换元素大于删除元素，就进行自下而上的堆化；如果替换元素小于删除元素，就进行自上而下的堆化；如果替换元素等于删除元素，那么不需要堆化。

6.1.6 堆的性能分析

现在，我们再来分析一下上文提到的堆中的 4 种操作的时间复杂度。

其中，获取堆顶元素的时间复杂度是 $O(1)$。插入元素、删除堆顶元素、按照节点指针删除任意元素这 3 种操作的核心逻辑是堆化。一个包含 n 个节点的完全二叉树，树的高度约为 $\log_2 n$。堆化的过程是顺着节点所在路径进行比较交换，因此，堆化的时间复杂度与树的高度成正比，为 $O(\log n)$。因此，向堆中插入元素、删除堆顶元素、按照节点指针删除任意元素这 3 种操作的时间复杂度都是 $O(\log n)$。

6.1.7 解答本节开篇问题

现在，我们来看一下本节开篇的问题。假设有一个动态数据集合，针对该集合，有 4 种操作：插入数据、按值删除数据、查询最大值和删除最大值。如何实现这样一个动态数据集合，让每个操作的时间复杂度尽可能低？

如果我们单纯地用数组来存储动态数据集合，将新数据直接插入到数组的末尾，那么查询最大值、删除最大值，以及按值删除数据都需要遍历整个数组。尽管插入操作的时间复杂度是 $O(1)$，但其他 3 个操作的时间复杂度很高，是 $O(n)$。

如果插入操作比较频繁，其他 3 个操作相比插入操作，没有那么频繁，那么基于数组的解决方案可以满足需求。如果查询最大值比较频繁，插入操作没有那么频繁，我们就需要调整一下方案。

我们还是使用数组来存储动态数据集合，但是，让数组中的数据一直维持从大到小有序。

在插入数据时，为了保持数组在插入数据之后仍然有序，我们顺序遍历数组，查找应该插入的位置，然后将其插入，而非直接插入到数组的末尾。基于这种解决方案，尽管插入操作的时间复杂度是 $O(n)$，但查询最大值的时间复杂就变成 $O(1)$ 了，不过，按值删除数据和删除最大值的时间复杂度仍然是 $O(n)$。

实际上，无论数组中的数据是否有序，针对这 4 个操作，基于数组的解决方案只会造成某个操作的时间复杂度低了，另外一些操作的时间复杂度高了。对于这 4 个操作，有没有性能表现比较平均的解决方案呢？

堆就可以派上用场了。我们将动态数据集合组织成堆这种数据结构。根据前面的讲解，我们知道，在堆中插入数据的时间复杂度是 $O(\log n)$，查询最大值的时间复杂度是 $O(1)$，删除最大值的时间复杂是 $O(\log n)$。那么，按值删除元素该如何来做呢？

按值删除元素分两步完成。第一步是按值查找节点，第二步是按照节点指针删除元素。堆本身并不像二叉查找树那样能快速按值查找。在堆中查找值等于给定值的节点，需要遍历堆对应的数组，因此，时间复杂度是 $O(n)$。

为了加快按值查找元素，我们可以对堆中的节点（也就是数组中存储的对象）再另外构建一个支持快速查找的索引，如红黑树、哈希表等。通过红黑树、哈希表，我们快速地按值查找到对应的堆中的节点，然后执行按节点指针删除元素的操作。

按节点指针删除的操作前面已经讲过了，核心逻辑是堆化，时间复杂度是 $O(\log n)$。而基于红黑树或哈希表来查找元素的时间复杂度是 $O(\log n)$ 或 $O(1)$。因此，综合两步操作的时间复杂度，按值删除元素的时间复杂度为 $O(\log n)$。

6.1.8　内容小结

堆是一种特殊的完全二叉树，并且满足任意节点的值都大于或等于（或小于或等于）其子树节点的值。其中，每个节点的值都大于或等于其子树节点值的堆称为大顶堆，相反，每个节点的值都小于或等于其子树节点值的堆称为小顶堆。

堆中有 3 个比较常用的操作：插入数据、获取堆顶元素和删除堆顶元素。获取堆顶元素相当于取集合的最大值或者最小值，直接返回下标为 1 的数组元素即可，时间复杂度是 $O(1)$。在插入数据时，我们把新插入的数据放到数组的末尾，然后进行自下而上的堆化，时间复杂度为 $O(\log n)$。在删除堆顶元素时，我们把数组中的最后一个元素放到堆顶，然后进行自上而下的堆化，时间复杂度为 $O(\log n)$。

除此之外，堆中还有一个不常用的操作：删除堆中的任意元素。删除堆中的任意元素的操作有两类：按值删除元素和按节点指针（也就是数组下标）删除元素。按值删除元素的操作的执行过程包含按节点指针删除元素操作，在删除之前，需要先按值查找节点。按照节点指针删除元素的主要逻辑也是堆化，因此，时间复杂度是 $O(\log n)$。

6.1.9　思考题

针对本节的开篇问题，我们分析了基于数组的解决方案。如果将数组换成链表，请读者试着分析一下插入数据、按值删除数据、查询最大值和删除最大值的时间复杂度。

6.2 堆排序：为什么说堆排序没有快速排序快

6.1 节介绍了堆的定义和操作。在本节，我们学习堆的一个重要应用：堆排序。堆排序是一种原地的、时间复杂度为 $O(n\log n)$ 的排序算法。在上文中，我们介绍过快速排序，在平均情况下，它的时间复杂度为 $O(n\log n)$。尽管堆排序和快速排序的时间复杂度都是 $O(n\log n)$，甚至堆排序比快速排序的时间复杂度更加稳定，但是，在实际的软件开发中，快速排序的性能要比堆排序好，这是为什么呢？

现在，读者可能还无法回答这个问题，甚至对这个问题本身有疑惑。没关系，带着这个问题，让我们开始学习本节的内容吧！

6.2.1 堆排序之建堆

借助于堆这种数据结构实现的排序算法，称为堆排序。堆排序的整个过程可以大致分解成两大步骤：建堆和排序。我们先来看如何建堆。

建堆就是先将数组中的数据原地组织成一个堆。"原地"的意思是指不借助额外的存储空间，就在原数组上完成建堆操作。建堆有两种实现思路。

第一种实现思路借助 6.1 节讲的在堆中插入数据的处理思路。我们将整个数组的数据划分为前后两部分，前半部分表示已经建好堆的数据，后半部分表示非堆中数据。起初，堆中只包含一个数据，就是下标为 1 的数组元素。我们将下标 $2 \sim n$ 的数组元素依次插入到堆中。执行完成之后，数组中的所有数据就被组织成堆这种数据结构了。

第二种实现思路与第一种截然相反。第一种建堆思路的处理过程是从前往后处理数组数据，并且对每个插入到堆中的数据执行自下而上的堆化。而第二种实现思路选择从后往前处理数组，并且对每个数据执行自上而下的堆化。

第一种实现思路的执行效率要低于第二种实现思路，关于这点，我们在下文进行分析。因此，我们采用第二种实现思路来建堆。第二种实现思路的建堆过程的示例如图 6-7 所示。因为叶子节点不需要堆化，对于完全二叉树，下标 $n/2+1 \sim n$ 的节点都是叶子节点，所以，我们只需要对下标 $n/2 \sim 1$ 的数据依次进行自上而下的堆化。

基于第二种实现思路建堆的代码实现如下所示。

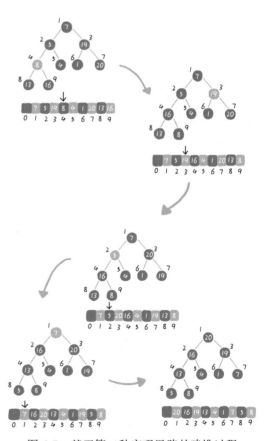

图 6-7 基于第二种实现思路的建堆过程

```
private static void buildHeap(int[] a, int n) {
  for (int i = n/2; i >= 1; --i) {
    heapify(a, n, i);
  }
}

private static void heapify(int[] a, int n, int i) {
  while (true) {
    int maxPos = i;
    if (i*2 <= n && a[i] < a[i*2]) maxPos = i*2;
    if (i*2+1 <= n && a[maxPos] < a[i*2+1]) maxPos = i*2+1;
    if (maxPos == i) break;
    swap(a, i, maxPos);
    i = maxPos;
  }
}
```

对于第二种实现思路，建堆操作的时间复杂度是多少呢？

每个节点堆化的时间复杂度是 $O(\log n)$，那么 $n/2$ 个节点堆化的总时间复杂度是不是就是 $O(n\log n)$ 呢？这个答案虽然没错，但不够精确。实际上，基于第二种实现思路建堆的时间复杂度是 $O(n)$。

因为叶子节点不需要堆化，所以需要堆化的节点从倒数第二层节点开始。在每个节点堆化的过程中，需要比较和交换的节点个数与这个节点的高度成正比。图 6-8 所示的是每一层的节点个数和对应的高度。其中，h 表示整棵树的高度。

我们只需要将每个节点的高度求和，就能得到建堆的时间复杂度，如图 6-9 所示。

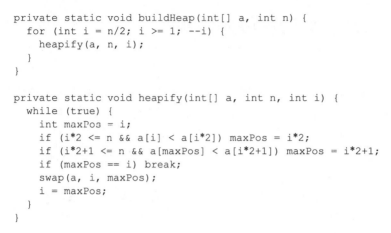

图 6-8　堆中每一层的节点个数和对应的高度

对图 6-9 所示的公式求解，有一点技巧，如图 6-10 所示，我们把公式左右两边都乘以 2，就得到另一个公式 S2（S2 等于 2 倍的 S1）。将 S2 与 S1 错位对齐，并且用 S2 减 S1，就得到 S（S 等于 S1）。

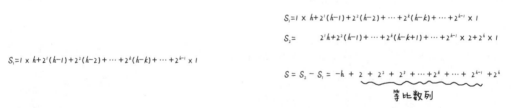

图 6-9　建堆时间复杂度的计算公式　　　图 6-10　建堆时间复杂度的求解过程

从图 6-10 中可以发现，S 的中间部分是一个等比数列，用等比数列求和公式来计算，得到的最终结果如图 6-11 所示。

因为 h 表示整棵树的高度，也就是说，$h=\log_2 n$，将其代入图 6-11 所示的公式，得到 $S=O(n)$，所以建堆的时间复杂度为 $O(n)$。

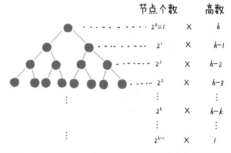

图 6-11　建堆时间复杂度的求解结果

上述是基于第二种实现思路建堆的时间复杂度分析，我们再来看一下第一种实现思路建堆的时间复杂度。

在第一种实现思路中，每个节点都要进行堆化。不过，与第二种实现思路不同的是，每个节点执行的是自下而上的堆化操作，总的堆化时间复杂度等于每层节点的个数乘以节点的深度

（注意，这里是深度而非高度，深度指的是从这个节点到根节点的路径长度）。

假设堆的总深度为 d，因此，总的堆化耗时 $=2^0\times0+2^1\times1+2^2\times2+\cdots+2^k k+\cdots+2^d d$，我们只考虑最后一项 $2^d d$。堆的总深度 $d=\log_2 n$，因此，$2^d d=n\log_2 n$。因此，第一种实现思路建堆的时间复杂度是 $O(n\log n)$，要高于第二种实现思路建堆的时间复杂度 $O(n)$。

6.2.2　堆排序之排序

在建堆结束之后，数组中的数据已经是按照大顶堆的特性来组织的了。数组中的第一个元素是堆顶元素，也就是最大元素。我们把它与最后一个元素交换，那么最大元素就放到了下标为 n 的位置。交换之后的堆顶元素，需要通过自上而下堆化的方法，将其移动到合适的位置。在堆化完成之后，堆中只剩下 $n-1$ 个元素，我们再取堆顶元素，与下标为 $n-1$ 的元素交换位置，这样第二大元素就确定好位置了。一直重复这个过程，直到最后堆中只剩下一个元素，排序工作就完成了。堆排序的排序过程如图 6-12 所示。

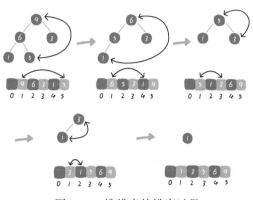

图 6-12　堆排序的排序过程

堆排序的整个排序过程对应的代码如下所示。

```
//n表示数据的个数，数组a中的数据从下标1到n的位置
public static void sort(int[] a, int n) {
  buildHeap(a, n); //建堆
  int k = n;
  while (k > 1) {
    swap(a, 1, k);
    --k;
    heapify(a, k, 1);
  }
}
```

6.2.3　堆排序的性能分析

现在，我们再来分析一下堆排序的时间复杂度、空间复杂度和稳定性。

堆排序包括建堆和排序两个操作，这两个操作都是在原数组上进行的，因此，堆排序是原地排序算法。堆排序的过程不需要用到递归操作，在所有的操作过程中，也只需要常量级的额外存储空间，因此，空间复杂度是 $O(1)$。

基于第一种实现思路的建堆过程的时间复杂度是 $O(n\log n)$，基于第二种实现思路的建堆过程的时间复杂度是 $O(n)$。排序过程需要执行 n 次自上而下的堆化，时间复杂度的计算类似基于第一种实现思路的建堆过程的时间复杂度计算，因此，排序过程的时间复杂度是 $O(n\log n)$，因此，堆排序整体的时间复杂度是 $O(n\log n)$。

堆排序不是稳定的排序算法，因为在排序的过程中，存在将最后一个节点与堆顶节点互换的操作，这就有可能改变值相同数据原有的先后顺序。

6.2.4 解答本节开篇问题

现在，我们来看一下本节的开篇问题：在实际的软件开发中，为什么快速排序的性能要比堆排序好？主要有以下两个方面的原因。

第一方面，堆排序的数据访问方式没有快速排序高效。

对于快速排序，数据是顺序访问的。而对于堆排序，数据是随机访问的。从前面的讲解中，我们可以发现，堆排序中最重要的一个操作就是堆化。如图 6-13 所示，对堆顶元素进行堆化，会依次访问数组下标是 1、2、4、8 的元素，并非像快速排序那样，按照下标连续访问数组元素，因此，堆排序的数据访问方式无法利用 CPU 缓存预读数据。

第二方面，对于同样的数据，堆排序的数据交换次数要多于快速排序。

在第 3 章介绍排序的时候，我们提到了两个概念：有序度和逆序度。对于基于比较的排序算法，整个排序过程是由比较和交换（或移动）两个基本操作组成的。快速排序中数据交换的次数等于逆序度。而堆排序的第一步是建堆，建堆的过程会打乱数据原有的相对先后顺序，这就可能会导致数据的有序度降低。如图 6-14 所示，对于一组已有序的数据，经过建堆之后，数据反而变得无序了。

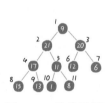

图 6-13　堆化示例

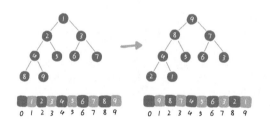

图 6-14　建堆导致有序度降低

读者可以自己验证一下。首先，声明一个记录交换次数的变量，每次做数据交换的时候，就对这个变量加 1，排序完成之后，这个变量的值就是总的数据交换次数。这样读者就能很直观地看到堆排序的数据交换次数确实比快速排序多。

6.2.5 内容小结

本节讲解了堆的一个重要应用：堆排序。

堆排序包含两个过程：建堆和排序。我们将下标 $n/2 \sim 1$ 的节点，依次进行自上而下的堆化操作，然后就可以将数组中的数据组织成堆这种数据结构。接下来，我们将堆顶元素与堆的最后一个元素交换，并将堆的大小减 1，然后对堆顶元素进行堆化，重复这个过程，直到堆中只剩下一个元素，这时整个数组中的数据就有序了。

堆排序是原地排序算法，空间复杂度是 $O(1)$，时间复杂度是 $O(n\log n)$，堆排序不是稳定的排序算法。相对于快速排序，尽管堆排序性能更加稳定，但在实际的软件开发中，其效率可能不及快速排序。一方面是因为数据的访问方式无法利用 CPU 缓存预读，另一方面是建堆的过程会打乱原有数据的次序，有可能导致有序度降低。

6.2.6 思考题

在介绍堆排序的建堆的时候，我们提到，对于完全二叉树，下标 $n/2+1 \sim n$ 的节点都是叶子节点，这个结论是怎么推导出来的呢？

6.3 堆的应用：如何快速获取 Top 10 热门搜索关键词

读者是否用过搜索引擎的热门搜索排行榜功能？又是否知道这个功能是如何实现的？实际上，它的实现并不复杂。搜索引擎每天会接收大量的用户搜索请求，然后，把这些用户输入的搜索关键词记录下来，再离线统计分析，就能得到前 10 个热门的搜索关键词，也就是 Top 10 热门搜索关键词。

读者可以思考一下，假设有一个包含 10 亿个搜索关键词的日志文件，如何快速统计出 Top 10 热门搜索关键词？

实际上，这类求 Top K 问题是堆的经典应用。除此之外，堆还有其他经典应用，如优先级队列、求中位数和求百分位数。在本节，我们就详细讲解一下堆的这几个经典应用。

6.3.1 堆的应用 1：优先级队列

对于优先级队列，它首先应该是一个队列。前面讲过，队列最大的特性就是先进先出。不过，在优先级队列中，数据的出队顺序不是先进先出，而是按照优先级的高低，优先级最高的最先出队。

如何实现一个优先级队列呢？方法有很多，但是用堆来实现是最直接、最高效的。实际上，堆天然就是一个优先级队列。往优先级队列中插入一个元素，就相当于往堆中插入一个元素；从优先级队列中取优先级最高的元素，就相当于取堆顶元素。

我们可别小看优先级队列，它的应用场景非常多，很多数据结构和算法会用到它，如赫夫曼编码、Dijkstra 最短路径算法和 Prim 最小生成树算法。不仅如此，很多编程语言提供了优先级队列数据类型，如 Java 的 PriorityQueue、C++ 的 priority_queue 等。

现在，我们通过两个具体的例子来直观感受一下如何应用优先级队列。

1. 合并多个有序文件

假设有 100 个大小为 100MB 的小文件，每个小文件中存储的是已经排列有序的字符串。我们希望将这 100 个有序的小文件合并成一个有序的大文件。如何实现这个功能呢？

这个问题的处理思路有点像归并排序中的合并函数。从这 100 个小文件中各取第一个字符串放入数组 a 中，然后从数组 a 中取出最小字符串放入合并后的大文件中，并将这个最小字符串从数组 a 中删除。

假设这个最小字符串来自 13.txt 这个小文件，我们就再从 13.txt 这个小文件中取下一个字符串，并放到数组 a 中，然后从数组 a 中选出此时最小的字符串放入合并后的大文件，并将它从数组 a 中删除。依此类推，直到所有小文件中的数据都放入大文件中为止。

在上述解决方案中，我们用数组这种数据结构来存储从小文件中取出的字符串。每次从数组中取最小字符串都需要循环遍历整个数组，效率很低。有没有更加高效的方法呢？

我们可以用优先级队列来替代数组。我们将从小文件中取出的字符串放入小顶堆中。堆顶的元素就是最小字符串。从堆中取最小字符串的时间复杂度为 $O(1)$。

删除堆顶数据和往堆中插入数据的时间复杂度都是 $O(\log n)$（n 表示堆中的数据个数，这里就是 100）。使用优先级队列来维护动态数据最小值的时间复杂度是 $O(\log n)$，而使用数组来维护动态数据最小值的时间复杂度是 $O(n)$，显然优先级队列更加高效。

2. 高性能定时器

假设定时器中维护了很多定时任务，每个任务都设定了一个要触发执行的时间点，如图 6-15 所示。定时器每过一个很小的时间间隔（如 1s），就扫描一遍所有的任务，看是否有任务到达设定的执行时间。如果有，就把这些已经到达触发执行时间点的任务取出来执行。

2018年11月28日 17:30	任务A
2018年11月28日 19:20	任务B
2018年11月28日 15:31	任务C
2018年11月28日 13:55	任务D

图 6-15　定时器示例

但是，每过 1s 就扫描一遍任务列表的做法比较低效，主要原因有两个：第一，任务的约定执行时间离当前时间可能还有很久，这样在被触发执行之前的很多次扫描其实是徒劳的；第二，每次都要扫描整个任务列表，如果任务列表很大，那么势必会耗时较多。

实际上，我们可以使用优先级队列来存储任务。按照任务设定的执行时间将任务存储在优先级队列中，队首（也就是小顶堆的堆顶）存储的是最先执行的任务。

这样，定时器就不需要每隔 1s 就扫描一遍任务列表了。它把队首任务的执行时间与当前时间相减，得到一个时间间隔 T。时间间隔 T 就表示从当前时间开始，需要等待多久才会有第一个任务被执行。这样，定时器就可以设定在 T 秒之后再来执行任务。从当前时间点到 $T-1$ 秒这段时间，定时器不需要做任何工作。

当 T 秒过去之后，定时器取优先级队列中的队首任务来执行，然后计算新的队首任务的执行时间与当前时间的差值，这个值就是定时器执行下一个任务需要等待的时间。

基于优先级队列，定时器既不用每间隔 1s 就轮询一次任务列表，又不用每次轮询遍历整个任务列表，性能大大提高。

6.3.2　堆的应用 2：求 Top K

求 Top K 问题可以抽象成两类。一类是针对静态数据集合，也就是说，集合中的数据事先确定，不会再变。另一类是针对动态数据集合，也就是说，集合中的数据事先并不确定，有数据动态地加入到集合中。

我们先来探讨一下，针对静态数据，如何求 Top K？

我们维护一个大小为 K 的小顶堆。顺序遍历数组，如果堆中的数据不足 K 个，从数组中取出的数据直接插入堆中；否则，用从数组中取出的数据与堆顶元素比较。如果从数组中取出的数据大于堆顶元素，我们就把堆顶元素删除，并且将这个元素插入到堆中；如果从数组中取出的数据小于或等于堆顶元素，则不做处理，继续考察数组中的下一个元素。等数组中的数据都遍历完之后，堆中的数据就是 Top K 数据了。

遍历数组的时间复杂度是 $O(n)$，一次堆化操作的时间复杂度为 $O(\log K)$，因此，在最坏的情况下，n 个元素都入堆一次，求包含 n 个数据的静态集合的 Top K 问题的时间复杂度就是

$O(n\log K)$。

我们再来探讨一下，针对动态数据，如何求 TOP K？

动态数据的 Top K 也称为实时 Top K。假设数据集合支持两类操作：添加数据和询问当前数据的 Top K。如果每次询问当前数据的 Top K，我们都基于当前数据重新计算 Top K，对应的时间复杂度就是 $O(n\log K)$，n 表示当前数据的大小，显然是比较低效的。

实际上，我们可以维护一个大小为 K 的小顶堆。当有数据被添加到集合中时，如果堆中的数据个数小于 K，我们将新数据直接插入小顶堆；如果堆中的数据个数等于 K，我们就用新添加的数据与堆顶元素进行比较。如果新添加的数据大于堆顶元素，我们就把堆顶元素删除，并将这个新添加的数据插入到堆中；如果新添加的数据小于或等于堆顶元素，则不对堆做处理。也就是说，小顶堆中一直维护着当前数据集合中的 Top K。每次询问当前数据的 Top K 操作就变得非常高效，直接输出小顶堆中的元素即可。

6.3.3 堆的应用 3：求中位数和百分位数

中位数，顾名思义，指的是在一个有序序列中大小处在中间位置的那个数。如图 6-16 所示，如果数据的个数是奇数，把数据从小到大排列，那么第 $n/2+1$ 个数据就是中位数；如果数据的个数是偶数，那么处于中间位置的数据有两个：第 $n/2$ 个和第 $n/2+1$ 个数据。对于数据的个数是偶数这种情况，我们可以随意取其中一个作为中位数，如取两个中位数中靠前的那个，也就是将第 $n/2$ 个数据作为中位数。

对于静态数据集合，中位数是固定的，我们先对数据进行一次排序，中位数就是第 $n/2$ 或 $n/2+1$ 个数据。每当询问中位数时，直接返回这个固定值即可，非常高效。尽管排序的代价比较大，但只需要进行一次，均摊之后的边际成本很低。

对于动态数据集合，中位数在不停变动，如果每次询问中位数都要先进行排序，就会比较低效。那么，如何高效地求取动态数据集合的中位数呢？

我们维护两个堆，一个大顶堆，一个小顶堆。大顶堆中存储动态数据集合的前半部分数据，小顶堆中存储动态数据集合的后半部分数据，并且，小顶堆中的数据都大于大顶堆中的数据。这样，大顶堆中的堆顶元素就是我们要找的中位数。如果动态数据集合中包含偶数个数据，那么大顶堆和小顶堆中的数据个数均为 $n/2$。如果动态数据集合中包含奇数个数据，那么大顶堆中包含 $n/2+1$ 个数据，小顶堆中包含 $n/2$ 个数据。n 为奇数和偶数情况下对应的大顶堆和小顶堆如图 6-17 所示。

图 6-16　奇数个数和偶数个数的数据的中位数　　图 6-17　n 为奇数和偶数情况下对应的大顶堆和小顶堆

动态数据集合中的数据是动态变化的，当添加新数据时，如何调整两个堆中的数据，让大顶堆中的堆顶元素继续是中位数呢？

如果新数据小于或等于大顶堆的堆顶元素，我们就将这个新数据插入到大顶堆，否则，将这个新数据插入到小顶堆。不过，此时就有可能出现两个堆中的数据个数不符合前面的约定：如果 n 是偶数，那么两个堆中的数据个数都是 n/2；如果 n 是奇数，那么大顶堆有 n/2+1 个数据，小顶堆有 n/2 个数据。因此，我们需要从一个堆中不停地将堆顶元素移动到另一个堆，通过这样的调整，让两个堆中的数据个数满足前面的约定，如图 6-18 所示。

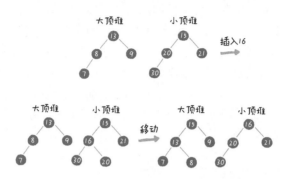

图 6-18 在动态数据集合中添加数据之后调整堆

于是，我们就用两个堆实现了在动态数据集合中求中位数的操作。插入数据会涉及堆化操作，因此，时间复杂度变成了 $O(\log n)$。求中位数操作只需要返回大顶堆的堆顶元素，因此，时间复杂度是 $O(1)$。

实际上，利用两个堆不仅可以快速求中位数，还可以快速求其他百分位数，原理是类似的。例如，在实际的软件开发中，我们经常会遇到"求接口的 99 百分位响应时间"这样的统计需求，我们现在就来看一下如何利用两个堆来实现。

在解决这个问题之前，我们先来解释一下什么是"99 百分位响应时间"。

中位数指的是将数据从小到大排列后处于中间位置的数据，它大于或等于前面 50% 的数据。99 百分位数可以类比中位数，将一组数据从小到大排列，大于或等于前面 99% 的数据的那个数就是 99 百分位数。假设有 100 个数据：1 ～ 100，那么 99 百分位数就是 99，因为小于或等于 99 的数占总个数的 99%，如图 6-19 所示。

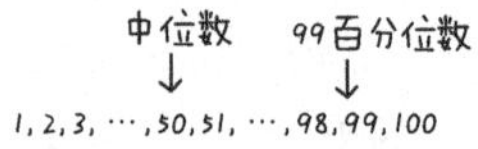

如果有 100 个接口访问请求，每个接口请求的响应时间都不同，如 55ms、100ms 和 23ms 等。我们把这 100 个接口的响应时间从小到大排列，排在第 99 位的那个数据就是 99 百分位响应时间。这个值比平均响应时间更有意义，因为比起平均情况，我们更在意绝大部分情况下（99 百分位）接口的响应时间是多少。

中位数 99百分位数
↓ ↓
1, 2, 3, …, 50, 51, …, 98, 99, 100
图 6-19 99 百分位数示例

总结一下，如果有 n 个数据，将数据从小到大排列之后，99 百分位数大约是第 n×99% 个数据，同理，80 百分位数大约是第 n×80% 个数据，依此类推。

在理解了这些概念之后，我们再来介绍一下如何求 99 百分位响应时间。

与求中位数类似，我们同样需要维护两个堆，一个大顶堆，一个小顶堆。假设当前数据的个数是 n，大顶堆中保存前 99%×n 个数据，小顶堆中保存剩下的数据。大顶堆的堆顶元素就是我们要找的 99 百分位数。

每当插入新数据时，我们根据这个数据与大顶堆的堆顶元素的大小关系，决定将其插入到哪个堆中。如果新数据小于或等于大顶堆的堆顶元素，就将其插入大顶堆，否则，就将其插入小顶堆。

为了保持大顶堆中的数据占 99%，小顶堆中的数据占 1%，我们需要重新计算大顶堆和小顶堆中的数据个数，看是否还符合 99 : 1 这个比例。如果不符合，我们就将其中一个堆中的数据移动到另一个堆，直到满足这个比例为止。

6.3.4 解答本节开篇问题

现在，我们再来看一下本节的开篇问题：假设现在有一个包含 10 亿个搜索关键词的日志文件，如何快速统计出 Top 10 热门搜索关键词？

解决这个问题有很多高级的方法，如使用 MapReduce 等。但是，如果我们将解决方案限定在单机上，并限定可用内存为 1GB，那么，在这种限制下，这个问题该如何解决？

首先要统计每个搜索关键词出现的频率。具体来讲，我们可以通过哈希表或红黑树来记录关键词及其对应的搜索次数。

假设我们选用哈希表来记录关键词及其对应的搜索次数。首先，顺序扫描这 10 亿个搜索关键词，然后用每一个关键词去哈希表中查询。如果存在，我们就将其对应的搜索次数加 1；如果不存在，我们就将它插入到哈希表中，并初始化搜索次数为 1。依此类推，等遍历完这 10 亿个搜索关键词之后，哈希表中就存储了不重复的搜索关键词，以及对应的搜索次数。

然后，我们利用前面讲的方法来求 Top K。我们建立一个大小为 10 的小顶堆。小顶堆中的每个节点存储搜索关键词和对应的搜索次数，其中，搜索次数是建堆的键值，搜索关键词是附带的卫星数据。

遍历哈希表依次取出每个搜索关键词及对应的搜索次数，然后与小顶堆的堆顶元素对比。如果搜索次数比堆顶搜索关键词的搜索次数多，我们就删除堆顶元素，将这个搜索次数更多的关键词加入到堆中，依此类推。当遍历完整个哈希表之后，堆中的元素就是 Top 10 热门搜索关键词。

不过，上面的解决思路存在问题。10 亿个搜索关键词这个规模还是很大的。假设 10 亿个搜索关键词中不重复的有 1 亿个，如果每个搜索关键词的平均长度是 50B，使用哈希表存储 1 亿个不重复的搜索关键词及对应的搜索次数，起码需要 5GB 大小的内存空间。而解决方案限制机器只有 1GB 的可用内存，因此，我们无法将所有的搜索关键词全部加载到内存中。

在 4.5 节中提到过，相同数据经过哈希算法得到的哈希值是一样的。我们可以利用哈希算法的这个特点，将 10 亿个搜索关键词先通过哈希算法分片到 10 个文件中。

具体可以这样做：我们创建 10 个空文件 00、01、02……09。遍历这 10 亿个搜索关键词，并且通过某个哈希算法对其求哈希值，然后哈希值与 10 求余取模，得到的结果就是这个搜索关键词应该被分片的文件的编号。

对这 10 亿个搜索关键词分片之后，每个小文件只包含 1 亿个搜索关键词，去除重复的，假设每个小文件只有 1000 万个不重复的搜索关键词，每个搜索关键词平均 50B，因此，针对每个小文件构建哈希表只需要约 500MB 大小的内存空间。

针对每个小文件，利用哈希表和堆，分别求出 Top 10，然后把这 10 个 Top 10 放在一起，再取这 100 个搜索关键词中搜索次数排名前 10 的搜索关键词，就是这 10 亿个搜索关键词中的 Top 10 热门搜索关键词。

6.3.5 内容小结

本节主要讲解了堆的几个经典应用：优先级队列、求 Top K、求中位数和求百分位数。

- 优先级队列是一种特殊的队列，优先级高的数据先出队。
- 求 Top K 问题又可以分为针对静态数据和针对动态数据两种情况，不管哪种情况，只需要利用一个堆，就可以非常高效地查询 Top K。
- 求中位数实际上还有很多变形，如求 99 百分位数、90 百分位数等。它们的处理思路是一样的，即利用两个堆，一个大顶堆，一个小顶堆，随着数据的动态添加，动态调整两个堆中的数据，大顶堆的堆顶元素就是需要求取的数据。

6.3.6　思考题

假设有一个访问量非常大的新闻网站，我们希望将点击量排名 Top 10 的新闻滚动显示在网站首页上，并且每隔 1 小时更新一次。如何实现这个功能？

第 **7** 章 跳表、并查集、线段树和树状数组

本章讲解 4 种比较高级的数据结构：跳表、并查集、线段树和树状数组。它们在实际的软件开发中并不常用。其中，跳表是基于有序链表，添加多级索引构建而成，支持快速的查找、插入、删除数据操作。除此之外，跳表还支持快速地查找落在某个区间的数据。并查集主要用来根据两两对象之间的直接关系，快速查询任意两个对象之间是否存在直接或间接的关系。线段树主要用来做区间统计，比如统计落在某个数值区间的数据个数，树状数组主要用求动态数据集合的前缀和。

7.1 跳表：Redis 中的有序集合类型是如何实现的

对于 3.8 节提到的二分查找算法，数据是存储在数组中的，因为二分查找算法底层依赖数组支持按照下标快速访问元素的特性。不过，如果数据存储在链表中，就真的无法用二分查找算法了吗？

实际上，我们只需要对链表稍加改造，就可以支持类似"二分"的查找算法。我们把改造之后的数据结构称为跳表（skip list），也就是本节要讲的内容。

在实际的项目开发中，跳表有很多应用，如 Redis 中的有序集合（sorted set）就是用跳表实现的。5.3 节提到过，红黑树可以实现快速的插入、删除和查找操作，那么 Redis 为什么会选择用跳表来实现有序集合呢？为什么不用红黑树呢？

带着上述问题，让我们开始本节的学习吧！

7.1.1 跳表的由来

对于单链表，即便链表中存储的数据是有序的，如果想要在其中查找某个数据，也只能从头到尾遍历，查找效率很低，时间复杂度是 $O(n)$，如图 7-1 所示。

图 7-1 单链表

怎样才能提高查找效率呢？如图 7-2 所示，我们对链表建立一级"索引"，每两个节点提取一个节点到索引层。索引层中的每个节点包含一个 down 指针，指向下一级节点。

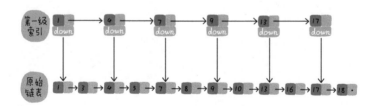

图 7-2 包含第一级索引的链表

假设我们要查找某个节点，如查找图 7-2 中的 16 这个节点。我们首先在索引层遍历，当遍历到索引层中的 13 这个节点时，发现下一个节点是 17，要查找的节点 16 肯定就在 13 和 17 这两个节点之间。然后，我们通过 13 这个索引层节点的 down 指针，下降到原始链表这一层，继续在原始链表中遍历。此时，我们只需要在原始链表中再遍历两个节点，就可以找到 16 这个节点了。查找 16 这个节点，原来需要遍历 10 个节点，现在只需要遍历 7 个节点（索引层 5个，原始链表层 2 个）。

从上述示例中可以看出，加上一层索引之后，查找一个节点需要遍历的节点个数减少了，也就是说，查找效率提高了。如果再加一级索引，那么效率会不会更高呢？

与建立第一级索引的方式类似，我们在第一级索引的基础之上，每两个节点抽出一个节点到第二级索引，如图 7-3 所示。查找 16 这个节点，现在只需要遍历 6 个节点（第二级索引层 3 个，第一级索引层 1 个，原始链表层 2 个）。

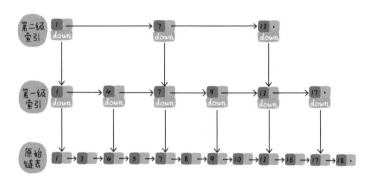

图 7-3　包含第一级索引和第二级索引的链表

因为上述示例的数据量不大，所以即便加了两级索引，查找效率的提升也并不明显。为了让读者能更真切地感受加了索引之后查询效率的提升，作者设计了一个包含 64 个节点的链表，然后，在此之上，建立了 5 级索引，如图 7-4 所示。

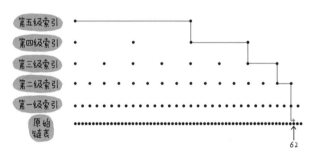

图 7-4　包含 5 级索引的链表

从图 7-4 中我们可以看出，查找 62 这个节点，在原来没有索引的时候，需要遍历 62 个节点，现在有了 5 级索引，只需要遍历 11 个节点。也就是说，当链表长度 n 比较大时，如 n 等于 1000 或 10000，在构建索引之后，查找效率的提升会非常明显。

实际上，这种链表加多级索引的结构就是跳表。通过刚才的介绍，我们知道跳表可以提高查询效率，但查询效率到底提高了多少，还需要定量分析一下。

7.1.2　用跳表查询到底有多快

我们知道，在单链表中查询某个数据的时间复杂度是 $O(n)$，那么，在具有多级索引的跳表中，查询某个数据的时间复杂度是多少呢？

对于跳表的查询操作的时间复杂度分析方法，我们比较难想到。我们把上述问题分解一下，先来看这样一个问题：一个包含 n 个节点的链表最多会有多少级索引？

按照我们刚才讲的，每两个节点会抽出一个节点作为上一级索引的节点，粗略计算，第一级索引的节点个数大约是 $n/2$，第二级索引的节点个数大约是 $n/4$，第三级索引的节点个数大约是 $n/8$，也就是说，第 k 级索引的节点个数大约是第 $k-1$ 级索引的节点个数的 $1/2$，依此类推，第 k 级索引节点的个数大约是 $n/2^k$。假设索引有 h 级，最高一级的索引有两个节点，也就是 $n/2^h=2$，从而求得 $h=\log_2 n-1$。如果把原始链表这一层也算进去，那么整个跳表的高度约为 $\log_2 n$。

在跳表中查询数据时，如果每一层平均遍历 m 个节点，那么在跳表中查询数据的时间复杂度就是 $O(m\log n)$。那么，这个 m 的值是多少呢？按照前面这种索引结构，每一级索引最多需要遍历 3 个节点，也就是 $m=3$。为什么 m 是 3 呢？作者解释一下。

假设要查找的节点是 x，如图 7-5 所示。在第 k 级索引中，当遍历到节点 y 之后，发现节点 x 的值大于节点 y 的值，小于后面的节点 z 的值。于是，我们就通过节点 y 的 down 指针从第 k 级索引下降到第 $k-1$ 级索引。在第 $k-1$ 级索引中，节点 y 到节点 z 有 3 个节点（包含节点 y 和节点 z），因此，在第 $k-1$ 级索引中，最多需要遍历 3 个节点，依此类推，每一级索引最多需要遍历 3 个节点。

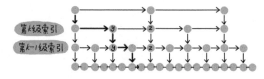

图 7-5　在第 k 级和第 $k-1$ 级索引中查找 x 节点

通过上面的分析，我们得到 $m=3$，因此，在跳表中查询数据的时间复杂度为 $O(\log n)$，与二分查找算法的时间复杂度相同。换句话说，我们基于单链表实现了二分查找，是不是很神奇？不过，查询效率提升的前提是构建了很多级索引，是一种空间换时间的设计思路。

7.1.3　跳表是不是很浪费内存

相比单链表，跳表需要存储多级索引，势必要消耗更多的存储空间。需要消耗多少额外的存储空间呢？接下来，我们就来分析一下跳表的空间复杂度。

跳表的空间复杂度并不难分析。假设原始链表包含 n 节点，粗略计算，第一级索引大约包含 $n/2$ 个节点，第二级索引大约包含 $n/4$ 个节点，依此类推，每上升一级大约减少一半节点，直到剩下两个节点为止。如果我们把每层索引的节点个数列出来，就是一个等比数列，如图 7-6 所示。

根据等比数列求和公式，我们得到总的索引节点个数为：$n/2+n/4+n/8+\cdots+8+4+2=n-2$，由此我们得到，跳表的查询数据的空间复杂度为 $O(n)$。也就是说，如果将包含 n 个节点的链表构造成跳表，我们需要额外再用 1 倍的存储空间。有没有办法降低索引占用的存储空间呢？

上文讲到的跳表都是每两个节点抽 1 个节点到上一级索引，如果每 3 个节点或每 5 个节点抽 1 个节点到上一级索引，如图 7-7 所示，索引节点就会相应减少。

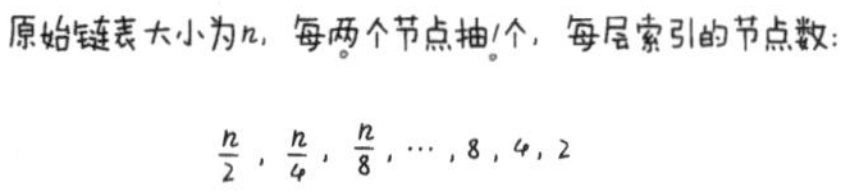

原始链表大小为 n，每两个节点抽 1 个，每层索引的节点数：

$$\frac{n}{2}, \frac{n}{4}, \frac{n}{8}, \cdots, 8, 4, 2$$

图 7-6　每层索引的节点个数

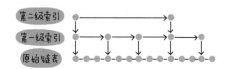

图 7-7　每 3 个节点抽取 1 个节点到上一级索引

从图 7-7 中可以看出，对于每 3 个节点抽取 1 个节点到上一级索引的索引构建方式，粗略计算,第一级索引大约包含 $n/3$ 个节点,第二级索引大约包含 $n/9$ 个节点。每向上一级,索引节点个数除以 3。为了方便计算,我们假设最高一级的索引节点个数是 1。我们把每级索引的节点个数列出,也是一个等比数列,如图 7-8 所示。

通过等比数列求和公式,总的索引节点个数为:$n/3+n/9+n/27+\cdots+9+3+1=n/2$。尽管空间复杂度还是 $O(n)$,但与每两个节点抽 1 个节点到上一级索引的索引构建方法相比,这种每 3 个节点抽 1 个节点到上一级索引的索引构建方法,减少了一半的索引节点存储空间。

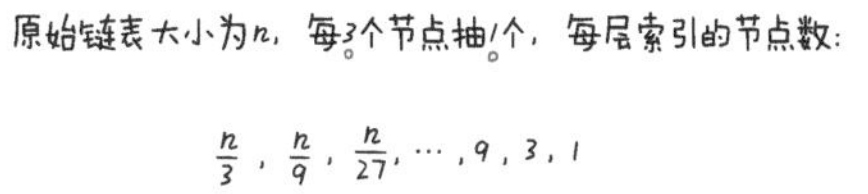

原始链表大小为n,每3个节点抽1个,每层索引的节点数:

$$\frac{n}{3}, \frac{n}{9}, \frac{n}{27}, \cdots, 9, 3, 1$$

图 7-8　新的索引构建方式中每层索引的节点个数

也就是说,只要我们调整抽取节点的间隔,就可以控制索引节点占用的存储空间,以此来达到空间复杂度和时间复杂度的平衡。

7.1.4　高效插入和删除

实际上,跳表作为一个动态数据结构,不仅支持查找操作,还支持数据的插入和删除操作,并且插入和删除操作的时间复杂度都是 $O(\log n)$。

我们先来看插入操作。

为了保证原始链表中数据的有序性,我们需要先找到新数据应该插入的位置。对于单链表,我们需要遍历链表来查找插入位置,比较耗时。对于跳表,我们可以基于多级索引,快速查找到新数据的插入位置,时间复杂度为 $O(\log n)$。具体的插入过程如图 7-9 所示。

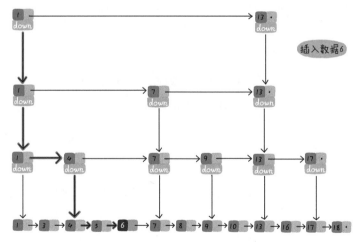

图 7-9　在跳表中插入数据

我们再来看删除操作。

如果待删除节点在索引中也有出现,我们除要删除原始链表中的节点,还要删除索引中对应的节点。因为单链表中的删除操作需要用到要删除节点的前驱节点,然后通过指针操作完成删除,所以在查找要删除的节点的时候,一定要获取其前驱节点。当然,如果我们用的是双向链表,前驱节点的获取非常容易,删除操作的执行过程与插入操作非常相似,删除操作的时间复杂度与插入操作的时间复杂度相同,为 $O(\log n)$。

7.1.5　跳表索引动态更新

当频繁地向跳表中插入数据时，如果插入过程不伴随着索引更新，就有可能导致某 2 个索引节点之间数据非常多。如图 7-10 所示，在极端的情况下，跳表就会退化成单链表。

作为一种动态数据结构，为了避免性能下降，我们需要在数据变更（插入、删除数据）的过程中，动态地更新跳表的索引结构。红黑树是通过左右旋的方式保持左右子树的大小平衡，而跳表是借助随机函数来更新索引结构。

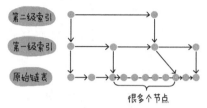

图 7-10　插入数据时不伴随索引的更新

当向跳表中插入数据时，我们选择同时将这个数据插入到部分索引层中。如何决定插入到哪些索引中呢？我们通过一个随机函数来决定，如通过随机函数得到某个值 K，那么我们就将这个节点添加到第一级到第 K 级索引中，如图 7-11 所示。

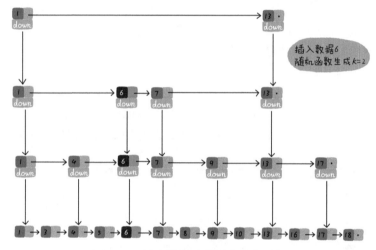

图 7-11　插入数据时伴随索引的更新

7.1.6　解答本节开篇问题

现在，我们来看一下本节的开篇问题：为什么 Redis 的有序集合用跳表而非红黑树来实现？

Redis 中的有序集合支持的重要操作主要有下面这几个：

- 插入一个数据；
- 删除一个数据；
- 查找一个数据；
- 按照区间查找数据（如查找 [100,356] 范围的数据）；
- 输出有序序列。

其中，对于插入、删除、查找，以及输出有序序列这几个操作，红黑树也可以完成，时间复杂度与用跳表实现是相同的。但是，对于按照区间查找数据这个操作，红黑树的效率没有跳表高，跳表可以做到 $O(\log n)$ 的时间复杂度定位区间的起点，然后在原始链表中顺序向后遍历输出，直到遇到值大于区间终点的节点为止。

Redis 之所以用跳表来实现有序集合，还有其他原因。例如，相比红黑树，跳表更容易实现，代码更加简单，而简单就意味着可读性好，不容易出错。还有，跳表更加灵活，它可以通过改变节点的抽取间隔，灵活地平衡空间复杂度和时间复杂度。

不过，跳表也不能完全替代红黑树，因为红黑树比跳表出现得早，很多编程语言中提供了红黑树的封装类型，如 Java 中的 TreeMap。在进行业务开发的时候，我们直接拿来用就可以了，不用自己去实现一个红黑树，但是跳表并没有一个现成的实现。因此，在开发中，如果我们想使用跳表，就必须要自己从零开始实现。

7.1.7　内容小结

在本节，我们讲解了跳表这种数据结构。跳表使用空间换时间的设计思路，通过构建多级索引来提高查询效率，实现了基于链表的"二分查找"。跳表是一种动态数据结构，支持快速的插入、删除和查找操作，时间复杂度都是 $O(\log n)$。

跳表的空间复杂度是 $O(n)$。不过，跳表的实现非常灵活，可以通过改变索引构建策略，平衡空间复杂度和时间复杂度。虽然跳表的代码实现并不简单，但比起红黑树，实现要简单许多。因此，在某些应用场景下，我们更倾向于选择使用跳表。

7.1.8　思考题

在本节的内容中，对于跳表的时间复杂度分析，我们分析了每两个节点抽取 1 个节点到上一级索引这种索引构建方式对应的查询操作的时间复杂度。如果索引构建方式变为每 3 个或每 5 个节点抽取 1 个节点到上一级索引，对应的查询数据的时间复杂度又是多少呢？

7.2　并查集：路径压缩和按秩合并这两个优化是否冲突

我们先来看一个现实生活中的例子。假设有 100 个村庄，并不是任意两个村庄之间都有道路直接连通，我们给出有道路直接连通的村庄的组合列表，如 (a,b)，(c,d)，(a,c) 分别表示村庄 a 和村庄 b，村庄 c 和村庄 d，村庄 a 和村庄 c 之间有道路直接连通。基于此，我们希望能快速查询任意两个村庄之间是否连通？注意，如果村庄 a 和村庄 b，村庄 b 和村庄 c 之间都有道路直接连通，那么村庄 a 和村庄 c 就算是连通的。

实际上，解决这个问题有多种方法，既可以使用图的深度优先搜索、广度优先搜索（遍历）算法来解决，也可以使用本节要讲的并查集来解决。图相关的算法会在第 9 章讲解，本节我们重点讲解基于并查集的解决思路。

7.2.1　并查集的由来

实际上，本节开篇举的这个例子是并查集的典型应用场景。如果用一句话概括，并查集

（union-find set）就是根据对象两两之间的直接关系来快速查询任意两个对象之间是否存在关系（直接的或间接的）。具体来讲，如果对象 a 和对象 b 存在直接关系，对象 b 和对象 c 存在直接关系，那么对象 a 和对象 c 就是存在关系的。已知两两之间的直接关系，基于此，我们希望能快速查询任意两个对象之间是否存在关系，如图 7-12 所示。

并查集要解决的问题模型很容易理解，那么解决这类问题的数据结构为什么称为并查集呢？换句话说，并查集这个名字是从何而来的呢？

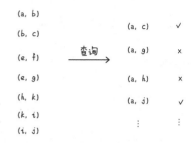

从本质上讲，并查集是一组集合，存在（直接或间接）关系的对象放到一个集合中，不存在任何关系的对象被分隔到不同的集合中。在这组集合上，有两个主要的操作："并"（union）和"查"（find）。

其中，关于"查"，我们刚刚已经介绍过了，就是查询两个对象之间是否存在关系，换句话说，就是查询两个对象是否属于同一个集合。关于"并"，实际上就

图 7-12　根据对象之间的直接关系查询某两个对象是否存在关系的示例

是将两个集合合并在一起。回到问题模型，如果隶属于两个集合的某两个对象之间存在关系，我们就将这两个集合合并为一个集合。

基于操作的对象（集合）和行为（并和查），我们把这种数据结构称为并查集。

7.2.2　基于链表的实现思路

如何通过编程实现一个并查集呢？我们首先看一下基于链表的实现思路。

假设原始对象存储在数组中，我们通过下标来识别每个对象。合并和查询操作的函数定义如下所示。其中，union() 函数表示将对象 i 和对象 j 所属的集合合并在一起，find() 函数表示查询对象 i 和对象 j 是否属于同一个集合。i、j 为对象在数组中的下标。

```
void union(int i, int j) { // TODO:... }
boolean find(int i, int j) { // TODO:... }
```

在实现 union() 时，我们需要先得到对象 i 和对象 j 所属的集合 X、Y，然后合并集合 X 和 Y 为集合 Z，最后更新集合 X 和 Y 中所有对象的隶属集合为集合 Z。在这个处理过程中，有两个基本操作：查询每个对象属于哪个集合和查询每个集合包含哪些对象。落实到代码实现，我们应该用什么样的数据结构来表示一个集合，并支持这两个基本操作？

我们可以使用链表来表示一个集合。同一个集合的对象会被串联在同一个链表中。为了方便查询每个对象属于哪一个集合，我们用链表表头节点作为集合的"代表"，每个链表节点除存储 next 指针之外，还需要存储一个指向"代表"节点的 R 指针。

当合并集合时，我们将对应的两个链表合并在一起，并且更新其中一个链表的所有节点的 R 指针指向新的表头。链表合并操作非常简单，只需要将一个链表的尾节点的 next 指针指向另一个链表的头节点。为了方便快速查找链表的尾节点，我们使用双向循环链表来表示集合。基于双向循环链表，通过 R 指针可以快速找到链表的头节点，再通过头节点的 prev 指针就可以快速地找到链表的尾节点。集合的合并操作如图 7-13 所示。其中，每个节点的左上部分代表 R 指针，左下部分代表 prev 指针，右半部分代表 next 指针。

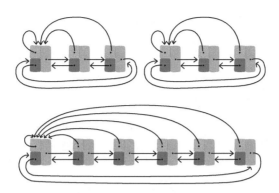

图 7-13　合并两个集合

当要查询两个对象是否属于同一个集合时，如果两个对象的 R 指针指向的"代表"节点相同，就说明两个对象在同一个链表中，也就是说，两个对象属于同一个集合；如果两个对象的 R 指针指向的"代表"节点不同，就说明两个对象不属于同一个集合。

基于上述原理，基于链表实现的并查集的代码实现如下所示。

```
public class LinkedUnionFindSet {
  private Node nodes[];

  public LinkedUnionFindSet(int n) {
    nodes = new Node[n];
    for (int i = 0; i < n; ++i) {
      nodes[i] = new Node();
    }
  }

  public void union(int i, int j) {
    boolean inSameSet = find(i, j);
    if (inSameSet) {
      return;
    }
    Node li = nodes[i].R;
    Node lj = nodes[j].R;
    Node liTail = li.prev;
    Node ljTail = lj.prev;
    liTail.next = lj;
    lj.prev = liTail;
    ljTail.next = li;
    li.prev = ljTail;
    Node p = lj;
    while (p != ljTail) {
      p.R = li.R;
    }
    ljTail.R = li.R;
  }

  public boolean find(int i, int j) {
    return nodes[i].R == nodes[j].R;
  }

  public class Node {
    public Node prev = this;
    public Node next = this;
    public Node R = this;
  }
}
```

接下来，我们分析一下，基于链表实现的并查集，union() 和 find() 操作的时间复杂度分别是多少。

find() 操作只需要对比 R 指针指向的节点是否相同，时间复杂度是 $O(1)$。不过，相对来说，union() 操作就比较耗时了。链表的合并操作本身并不耗时，只需要更新其中一个链表尾节点的 next 指针，指向另一个链表的头节点。但合并链表之后，我们还需要更新其中一个链表的所有节点的 R 指针，指向另一个链表的头节点，这部分操作比较耗时。在极端情况下，如果两个链表的长度分别为 $n/2$，那么合并操作的时间复杂度就是 $O(n)$。

7.2.3 基于树的实现思路

为了降低 union() 操作的时间复杂度，我们再来看一下基于树的实现思路。

基于链表的实现思路使用链表来表示集合，使用链表的头节点作为集合"代表"来标识一个集合。相对应地，基于树的实现思路使用树来表示集合，使用树的根节点作为集合"代表"来标识一个集合。在基于树的实现思路中，我们并不通过 R 指针来寻找"代表"节点（也就是根节点）。当要查找某个节点的"代表"节点（也就是根节点）时，我们借助父节点指针，沿着此节点到根节点的路径，向上追溯来寻找根节点。

对于基于树来实现的 union() 操作，我们只需要把一棵树拼接到另一个棵树上，不需要像基于链表的实现思路那样更新每个节点的 R 指针。两棵树的拼接操作非常简单，只需要让一棵树的根节点的子节点指针指向另一棵树的根节点。

不过，没有了 R 指针，寻找根节点就变慢了，我们需要沿路径向上追溯才能找到根节点，这一步操作的耗时与树的高度有一定的关系。在最差的情况下，树退化成了链表，最后一个叶子节点寻找根节点的时间复杂度变成了 $O(n)$。

为了避免树退化成链表，保证查询效率，我们需要让树尽量"矮胖"而不是"高瘦"。因此，就产生了按秩合并和路径压缩两个优化思路。

1. 按秩合并

当合并两棵树时，为了让树尽可能"矮胖"，我们把高度小的树拼接到高度大的树上。因此，我们需要记录树的高度，这里称为秩（rank）。按秩合并的意思就是按秩的大小来合并。如果两棵树的秩不同，那么合并后的新树的秩等于原来高度大的树的秩。如果两棵树的秩相同，那么合并后的新树的秩等于原有秩的基础上加 1，如图 7-14 所示。

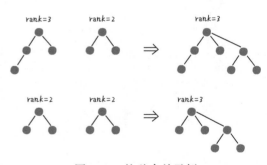

图 7-14 按秩合并示例

2. 路径压缩

查找某个对象所在集合的"代表"，也就是查找某个节点所在树的根节点。在借助父节点指针从这个节点向上追溯查找根节点的过程中，我们可以将所经过的路径上的所有节点的父节点指针都更新为指向根节点。因此，整个树就变得"矮胖"了。对于路径上的所有节点，再查找根节点就变得更快了。路径压缩示例如图 7-15 所示。

基于树的并查集的代码实现如下所示。注意，代码实现稍有技巧，并未使用基于指针的常用表示方法来表示树，而是使用数组 p 记录父节点，使用数组 rank 记录每个节点的秩。

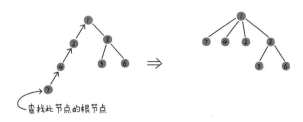

图 7-15　路径压缩示例

```java
public class TreeUnionFindSet {
  private int p[];
  private int rank[];

  public TreeUnionFindSet(int n) {
    p = new int[n];
    rank = new int[n];
    for (int i = 0; i < n; i++) {
      p[i] = i;
      rank[i] = 1;
    }
  }

  public void union(int i, int j) {
    if (find(i, j)) {
      return;
    }
    if (rank[i] > rank[j]) {
      p[j] = i;
    } else if (rank[i] < rank[j]) {
      p[i] = j;
    } else {
      p[i] = j;
      rank[j]++;
    }
  }

  public boolean find(int i, int j) {
    return findR(i) == findR(j);
  }

  private int findR(int i) { //路径压缩
    if (p[i] != i) {
      p[i] = findR(p[i]);
    }
    return p[i];
  }
}
```

　　细心的读者应该会发现，在上述代码实现中，路径压缩的过程并没有更新节点的秩，这就会导致秩并不能准确地代表树的真实高度，也就会让某些按秩合并优化无效。实际上，只要我们再记录每个节点包含哪些子节点，就能实现在路径压缩过程中更新秩，不过编码复杂度加大很多。从实践的意义上来讲，这样做没有太大必要。为什么这么说呢？

　　按秩合并只是并查集的其中一个优化手段，实际上，路径压缩才是更加有效地提高查询效率，减少查询平均时间复杂度的方法。路径压缩优化是在 find() 执行过程中进行的，按秩合并优化是在 union() 执行过程中进行的。当 union() 操作的执行次数远多于 find() 操作的执行次数，路径压缩还没有发挥太大作用时，按秩合并就是主要的优化手段。当 find() 执行次数增多之后，

路径压缩就成了主要的优化手段，这个时候按秩合并优化可以忽略。

接下来，我们分析一下，基于树实现的并查集，union() 和 find() 操作的时间复杂度分别是多少。

union() 操作的时间复杂度是 $O(1)$。find() 操作的时间复杂度是一个比对数级小、接近线性的量级。严密的分析和证明非常烦琐，我们不展开讲解，但可以换一种不太严谨的方式去理解。find() 操作的过程会触发路径压缩，多次 find() 操作之后，所有节点的父节点指针都直接指向根节点，之后的 find() 操作就变成了 $O(1)$ 时间复杂度了。

7.2.4　内容小结

本节讲解了并查集这种数据结构。它适合解决的典型问题的模型：给定一组对象两两之间的直接关系，查询任意两个对象之间是否存在关系（直接的或者间接的）。这种数据结构之所以称为并查集，是因为它具有两个主要操作："并"和"查"。"并"就是将两个集合合并，"查"就是查询两个对象是否在同一个集合中。

对于并查集，我们介绍了两种实现思路。一种是基于链表的实现思路，使用链表来表示集合，find() 操作非常快速，时间复杂度是 $O(1)$，union() 操作相对较慢，在最差的情况下，时间复杂度是 $O(n)$。另一种是基于树的实现思路，使用树来表示集合，并且 union() 和 find() 操作过程中分别进行按秩合并优化和路径压缩优化，让树尽量"矮胖"而非"高瘦"，从而减少寻找根节点的耗时，进而加快 union() 和 find() 操作的执行效率。

7.2.5　思考题

本节讲解了两种并查集的实现思路：基于链表的实现思路和基于树的实现思路。除链表和树，并查集是否可以使用其他数据结构来实现呢？例如数组，其对应的 union() 和 find() 操作的时间复杂度是多少？

7.3　线段树：如何查找猎聘网中积分排在第 K 位的猎头

猎聘网是一个专业的招聘网站。假设猎聘网有 10 万名招聘"猎头"，每个猎头都可以通过做任务（如发布职位）来积累积分，然后通过积分来下载候选人的简历。假设读者是猎聘网的一名工程师，请思考一下如何在内存中存储这 10 万名猎头的 ID 和积分信息，才能支持下面几个操作：

● 根据猎头的 ID 快速查找、删除和更新猎头的积分信息；
● 获取积分处于某个区间的猎头的 ID 列表；
● 按照积分从高到低的顺序，查找积分排在第 K 位的猎头的 ID；
● 按照积分从高到低的顺序，查询某个猎头排在第几位。

对于前两个操作，我们可以使用哈希表和跳表来解决，但是，后两个操作该如何实现呢？这就要用到本节要讲的线段树这种数据结构。

7.3.1 区间统计问题

上面这个问题稍微有点复杂，我们先解决一个简单一点的问题。

针对一个数据集合，如何快速查询大小处在区间 [x,y] 的数据的个数？例如，数据集合中包含 2、5、7、9、12 和 20 这 6 个数据，处在区间 [3,11] 的数据有 3 个。

如果数据集合是静态的，也就是数据是事先确定好的，不会有数据的添加和删除操作。针对这种情况，我们只需要将数据存储在数组中，并且按照从小到大排序。当要查询处在区间 [x,y] 的数据的个数的时候，我们只需要在有序数组中使用变形二分查找算法，查找第一个大于或等于 x 的下标 i，以及最后一个小于或等于 y 的下标 j，j−i+1 就是落在区间 [x,y] 内的数据的个数。排序的时间复杂度是 $O(n\log n)$，稍微有点高，不过数据是静态的，我们只需要进行一次排序，就可以支持多次查询操作。查询操作需要两次二分查找，时间复杂度是 $O(\log n)$。

如果数据集合是动态的，也就是有频繁的数据添加和删除操作，那么上面对于静态数据集合的处理思路就不合适了，因为无法做到一次排序支持多次查询。如果继续沿用对于静态数据集合的处理思路，那么每次查询之前都要先对数据进行排序，因此，查询的效率就太低了。当然，我们也可以在插入、删除的过程中，时刻维护数组的有序性，这样就可以避免查询前的排序操作，不过，插入、删除操作的时间复杂度又因此变得很高，为 $O(n)$。

为了改善插入、删除、区间统计的时间复杂度，我们换跳表来试一下。在跳表中插入、删除和查找数据的时间复杂度是 $O(\log n)$。当要查询落在区间 [x,y] 的数据的个数时，我们只需要查找 x 和 y 对应的节点，然后从 x 对应的节点，顺序遍历到 y 对应的节点，就能统计出落在区间 [x,y] 的数据的个数。

如果我们需要罗列落在某个区间的所有数据，那么基于跳表的实现方案就是最优的。但像这类区间统计问题，我们只需要统计落在某个区间的数据个数，而不需要罗列这个区间具体包含哪些数据。因此，我们还可以继续优化处理思路，相对于跳表，在解决区间统计问题时，线段树更加高效。

假设数据集合的最大值是 m，并且数据都为正整数。我们构建一棵特殊的二叉树，每个节点代表一个区间，包含 3 个基本数据：区间起始点、区间结束点和统计值（如数据个数，具体视需求而定）。根节点表示最大的区间 [1,m]，根节点的左右子节点分别代表 [1,m] 区间的一半，左子节点代表前半部分 [1,m/2]，右子节点代表后半部分 [m/2+1,m]。依此类推，逐级拆分，直到节点只包含一个数据为止。线段树示例如图 7-16 所示。

关于二叉树的存储，前面讲到两种方法，一种是通过左右子节点指针来串联所有的节点，另一种是类似堆的存储方式，使用数组来存储，通过下标来计算左右子节点的位置，下标为 i 的节点的左子节点下标为 2i，右子节点下标为 2i+1。

线段树采用第二种存储方法，也就是使用数组来存储。不过，堆是完全二叉树，因此，使用数组存储，数组中间没有空洞，不会浪费存储空间，但是，线段树并不是完全二叉树，因此，使用数组存储，数组中间会有

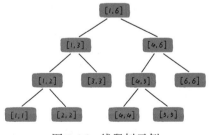

图 7-16　线段树示例

空洞，会浪费一定的存储空间，不过，线段树的叶子节点主要集中在最后两层，整体接近完全二叉树，尽管数组中有空洞，但不会很多，因此，少量的存储空间浪费还是可以接受的。

　　基于线段树的定义和存储方式，如下面的代码所示，我们创建了一个最大值为 m 的空线段树，它还没有记录任何统计数据。

```java
public class SegmentTree {
  private int m;
  private Segment segments[];

  public SegmentTree(int m) {//构建空的线段树
    this.m = m;
    segments = new Segment[4 * m];
    buildSegmentTreeInternal(1, m, 1);
  }
  private void buildSegmentTreeInternal(int left, int right, int i) {
    segments[i] = new Segment();
    segments[i].left = left;
    segments[i].right = right;
    segments[i].count = 0;
    if (left == right) return;
    int mid = (left+right)/2;
    buildSegmentTreeInternal(left, mid, i*2);
    buildSegmentTreeInternal(mid+1, right, i*2+1);
  }

  public class Segment {
    public int left; //区间起始点
    public int right; //区间结束点
    public int count; //统计值
  }
}
```

　　当向集合中插入数据时，如插入 2，我们从线段树的根节点开始，更新所有包含 2 这个数据的节点的 count 值（count 值加 1），如图 7-17 中箭头指向的路径所示。删除数据的过程与插入数据的过程类似，同样是从根节点开始更新所有包含这个数据的节点的 count 值（count 值减 1）。

　　向集合中插入、删除数据时对应的线段树的更新操作的代码实现如下所示。

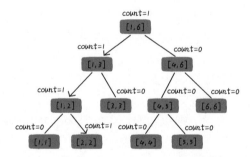

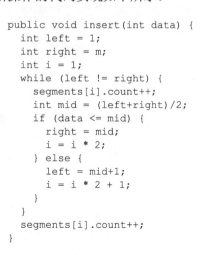

图 7-17　向集合中插入数据 2 时对应更新线段树

```java
public void insert(int data) {
  int left = 1;
  int right = m;
  int i = 1;
  while (left != right) {
    segments[i].count++;
    int mid = (left+right)/2;
    if (data <= mid) {
      right = mid;
      i = i * 2;
    } else {
      left = mid+1;
      i = i * 2 + 1;
    }
  }
  segments[i].count++;
}
```

```
public void delete(int data) {
  int left = 1;
  int right = m;
  int i = 1;
  while (left != right) {
    segments[i].count--;
    int mid = (left+right)/2;
    if (data <= mid) {
      right = mid;
      i = i * 2;
    } else {
      left = mid + 1;
      i = i * 2 +1;
    }
  }
  segments[i].count--;
}
```

现在，我们再来看一下如何查询区间统计数据。对应到例子中，就是统计落在区间 [x,y] 的数据的个数。我们将区间 [x,y] 分解为线段树中的多个小区间。每个小区间的 count 值相加，总和便是落在区间 [x,y] 的数据的个数。分解的过程采用递归来实现，当分解得到的区间与线段树中的某个节点的区间正好吻合时，就停止继续向下分解。区间统计操作示例如图 7-18 所示，图中箭头指向的节点为递归遍历的节点。

将上述区间查询的处理逻辑"翻译"成代码，如下所示。对照代码，我们可以更容易理解刚才讲解的递归处理思路。

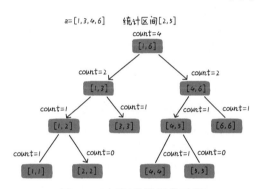

图 7-18　区间统计操作示例

```
public int count(int left, int right) {
  return countInternal(left, right, 1);
}

private int countInternal(int left, int right, int i) {
  if (segments[i].left == left && segments[i].right == right) {
    return segments[i].count;
  }

  int mid = (segments[i].left + segments[i].right)/2;
  if (left>mid) {
    return countInternal(left, right, i*2+1);
  } else if (right <= mid) {
    return countInternal(left, right, i*2);
  } else {
    return countInternal(left, mid, i*2)
      + countInternal(mid+1, right, i*2+1);
  }
}
```

现在，我们分析一下线段树上各个操作的时间复杂度和空间复杂度。实际上，它们与数据集合的数据个数 n 无关，而是与数据集合的最大值 m 有关。

因为叶子节点的区间长度是 1，所以针对区间 [1,m] 构建的线段树就有 m 个叶子节点。从图 7-16 所示的示例中，我们可以发现，叶子节点主要集中在最后一层和倒数第二层。

最好的情况是叶子节点都集中在最后一层，这时的线段树是一棵满二叉树，利用数组存储，数组中没有空洞，不会浪费存储空间，如图 7-19 所示。我们只需要申请一个长度为 $2m$ 的数组就足够了。

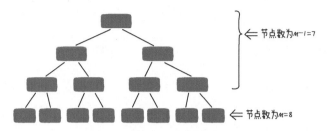

图 7-19　线段树是一棵满二叉树

最差的情况是最后一层只包含两个叶子节点，并且这两个叶子节点位于最后一层的最右侧，其他的叶子节点在倒数第二层，如图 7-20 所示。这时，用数组存储线段树，数组中会有 $2(m-2)$ 个不存储数据的空洞，加上本身存储节点需要的 $(m-2)+(m-1)+2=2m-1$ 个数组空间，整个数组长度为 $4m-5$。这就是存储最大值为 m 的线段树时，数组长度设置为 $4m$ 的原因。

综上所述，线段树的空间复杂度为 $O(m)$。接下来，我们看一下线段树中各种操作的时间复杂度。

构建空线段树需要生成大约 $2m$ 个节点，因此，时间复杂度是 $O(m)$。线段树近似完全二叉树，因此，高度是 $O(\log m)$，插入、删除数据的时间复杂度与线段树的高度成正比，即 $O(\log m)$。

区间统计的时间复杂度的分析稍微有点难。在区间统计的过程中，不停地分解待统计区间，当分解后的区间正好等于节点所表示的区间时，就停止向下分解。如图 7-21 所示，箭头为分解的过程，每一层实际上只有两个节点会继续向下分解（注意，理解这一点很关键）。而线段树的高度是 $O(\log m)$，因此，区间统计的时间复杂度就为 $O(\log m)$。

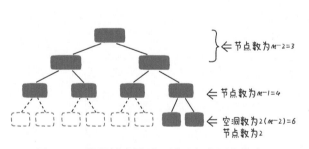

图 7-20　线段树中最后一层只包含两个节点

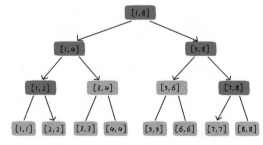

图 7-21　区间统计操作举例

7.3.2　线段树的其他应用

线段树能解决的问题统一称为区间统计问题，除前面讲的统计某个区间的数据个数之外，还可以统计某个区间的数据之和、最大值和最小值，以及某个区间的第 K 大值。

其中，统计某个区间的数据之和，与统计某个区间的数据个数的处理方式类似，我们只需要将节点中的统计变量由 count 换成 sum。而对于统计某个区间的第 *K* 大值，也只需要在统计某个区间的数据个数的基础之上，稍作改动就能实现。其中，构建线段树、插入数据和删除数据的代码完全不变，查询区间第 *K* 大值的代码如下所示。

```
public int getKth(int left, int right, int k) {
  return getKthInternal(left, right, 1, k);
}

private int getKthInternal(int left, int right, int i, int k) {
  if (segments[i].left == left
      && segments[i].right == right) {
    if (k != -1) {
      return -1; //表示第k大值存在
    } else {
      return segments[i].left;
    }
  }
  int mid = (left + right) / 2;
  int rightSegmentCount = countInternal(mid+1, right, i*2+1);
  if (rightSegmentCount >= k) {
    return getKthInternal(mid+1, right, i*2+1, k);
  } else {
    return getKthInternal(left, mid, i*2, k-rightSegmentCount);
  }
}
```

求区间最大值和最小值的处理思路完全一致，我们用求区间最大值来举例讲解。对于这个区间统计问题，线段树中每个节点记录本区间的最大值。构建空线段树、插入数据、区间查询与其他的区间统计问题类似，唯一比较特殊的是删除操作，我们需要在递归删除数据的同时，更新节点所属区间的最大值，具体代码如下所示。

```
public void delete(int data) {
  deleteInternal(data, 1);
}

private void deleteInternal(int data, int i) {
  if (segments[i].left == segments[i].right) {
    segments[i].max = Integer.MIN_VALUE;
    return;
  }
  int mid = (segments[i].left + segments[i].right)/2;
  if (data <= mid) {
    deleteInternal(data, i*2);
  } else {
    deleteInternal(data, i*2+1);
  }
  segments[i].max = Math.max(segments[i*2].max, segments[i*2+1].max);
}
```

上述删除操作的代码实现针对的是集合中没有重复数据的情况。如果集合中存在重复数据，那么我们需要再用另外一个数据结构记录重复数据的个数。假设要删除的数据是 *a*，如果 *a* 在集合中存在多个，对于删除操作，我们只需要将记录的数据个数减 1，不需要更新线段树。如果 *a* 在集合中只存在一个，对于删除操作，我们需要按照上面的代码处理方式更新线段树。

7.3.3 解答本节开篇问题

现在，我们来看一下本节的开篇问题：如何在内存中存储这10万名猎头的ID和积分信息，才能支持下面几个操作：

● 根据猎头的 ID 快速查找、删除和更新猎头的积分信息；

● 获取积分处于某个区间的猎头的 ID 列表；

● 按照积分从高到低的顺序，查找积分排在第 K 位的猎头的 ID；

● 按照积分从高到低的顺序，查询某个猎头排在第几位。

实际上，我们只需要在内存中存储一个包含全部猎头信息（猎头的 ID、积分等）的对象列表。为了支持上述 4 个操作，我们在这个对象列表之上，根据不同的信息建立多种不同的索引结构。

对于第一个操作，我们可以根据猎头的 ID 构建哈希表，这样就能快速地根据猎头的 ID 来查找、删除和更新猎头的积分信息。对于第二个操作，我们可以根据猎头的积分构建跳表，方便查找积分落在某个区间的所有猎头。对于后两个操作，我们可以按照积分构建线段树，其中每个节点的统计变量为落在这个节点对应区间的数据个数。实际上，第三个操作就等同于前面讲到的查找区间的第 K 大元素。第四个操作与第三个操作的处理思路类似，这里就不详细讲解了，留给读者思考。

7.3.4 内容小结

本节讲解了线段树这种数据结构。线段树主要用来解决区间统计问题，如统计某个区间的数据个数、数据和、第 K 大元素、最大值和最小值等。

线段树中的插入、删除和区间统计操作的时间复杂度与线段树的高度成正比，为 $O(\log m)$。需要注意的是，此处的 m 是数据集合的最大值，而非数据集合包含的数据个数。尽管线段树中各种操作的时间复杂度比较低，但空间复杂度稍高。如果数据集合的最大值是 m，那么我们需要创建大小为 $4m$ 的数组来存储线段树。

7.3.5 思考题

本节的思考题有两个，如下所示。

1）本节中的线段树针对的是整型数据。针对浮点型数据，又该如何构建线段树呢？

2）在插入、删除数据，以及区间统计之前，我们需要先构建空线段树，相对来说比较耗时，是否可以不事先构建空线段树呢？

7.4 树状数组：如何实现一个高性能、低延迟的实时排行榜

对于排行榜功能，读者应该不会感到陌生，因为无论是玩游戏还是"刷"LeetCode，都会

见到排行榜。排行榜一般有两个基本功能：查询某个用户的排名和罗列 Top K 用户。

如何实现这样一个排行榜功能呢？不同的数据量和延迟要求，对应不同的解决方法。如果数据量比较小，那么，即便是低效的数据结构和算法也能实现。如果对延迟要求低，那么通过离线处理慢慢计算就可以了。如果数据量比较大且对延迟要求比较高，也就是希望实现一个高性能、低延迟的实时排行榜，那么，我们应该选择什么数据结构和算法来实现呢？

实际上，对于这个问题，我们可以通过本节要讲的树状数组高效地进行解决。带着这个问题，让我们开始本节的学习吧！

7.4.1　"前缀和"问题

上面那个问题稍微有点复杂，我们先解决一个简单的问题。

假设有一个包含 n 个元素的数组 a，其上有两个操作：一个操作是按照下标更新数组中的元素值，另一个操作是求数组中前 i 个元素的"前缀和"。如何实现这两个操作并且使相应的时间复杂度尽可能低呢？注意，在下面的讲解中，数组中的元素从下标为 1 的位置开始存储，至于为什么不从 0 开始，作者在下文会解释。

对于数组，按照下标更新元素值的操作的时间复杂度是 $O(1)$，求数组前 i 个元素的"前缀和"需要遍历下标 $1 \sim i$ 的元素，因此，平均时间复杂度是 $O(n)$。为了提高查询"前缀和"操作的性能，我们事先计算好所有的"前缀和"，并且存储在数组 c 中，$c[i]=a[1]+a[2]+\cdots+a[i]$。有了数组 c，查询"前缀和"的时间复杂度就变成了 $O(1)$，但按照下标更新元素值的操作就变慢了，平均时间复杂度是 $O(n)$，因为更新 $a[i]$ 值的同时需要同步更新 $c[i],c[i+1],\cdots,c[n]$。

上述两种解决方案，要么更新元素值的操作慢，要么查询"前缀和"的操作慢，那么，对于这两个操作，有没有性能折中的方案呢？于是，树状数组就派上用场了。这里先给出结论，使用树状数组，更新元素值和查询"前缀和"这两个操作的时间复杂度都为 $O(\log n)$。接下来，我们就具体看一下这是如何做到的。

我们先来看这样一个前置理论：任何一个数都可以分解为一组 2 的 k 次方的和，如 6 这个数，表示成二进制是 110，也就是可以分解为：2^2+2^1；又如 7，表示成二进制是 111，可以分解为：$2^2+2^1+2^0$。

有了这个前置理论，如果要求"前缀和"$s[i]=a[1]+a[2]+\cdots+a[i]$，那么我们可以将它分解为求几段数据的和。具体分为哪几段呢？我们举例说明一下。例如，求解"前缀和"$s[7]=a[1]+a[2]+\cdots+a[7]$，其中 $i=7$ 可以分解为 $2^2+2^1+2^0$，因此，我们可以将 $a[1]+a[2]+\cdots+a[7]$ 分解为 3 段数据之和：第一段包含 2^2 个数据，也就是 $a[1]+a[2]+a[3]+a[4]$，第二段包含 2^1 个数据，也就是 $a[5]+a[6]$，第三段包含 2^0 个数据，也就是 $a[7]$。

对于包含 7 个元素的数组，不同的"前缀和"只有 7 种：$s[1] \sim s[7]$。$s[i](i=1 \sim 7)$ 分解成多个数据片段来计算，$s[1] \sim s[7]$ 分解得到的数据片段是有重复的，如图 7-22 所示。如果我们事先把这些片段都计算好，就可以加快 $s[i]$ 的求解。

对于值为 n 的整数，如果表示成二进制数，最多有 $\log_2 n+1$ 个二进制位，其中值为 1 的二进制位更不会超过 $\log_2 n+1$ 个，因此，$s[i]$ 最多被分解为 $\log_2 i+1$ 个数据片段。如果这些数据片段的和预先已经计算好了，那么计算 $s[i]$ 时只需要将这些片段的和累加，时间复杂度就变成对数级别的了。

在图 7-22 中，分解之后的数据片段有什么规律呢？

这个规律是树状数组的核心，不是很容易想到。如图 7-23 所示，我们用 $c[i]$ 表示以 $a[i]$ 为结尾的数据片段的和。$c[i]$ 中包含元素的个数等于将 i 表示成二进制位之后，最后一个为 1 的二进制位的值。例如 $c[6]$，$i=6$ 表示成二进制位为 110，最后一个为 1 的二进制位的值是 2^1，因此，$c[6]$ 包含两个元素，而 $c[6]$ 又以 $a[6]$ 结尾，$c[6]=a[5]+a[6]$。$c[1] \sim c[7]$ 如图 7-23 所示，对比图 7-22，读者可以看一下 $c[1] \sim c[7]$ 是否覆盖了计算 $s[1] \sim s[7]$ 所需的所有数据片段。

$s[1]=a[1]$

$s[2]=a[1]+a[2]$

$s[3]=a[1]+a[2]+a[3]$

$s[4]=a[1]+a[2]+a[3]+a[4]$

$s[5]=a[1]+a[2]+a[3]+a[4]+a[5]$

$s[6]=a[1]+a[2]+a[3]+a[4]+a[5]+a[6]$

$s[7]=a[1]+a[2]+a[3]+a[4]+a[5]+a[6]+a[7]$

$c[1]=a[1]$

$c[2]=a[1]+a[2]$

$c[3]=a[3]$

$c[4]=a[1]+a[2]+a[3]+a[4]$

$c[5]=a[5]$

$c[6]=a[5]+a[6]$

$c[7]=a[7]$

图 7-22　$s[1] \sim s[7]$ 分解得到的数据片段　　图 7-23　$c[1] \sim c[7]$ 的计算公式

如何求解 i 的最后一个为 1 的二进制位的值（以下表示为 lowbit(i)）呢？计算方法稍微有点技巧，我们利用计算机采用补码来存储负数的特点，让 i 与 $-i$ 按位"与"，就得到了 lowbit(i) 值。例如，6 表示成二进制是 00000110，-6 表示成二进制补码形式为 11111010（负数的补码计算公式：负数绝对值的二进制按位求反，加 1，再补全符号位 1）。6 和 -6 的二进制按位"与"之后为：00000010，也就等于 2^1。

有了数组 c，我们再来看一下如何计算"前缀和"$s[i]$。实际上，$s[i]$ 的计算可以表示为一个递推公式：$s[i]=s[i-\text{lowbit}(i)]+c[i]$。$s[i]$ 可以分解为多个数据片段的和，我们先把最后一个数据片段确定好，也就是 $c[i]$，问题就转化成了 $s[i-\text{lowbit}(i)]$。

综上所述，求"前缀和"的逻辑"翻译"成代码，如下所示。

```
private int lowbit(int i) {
    return i&(-i);
}

public int sum(int i) {
  int s = 0;
  while (i > 0) { //用循环替代递归
    s += c[i];
    i -= lowbit(i);
  }
  return s;
}
```

如何在 $O(\log n)$ 时间复杂度内求"前缀和"已经讲完了，那么，如何才能在 $O(\log n)$ 时间复杂度内实现元素的更新操作呢？

我们先来看一下，当 $a[i]$ 更新时，数组 c 中有哪些元素需要更新。我们通过一个例子来找一下规律。对于包含 8 个元素的数组 a，$c[i](i=1 \sim 8)$ 包含的元素如图 7-24 所示，其中横条覆盖的数组 a 的元素就是 $c[i]$ 包含的数组 a 的元素。从图 7-24 中可以看出，这

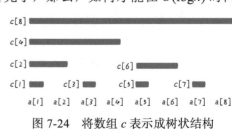

图 7-24　将数组 c 表示成树状结构

种结构有点像树状结构，$c[i]$ 的父节点是 $c[i+\text{lowbit}(i)]$。这也是树状数组名字的由来。树状数组指的就是数组 c。

从图 7-24 中可以看出，在数组 c 中，包含 $a[i]$ 的元素有 $c[i]$，以及 $c[i]$ 的父节点、祖父节点，依次向上追溯，直到根节点。也就是说，如果我们更新了 $a[i]$，那么我们只需要同步更新 $c[i]$，以及 $c[i]$ 的父节点和祖父节点等。相应的代码更容易理解，如下所示。

```
public void update(int i, int delta) {
  while (i <= n) {
    c[i] += delta;
    i += lowbit(i);
  }
}
```

借助树状数组 c，我们将更新元素和求"前缀和"两个操作的时间复杂度都做到 $O(\log n)$。那么，现在剩下的问题就是如何计算得到树状数组 c。

我们可以先将数组 c 的每个元素值都初始化为 0，也就是假设数组 a 中的每个元素都是 0，然后调用 update() 函数，一个个地更新数组 a 中的元素值。对应的代码如下所示，时间复杂度是 $O(n \log n)$。

```
public void initC() {
  for (int i = 1; i <= n; i++) {
    update(i, a[i]);
  }
}
```

7.4.2 树状数组与线段树的对比

从本节的开篇开始，读者可能一直有这样一个疑问：这些问题可以使用 7.3 节讲的线段树来解决，为什么还要用树状数组呢？

从理论上来说，所有可以用树状数组来解决的问题都可以用线段树来解决，反过来则不成立，也就是说，并不是所有线段树能解决的问题都可以用树状数组来解决。从两个数据结构能解决的问题模型上来看，也印证了这一点。利用线段树可以解决区间统计问题，利用树状数组可以解决"前缀和"问题。区间统计包含"前缀和"。

尽管树状数组应用范围比线段树小，但在它所能够解决的有限问题上，比起线段树，它的代码实现更加简单，空间消耗更少。实际上，树状数组不仅可以解决"前缀和"问题，还可以解决"区间和"问题：求下标 $i \sim j$ 的数组元素的和。对于"区间和"问题，我们可以利用"前缀和"间接得到：先求得"前缀和" $s[i-1]$ 和 $s[j]$，$s[j]-s[i-1]$ 就是"区间和"。

7.4.3 解答本节开篇问题

现在，我们来看一下本节的开篇问题：如何实现一个高性能、低延迟的实时排行榜？本节的开篇提到了排行榜的两个基本功能：查询某个用户的排名和罗列 Top K 用户。

首先，我们探讨一下如何查询某个用户的排名。

对于海量用户的排名，如上千万用户，如果每次查询之前都先排序，又或者一直维护数据的有序性，无论哪种实现方法，要么查询的时间复杂度是 $O(n)$，要么更新数据的时间复杂度

是 $O(n)$，也就是说，无论哪个操作的时间复杂度是 $O(n)$，在执行效率上都是不可接受的，因为查询和数据更新都是比较频繁的操作。

实际上，这个问题既可以用线段树来解决，又可以用树状数组来解决。基于线段树的解决方案留给读者思考，我们看一下基于树状数组的解决方案。树状数组中有两个关键数组：数组 a 和数组 c。对于这个问题，数组 a 的下标表示积分，对应的元素值表示拥有此积分的用户个数。例如，$a[19]=6$ 表示积分是 19 的用户有 6 个。初始化遍历所有用户的积分，构建数组 a，然后基于数组 a 构建数组 c。

当要更新某个用户的积分时，假设将积分 x 更新为积分 y，我们将 $a[x]$ 更新为 $a[x]-1$，同时将 $a[y]$ 更新为 $a[y]+1$。当要查询某个用户的排名时，我们先得到用户的积分值，假设是 x，我们只需要求数组 a 的“前缀和” $s[x]$，也就是积分小于或等于 x 的用户个数。假设总用户数是 $total$，那么 $total-s[x]+1$ 就是该用户所处的排名（按照积分从大到小排名）。

然后，我们看一下如何求 Top K 用户。

我们使用跳表来解决这个问题。根据用户的积分来构建跳表。当更新用户积分时，我们将老积分从跳表中删除，然后将新积分插入到跳表中。当要查询 Top K 用户时，我们只需要在跳表的原始链表中，从尾节点开始从后向前遍历 K 个节点。

7.4.4 内容小结

本节讲解了树状数组这种数据结构。在一个包含 n 个数据的数组 a 中，数组中的数据有可能会更新。为了快速地实现更新元素和求“前缀和”操作，我们在数组 a 之上，构建树状数组 c。利用树状数组，更新元素和求“前缀和”操作的时间复杂度可以做到 $O(\log n)$。

树状数组应用的范围比较小，经典应用是求“前缀和”和“区间和”。所有可以用树状数组来解决的问题都可以用线段树来解决。反过来则不成立，因为并不是所有线段树能解决的问题都可以用树状数组来解决。尽管树状数组的应用范围比线段树小，但对于它能够解决的问题，比起线段树，它的代码实现更加简单，空间消耗更少。

7.4.5 思考题

在数组中，如果两个元素满足 $a[i]>a[j]$ 且 $i<j$，我们就称这两个元素构成逆序对。本节的思考题：如何利用树状数组统计数组中的逆序对个数？

第**8**章 字符串匹配算法

在本章中，我们将会介绍几种常用的字符串匹配算法，包括 BF 算法、RK 算法、BM 算法、KMP 算法、Trie 树和 AC 自动机。其中，前 4 种算法是单模式串匹配算法，用来解决在一个主串中查找一个模式串的问题。后两种算法是多模式串匹配算法，用来解决在一个主串中查找多个模式串的问题。在这 6 种字符串匹配算法中，RK 算法、BM 算法、KMP 算法和 AC 自动机因本身比较复杂，所以学习难度较大。对于基础比较薄弱的读者，可以直接跳过这几个算法，学习后面的内容。

8.1 BF 算法：编程语言中的查找、替换函数是怎样实现的

从本节开始，我们学习字符串匹配算法。字符串匹配功能，对于任何一个程序员，应该不会感到陌生。我们经常使用的编程语言中的字符串查找函数、替换函数，如 Java 中的 indexOf() 函数、replace() 函数，Python 中的 find() 函数等，其底层依赖的是字符串匹配算法。

字符串匹配算法有很多，比较简单有 BF、RK 算法，比较复杂的有 BM、KMP 算法，还有针对多模式串匹配的 Trie 树、AC 自动机。在本章中，我们会对上述算法进行一一讲解。

按照惯例，在正式讲解具体内容之前，作者还是先提出一个问题：在读者熟悉的编程语言中，字符串查找函数是采用哪种字符串匹配算法实现的？为什么你会选择这种字符串匹配算法？带着这些问题，我们开始学习本节的内容吧！

8.1.1 BF 算法的原理与实现

为了方便之后的讲解，我们先来看两个概念：主串和模式串。这两个概念在所有的字符串匹配算法中都会用到。如果在字符串 a 中查找字符串 b，那么字符串 a 就是主串，字符串 b 就是模式串。我们把主串的长度记作 n，模式串的长度记作 m。在一般情况下，n 大于或等于 m。虽然这不是必需的，但如果 n 小于 m，那么在主串中肯定不存在模式串。

BF（Brute Force，暴力匹配）算法也称为朴素匹配算法。从名字可以看出，这种匹配方式很"暴力"，简单直接，性能不高。

作为简单和"暴力"的字符串匹配算法，BF 算法的思想可以用一句话来概括：如果模式串长度为 m，主串长度为 n，那么在主串中就会有 $n-m+1$ 个长度为 m 的子串，我们只需要"暴力"地对比这 $n-m+1$ 个子串与模式串，就可以找出主串与模式串匹配的子串。当然，在具体处理的时候，我们并非把 $n-m+1$ 个子串都事先罗列出来，而是通过下标操作，让起始下标分别为 $0,1,2,\cdots,n-m$ 的子串与模式串尝试匹配。BF 算法示例如图 8-1 所示。

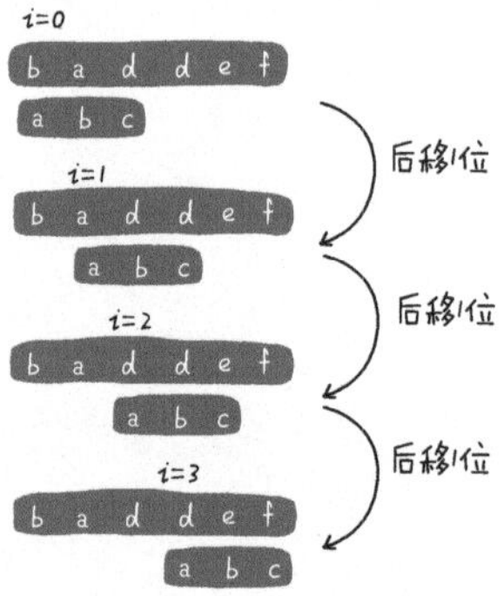

基于上述原理，BF 算法的代码实现如下所示。

图 8-1 BF 算法示例

```
//返回第一个匹配的起始下标位置
int bf(char a[], int n, char b[], int m) {
  for (int i = 0; i < n-m; ++i) {
    int j = 0;
    while (j < m) {
      if (a[i+j] != b[j]) {
        break;
      }
      j++;
    }
    if (j == m) {
      return i;
    }
```

```
    }
    return -1;
}
```

8.1.2　BF 算法的性能分析

在 1.1 节讲解时间复杂度时，我们特别提到，在大部分情况下，时间复杂度表示为数据规模 n 这一个变量的表达式，但是，在有些情况下，时间复杂度会表示为两个变量的表达式，如 $O(nm)$、$O(n+m)$。对于字符串匹配算法，其时间复杂度的表示，需要主串数据规模 n 和模式串数据规模 m 的共同参与。

从 BF 算法的原理和代码实现，我们可以看出，在极端情况下，如主串是 "aaaa...aaaa"（省略号表示有很多重复的字符 a），模式串是 "aaaaab"。我们用主串中的 $n-m+1$ 个子串与模式串匹配，每个子串与模式串都需要对比 m 个字符，这样才能发现无法匹配，因此，最坏时间复杂度是 $O(nm)$。

从理论上来讲，尽管 BF 算法的时间复杂度很高，但在实际的开发中，它却是一个比较常用的字符串匹配算法，原因有下面 3 点。

第一，在实际的软件开发中，大部分情况下，模式串和主串的长度都不会太长。对于小规模数据的处理，时间复杂度的高低并不能代表代码真正的执行时间，有些情况下，时间复杂度高的算法可能比时间复杂度低的算法的运行速度更快。

第二，当每次模式串与主串中的子串匹配的时候，如果中途遇到不能匹配的字符，就可以提前终止，不需要把 m 个字符都比对一遍。因此，尽管理论上最坏时间复杂度是 $O(nm)$，但是，从概率统计上来看，大部分情况下，算法的执行效率要比最坏情况下的执行效率高很多。

第三，BF 算法的思想简单，代码实现也非常简单。简单意味着不容易出错，即使存在 bug 也容易暴露和修复。在工程中，在满足性能要求的前提下，简单是我们的首选。这也符合我们常说的 KISS（Keep It Simple and Stupid）设计原则。

因此，在实际的软件开发中，绝大部分情况下，朴素的字符串匹配算法就够用了。

8.1.3　解答本节开篇问题

现在，我们来看一下本节开篇的问题：在读者熟悉的编程语言中，字符串查找函数是采用哪种字符串匹配算法实现的？为什么你会选择这种字符串匹配算法？

在大部分编程语言中，字符串的查找、替换函数都是采用简单的 BF 算法来实现的。为什么我们不选择时间复杂度更低的 KMP 或者 BM 算法呢？

通过对前面的理论知识的学习，对于这个问题，我们就很好回答了。尽管 BF 算法的时间复杂度比 KMP 或者 BM 算法高，但 KMP 或 BM 算法的逻辑要比 BF 算法复杂很多，针对小规模字符串匹配，KMP 或 BM 算法执行起来并不一定比 BF 算法高效，执行效率可能相差无几。因此，在编程语言中，一般通过更加简单的 BF 算法来实现通用的查找、替换函数。

读者可能会有疑问，对于大规模字符串的查找、替换操作，编程语言提供的现成函数就不适合了，这个时候该怎么办呢？实际上，当涉及大规模字符串匹配，并且字符串匹配是软件的核心功能或性能瓶颈时，我们就不能为了省事，直接使用编程语言提供的现成函数，而是要根据数据特点、性能要求，选择合适的字符串匹配算法从零开始编程实现。

8.1.4 内容小结

本节讲解了第一种字符串匹配算法：BF 算法。

BF 算法的实现思路非常简单，用模式串与主串中所有长度为 m 的子串进行匹配，查看是否有能够匹配的子串。BF 算法的时间复杂度比较高，在最坏的情况下，其时间复杂度是 $O(nm)$，n、m 分别表示主串的长度和模式串的长度。

因为 BF 算法的原理和代码实现都比较简单，对于小规模字符串匹配，其性能与更加高效的 KMP、BM 算法可能相差无几，甚至因为逻辑简单而更加高效，所以，在实际的软件开发中，BF 算法较为常用，另外，大部分编程语言中提供了相应的函数实现。

8.1.5 思考题

本节介绍的字符串匹配算法返回的结果是第一个匹配子串的首地址，如果要返回所有匹配子串的首地址，该如何实现呢？如何实现替换函数 replace()？

8.2 RK 算法：如何借助哈希算法实现高效的字符串匹配

在 8.1 节中，我们介绍了一种简单的字符串匹配算法：BF 算法。BF 算法的时间复杂度比较高，最坏情况下的时间复杂度是 $O(nm)$，那么，有没有办法在此基础上通过优化提高一些性能呢？

实际上，本节要讲的 RK 算法就是对 BF 算法的优化，它巧妙地借助了哈希算法，让匹配的效率有了很大的提升。具体是如何实现的呢？带着这个问题，我们来学习本节的内容吧！

8.2.1 RK 算法的原理与实现

RK（Rabin-Karp）算法是由它的两位发明者 Rabin 和 Karp 的名字来命名的。这个算法理解起来也不是很难，学习难度介于 BF 算法与 KMP、BM 算法之间。

在介绍 BF 算法时，我们提到，如果模式串长度为 m，主串长度为 n，那么在主串中就会有 $n-m+1$ 个长度为 m 的子串，我们只需要"暴力"地对比这 $n-m+1$ 个子串与模式串，就可以找出主串中与模式串匹配的子串。

但是，在每次检查子串和模式串是否匹配时，需要依次比对每个字符，比较耗时。我们对此稍加改造，引入哈希算法，来加快子串与模式串的匹配。

具体的处理思路：如图 8-2 所示，通过哈希算法对主串中的 $n-m+1$ 个子串分别求哈希值，然后逐个与模式串的哈希值比较。如果某个子串的哈希值与模式串的哈希值相等，那么说明这个子串和模式串匹配（这里先不考虑哈希冲突的问题，后面我们会讲到如何处理）。因为哈希值是一个数字，数字之间比较是否相等

```
b a d d e f  哈希值
b a d ──────→ h₁
  a d d ────→ h₂
    d d e ──→ h₃
      d e f ─→ h₄
```

图 8-2 主串中的子串的哈希值

是非常快速的，所以模式串和子串比对的效率就提高了。

尽管借助哈希值，模式串与子串比对的效率提高了，不过，通过哈希算法计算子串哈希值的过程，需要遍历子串中的每个字符，这个过程比较耗时。也就是说，该算法整体的效率并没有提高。那么，有没有更快速地计算每个子串哈希值的方法呢？

假设主串和模式串对应的字符集只包含 K 个字符，我们可以用一个 K 进制数来表示一个子串，把 K 进制数转化成十进制数，作为子串的哈希值。下面举例解释一下。

例如，要处理的字符串只包含 a ～ z 这 26 个小写字母，那么我们就用二十六进制来表示一个字符串。我们把 a ～ z 这 26 个字符映射到 0 ～ 25 这 26 个数字，a 表示 0，b 表示 1，依此类推，z 表示 25。如图 8-3 所示，对于二十六进制字符串，在计算哈希值时，相对于十进制字符串，我们只需要把进位从 10 改成 26。

上述哈希算法有一个特点：在主串中，相邻两个子串的哈希值的计算公式有一定的关系。如图 8-4 所示，读者可以先从中找一下规律。

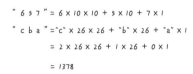

"657" = 6 × 10 × 10 + 5 × 10 + 7 × 1
"cba" = "c" × 26 × 26 + "b" × 26 + "a" × 1
= 2 × 26 × 26 + 1 × 26 + 0 × 1
= 1378

图 8-3 十进制字符串和二十六进制字符串的哈希值计算示例

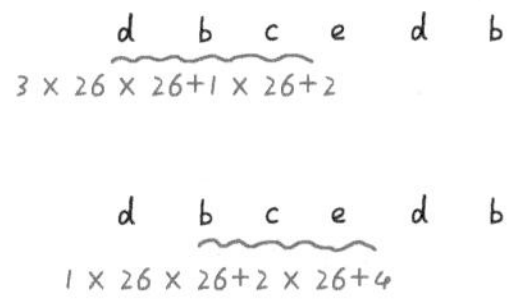
d b c e d b
3 × 26 × 26+1 × 26+2
d b c e d b
1 × 26 × 26+2 × 26+4

图 8-4 相邻子串哈希值计算示例

通过这个例子，我们可以得出这样的规律：相邻两个子串 $s[i-1]$ 和 $s[i]$（i 表示子串在主串中的起始位置，子串的长度都为 m）对应的哈希值计算公式有交集，也就是说，我们可以使用 $s[i-1]$ 的哈希值快速地计算出 $s[i]$ 的哈希值，如图 8-5 所示。

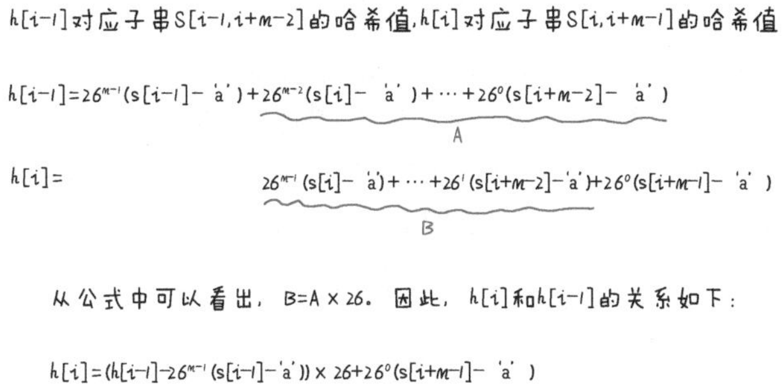
h[i-1]对应子串S[i-1,i+m-2]的哈希值,h[i]对应子串S[i,i+m-1]的哈希值
h[i-1]=26^(m-1)(s[i-1]- 'a')+26^(m-2)(s[i]- 'a')+…+26^0(s[i+m-2]- 'a')
A
h[i]=
26^(m-1)(s[i]- 'a')+…+26^1(s[i+m-2]-'a')+26^0(s[i+m-1]- 'a')
B
从公式中可以看出，B=A × 26。因此，h[i]和h[i-1]的关系如下：
h[i]=(h[i-1]-26^(m-1)(s[i-1]-'a')) × 26+26^0(s[i+m-1]- 'a')

图 8-5 由 $s[i-1]$ 的哈希值推导出 $s[i]$ 的哈希值

不过，在图 8-5 中，最终得到的 $h[i]$ 的计算公式还有一个可以优化的地方。我们可以通过查表法快速得到 26^{m-1}。我们事先计算好 26^0、26^1、26^2……26^{m-1} 的值，并且存储在一个长度为 m 的数组中，如图 8-6 所示。当需要计算 26 的 x 次方时，我们直接从数组中取下标为 x 的元素值即可，省去了计算时间。

26^0 26^1 26^2 … 26^(m-1)
0 1 2 m-1

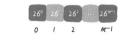

图 8-6 26^0、26^1、26^2……26^{m-1} 的值在数组中的存储格式

8.2.2 RK 算法的性能分析

现在，我们分析一下 RK 算法的时间复杂度。

RK 算法中耗时的逻辑主要包含两部分：计算子串的哈希值和比较模式串与子串的哈希值。

对于第一部分，前面已经进行了介绍，我们可以通过设计特殊的哈希算法，只需要扫描一遍主串，就能计算出所有子串的哈希值，因此，这部分的时间复杂度是 $O(n)$。对于第二部分，总共需要对 $n-m+1$ 个子串的哈希值与模式串的哈希值进行比较，因此，这部分的时间复杂度也是 $O(n)$。综合两部分逻辑的时间复杂度，RK 算法的时间复杂度为 $O(n)$。

不过，这里还有一个问题：如果模式串很长，相应的主串中的子串也会很长，通过上面的哈希算法计算得到的哈希值就有可能很大，如果哈希值超过了计算机中整型类型可以表示的范围，那么又该怎么办呢？

实际上，不知道读者有没有发现，前面设计的基于二十六进制的哈希算法是没有哈希冲突的，也就是说，一个字符串与一个二十六进制数一一对应，不同的字符串的哈希值肯定不一样，读者可以类比十六进制来思考一下，十六进制字符串对应的十进制值是不会有冲突的。不过，对于模式串很长的情况，为了能将哈希值落在整型数据表示的范围内，存在哈希冲突也是可以接受的。在这种情况下，哈希算法该如何设计呢？

哈希算法的设计方法有很多，下面举例说明一下。假设字符串中只包含 a ～ z 这 26 个小写英文字母，我们让每个字母对应一个数字，如 a 对应 1，b 对应 2，依此类推，z 对应 26。我们把字符串中每个字母对应的数字相加，把最后得到的和作为哈希值。这种哈希算法产生的哈希值的数据范围就相对小很多。

当然，这只是一个最简单的哈希设计方法，这种哈希算法的哈希冲突的概率很高。为了降低哈希冲突的概率，我们还有很多优化策略，如将字母对应素数 3、5、7、11……而不是自然数 1、2、3……

既然存在哈希冲突，那么新的问题就来了。对于没有哈希冲突的哈希算法，如果子串和模式串的哈希值相同，那么这个子串就一定可以匹配模式串。但是，当存在哈希冲突时，有可能子串和模式串的哈希值虽然是相同的，但两者本身并不匹配。在这种情况下，我们需要进一步再对比子串和模式串本身，才能最终判定是否真的匹配了。

因此，哈希算法的哈希冲突的概率要相对控制得低一些，哈希冲突过多会导致 RK 算法执行效率下降。在极端情况下，如果存在大量的哈希冲突，每次都要再对比子串和模式串本身，那么 RK 算法就退化为 BF 算法，时间复杂度就会变为 $O(nm)$。但是，一般情况下，如果哈希冲突不多，RK 算法的执行效率还是要比 BF 算法高。

8.2.3 内容小结

本节我们学习了 RK 这种字符串匹配算法。

RK 算法是借助哈希算法对 BF 算法进行改造，即对每个子串分别求哈希值，然后用子串的哈希值与模式串的哈希值比较，减少子串与模式串比较的时间。不过，RK 算法的执行效率取决于哈希算法，如果哈希算法不存在哈希冲突，RK 算法的时间复杂度为 $O(n)$，与 BF 算法相比，效率提高了很多。如果哈希算法存在哈希冲突，RK 算法的性能就会下降。在极端情况下，哈希算法存在大量哈希冲突，时间复杂度就变为 $O(nm)$。

8.2.4 思考题

8.1 节和本节讲的是一维字符串的匹配方法，实际上，BF 算法和 RK 算法都可以类比到二维空间。假设有一个二维字符矩阵（如图 8-7 中的主串），借鉴 BF 算法和 RK 算法的处理思路，如何在其中查找另一个二维字符矩阵（如图 8-7 中的模式串）呢？

$$
\begin{array}{cc}
\text{主串} & \text{模式串} \\
\begin{pmatrix} d & a & b & c \\ e & f & a & d \\ c & c & a & f \\ d & e & f & c \end{pmatrix} &
\begin{pmatrix} c & a \\ e & f \end{pmatrix}
\end{array}
$$

图 8-7　二维字符矩阵

8.3　BM 算法：如何实现文本编辑器中的查找和替换功能

在文本编辑器中，我们经常用到查找及替换功能。例如，在 Word 文件中，通过查找及替换功能，可以把某一个单词统一替换成另外一个单词。这个功能是怎么实现的？

对于文本编辑器这样的软件，查找及替换是核心功能，我们希望所使用的字符串匹配算法尽可能高效。尽管 RK 算法的时间复杂度是 $O(n)$，看起来已经很高效了，但仍然有继续优化的空间。读者可能有疑问：难道还有比线性时间复杂度更高效的字符串匹配算法？带着这个问题，我们学习一种新的字符串匹配算法：BM（Boyer-Moore）算法。

8.3.1　BM 算法的核心思想

BM 算法是一种非常高效的字符串匹配算法，有实验统计，它的性能是著名的 KMP 算法的 3 ～ 4 倍。不过，BM 算法的原理非常复杂，理解起来非常有难度。

实际上，模式串和主串的匹配过程可以看成模式串在主串中不停地往后滑动。当遇到不匹配的字符时，BF 算法和 RK 算法的做法：将模式串往后滑动一位，然后从模式串的第一个字符开始重新匹配，如图 8-8 所示。

在图 8-8 所示的例子中，主串中的字符 c 在模式串中是不存在的，因此，模式串向后滑动的时候，只要字符 c 与模式串有重合，就肯定无法匹配。因此，我们可以一次性把模式串往后多滑动几位，把模式串移动到字符 c 的后面，如图 8-9 所示。

图 8-8　BF 算法在遇到不匹配字符时将模式串后移一位　　图 8-9　将模式串移动到主串中字符 c 的后面

实际上，本节要讲的 BM 算法本质上就是在寻找某种规律，借助这种规律，在模式串与主串匹配的过程中，当模式串和主串中的某个字符不匹配时，能够跳过一些肯定不会匹配的情况，将模式串往后多滑动几位。字符串匹配的效率因此就提高了。

8.3.2 BM 算法的原理分析

8.3.1 节介绍的是 BM 算法的核心思想。现在，我们介绍一下 BM 算法的具体实现原理，包含两部分：坏字符规则（bad character rule）和好后缀规则（good suffix rule）。

1. 坏字符规则

在 BF 算法中，模式串与主串之间的字符匹配是按照模式串下标从小到大的顺序进行的，这种匹配顺序比较符合正常的思维习惯。而 BM 算法的匹配顺序比较特别，它是按照模式串下标从大到小的顺序倒序进行的，如图 8-10 所示。

从模式串的末尾往前倒着匹配，当发现某个字符无法匹配的时候，我们就把这个无法匹配的字符称为"坏"字符。注意，坏字符指的是主串中的字符，如图 8-11 中的字符 c，而不是指模式串上的字符。

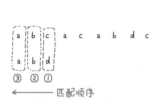

图 8-10　按照模式串下标从大到小的
　　　　　顺序匹配模式串和主串

图 8-11　坏字符示例

我们用坏字符 c 在模式串中查找，发现模式串中并不存在这个字符，也就是说，字符 c 与模式串中的任何字符都不可能匹配。这个时候，我们可以将模式串直接滑动到字符 c 的后面，再重新从模式串的末尾字符开始比较，如图 8-12 所示。

我们将模式串滑动到字符 c 后面之后，就会发现，模式串中的最后一个字符 d，还是无法与主串中的字符 a 匹配。此时，我们是否能将模式串滑动到主串中坏字符 a（主串中第 3 个 a）的后面？

答案是不可以。因为坏字符 a 在模式串中是存在的，模式串中下标为 0 的位置存储的就是字符 a。因此，我们可以将模式串往后滑动两位，让模式串中的 a 与主串中的第 3 个 a 上下对齐，然后再从模式串的末尾字符开始重新匹配，如图 8-13 所示。

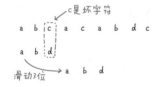

图 8-12　模式串中不存在坏字符 c，
　　　　　将模式串滑动到字符 c 的后面

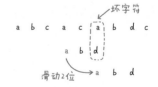

图 8-13　模式串中存在坏字符 a，将模式串中的
　　　　　字符 a 与这个坏字符 a 上下对齐

在第一次不匹配时，我们将模式串往后滑动了 3 位，第二次不匹配时，我们将模式串往后滑动了两位，对于具体的滑动位数，有没有规律呢？

当模式串和主串不匹配时，我们把坏字符对应的模式串中的字符在模式串中的下标记作 *si*。如果坏字符在模式串中存在，那么我们把这个坏字符在模式串中的下标记作 *xi*。如果坏字符在模式串中不存在，那么我们把 xi 记作 -1。那么，模式串往后滑动的位数就等于 $si-xi$，如图 8-14 所示。

这里要特别说明一点，如果坏字符在模式串里出现多次，那么在计算 xi 的时候，我们选择模式串中最靠后的那个坏字符的下标作为 xi 的值。这样就不会因为模式串滑动过多，而导致本来可能匹配的情况被略过。

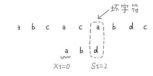

图 8-14　模式串滑动位数举例说明

利用坏字符规则，BM 算法在最好情况下的时间复杂度非常低，是 $O(n/m)$。例如，主串是 aaabaaabaaabaaab，模式串是 aaaa。每当模式串与主串不匹配时（坏字符是字符 b），我们都可以将模式串直接往后滑动 4 位，因此，匹配具有类似特点的模式串和主串的时候，BM 算法是高效的。

不过，单纯使用坏字符规则还不够，因为根据 $si-xi$ 计算出来的滑动位数有可能是负数，如主串是 aaaaaaaaaaaaaaaa，模式串是 baaa。针对这种情况，BM 算法还需要另一个规则：好后缀规则。

2.　好后缀规则

实际上，好后缀规则与坏字符规则非常类似。当模式串滑动到图 8-15 所示的位置时，模式串和主串有两个字符是匹配的，倒数第 3 个字符不匹配。

这个时候该如何滑动模式串呢？当然，我们可以利用坏字符规则来计算模式串的滑动位数，不过，我们也可以使用好后缀处理规则。两种规则到底如何选择，我们稍后再讲。抛开这个问题，我们先来看一下好后缀规则是怎么工作的。

我们把已经匹配的 "bc" 称为好后缀，记作 $\{u\}$。我们用它在模式串中进行查找，如果找到了另一个与好后缀 $\{u\}$ 匹配的子串 $\{u*\}$，那么我们就将模式串滑动到子串 $\{u*\}$ 与好后缀 $\{u\}$ 上下对齐的位置，如图 8-16 所示。

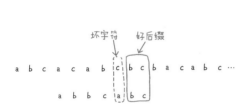

图 8-15　好后缀和坏字符举例说明

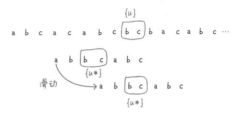

图 8-16　将模式串滑动到好后缀 $\{u\}$ 与 $\{u*\}$ 上下对齐的位置

如果在模式串中找不到与好后缀 $\{u\}$ 匹配的另外的子串（除当下好后缀已经匹配的子串以外），我们就直接将模式串滑动到好后缀 $\{u\}$ 的后面，如图 8-17 所示。

不过，当模式串中不存在与好后缀 $\{u\}$ 匹配的子串时，我们直接将模式串滑动到好后缀 $\{u\}$ 的后面，这样做是否有点过头了？我们看一下图 8-18 中的例子。其中，"bc" 是好后缀，尽管在模式串中没有另外一个与好后缀匹配的子串，但是，如果我们将模式串移动到好后缀的后面，就会错过模式串和主串可以匹配的情况。

如果好后缀在模式串中不存在可匹配的子串，那么在我们一步步往后滑动模式串的过程中，只要好后缀 $\{u\}$ 与模式串有重合，就肯定无法匹配。但是，当模式串滑动到其前缀与好后缀 $\{u\}$ 的后缀有部分重合，并且重合的部分相等时，就有可能会存在模式串与主串匹配的情况，如图 8-19 所示。

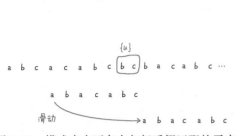

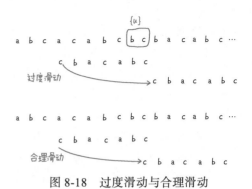

图 8-17　模式串中不存在与好后缀匹配的子串　　　图 8-18　过度滑动与合理滑动

也就是说，我们不仅要看好后缀在模式串中是否有另一个匹配的子串，我们还要考察好后缀所有的后缀子串有哪些能与模式串的前缀子串匹配，并将最长匹配记作 {v}，然后，将模式串滑动到图 8-20 所示的 {v} 上下重合的位置。

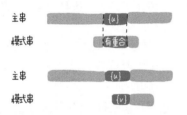

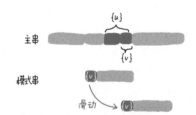

图 8-19　模式串与好后缀重合，　　　　　　图 8-20　将模式串滑动到与主串部分
　　以及模式串与好后缀部分重合　　　　　　重合（{v} 上下对齐）的位置

至此，坏字符和好后缀的基本原理讲完了。现在，作者回答前面遗留的问题：当模式串和主串中的某个字符不匹配的时候，对于模式串往后滑动的位数的计算，是选择好后缀规则还是坏字符规则？

实际上，我们可以分别计算好后缀规则和坏字符规则对应的往后滑动的位数，然后取两数中的最大值作为模式串往后滑动的位数。这种处理方法也可以顺带解决前面提到的，根据坏字符规则，计算得到的往后滑动的位数有可能是负数的问题。

8.3.3　BM 算法的代码实现

在介绍完 BM 算法的原理后，我们给出 BM 算法的代码实现。

对于"坏字符规则"，当遇到坏字符时，模式串往后滑动的位数等于 $si-xi$。其中，坏字符对应模式串中的字符在模式串中的下标 si 很容易得到，坏字符在模式串中出现的位置 xi 是计算的难点。

如果用坏字符在模式串中顺序遍历查找来得到 xi，这样的做法会比较低效。有没有更加高效的方法呢？实际上，我们可以将模式串中的每个字符及其对应在模式串中的下标存储在哈希表中。通过哈希表，我们就可以快速地找到坏字符在模式串中出现的位置。

这里用到的哈希表是一种没有哈希冲突的比较特殊的哈希表。假设字符串的字符集不是很大，每个字符长度是 1B。这样，我们就可以用大小为 256 的数组来记录每个字符在模式串中出现的位置。数组的下标对应字符的 ASCII 码值，数组中存储这个字符在模式串中出现的位置（如果出现多次，则记录下标最大值），如图 8-21 所示。

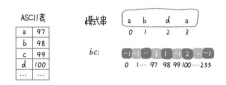

图 8-21　模式串中的字符以及对应下标的存储方式

哈希表（也就是图 8-21 中的数组 bc）的代码构建过程如下所示。

```
private static final int SIZE = 256; //全局变量或成员变量
//b为模式串,m为模式串长度,bc为哈希表
private void generateBC(char[] b, int m, int[] bc) {
  for (int i = 0; i < SIZE; ++i) {
    bc[i] = -1; //初始化bc
  }
  for (int i = 0; i < m; ++i) {
    int ascii = (int)b[i]; //计算b[i]的ASCII值
    bc[ascii] = i;
  }
}
```

不考虑好后缀规则，仅仅包含坏字符规则的 BM 算法的代码实现如下所示。注意，我们暂不考虑 $si-xi$ 计算得到的移动位数是负数的情况。

```
public int bm(char[] a, int n, char[] b, int m) {
  int[] bc = new int[SIZE]; //记录模式串中每个字符最后出现的位置
  generateBC(b, m, bc); //构建坏字符哈希表
  int i = 0; //i表示主串与模式串上下对齐的第一个字符
  while (i <= n - m) {
    int j;
    for (j = m - 1; j >= 0; --j) { //模式串从后往前匹配
      if (a[i+j] != b[j]) break; //坏字符对应模式串中的下标是j
    }
    if (j < 0) {
      return i; //匹配成功，返回主串与模式串第一个匹配的字符的位置
    }
    //这里等同于将模式串往后滑动j-bc[(int)a[i+j]]位
    i = i + (j - bc[(int)a[i+j]]);
  }
  return -1;
}
```

关于上述代码，注释已经写得很详细了，就不再赘述了。不过，为了读者方便理解，作者画了一张图，将代码中的一些关键变量标注在图 8-22 中，读者可以结合该图理解代码。

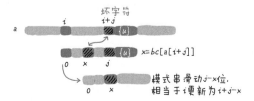

图 8-22　BM 算法代码实现中的关键变量

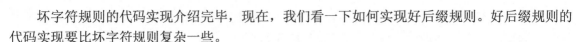

坏字符规则的代码实现介绍完毕，现在，我们看一下如何实现好后缀规则。好后缀规则的代码实现要比坏字符规则复杂一些。

在讲解具体的实现之前，我们先简单回顾一下好后缀规则中核心的两个操作：

● 在模式串中查找与好后缀匹配的子串；

● 在好后缀的所有后缀子串中，查找能与模式串前缀子串匹配的最长的那个。

以上两个操作都可以使用"暴力"匹配查找的方式解决，但是，执行效率会比较低，那么，如何高效实现这两个操作呢？

因为好后缀也是模式串本身的后缀子串，所以，我们可以在模式串和主串正式匹配之前，事先计算好模式串中的每个后缀子串（未来可能的好后缀），即在模式串中可匹配的另一个子串。那么，具体该如何来做呢？

我们先介绍如何表示模式串中不同的后缀子串。因为后缀子串的最后一个字符的位置是固定的，下标为 $m-1$，所以我们只需要通过后缀子串的长度就可以唯一标识一个后缀子串。模式串中的所有后缀子串及其长度如图 8-23 所示。

接下来，我们引入关键的变量 *suffix* 数组。*suffix* 数组的下标表示后缀子串 {u} 的长度，对应的数组值存储的是在模式串中与后缀子串 {u} 相匹配的另一个子串 {u*} 的起始下标。我们举例说明一下，如图 8-24 所示。

后缀子串	长度
b	1
ab	2
cab	3
bcab	4
abcab	5

模式串：c a b c a b

图 8-23　模式串中的所有后缀子串及其长度

模式串：c a b c a b
　　　　0 1 2 3 4 5

后缀子串	长度	*suffix*
b	1	suffix[1]=2
ab	2	suffix[2]=1
cab	3	suffix[3]=0
bcab	4	suffix[4]=-1
abcab	5	suffix[5]=-1

图 8-24　*suffix* 数组

但是，如果模式串中有多个子串与后缀子串 {u} 匹配，那么 *suffix* 数组中该存储哪一个子串的起始下标呢？为了避免模式串往后滑动过头，*suffix* 数组存储模式串中最靠后的那个匹配子串的起始下标，也就是下标最大的那个匹配子串的起始下标。

实际上，仅有 *suffix* 数组是不够的。好后缀规则包含两部分，它不仅要查找在模式串中与好后缀匹配的子串，还要查找在好后缀所有的后缀子串中能与模式串前缀子串匹配的最长的那个后缀子串（为了简化讲解，我们将其称为"最长可匹配后缀子串"）。而好后缀的后缀子串肯定也是模式串的后缀子串。为了加快查找"最长可匹配后缀子串"，我们可以事先通过一个 boolean 类型的 *prefix* 数组，来记录模式串的每个后缀子串是否能匹配模式串的前缀子串，如图 8-25 所示。

知道了 *suffix* 数组和 *prefix* 数组的定义，接下来，我们再看一下如何计算这两个数组的值。计算逻辑很简单，但非常有技巧性，不容易理解。

我们用模式串的前缀子串，也就是下标 $0 \sim i$ 的子串（i 可以是 $0 \sim m-2$），与整个模式串求公共后缀子串。如果公共后缀子串的长度是 k，起始下标为 j，如图 8-26 所示，就记录 suffix[k]=j。如果 j 等于 0，也就是说，公共后缀子串也是模式串的前缀子串，就记录 prefix[k]=true。

模式串：c a b c a b
　　　　　0 1 2 3 4 5

后缀子串	长度	suffix	prefix
b	1	suffix[1]=2	prefix[1]=false
ab	2	suffix[2]=1	prefix[2]=false
cab	3	suffix[3]=0	prefix[3]=true
bcab	4	suffix[4]=-1	prefix[4]=false
abcab	5	suffix[5]=-1	prefix[5]=false

图 8-25　*prefix* 数组

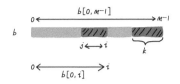

图 8-26　$b[0,i]$ 与整个模式串求公共后缀子串

suffix 数组和 *prefix* 数组的计算过程对应的代码实现如下所示。

```
// b表示模式串,m表示模式串的长度
void generateGS(char[] b, int m, int[] suffix, boolean[] prefix) {
  for (int i = 0; i < m; ++i) { //初始化suffix、prefix数组
    suffix[i] = -1;
    prefix[i] = false;
  }
  for (int i = 0; i < m - 1; ++i) { //循环处理b[0,i]
    int j = i;
    int k = 0; //公共后缀子串的长度
    while (j >= 0 && b[j] == b[m-1-k]) { //与b[0,m-1]求公共后缀子串
      --j;
      ++k;
      suffix[k] = j+1; //j+1表示公共后缀子串在b[0,i]中的起始下标
    }
    if (j == -1) prefix[k] = true; //公共后缀子串也是模式串的前缀子串
  }
}
```

我们现在来看一下如何借助 *prefix* 数组和 *suffix* 数组计算模式串往后滑动的位数。

假设好后缀的长度是 *k*，我们用好后缀 {*u*} 在 *suffix* 数组中查找可匹配的子串。如果 *suffix*[*k*] 不等于 −1（−1 表示不存在可匹配的子串），那么我们就将模式串往后移动 *j*−*suffix*[*k*]+1 位，其中，*j* 表示坏字符对应的模式串中的字符的下标，如图 8-27 所示。

如果 *suffix*[*k*] 等于 −1，就表示模式串中不存在与好后缀匹配的子串。这时，我们就用好后缀规则的另一条规则来处理：查找好后缀所有的后缀子串中能与模式串前缀子串匹配的最长的那个后缀子串。

好后缀 $b[j+1,m-1]$ 的后缀子串 $b[r,m-1]$（对应图 8-28 中的 {*v*}，其中，*r* 取值为 *j*+2 ～ *m*−1）的长度 *k*=*m*−*r*，如果 *prefix*[*k*] 等于 true，表示长度为 *k* 的后缀子串，有可匹配的前缀子串（对应图 8-28 中的 {*v* *}），那么我们可以把模式串后移 *r* 位。

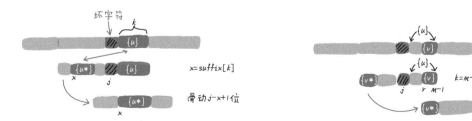

图 8-27　*suffix*[*k*]!=−1 时计算模式串往后滑动的位数　　图 8-28　*suffix*[*k*]=−1 时计算模式串往后滑动的位数

如果在模式串中没有找到好后缀可以匹配的子串，也没有找到好后缀中可匹配模式串的前缀子串的后缀子串，就将整个模式串后移 *m* 位，如图 8-29 所示。

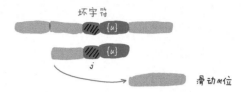

图 8-29　模式串中不存在与好后缀的后缀子串相匹配的前缀子串

至此，坏字符规则和好后缀规则的代码实现就全部介绍完了。包含坏字符和好后缀两个规则的 BM 算法的代码实现如下所示。

```java
// a和b分别表示主串和模式串；n和m分别表示主串和模式串的长度
public int bm(char[] a, int n, char[] b, int m) {
  int[] bc = new int[SIZE]; //记录模式串中每个字符最后出现的位置
  generateBC(b, m, bc); //构建坏字符哈希表
  int[] suffix = new int[m];
  boolean[] prefix = new boolean[m];
  generateGS(b, m, suffix, prefix);
  int i = 0; //j表示主串与模式串匹配的第一个字符
  while (i <= n - m) {
    int j;
    for (j = m - 1; j >= 0; --j) { //模式串从后往前匹配
      if (a[i+j] != b[j]) break; //坏字符对应模式串中的下标是j
    }
    if (j < 0) {
      return i; //匹配成功，返回主串与模式串第一个匹配的字符的位置
    }
    int x = j - bc[(int)a[i+j]];
    int y = 0;
    if (j < m-1) { //如果有好后缀的话
      y = moveByGS(j, m, suffix, prefix);
    }
    i = i + Math.max(x, y);
  }
  return -1;
}

//j表示坏字符对应的模式串中的字符下标,m表示模式串长度
private int moveByGS(int j, int m, int[] suffix, boolean[] prefix) {
  int k = m - 1 - j; //好后缀的长度
  if (suffix[k] != -1) return j - suffix[k] +1;
  for (int r = j+2; r <= m-1; ++r) {
    if (prefix[m-r] == true) {
      return r;
    }
  }
  return m;
}
```

8.3.4　BM 算法的性能分析

我们先来分析一下 BM 算法的内存消耗。

在整个 BM 算法执行的过程中，额外创建了 3 个数组，其中，*bc* 数组的大小与字符集大

小有关，*suffix* 数组和 *prefix* 数组的大小与模式串的长度 *m* 有关。

如果要处理字符集很大的字符串匹配问题，那么 *bc* 数组对内存的消耗就会比较多，因为 *bc* 数组只用在了坏字符规则中。而好后缀规则和坏字符规则是相互独立的，如果内存有限，我们可以只使用好后缀规则，不使用坏字符规则，这样就能避免 *bc* 数组消耗过多的内存空间。不过，单纯使用好后缀规则的 BM 算法效率会下降一些。是追求执行效率还是节省内存消耗，这就需要我们在工程中进行权衡。

我们再来分析一下 BM 算法的执行效率。

实际上，本节讲的 BM 算法只是初级版本。为了降低学习难度，有些复杂的优化在本节中并没有涉及。对于目前介绍的 BM 算法的这个版本，在极端情况下，计算 *suffix* 数组、*prefix* 数组的效率会比较低。

如果模式串中包含大量重复字符，如 aaaaaaa，计算 *suffix* 和 *prefix* 数组的时间复杂度就变成了 $O(m^2)$。当然，这只是极端情况，在大部分情况下，性能不会这么差。关于如何优化这种极端情况下的性能退化问题，如果读者感兴趣，可以自己研究一下。

实际上，BM 算法的时间复杂度分析非常复杂，*A New Proof of the Linearity of the Boyer-Moore String Searching Algorithm* 这篇论文证明了在最坏情况下 BM 算法的比较次数的上限是 5*n*，*Tight Bounds On The Complexity Of The Boyer-Moore String Matching Algorithm* 这篇论文证明了在最坏情况下 BM 算法的比较次数的上限是 3*n*。

8.3.5 解答本节开篇问题

现在，我们再来看一下本节的开篇问题：RK 算法的时间复杂度是 $O(n)$，难道还有比线性时间复杂度更高效的字符串匹配算法？

对于这个问题，读者现在应该已经有答案了。尽管 BM 算法在最坏的情况下的时间复杂度是 $O(n)$，但在最好的情况下，时间复杂度为 $O(n/m)$，如主串是 aaabaaabaaabaaab，模式串是 aaaa。也就是说，在大部分情况下，BM 算法的时间复杂度会比 $O(n)$ 低。

8.3.6 内容小结

本节介绍了一种比较复杂的字符串匹配算法：BM 算法。尽管该算法复杂、难懂，但匹配的效率却很高，在实际的软件开发中应用比较多。

BM 算法的核心思想：利用模式串本身的特点，当模式串中某个字符与主串不能匹配时，将模式串往后多滑动几位，以此来减少不必要的字符比较，提高匹配效率。BM 算法包含两个规则：坏字符规则和好后缀规则。

为了提高算法的执行效率，对于坏字符规则，我们通过哈希表来实现快速查找坏字符在模式串中出现的位置。对于好后缀规则，我们通过事先计算 *suffix* 数组和 *prefix* 数组，来实现快速地在模式串中查找好后缀可匹配子串。

8.3.7 思考题

如果我们单独来看时间复杂度，那么，当模式串的长度 *m* 比较小的时候，BF、RK 和 BM

算法的性能表现相差不大。在实际的软件开发中，大部分模式串也不会很长，那么，BM 算法是不是就没有太大的实践意义了呢？是不是只有在模式串很长的情况下，BM 算法才能发挥绝对优势呢？

8.4 KMP 算法：如何借助 BM 算法理解 KMP 算法

在 8.3 节中，我们介绍了 BM 算法，尽管它很复杂，不好理解，但却是工程中常用的一种字符串匹配算法。有统计显示，BM 算法是高效、常用的字符串匹配算法。不过，在所有的字符串匹配算法里，比较知名的还是 KMP 算法。很多时候，一提到字符串匹配算法，我们最先想到的就是 KMP 算法。

尽管在实际的开发中，几乎不会有机会需要我们从零开始实现一个 KMP 算法，但学习这个算法的思想，对于开拓眼界、锻炼逻辑思维，很有帮助。实际上，KMP 算法与 BM 算法的本质是一样的。本节我们就来探讨一下，如何借助 BM 算法的处理思路来理解 KMP 算法？

8.4.1 KMP 算法的基本原理

KMP（Knuth Morris Pratt）算法是根据 3 位作者（D. E. Knuth、J. H. Morris 和 V. R. Pratt）的姓氏来命名的。

KMP 算法的核心思想与 8.3 节介绍的 BM 算法相近。在模式串与主串匹配的过程中，当遇到不可匹配的字符时，我们希望找到一些规律，将模式串往后多滑动几位，跳过那些肯定不会匹配的情况。

在 BM 算法中，模式串与主串匹配的时候，是按照模式串中字符下标从大到小的顺序比对的，也就是说，是倒着匹配的。而 KMP 算法正好相反，是按照模式串中字符下标从小到大的顺序比对的。读者还记得 BM 算法中的坏字符和好后缀吗？类比 BM 算法，对于 KMP 算法，在模式串和主串匹配的过程中，把不能匹配的那个字符仍然称为坏字符，把已经匹配的那段字符串称为好前缀，如图 8-30 所示。

图 8-30 KMP 算法中的
好前缀和坏字符

当遇到坏字符时，我们就要把模式串往后滑动，在滑动的过程中，只要模式串和主串中的好前缀有重合，此时的模式串与主串的匹配就相当于用好前缀的后缀子串与模式串的前缀子串在比较，如图 8-31 所示。

KMP 算法的核心处理思想：在模式串和主串匹配的过程中，当遇到坏字符后，对于已经比对过的好前缀，找到一种规律，将模式串一次性往后滑动很多位。

我们在好前缀的所有前缀子串中，查找能与好前缀的后缀子串匹配的最长的那个前缀子串。如图 8-32 所示，如果最长的可匹配的前缀子串 $\{v\}$ 的长度是 k，我们就把模式串一次性往后滑动 $j-k$ 位，相当于，每当遇到坏字符时，我们就把 j 更新为 k，i 不变，然后继续比较。

为了表述方便，作者把好前缀的所有后缀子串中最长的可匹配前缀子串的那个后缀子串，称为最长可匹配后缀子串；对应的前缀子串，称为最长可匹配前缀子串，如图 8-33 所示。

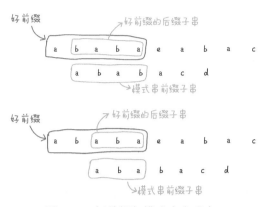

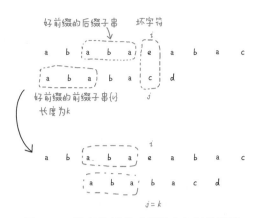

图 8-31　好前缀与模式串有重合　　　　　　图 8-32　让好前缀的后缀子串与好前缀的
　　　　　　　　　　　　　　　　　　　　　　　　　　前缀子串上下重合

如何求好前缀的最长可匹配前缀子串和最长可匹配后缀子串呢？实际上，这个问题的求解并不涉及主串，只涉及模式串本身。那么，能不能预处理，事先计算好，在模式串和主串匹配的过程中，直接拿过来就用呢？

类似 BM 算法中的 *bc*、*suffix*、*prefix* 数组，KMP 算法也可以提前构建一个数组，用来存储模式串中每个前缀（这些前缀有可能是好前缀）的最长可匹配前缀子串的结尾字符下标。我们把这个数组定义为 *next* 数组，也称为失效函数（failure function）。

next 数组的下标对应每个前缀结尾字符下标，对应的数组值存储这个前缀的最长可匹配前缀子串的结尾字符下标。这句话有点拗口，下面举例解释一下，如图 8-34 所示。

模式串前缀 （好前缀候选）	前缀结尾字符下标	最长可匹配前缀子串的结尾字符下标	*next* 值
a	0	-1（表示不存在）	next[0]=-1
a b	1	-1	next[1]=-1
a b a	2	0	next[2]=0
a b a b	3	1	next[3]=1
a b a b a	4	2	next[4]=2
a b a b a c	5	-1	next[5]=-1

图 8-33　最长可匹配后缀子串和最长可匹配前缀子串　　　　图 8-34　*next* 值示例

有了 *next* 数组，KMP 算法就很容易实现了，我们先给出 KMP 算法的框架代码，如下所示，其中，假设 *next* 数组已经计算好了。

```
//a和b分别是主串和模式串；n和m分别是主串和模式串的长度
public static int kmp(char[] a, int n, char[] b, int m) {
  int[] next = getNexts(b, m);
  int j = 0;
  for (int i = 0; i < n; ++i) {
    while (j > 0 && a[i] != b[j]) {
```

```
      j = next[j - 1] + 1;
    }
    if (a[i] == b[j]) {
      ++j;
    }
    if (j == m) {
      return i - m + 1;
    }
  }
  return -1;
}
```

8.4.2　失效函数的计算方法

现在，我们来看 KMP 算法中最复杂的部分，也就是计算 *next* 数组。

当然，我们可以用比较"笨"的方法来计算 *next* 数组的值，如图 8-35 所示，要计算 *next*[4]，我们就把模式串 *b* 的前缀子串 *b*[0,4] 的所有后缀子串都罗列出来，然后，从中找出能与模式串的前缀子串匹配的最长的那个后缀子串，也就是"aba"。*next*[4] 记录的是"aba"的最后一个字符的下标，因此，*next*[4]=2。

显然，上述计算 *next* 数组的方法非常低效。实际上，我们可以利用类似动态规划的处理思想来高效计算 *next* 数组。不过，动态规划在第 10 章才会讲到，因此，这里作者换一种方式来解释这种计算方法。

我们按照下标从小到大的顺序依次计算 *next* 数组的值。我们利用已经计算好的 *next*[0]、*next*[1]……*next*[*i*−1]，快速推导出 *next*[*i*] 的值。

如果 *next*[*i*−1]=*k*−1，那么子串 *b*[0,*k*−1] 是 *b*[0,*i*−1] 的最长可匹配前缀子串。如果子串 *b*[0,*k*−1] 的下一个字符 *b*[*k*] 与 *b*[0,*i*−1] 的下一个字符 *b*[*i*] 匹配，那么子串 *b*[0,*k*] 就是 *b*[0,*i*] 的最长可匹配前缀子串。因此，*next*[*i*] 等于 *k*，如图 8-36 所示。

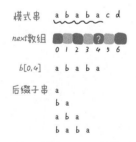

图 8-35　计算 *next*[4] 的值的方法　　　　图 8-36　*k*−1、*k*、*i*−1、*i* 在模式串中的位置

但是，如果最长可匹配前缀子串 *b*[0,*k*−1] 的下一字符 *b*[*k*] 与 *b*[0,*i*−1] 的下一个字符 *b*[*i*] 不相等，那么我们就不能简单地通过 *next*[*i*−1] 得到 *next*[*i*] 了。

既然 *b*[0,*i*−1] 的最长可匹配后缀子串对应的模式串的前缀子串的下一个字符并不等于 *b*[*i*]，那么我们就可以考察 *b*[0,*i*−1] 的次长可匹配后缀子串 *b*[*x*,*i*−1] 对应的可匹配前缀子串 *b*[0,*i*−1−*x*] 的下一个字符 *b*[*i*−*x*] 是否与 *b*[*i*] 相等。如果相等，那么 *b*[*x*,*i*] 就是 *b*[0,*i*] 的最长可匹配后缀子串。*i*−1−*x*、*x*、*i*−1 在模式串中的位置如图 8-37 所示。

可是，如何求得 *b*[0,*i*−1] 的次长可匹配后缀子串呢？次长可匹配后缀子串 *C* 肯定被包含在最长可匹配后缀子串 *D* 中，并且 *C* 是 *D* 的最长可匹配后缀子串。查找 *b*[0,*i*−1] 的次长可匹配后缀子串这个问题就变成了查找 $b[0,y]$（$y=next[i-1]$）的最长可匹配后缀子串，如图 8-38 所示。

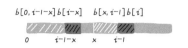

图 8-37 $i-1-x$、x、$i-1$ 在模式串中的位置

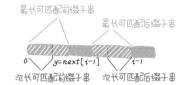

图 8-38 最长可匹配前缀子串、次长可匹配前缀子串、最长可匹配后缀子串和次长可匹配后缀子串之间的关系

按照这个思路，考察 $b[0,i-1]$ 所有的可匹配后缀子串，直到找到一个可匹配后缀子串 $b[y,i-1]$，其满足对应的前缀子串的下一个字符等于 $b[i]$，那么这个 $b[y,i]$ 就是 $b[0,i]$ 的最长可匹配后缀子串。

前面已经给出 KMP 算法的框架代码，现在，我们给出 $next$ 数组计算的代码，如下所示，两部分代码结合起来就是 KMP 算法的完整代码实现。

```
//b表示模式串,m表示模式串的长度
private static int[] getNexts(char[] b, int m) {
  int[] next = new int[m];
  next[0] = -1;
  int k = -1;
  for (int i = 1; i < m; ++i) {
    while (k != -1 && b[k + 1] != b[i]) {
      k = next[k];
    }
    if (b[k + 1] == b[i]) {
      ++k;
    }
    next[i] = k;
  }
  return next;
}
```

8.4.3 KMP 算法的性能分析

现在，我们来分析一下 KMP 算法的时间复杂度和空间复杂度。

KMP 算法的执行过程只需要额外创建一个的 $next$ 数组，$next$ 数组的大小与模式串长度相同，因此，KMP 算法的空间复杂度是 $O(m)$，m 表示模式串的长度。

KMP 算法包含两部分核心逻辑：第一部分是构建 $next$ 数组，第二部分是借助 $next$ 数组匹配模式串和主串。因此，对于时间复杂度，我们也分为这两部分进行分析。

我们先来分析第一部分的时间复杂度。

在计算 $next$ 数组的代码中，对于第一层 for 循环，i 从 1 增长到 m-1，也就是说，内部的代码被执行了 m-1 次。for 循环内部代码有一个 while 循环，如果我们知道每次 while 循环平均执行的次数（假设是 k），那么计算 $next$ 数组的时间复杂度就是 $O(km)$。但是，while 循环执行的次数不怎么好统计，因此，我们放弃这种分析方法。

我们找一些参照变量 i 和 k。i 从 1 开始一直增加到 m，而 k 并不是每次 for 循环都会增加，因此，k 累计增加的值肯定小于 m。在 while 循环中，k=next[k]，实际上是在减小 k 的值，k 累计增加没有超过 m，因此，在 while 循环中，k=next[k] 语句（见 8.4.2 节）总的执行次数也不可能超过 m。因此，计算 *next* 数组的时间复杂度是 $O(m)$。

我们再来分析第二部分的时间复杂度。

分析方法类似。在 8.4.1 节的借助 *next* 数组匹配模式串和主串的代码中，i 从 0 循环增长到 n-1，而 j 的增长量不可能超过 i，因此 j 的增长量肯定小于 n。while 循环中的语句 j=next[j-1]+1，不会使 j 增长，那么，有没有可能让 j 不变呢？也没有可能。因为 next[j-1] 的值肯定小于 j-1，所以 while 循环中的这条语句实际上也是在让 j 的值减少。而 j 总共增长的量不会超过 n，减少的量也不可能超过 n，因此，while 循环中的 j=next[j-1]+1 语句总的执行次数也不会超过 n。因此，借助 *next* 数组匹配模式串和主串这部分的时间复杂度是 $O(n)$。

综合两部分的时间复杂度，KMP 算法的时间复杂度为 $O(m+n)$。

8.4.4 内容小结

KMP 算法和 8.3 节讲的 BM 算法的本质类似，都是在遇到坏字符时，根据规则，把模式串往后多滑动几位。BM 算法包含两个规则：坏字符和好后缀。KMP 算法借鉴 BM 算法的思想，可以总结成好前缀规则。

KMP 算法中最复杂的部分是 *next* 数组的计算。如果用较"笨"的方法来计算 *next* 数组，确实不难，但效率会比较低。因此，KMP 算法使用了一种类似动态规划的方法，按照下标 *i* 从小到大的顺序依次计算 *next*[*i*]，并且 *next*[*i*] 的值通过前面已经计算出来的 *next*[0]、*next*[1]……*next*[*i*-1] 快速推导得出。

KMP 算法的时间复杂度是 $O(m+n)$，不过，它的分析过程稍微需要一点技巧，不那么直观，读者只需要看懂，并不需要掌握。

8.4.5 思考题

我们已经学习了 4 种字符串匹配算法。对于每种算法，我们都给出了理论上的性能分析，也就是时间复杂度分析。对于性能，除理论分析以外，有时我们还需要真实数据的验证。如何设计测试数据、测试方法，对比各种字符串匹配算法的执行效率呢？

8.5 Trie 树：如何实现搜索引擎的搜索关键词提示功能

对于搜索引擎的搜索关键词提示功能，读者应该也不会感到陌生。当在搜索引擎的搜索框中，输入部分要搜索的关键词，搜索引擎会自动弹出关键词提示下拉框。我们直接从下拉框中选择要搜索的关键词即可，节省了输入搜索关键词的时间，如图 8-39 所示。假如你是一名软件工程师，你是否思考过，搜索引擎的关键词提示功能是怎么实现的？其底层依赖哪种数据结构和算法？带着这个问题，我们学习本节的内容：Trie 树。

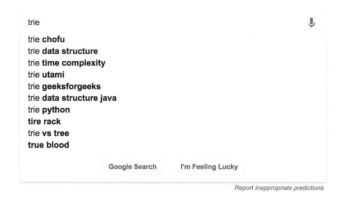

图 8-39　搜索引擎的关键词提示功能

8.5.1　Trie 树的定义

Trie 树，也称为"字典树"。它是一个树形结构，用来解决在一组字符串集合中快速查找某个字符串的问题。Trie 树到底长什么样子呢？我们通过一个例子来看一下。

假设有一个包含 how、hi、her、hello、so 和 see 这 6 个字符串的集合。我们希望在其中查找某个字符串是否存在。如果每次查找，我们都是用待查找字符串与这 6 个字符串依次进行字符串匹配，效率会比较低，有没有更高效的查找方法呢？

尽管这个问题可以用之前学过的数据结构来解决，如将这 6 个字符串存储在哈希表或红黑树中，查询操作就快了很多。但 Trie 树在这个问题的解决上，有它特有的优势。

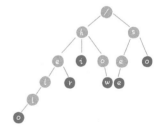

Trie 树的本质是利用字符串之间的公共前缀，将重复的前缀合并在一起。图 8-40 所示的是这 6 个字符串对应的 Trie 树。其中，根节点不包含任何信息，其他每个节点表示字符串中的一个字符，从根节点到橙色节点的一条路径表示字符串集合中的一个字符串（注意：橙色节点并不都是叶子节点）。

图 8-40　Trie 树示例

上述 Trie 树的构造过程如图 8-41 所示，我们将这 6 个字符串依次插入 Trie 树中。

当要查找某个字符串时，如查找字符串"her"，我们将其分割成单个的字符 h、e、r，然后从 Trie 树的根节点开始匹配。如图 8-42 所示，绿色的路径就是字符串"her"在 Trie 树中匹配所经过的路径。上文讲到，从根节点到橙色节点的路径表示字符串集合中的一个字符串，字符串"her"的匹配路径的终止节点是橙色节点，这就表示要查找的字符串（"her"）能够匹配字符串集合中的一个字符串。

如果我们要查找的字符串是"he"呢？我们还是用与查找字符串"her"同样的方法，从根节点开始，沿着某条路径来匹配，如图 8-43 所示，绿色的路径是字符串"he"在 Trie 树中匹配所经过的路径。但是，路径的最后一个节点"e"并不是橙色节点，也就是说，"he"是某个字符串的前缀子串，但并不能完全匹配字符串集合中的任何字符串。

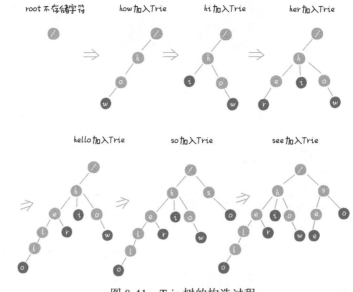

图 8-41　Trie 树的构造过程

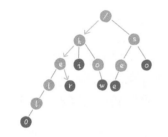

图 8-42　在 Trie 树中查找字符串 "her"

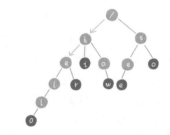

图 8-43　在 Trie 树中查找字符串 "he"

8.5.2　Trie 树的代码实现

从 Trie 树的定义，我们可以发现，Trie 树是多叉树。我们知道，对于二叉树，一个节点的左右子节点是通过 left 和 right 两个指针来存储的，如下面的代码所示。那么，对于多叉树，一个节点的多个子节点又该如何存储呢？

```
public class BinaryTreeNode {
  public char data;
  public BinaryTreeNode left;
  public BinaryTreeNode right;
}
```

我们先介绍一种经典的存储方式，通过一个下标与字符一一映射的数组，来存储指向子节点的指针。假设字符串对应的字符集只包含 a～z 这 26 个小写字母，在数组中下标为 0 的位置，存储指向存储了字符 a 的子节点的指针，下标为 1 的位置存储指向存储了字符 b 的子节点的指针，依此类推，下标为 25 的位置，存储指向存储了字符 z 的子节点的指针。如果某个字符对应的子节点不存在，我们就在数组中对应的位置存储 null。Trie 树的存储结构听起来比较复杂，但对应的代码实现却比较简单，如下所示。

```java
public class TrieNode {
  public char data;
  public TrieNode children[26] = new TrieNode[26];
}
```

对于 Trie 树，主要包含两个操作，一个操作是将字符串集合构造成 Trie 树，也就是将字符串插入 Trie 树中；另一个操作是在 Trie 树中查询某个字符串。对应的代码实现如下所示。

```java
public class Trie {
  private TrieNode root = new TrieNode('/');

  //往Trie树中插入一个字符串
  public void insert(char[] text) {
    TrieNode p = root;
    for (int i = 0; i < text.length; ++i) {
      int index = text[i] - 'a';
      if (p.children[index] == null) {
        TrieNode newNode = new TrieNode(text[i]);
        p.children[index] = newNode;
      }
      p = p.children[index];
    }
    p.isEndingChar = true;
  }

  //在Trie树中查找一个字符串
  public boolean find(char[] pattern) {
    TrieNode p = root;
    for (int i = 0; i < pattern.length; ++i) {
      int index = pattern[i] - 'a';
      if (p.children[index] == null) {
        return false; //不存在pattern
      }
      p = p.children[index];
    }
    if (p.isEndingChar == false) return false; //不能完全匹配
    else return true; //找到pattern
  }

  public class TrieNode {
    public char data;
    public TrieNode[] children = new TrieNode[26];
    public boolean isEndingChar = false;
    public TrieNode(char data) {
      this.data = data;
    }
  }
}
```

8.5.3 Trie 树的性能分析

现在，我们探讨一下，在 Trie 树中，查找操作的时间复杂度是多少？

构建 Trie 树的过程需要扫描所有的字符串，时间复杂度是 $O(m \times len)$，其中 len 表示模式串的平均长度，m 表示模式串的个数。一旦 Trie 树构建完成，后续的查询操作会相当高效。假设要查询的字符串长度为 k，查询过程只需要在 Trie 树中比对大约 k 个节点，因此，查询操作的时间复杂度是 $O(k)$，与字符串集合的大小，以及字符串集合中每个字符串的长度没有任何关系。

Trie 树是一种非常高效的字符串匹配方法，但有利也有弊，Trie 树借助了空间换时间的设计思路，尽管匹配效率高，但内存消耗大。

上文讲到，Trie 树用数组来存储节点的子节点指针。对于字符集包含 a ～ z 这 26 个字符的 Trie 树，每个节点都要存储一个大小为 26 的子节点指针数组。因此，每个节点占用的内存空间远远大于 1B。子节点指针数组长度为 26，每个数组元素占用 8B 的内存（或者是 4B，指针所占内存大小与 CPU、操作系统和编译器等有关），那么，每个节点就会额外需要 26×8=208B 大小的内存空间。如果字符串中不仅包含小写字母，还包含大写字母、数字和中文，那么基于数组存储子节点指针的方法需要的内存空间就会更多。也就是说，在重复前缀并不多的情况下，Trie 树不但不能节省内存，还有可能占用更多的内存。

那么，如何解决 Trie 树内存占用过多的问题呢？

我们可以稍微牺牲一点查询效率，将每个节点中存储子节点指针的数组换成其他数据结构，如有序数组、哈希表和红黑树等。我们用有序数组举例解释一下。替换成其他数据结构后的处理思路是类似的，留给读者自己分析。

假设某个节点只有 k 个子节点，我们只需要用一个长度为 k 的数组来存储子节点指针，在数组中，子节点指针按照所指向的子节点对应字符的大小顺序排列。在 Trie 树中匹配字符串时，我们通过在有序数组中二分查找，快速查找某个字符应该匹配的子节点指针。但是，往 Trie 树中插入字符串的操作会变慢，因为需要维护数组中数据的有序性。

实际上，还有其他一些方法可以在一定程度上减少内存消耗，如缩点优化。如图 8-44 所示，如果某个节点只有一个子节点，并且此节点不是一个串的结束节点（橙色节点），那么我们可以将此节点与子节点合并。这样，就可以节省空间。不过，这也增加了编码的难度。

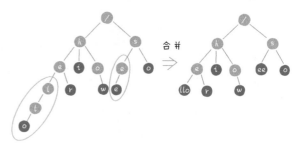

图 8-44　缩点优化

8.5.4　Trie 树与哈希表、红黑树的比较

实际上，对于在字符串集合中查找某个字符串的问题，我们还可以使用哈希表、红黑树等数据结构来解决。Trie 树在这个问题的解决上并没有太多优势。在实际的开发中，我们更倾向于使用哈希表或者红黑树。因为对于这两种数据结构，我们都不需要自己去实现，直接利用编程语言中提供的现成类库即可。如果用 Trie 树解决这个问题，那么我们就要自己从零开始进行编码实现，还要保证代码没有 bug，这个在工程上是将简单问题复杂化，除非必需，一般不建议这样做。

那么，Trie 树是不是就没用了呢？

实际上，对于精确匹配查找问题，哈希表或者红黑树更加适合。对于模糊查找问题，如查找前缀匹配的字符串，Trie 树更加适合，其他数据结构无法替代。实际上，本节的开篇问题就是这类问题。

8.5.5　解答本节开篇问题

现在，我们看一下本节的开篇问题：搜索引擎的关键词提示功能是怎么实现的？其底层依赖哪种数据结构和算法？

像 Google、百度这样的大型搜索引擎，它们的关键词提示功能非常精准，肯定做了很多复杂的设计和优化，但万变不离其宗，其底层所依赖的数据结构就是本节讲的 Trie 树。

假设搜索关键词库由用户的热门搜索关键词组成。我们将这个词库中包含的所有关键词构建成一个 Trie 树。当用户在搜索框内输入某些字符时，我们把这些字符作为前缀子串在 Trie 树中匹配。为了讲解方便，假设词库里只有 hello、her、hi、how、so、see 这 6 个关键词。如图 8-45 所示，当用户输入了字母 h 之后，我们就把以 h 为前缀的 hello、her、hi、how 展示在搜索提示框内。当用户继续输入字母 e 时，我们就把以 he 为前缀的 hello、her 展示在搜索提示框内。

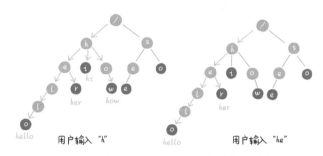

图 8-45　查找以"h"和"he"为前缀的关键词

不过，上述只是基本的实现原理，实际上，搜索引擎的搜索关键词提示功能的实现原理远非上面讲的内容这么简单。如果读者深入思考一下，就会发现，上述实现原理存在下面几个问题。

- 上文提到的实现思路是针对英文进行搜索关键词提示，对于更加复杂的中文搜索关键词，又该如何构建 Trie 树呢？
- 如果词库中的关键词非常多，用户输入的关键词作为前缀在 Trie 树中可以匹配的关键词也有很多，如何选择展示哪些关键词呢？
- 像 Google 这样的搜索引擎，在用户拼写单词错误的情况下，Google 仍然可以使用正确的拼写来进行关键词提示，这又是怎么做到的呢？

其中一些问题在后续章节会讲到，如拼写纠错会在动态规划中讲解。其余问题留给读者自己思考。

实际上，搜索关键词提示可以归为更大的一类应用：自动输入补全，如输入法自动补全功能、IDE 代码编辑器自动补全功能、浏览器网址输入的自动补全功能等。它们都可以使用 Trie 树来实现。

8.5.6　内容小结

本节讲了一种特殊的树：Trie 树。

Trie 树用来解决字符串快速匹配的问题。在 Trie 树中，查找字符串的操作非常高效，时间复杂度是 $O(k)$，其中 k 表示待查找字符串的长度。Trie 树的优势并不在于用它来进行动态集合的数据查找，因为这个工作完全可以使用哈希表或红黑树来完成。Trie 树最具优势的用途是查找前缀匹配的字符串，如实现自动输入补全功能，这是 Trie 树比较独特的、其他数据结构无法替代的应用场景。

在 Trie 树中，对于每个节点的子节点指针，如果采用经典的一对一映射的数组来存储，就会占用比较多的内存空间。为了平衡查询效率和空间消耗，我们可以将数组替换成有序数组、红黑树或哈希表等。

8.5.7　思考题

在网络传输中，数据包通过路由器来中转。路由器中的路由表记录了路由规则。一条路由规则包含目标 IP 地址段及相应的路由信息（如数据包的转发地址）。数据包携带的目标 IP 地址有可能与多个路由规则的目标 IP 地址段的前缀匹配，在这种情况下，我们会选择最长前缀匹配的规则作为最终的路由规则。本节的思考题：如何存储路由表信息，才能做到快速地查找某个数据包对应的转发地址？

8.6　AC 自动机：如何用多模式串匹配实现敏感词过滤

对于论坛、社区这类支持用户发表内容的网站，一般会有敏感词过滤功能，用来过滤用户输入的淫秽、谩骂等文字内容。读者有没有想过，这个功能是怎么实现的呢？

实际上，基本的实现原理就是基于字符串匹配算法，通过维护一个敏感词字典，当用户输入一段文字之后，通过字符串匹配算法，来查找用户输入的这段文字是否包含敏感词。如果用户输入的文字包含敏感词，我们就用"***"把其中的敏感词替代，或者直接拒绝发布用户输入的文字。

对于访问量巨大的网站，如淘宝，每天的用户评论可能有几亿条，这就对敏感词过滤系统的性能要求很高。毕竟，我们也不想用户输入内容之后，要等几秒才能发送出去，或者为了实现这个功能耗费过多的机器资源。

那么，如何才能实现一个高性能的敏感词过滤系统呢？这就会用到本节要讲的一种多模式串匹配算法：AC 自动机。

8.6.1　基于单模式串的敏感词过滤

实际上，前面讲过的几种字符串匹配算法，如 BF 算法、RK 算法、BM 算法、KMP 算法和 Trie 树，都可以用来解决敏感词过滤这个问题。其中，BF 算法、RK 算法、BM 算法和 KMP 算法是单模式串匹配算法，只有 Trie 树是多模式串匹配算法。

单模式串匹配算法是指在一个模式串和一个主串之间进行匹配，也就是说，在一个主串中查找一个模式串。多模式串匹配算法是指在多个模式串和一个主串之间做匹配，也就是说，在一个主串中同时查找多个模式串。

尽管单模式串匹配算法也能完成多模式串的匹配工作，如敏感词过滤这个问题，我们可以针对每个敏感词（模式串），通过单模式串匹配算法（如 KMP 算法）与用户输入的文字（主串）进行匹配。但是，这样做的话，每个模式串与主串匹配都需要扫描一遍主串（也就是用户输入的文字)。如果敏感词很多,如几千个,并且用户输入的文本很长,如有上千个字符,那么需要扫描几千遍这样的包含几千个字符的文本。显然,这种处理思路比较低效。

8.6.2 基于 Trie 树的敏感词过滤

与单模式串匹配算法相比,多模式串匹配算法在这个问题的处理上更加高效。它只需要扫描一遍主串,就能在主串中一次性查找多个模式串是否存在,从而大大提高匹配效率。我们知道,Trie 树是多模式串匹配算法。那么,具体如何用 Trie 树来实现敏感词过滤功能呢?

我们对敏感词字典进行预处理,构建成 Trie 树。由于敏感词字典不会频繁更新,因此预处理只需要做一次。如果敏感词字典更新了,如删除、添加了一个敏感词,那么我们只需要动态更新一下 Trie 树。

我们把用户输入的内容作为主串,从第一个字符(假设是字符 c)开始,在 Trie 树中进行匹配。当匹配到 Trie 树的叶子节点,或者中途遇到不匹配字符时,我们将主串的起始匹配位置后移一位,也就是从字符 c 的下一个字符开始,重新从根节点开始在 Trie 树中进行匹配。

基于 Trie 树的这种处理方法,有点类似单模式串匹配中的 BF 算法。在单模式串匹配算法中,KMP 算法对 BF 算法进行了改进,引入 *next* 数组,当匹配失败时,将模式串尽可能往后多滑动几位。借鉴单模式串匹配算法的优化思路,我们对 Trie 树进行优化,进一步提高匹配效率,于是,AC 自动机就产生了。

8.6.3 基于 AC 自动机的敏感词过滤

其实,多模式串匹配中的 Trie 树与 AC(Aho-Corasick)自动机之间的关系等同于单模式串匹配中的 BF 算法与 KMP 算法之间的关系。因此,AC 自动机实际上就是在 Trie 树之上加了类似 KMP 算法的 *next* 数组,只不过此处的 *next* 数组是构建在树上的,称为失败指针。AC 自动机中节点的定义如下代码所示。

```
public class AcNode {
  public char data;
  public AcNode[] children = new AcNode[26]; //字符集只包含a~z
  public boolean isEndingChar = false; //表示是否为结尾字符
  public int length = -1; //当isEndingChar=true时,记录模式串的长度
  public AcNode fail; //失败指针,类似KMP算法中的next数组

  public AcNode(char data) {
    this.data = data;
  }
}
```

AC 自动机的构建包含下面两个主要操作:

- 将多个模式串构建成 Trie 树;
- 在 Trie 树上构建失败指针。

关于如何构建 Trie 树,8.5 节已经讲过了。因此,这里我们重点介绍一下,在构建好 Trie 树之后,如何在它之上构建失败指针。

我们通过举例的方式来讲解。假设有 4 个模式串：c、bc、bcd 和 abcd ；主串是 abcd。我们将模式串构建成 Trie 树，如图 8-46 所示。

AC 自动机中的每一个节点都有一个失败指针，它的作用和构建过程与 KMP 算法中的 *next* 数组极其相似。假设我们沿 Trie 树走到 *p* 节点（也就是图 8-48 中标注为紫色的节点），那么 *p* 的失败指针就是从 root（根）节点到 *p* 节点形成的字符串 abc，与所有模式串前缀匹配的最长可匹配后缀子串，就是箭头指的 bc 模式串。

这里，作者解释一下"最长可匹配后缀子串"。字符串 abc 的后缀子串有两个：bc、c，我们用它们与其他模式串匹配，如果某个后缀子串可以匹配某个模式串的前缀，我们就把这个后缀子串称为可匹配后缀子串。我们从可匹配后缀子串中找出最长的一个，就是最长可匹配后缀子串。我们将 *p* 节点的失败指针指向最长可匹配后缀子串对应的模式串的前缀的最后一个节点，就是图 8-47 中箭头指向的节点。

图 8-46　包含 c、bc、bcd 和 abcd 这 4 个字符串的 Trie 树　　　　图 8-47　失败指针示例

计算每个节点的失败指针的过程看起来有些复杂，其实，如果我们把树中相同深度的节点放到同一层，那么，某个节点的失败指针只有可能出现在它所在层的上一层。我们可以像计算 KMP 算法的 *next* 数组那样，当求某个节点的失败指针时，我们通过已经求得的、深度更小的那些节点的失败指针来推导。因此，我们可以逐层从上往下依次来求解每个节点的失败指针。因此，失败指针的构建过程实际上是一个按层遍历树的过程。

初始化 root 节点的失败指针为 null。当我们已经求得某个节点 *p* 的失败指针之后，如何寻找它的子节点的失败指针呢？

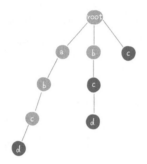

如图 8-48 所示，假设节点 *p* 的失败指针指向节点 *q*，我们看节点 *p* 的子节点 *pc* 对应的字符 d，是否也可以在节点 *q* 的子节点中找到。如果找到了节点 *q* 的一个子节点 *qc*，对应的字符也是 d，则将节点 *pc* 的失败指针指向节点 *qc*。

图 8-48　失败指针的构建过程示例 1

如图 8-49 所示，如果节点 *q* 中没有子节点对应的字符等于字符 d，则令 *q=q*.fail。继续上面的查找，直到 *q* 指向 root 节点，此时如果还没有找到对应字符等于字符 d 的子节点，我们就让节点 *pc* 的失败指针指向 root 节点。

按照上述失败指针的构建方法，我们对包含 c、bc、bcd 和 abcd 这 4 个字符串的 Trie 树构建失败指针，最后得到的 AC 自动机如图 8-50 所示。

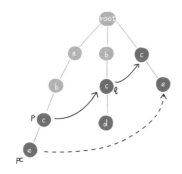

图 8-49　失败指针的构建过程示例 2

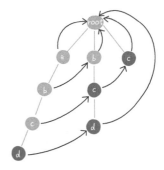

图 8-50　包含 c、bc、bcd 和 abcd 这 4 个字符串的 AC 自动机

基于上述原理，构建失败指针的代码实现如下所示。

```java
public void buildFailurePointer() {
  Queue<AcNode> queue = new LinkedList<>();
  root.fail = null;
  queue.add(root);
  while (!queue.isEmpty()) {
    AcNode p = queue.remove();
    for (int i = 0; i < 26; ++i) {
      AcNode pc = p.children[i];
      if (pc == null) continue;
      if (p == root) {
        pc.fail = root;
      } else {
        AcNode q = p.fail;
        while (q != null) {
          AcNode qc = q.children[pc.data - 'a'];
          if (qc != null) {
            pc.fail = qc;
            break;
          }
          q = q.fail;
        }
        if (q == null) {
          pc.fail = root;
        }
      }
      queue.add(pc);
    }
  }
}
```

到此，我们已经把模式串构建成了包含失败指针的 AC 自动机，接下来，我们探讨一下，如何在 AC 自动机上匹配主串？假设模式串是 b，主串是 a。主串从下标 i=0 开始匹配，AC 自动机从指针 p=root 开始匹配。

- 如果 p 指向的节点的子节点 x 对应的字符等于 $b[i]$，我们就更新 p 指向子节点 x，并且 i++。与此同时，我们通过失败指针，检测一系列失败指针为结尾的路径是否是模式串。如果是，那么此模式串就是包含在主串中，记录对应的起始位置。
- 如果 p 指向的节点没有子节点对应的字符等于 $b[i]$，我们就让 p=p.fail。

重复上面的两个过程，直到主串没有可匹配的字符为止，也就是 i 等于 n。

上述匹配过程对应的代码实现如下所示。这段代码输出的是在主串中每个可匹配模式串出现的位置。读者可以对照代码理解匹配的过程。

```java
public void match(char[] text) { //text是主串
  int n = text.length;
  AcNode p = root;
  for (int i = 0; i < n; ++i) {
    int idx = text[i] - 'a';
    while (p.children[idx] == null && p != root) {
      p = p.fail; //失败指针发挥作用的地方
    }
    p = p.children[idx];
    if (p == null) p = root; //如果没有可匹配的，则从root开始重新匹配
    AcNode tmp = p;
    while (tmp != root) { //输出可以匹配的模式串
      if (tmp.isEndingChar == true) {
        int pos = i-tmp.length+1;
        System.out.println("匹配起始下标" + pos + "; 长度" + tmp.length);
      }
      tmp = tmp.fail;
    }
  }
}
```

实际上，上述代码已经是一个敏感词过滤系统的原型代码了。它可以找到所有敏感词出现的位置（在用户输入文本中的起始下标）。我们只需要稍加改造，再遍历一遍文本内容（主串），就可以将文本中的所有敏感词替换成"***"。

8.6.4　AC 自动机的性能分析

在使用 AC 自动机匹配之前，我们需要先构建 AC 自动机，包括构建 Trie 树及失败指针。在 8.5 节，我们讲过，构建 Trie 树的时间复杂度是 $O(m \times len)$，其中 len 表示模式串的平均长度，m 表示模式串的个数。那么，构建失败指针的时间复杂度是多少呢？

这里我们只给出一个不是很准确的上界。在构建失败指针的代码中，最耗时的是 while 循环中的 q=q.fail 语句，每运行一次，q 指向节点的深度会至少减小 1，而树的高度不会超过 len，因此，每个节点构建失败指针的时间复杂度是 $O(len)$，因此，构建失败指针总的时间复杂度就是 $O(k \times len)$（k 表示 Trie 树中总的节点个数）。

不过，AC 自动机是在预处理阶段就已经构建好的，构建好之后并不会频繁更新，因此，构建过程的快慢并不会影响敏感词过滤的效率。那么，利用 AC 自动机做匹配的时间复杂度是多少呢？

与分析构建失败指针的时间复杂度类似，在匹配过程的实现代码中，for 循环依次遍历主串中的每个字符，for 循环内部最耗时的部分也是 while 循环，这一部分的时间复杂度也是 $O(len)$，因此，匹配总的时间复杂度就是 $O(n \times len)$（n 表示主串的长度）。

读者可能会认为，从时间复杂度上来看，AC 自动机匹配的效率与 Trie 树一样。实际上，因为失败指针可能在大部分情况下指向 root 节点，所以，在绝大部分情况下，在 AC 自动机上进行匹配的效率要远高于刚才计算出的比较宽泛的时间复杂度，在实际情况下，可以接近 $O(n)$。只有在极端情况下，如图 8-51 所示，AC 自动机的性能才会退化到与 Trie 树一样。

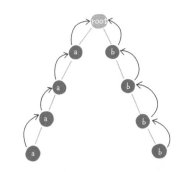

图 8-51　AC 自动机性能退化的极端情况

8.6.5　内容小结

本节重点讲解了 AC 自动机这种多模式串匹配算法。

单模式串匹配算法是为了快速在主串中查找一个模式串，而多模式串匹配算法是为了快速地在主串中查找多个模式串。多模式串匹配算法适合模式串集合不频繁更新的场景，如敏感词过滤系统。

AC 自动机是基于 Trie 树的一种改进结构，它与 Trie 树的关系等同于单模式串匹配算法中 KMP 算法与 BF 算法的关系。KMP 算法中有一个非常关键的 *next* 数组，类比到 AC 自动机中，就是失败指针。而且，AC 自动机中失败指针的构建过程与 KMP 算法中 *next* 数组的计算过程极其相似。因此，要理解 AC 自动机，最好先掌握 KMP 算法。

8.6.6　思考题

到此为止，对于字符串匹配算法，我们全部介绍完毕。本节的思考题：各个字符串匹配算法的特点分别是什么？它们比较适合的应用场景有哪些？

第 **9** 章 图

　　本章介绍图及其相关的算法。图是一种比较复杂的数据结构，相关的算法比较多和复杂。本章介绍几种经典的算法，包括广度优先搜索、深度优先搜索、单源最短路径算法（重点介绍 Dijkstra 算法）、多源最短路径算法（重点介绍 Floyd 算法）、启发式搜索算法（重点介绍 A* 算法）、最小生成树算法（重点介绍 Kruskal 算法和 Prim 算法）和最大流算法。

9.1 图的表示：如何存储微博、微信等社交网络中的好友关系

微博、微信、LinkedIn 等是目前比较流行的社交软件。在微博中，两个人可以互相关注；在微信中，两个人可以互相加为好友。读者是否思考过，微博、微信等社交网络中的好友关系是如何存储的？

这就会用到本章要介绍的数据结构：图。图是一种比较复杂的数据结构，涉及图的算法有很多，如图的搜索、最短路径、最小生成树、最大流和二分图等。本节重点讲解图的定义和表示。

9.1.1 图的定义

上文曾经提到过，树是一种非线性表，本节介绍的图（graph）也是一种非线性表。不过，与树相比，图更加复杂。树中的元素称为节点，对应地，图中的元素称为顶点（vertex）。如图 9-1 所示，图中的一个顶点可以与任意其他顶点建立连接关系，我们把这种连接关系称为边（edge）。

在我们的日常生活中，就有很多符合图这种结构的例子。例如，开头讲到的社交网络就是一个非常典型的图结构。我们用微信进行举例说明。我们可以把每个用户看作一个顶点。如果两个用户互相加为好友，就在对应的两个顶点之间建立一条边。因此，微信的整个好友关系就可以用一张图来表示。其中，每个用户有多少个好友，对应到图中，就称为顶点的度（degree），也就是与顶点相连接的边的条数。

不过，微博中的社交关系与微信有点不一样。微博允许单向关注，也就是说，用户 A 关注了用户 B，但用户 B 有可能没有关注用户 A。那么，这种单向的社交关系，又该如何用图来表示呢？

我们可以对图中的边稍微改造一下，引入"方向"这个概念。如果用户 A 关注了用户 B，我们就在图中画一条从 A 到 B 的带箭头的边。如果用户 A 和用户 B 互相关注了，我们就画两条边，一条从 A 指向 B，另一条从 B 指向 A。我们把这种边有方向的图称为"有向图"，如图 9-2 所示。依此类推，我们把边没有方向的图就称为"无向图"。

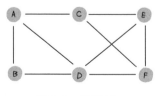

图 9-1 图示例

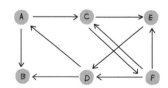

图 9-2 有向图示例

无向图中顶点的"度"表示此顶点有多少条边与之相连。在有向图中，我们把度分为入度（in-degree）和出度（out-degree）。

顶点的入度，表示有多少条边指向这个顶点；顶点的出度，表示有多少条边是以这个顶点

为起点指向其他顶点。对应到微博这个例子，入度就表示有多少"粉丝"（被多少人关注了），出度就表示关注了多少人。

现在，我们再来看另外一种社交软件：QQ，它与微信、微博又不一样。

QQ 中的社交关系更复杂。不知道读者有没有留意过 QQ 亲密度这样一个功能。QQ 不仅记录用户之间的好友关系，还记录用户之间的亲密度。如果两个用户经常交流，亲密度就比较高；如果不经常交流，亲密度就比较低。那么，如何在图中记录好友之间的亲密度呢？

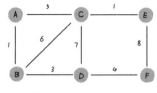

图 9-3　带权图示例

我们再介绍一种图的新类型：带权图（weighted graph）。在带权图中，每条边都有一个权重（weight），我们用权重来表示 QQ 好友间的亲密度，如图 9-3 所示。

9.1.2　邻接矩阵的存储方法

了解了图的概念之后，我们再来探讨一下，如何在内存中存储图这种数据结构？

图最直观的一种存储方法是邻接矩阵（adjacency matrix）。邻接矩阵底层依赖二维数组。对于无向图，如果顶点 i 与顶点 j 之间有边，我们就将 $A[i][j]$ 和 $A[j][i]$ 标记为 1；对于有向图，如果有一条从顶点 i 指向顶点 j 的边，我们就将 $A[i][j]$ 标记为 1。同理，如果有一条从顶点 j 指向顶点 i 的边，我们就将 $A[j][i]$ 标记为 1。对于带权图，数组中存储相应的权重，如图 9-4 所示。

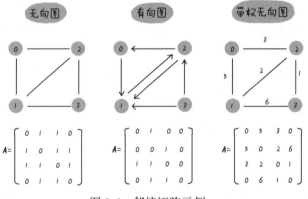

图 9-4　邻接矩阵示例

用邻接矩阵来表示图，对应的代码如下所示。

```java
public class Graph {
  private int v;
  private boolean matrix[][]; //非带权图

  public Graph(int v) {
    this.v = v;
    matrix = new boolean[v][v];
    for (int i = 0; i < v; ++i) {
      for (int j = 0; j < v; ++j) {
        matrix[i][j] = false;
      }
    }
  }
```

```
public void addEdge(int s, int t) { //无向图
  matrix[s][t] = true;
  matrix[t][s] = true;
}
```

因为邻接矩阵底层依赖数组，所以，在邻接矩阵中，获取两个顶点之间关系的操作相当。除此之外，这种存储方式还有一个好处，就是可以将图中的很多运算转换成矩阵运算，方便计算。9.5 节将要介绍的 Floyd-Warshall 算法用的就是邻接矩阵的存储方式。但这种存储方式也有弊端，在某些情况下，比较浪费存储空间。

对于无向图的邻接矩阵存储方式，如果 $A[i][j]$ 等于 1，那么 $A[j][i]$ 肯定等于 1，只需要存储其中一个就可以了。对应到图 9-4 中，我们用对角线把无向图的二维数组划分为左下和右上两部分，这两部分是沿对角线对称的，我们只需要利用左下或右上这样一半的存储空间，就能表示一个无向图。

除此之外，对于稀疏图（sparse matrix），顶点很多，但每个顶点的边并不多，如果用邻接矩阵来存储，会非常浪费存储空间。例如，微信有好几亿个用户，对应的图中就有好几亿个顶点。但是，每个用户的好友并不会很多，一般就三五百个。如果用邻接矩阵来存储，那么数组中绝大部分的元素值为 0，绝大部分的存储空间被浪费了。

9.1.3　邻接表的存储方法

针对邻接矩阵比较浪费内存空间的问题，我们来看另外一种图的存储方法：邻接表（adjacency list）。

图 9-5 是一张邻接表。邻接表是不是有点像之前介绍过的哈希表？每个顶点对应一条链表。对于有向图，每个顶点对应的链表存储的是它指向的顶点。对于无向图，每个顶点的链表存储的是与这个顶点有边相连的顶点。

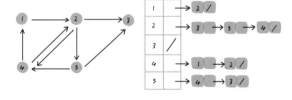

图 9-5　邻接表示例

用邻接表来表示图，对应的代码如下所示。

```
public class Graph { //无向图
  private int v; //顶点的个数
  private LinkedList<Integer> adj[]; //邻接表

  public Graph(int v) {
    this.v = v;
    adj = new LinkedList[v];
    for (int i=0; i<v; ++i) {
      adj[i] = new LinkedList<>();
    }
  }

  public void addEdge(int s, int t) { //无向图的一条边存储两次
    adj[s].add(t);
    adj[t].add(s);
  }
}
```

还记得我们之前提到过的时间复杂度和空间复杂度互换的设计思想吗？邻接矩阵存储起来比较浪费空间，但是使用起来比较高效。相反，邻接表存储起来比较节省空间，但是使用起来就没有那么高效。

就像图 9-5 中的例子，如果要确定是否存在一条从顶点 2 到顶点 4 的边，我们需要遍历顶点 2 对应的链表，看链表中是否存在顶点 4。因此，比起邻接矩阵的存储方式，在邻接表中查询两个顶点之间的关系就没那么高效了。

在上文介绍哈希表的时候，我们提到过，对于基于链表法解决冲突的哈希表，如果链表过长，为了提高查找效率，可以将链表换成其他更加高效的数据结构，如红黑树。上文也提到过，邻接表很像哈希表，因此，我们也可以对邻接表进行类似的"改进和升级"，将邻接表中的链表换成红黑树。当然，这里也可以换成其他动态数据结构，如跳表、哈希表和有序数组等。

9.1.4 解答本节开篇问题

有了前面的理论知识的铺垫，现在我们回过头来看一下本节的开篇问题：微博、微信等社交网络中的好友关系是如何存储的？

前面讲到，微博、微信是两种不同的"图"，前者是有向图，后者是无向图。不过，在这个问题上，两者的解决思路差不多，因此，我们用微博来举例讲解。

数据结构是为算法服务的，因此，具体选择哪种存储方法，与期望支持的操作有关。针对微博的用户关系，我们假设需要支持下面这样几个操作：

- 判断用户 A 是否关注了用户 B；
- 判断用户 A 是否被用户 B 关注；
- 用户 A 关注用户 B；
- 用户 A 取消关注用户 B；
- 根据用户名称的首字母排序，分页获取用户的"粉丝"列表；
- 根据用户名称的首字母排序，分页获取用户的关注列表。

关于如何存储一个图，前面讲到两种方法：邻接矩阵和邻接表。因为社交网络是一张稀疏图，使用邻接矩阵存储比较浪费存储空间，所以，这里我们选用邻接表。

在邻接表中，查找某个用户关注了哪些用户非常容易，但反过来，要想查找某个用户被哪些用户关注了，也就是显示用户的"粉丝"列表，就会非常困难。因此，只用一张邻接表是不够的，我们还需要一张逆邻接表。

如图 9-6 所示，邻接表中存储了用户的关注关系，逆邻接表中存储用户的被关注关系。对应到图上，在邻接表中，每个顶点对应的链表存储这个顶点指向的顶点；在逆邻接表中，每个顶点对应的链表存储指向这个顶点的顶点。我们在邻接表中查找某个用户关注了哪些用户，在逆邻接表中查找某个用户被哪些用户关注了。

基础的邻接表不适合快速判断两个用户之间是否是关注与被关注的关系，因此，我们选

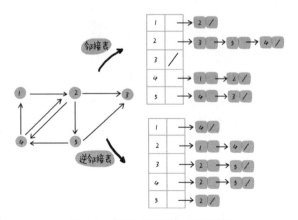

图 9-6　邻接表和逆邻接表示例

择改进版本，将邻接表中的链表改为支持快速查找的动态数据结构。选择哪种动态数据结构呢？是红黑树、跳表、有序动态数组还是哈希表呢？

因为我们需要按照用户名称的首字母排序，分页来获取用户的"粉丝"列表或者关注列表，所以，用跳表这种结构就再合适不过了。跳表的插入、删除和查找操作都相当高效，时间复杂度是 $O(\log n)$。最重要的一点是，跳表中存储的数据本身就是有序的，按序分页获取"粉丝"列表或关注列表的操作非常高效。

对于小规模的数据，如社交网络中只有几万或几十万个用户，我们可以将整个社交关系存储在内存中，上面的解决思路是没有问题的。但是，微博有上亿的用户，数据规模太大，就无法将整个图存储在内存中。这个时候该怎么办呢？

我们可以通过哈希算法对数据进行分片，将邻接表存储在不同的机器上。如图 9-7 所示，在机器 1 上存储顶点 1、2、3 的邻接表，在机器 2 上存储顶点 4、5 的邻接表。逆邻接表的处理方式也一样。当要查询顶点与顶点之间的关系时，我们利用同样的哈希算法，先定位顶点所在的机器，然后到相应的机器上查找。

除此之外，我们还可以用数据库来存储社交关系，对应的数据库表结构如图 9-8 所示。为了支持高效查询操作，我们对表的第一列、第二列均建立索引。

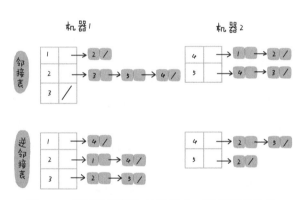

图 9-7　基于哈希算法对邻接表、逆邻接表分片　　　图 9-8　社交关系的数据库表结构

9.1.5　内容小结

本节我们学习了图的相关知识。

关于图，我们重点讲解了几个概念：无向图、有向图、带权图、顶点、边、度、入度和出度。除此之外，我们还学习了图的两个主要的存储方式：邻接矩阵和邻接表。

邻接矩阵存储方法的缺点是比较浪费空间，但优点是查询效率高。在邻接表存储方法中，每个顶点都对应一个链表，存储与其相连接的其他顶点。尽管邻接表的存储方式比较节省存储空间，但链表不方便查找，因此，查询效率没有邻接矩阵存储方式高。针对这个问题，邻接表还有改进升级版，即将链表换成其他支持快速查找的数据结构，如平衡二叉查找树、跳表和哈希表等。

9.1.6　思考题

关于本节的开篇问题，我们只介绍了微博这种有向图的解决思路，像微信这种无向图，应

该怎么存储呢？读者可以按照作者的思路，自己进行练习。

9.2　深度优先搜索和广度优先搜索：如何找出社交网络中的三度好友关系

在 9.1 节，我们讲解了图的表示方法，以及如何用图来表示一个社交网络。在社交网络中，有一个经典的六度分隔理论，不知道读者有没有听说过？六度分隔理论指的是我们只需要 6 层关系就能认识任何一个陌生人，换句话说，我们与任何一个陌生人之间能通过 5 个中间人建立关系。

一个用户的一度连接用户很好理解，就是他的好友，二度连接用户就是他的好友的好友，三度连接用户就是他的好友的好友的好友。在社交网络中，我们往往通过用户之间的连接关系，来实现推荐"可能认识的人"这么一个功能。本节的开篇问题：给定一个用户，如何找出这个用户的所有三度（包含一度、二度和三度）好友关系？

要解决这个问题，就要用到本节要讲的深度优先搜索和广度优先搜索。

9.2.1　什么是搜索算法

算法是作用于具体数据结构之上的，大部分搜索算法是基于"图"这种数据结构的。这是因为图的表达能力很强，大部分涉及搜索的场景可以抽象成"图"。

所谓"搜索"，最直接的理解就是，在图中寻找从一个顶点出发到另一个顶点的路径。针对不同的需求和场景，对应有不同的算法。其中，本节要讲的深度优先搜索、广度优先搜索是比较简单的、针对无权图的搜索算法。在本章的后续部分，我们还会讲到针对有权图的 Dijkstra 最短路径算法，以及解决次优最短路径问题的 A* 算法。

我们知道，图有两种主要存储方法：邻接表和邻接矩阵。本节在讲解深度优先搜索、广度优先搜索时，采用邻接表来存储图。除此之外，这两个算法既可以应用在无向图，又可以应用在有向图，在本节中，我们用无向图来举例讲解。图的定义如下代码所示。

```
public class Graph { //无向图
  private int v; //顶点的个数
  private LinkedList<Integer> adj[]; //邻接表

  public Graph(int v) {
    this.v = v;
    adj = new LinkedList[v];
    for (int i=0; i<v; ++i) {
      adj[i] = new LinkedList<>();
    }
  }

  public void addEdge(int s, int t) { //无向图的一条边存储两次
    adj[s].add(t);
    adj[t].add(s);
  }
}
```

9.2.2 广度优先搜索

广度优先搜索（Breadth First Search，BFS），如图 9-9 所示，从直观上来说，它其实是一种"地毯式"层层推进的搜索策略，首先查找离起始顶点 s 最近的，然后是次近的，依次往外搜索，直到找到终止顶点（也称为目标顶点）t。实际上，通过广度优先搜索找到的源点到终点的路径也是顶点 s 到顶点 t 的最短路径。

尽管广度优先搜索的原理非常简单，但代码实现相对来讲并不简单。接下来，我们就重点看一下如何实现广度优先搜索。如下代码所示，其中 s 表示起始顶点编号，t 表示终止顶点编号。我们搜索一条从 s 到 t 的路径。

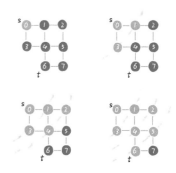

图 9-9　广度优先搜索示例

```java
public void bfs(int s, int t) {
  if (s == t) return;
  boolean[] visited = new boolean[v];
  visited[s]=true;
  Queue<Integer> queue = new LinkedList<>();
  queue.add(s);
  int[] prev = new int[v];
  for (int i = 0; i < v; ++i) {
    prev[i] = -1;
  }
  while (queue.size() != 0) {
    int w = queue.poll();
   for (int i = 0; i < adj[w].size(); ++i) {
      int q = adj[w].get(i);
      if (!visited[q]) {
        prev[q] = w;
        if (q == t) {
          print(prev, s, t);
          return;
        }
        visited[q] = true;
        queue.add(q);
      }
    }
  }
}

private void print(int[] prev, int s, int t) { //递归输出s到t的路径
  if (prev[t] != -1 && t != s) {
    print(prev, s, prev[t]);
  }
  System.out.print(t + " ");
}
```

广度优先搜索的代码实现包含 3 个重要的辅助变量：visited、queue、prev。只要理解了这 3 个变量，也就理解了整段代码。

visited 数组用来记录已经被访问的顶点，避免顶点被重复访问。如果顶点 q 已经被访问，那么相应的 visited[q] 就会被设置为 true。

queue 是一个队列。队列具有先进先出的特点，很多按层遍历的需求会用到队列。因为广度优先搜索逐层访问顶点，所以我们只有把第 k 层顶点都访问完成之后，才能访问第 k+1

层顶点。当我们访问到第 k 层顶点时，需要把第 k 层顶点记录下来，稍后才能通过第 k 层顶点来找第 k+1 层顶点。

prev 用来记录搜索路径。当从顶点 s 搜索到顶点 t 后，prev 数组中存储从顶点 s 到顶点 t 所经历的路径。不过，这条路径是反向存储的。prev[w] 存储的是顶点 w 的前驱顶点（也就是路径中的前一个顶点）。我们需要通过递归来输出正向路径，也就是代码中的 print() 函数实现的功能。

图 9-10 所示是广度优先搜索执行过程的分解图，读者可以结合着图来理解代码。

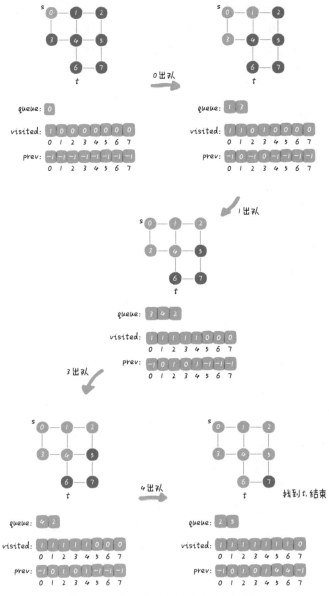

图 9-10 广度优先搜索执行过程示例

现在，我们分析一下广度优先搜索的时间复杂度和空间复杂度。

在最坏的情况下，终止顶点 t 距离起始顶点 s 很远，需要遍历完整个图才能找到。这个时候，每个顶点都要进出一次队列，每个边也都会被访问一次，因此，广度优先搜索的时间复杂度是 $O(V+E)$，其中，V 表示顶点的个数，E 表示边的个数。当然，对于一个连通图，一个图中的所有顶点都是连通的，E 肯定要大于或等于 $V-1$，因此，广度优先搜索的时间复杂度也可以简写为 $O(E)$。

广度优先搜索的空间消耗主要集中在 visited 数组、queue 队列、prev 数组这 3 个辅助变量上。它们占用的存储空间的大小都不会超过顶点的个数，因此，广度优先搜索的空间复杂度是 $O(V)$。

9.2.3 深度优先搜索

前面讲到，广度优先搜索是一种"地毯式"的搜索策略，而深度优先搜索（Depth First Search，DFS）就是一种"不撞南墙不回头"的搜索策略。

有关深度优先搜索的直观的例子就是"走迷宫"。假设我们站在迷宫的某个岔路口，然后想找到出口。我们随意选择一个岔路口来走，然后发现走不通的时候，就回退到上一个岔路口，重新选择一条路继续走，直到最终找到出口。

图 9-11 所示是在图中利用深度优先搜索寻找从顶点 s 到顶点 t 的路径的过程。箭头上的数字表示搜索的先后顺序。图中的实线箭头表示遍历，虚线箭头表示回退。

实际上，深度优先搜索利用了一种比较著名的算法思想：回溯算法思想。这种算法思想解决问题的过程非常适合用递归来实现。在第 10 章，我们会详细讲解回溯算法思想，本节只是点到为止。深度优先搜索的代码实现如下所示。

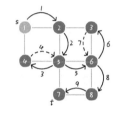

图 9-11　深度优先搜索示例

```
boolean found = false; //全局变量或者类成员变量
public void dfs(int s, int t) {
  found = false;
  boolean[] visited = new boolean[v];
  int[] prev = new int[v];
  for (int i = 0; i < v; ++i) {
    prev[i] = -1;
  }
  recurDfs(s, t, visited, prev);
  print(prev, s, t);
}

private void recurDfs(int w, int t, boolean[] visited, int[] prev) {
  if (found == true) return;
  visited[w] = true;
  if (w == t) {
    found = true;
    return;
  }
  for (int i = 0; i < adj[w].size(); ++i) {
    int q = adj[w].get(i);
    if (!visited[q]) {
      prev[q] = w;
      recurDfs(q, t, visited, prev);
    }
  }
}
```

深度优先搜索的代码实现也用到了 prev 数组、visited 数组，以及 print() 函数，它们的作用与在深度优先搜索的代码实现中的作用相同。不过，深度优先搜索的代码实现中还包含一个比较特殊的变量 found，它的作用是当已经找到终止顶点 t 之后，将此变量标记为 true，通过它来提前结束递归。

现在，我们分析一下深度优先搜索的时间复杂度和空间复杂度。

从图 9-11 中我们可以看出，每个顶点都只被遍历一次，每条边也都只被遍历一次，因此，深度优先搜索的时间复杂度是 $O(V+E)$，其中 V 表示顶点的个数，E 表示边的个数。对于连通图，E 大于 V，深度优先搜索的时间复杂度可以简化为 $O(E)$。

深度优先搜索对内存的消耗主要集中在 visited 数组、prev 数组和递归调用栈。visited 数组、prev 数组的大小与顶点的个数 V 成正比，递归调用栈的最大深度不会超过顶点的个数，因此，深度优先搜索的空间复杂度为 $O(V)$。

9.2.4 解答本节开篇问题

了解了深度优先搜索和广度优先搜索的原理之后，本节的开篇问题是不是就变得容易解答了呢？我们现在就来看一下如何找出社交网络中某个用户的三度好友关系。

在 9.1 节，我们提到过，社交网络可以用图来表示。这个问题非常适合用图的广度优先搜索来解决，因为广度优先搜索是层层往外推进的。首先遍历与起始顶点最近的一层顶点，也就是用户的一度好友，然后遍历与用户距离（边数）为 2 的顶点，也就是二度好友关系，最后遍历与用户距离（边数）为 3 的顶点，也就是三度好友关系。

我们只需要稍微改造一下广度优先搜索的代码实现，用一个数组来记录每个顶点与起始顶点的距离，就可以轻松找出三度好友关系。

9.2.5 内容小结

广度优先搜索和深度优先搜索是图上的两种常用、基本的搜索算法。

广度优先搜索是一种地毯式层层推进的搜索算法。尽管该算法原理简单，但其代码实现比较复杂，需要借助队列来实现按层遍历。深度优先搜索利用了回溯算法思想，非常适合用递归实现。尽管该算法的原理不易理解，但代码实现非常简洁。深度优先搜索和广度优先搜索的时间复杂度都是 $O(V+E)$，空间复杂度都是 $O(V)$。

9.2.6 思考题

本节的思考题有两个，如下所示。

1）我们用广度优先搜索解决了本节开篇提到的问题，请读者思考一下，本节的开篇问题是否可以用深度优先搜索来解决？

2）对于数据结构和算法的学习，最难的不是掌握原理，而是能灵活地将各种场景和问题抽象成对应的数据结构和算法。本节提到，迷宫可以抽象成图，走迷宫可以抽象成搜索算法，那么，如何将迷宫抽象成一个图？（换个说法，如何在计算机中存储一个迷宫？）

9.3 拓扑排序：如何确定代码源文件的编译依赖关系

我们知道，一个完整的项目往往会包含很多代码源文件。编译器在编译整个项目的时候，需要按照依赖关系依次编译每个源文件。例如，A.cpp 依赖 B.cpp，那么，在编译的时候，编译器需要先编译 B.cpp，才能编译 A.cpp。

编译器通过分析源文件或者程序员事先写好的编译配置文件（如 Makefile 文件），获取源文件两两之间的局部依赖关系。如图 9-12 所示，编译器再通过局部依赖关系，"整理"出全局依赖关系，根据全局依赖关系，依次编译源文件。本节的开篇问题：编译器是如何通过局部依赖关系推导出全局编译顺序的？要解决这个问题，就要用到本节要讲的拓扑排序。

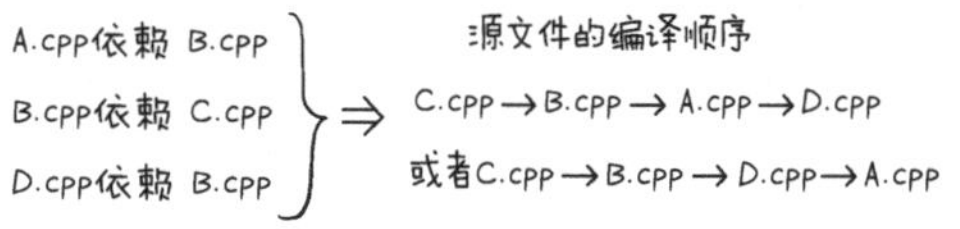

A.cpp依赖 B.CPP
B.cpp依赖 C.CPP
D.cpp依赖 B.cpp

源文件的编译顺序
C.cpp → B.cpp → A.cpp → D.cpp
或者C.cpp → B.cpp → D.cpp → A.cpp

图 9-12　由局部依赖关系推导出全局依赖关系

9.3.1　什么是拓扑排序

什么是拓扑排序？对于拓扑排序，其实很好理解，我们先来看一个生活中的例子。

我们在穿衣服的时候，先穿什么，后穿什么，是有一定顺序的。例如，我们必须先穿袜子才能穿鞋，先穿内裤才能穿秋裤。我们可以把这种顺序理解成衣服与衣服之间有一定的依赖关系。假设我们现在有 8 件衣服（包括鞋子）要穿，它们之间的两两依赖关系我们已经很清楚了，那么，如何安排一个穿衣序列，能够满足所有的两两之间的依赖关系？

这就是一个典型的拓扑排序问题。从这个例子中，我们可以发现，在很多时候，满足所有依赖关系的序列并不是唯一的，如图 9-13 所示。

穿衣问题看似与图无关，但是，经过抽象之后，它就可以转化成图上的问题。我们把依赖关系抽象成一个有向图。每个依赖关系对应图上的一条有向边。如果 a 先于 b 操作，也就说 b 依赖于 a，就在顶点 a 和顶点 b 之间，构建一条从顶点 a 指向顶点 b 的边。图 9-13 中的依赖关系可以构造成图这种数据结构，如图 9-14 所示。

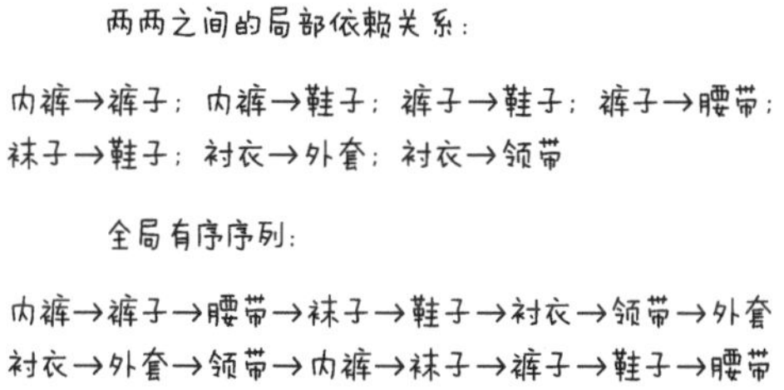

两两之间的局部依赖关系：

内裤→裤子；内裤→鞋子；裤子→鞋子；裤子→腰带；
袜子→鞋子；衬衣→外套；衬衣→领带

全局有序序列：

内裤→裤子→腰带→袜子→鞋子→衬衣→领带→外套
衬衣→外套→领带→内裤→袜子→裤子→鞋子→腰带

图 9-13　拓扑排序示例

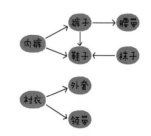

图 9-14　将穿衣之间的依赖关系抽象成图

如果要找一个满足所有依赖关系的有序序列，构造出来的图就不能存在环，也就是不能存在类似 $a \to b \to c \to a$ 这样的循环依赖关系。一旦图中出现环，拓扑排序就无法工作了，因为我们无法找到一个不依赖任何顶点的起始顶点。也就是说，拓扑排序是运行在有向无环图上的。

数据结构定义好了，那么，如何在有向无环图上实现拓扑排序？拓扑排序有两种实现方法，分别是 Kahn 算法和深度优先搜索。

9.3.2 利用 Kahn 算法实现拓扑排序

实际上，Kahn 算法利用的是贪心算法思想。在定义数据结构的时候，如果 s 需要先于 t 执行，就添加一条 s 指向 t 的边。因此，每个顶点的入度表示这个顶点依赖多少个其他顶点。如果某个顶点的入度变成了 0，就表示这个顶点没有依赖的顶点了，或者说这个顶点依赖的顶点都已经执行了。

我们从图中找出一个入度为 0 的顶点，将其输出到拓扑排序的结果序列中，这里的输出就表示被执行。既然这个顶点已经被执行了，那么所有依赖它的顶点的入度都可以减 1，反映到图上就是把这个顶点的可达顶点的入度都减 1。我们循环执行上面的过程，直到所有的顶点都被输出。最后的结果序列就是满足所有局部依赖关系的一个拓扑排序。

Kahn 算法的代码实现如下所示。从代码中可以看出，每个顶点被访问了一次，每个边也都被访问了一次，因此，Kahn 算法的时间复杂度是 $O(V+E)$（V 表示顶点的个数，E 表示边的个数）。

```
//采用邻接表来存储图
public void topoSortByKahn() {
  int[] inDegree = new int[v]; //统计每个顶点的入度
  for (int i = 0; i < v; ++i) {
    for (int j = 0; j < adj[i].size(); ++j) {
      int w = adj[i].get(j); //i->w
      inDegree[w]++;
    }
  }
  LinkedList<Integer> queue = new LinkedList<>();
  for (int i = 0; i < v; ++i) {
    if (inDegree[i] == 0) queue.add(i);
  }
  while (!queue.isEmpty()) {
    int i = queue.remove();
    System.out.print("->" + i);
    for (int j = 0; j < adj[i].size(); ++j) {
      int k = adj[i].get(j);
      inDegree[k]--;
      if (inDegree[k] == 0) queue.add(k);
    }
  }
}
```

9.3.3 利用深度优先搜索实现拓扑排序

拓扑排序也可以利用深度优先搜索实现。不过，"深度优先搜索"这个名字需要稍微改一下，更加确切的说法应该是"深度优先遍历"，它会遍历图中的所有顶点，而非只是搜索一个顶点到另一个顶点的路径。

这个算法包含两个关键部分。第一部分是通过邻接表构造逆邻接表。在邻接表中，s->t

表示边 s 先于边 t 执行，也就是 t 依赖于 s。在逆邻接表中，s->t 表示 s 依赖于 t，s 后于 t 执行。第二部分是这个算法的核心，也就是递归处理每个顶点。对于顶点 vertex，我们先输出它可达的所有顶点，也就是说，先把它依赖的所有的顶点输出，再输出自己。第二部分的逻辑可以借助深度优先遍历实现。对应的代码如下所示。

```java
public void topoSortByDFS() {
  //先构建逆邻接表,s->t表示s依赖于t,t先于s执行
  LinkedList<Integer> inverseAdj[] = new LinkedList[v];
  for (int i = 0; i < v; ++i) { //申请空间
    inverseAdj[i] = new LinkedList<>();
  }
  for (int i = 0; i < v; ++i) { //通过邻接表生成逆邻接表
    for (int j = 0; j < adj[i].size(); ++j) {
      int w = adj[i].get(j); // i->w
      inverseAdj[w].add(i); // w->i
    }
  }
  boolean[] visited = new boolean[v];
  for (int i = 0; i < v; ++i) { //深度优先遍历图
    if (visited[i] == false) {
      visited[i] = true;
      dfs(i, inverseAdj, visited);
    }
  }
}

private void dfs(
  int vertex, LinkedList<Integer> inverseAdj[], boolean[] visited) {
  for (int i = 0; i < inverseAdj[vertex].size(); ++i) {
    int w = inverseAdj[vertex].get(i);
    if (visited[w] == true) continue;
    visited[w] = true;
    dfs(w, inverseAdj, visited);
  } //先把vertex这个顶点可达的所有顶点都输出，再输出它自己
  System.out.print("->" + vertex);
}
```

对于深度优先搜索的时间复杂度，我们在 9.2 节已经分析过了，时间复杂度是 $O(V+E)$。注意，这里的图可能不是连通的，有可能由多个不连通的子图构成，因此，边的个数 E 不一定大于顶点的个数 V，两者的大小关系不确定。因此，在表示时间复杂度的时候，V、E 都要考虑在内，不能简化为 $O(E)$。

9.3.4 利用拓扑排序检测环

拓扑排序的应用非常广泛，解决的问题的模型也非常一致。对于需要通过局部顺序来推导全局顺序的问题，一般能用拓扑排序来解决。除此之外，拓扑排序还能检测图中是否存在环。对于 Kahn 算法，如果最后输出的顶点个数少于图中的顶点个数，也就是说，图中还有入度不是 0 的顶点，就说明图中存在环。

关于图中环的检测，我们在 3.1 节介绍递归的时候讲过一个例子，在查找最终推荐人的时候，可能会因为"脏"数据，导致存在循环推荐，例如，用户 A 推荐了用户 B，用户 B 推荐了用户 C，用户 C 又推荐了用户 A。如何避免这种"脏"数据导致的无限递归？

实际上，这个问题就可以抽象成环的检测问题。不过，因为每次都只需要查找一个用户的

最终推荐人，所以，我们并不需要使用复杂的拓扑排序算法，而只需要记录已经访问过的用户ID，当用户ID第二次被访问的时候，就说明存在环，也就说明存在"脏"数据。具体如下代码所示。

```
HashSet<Integer> hashTable = new HashSet<>();
long findRootReferrerId(long actorId) {
  if (hashTable.contains(actorId)) { //存在环
    return;
  }
  hashTable.add(actorId);
  Long referrerId =
      select referrer_id from [table] where actor_id = actorId;
  if (referrerId == null) return actorId;
  return findRootReferrerId(referrerId);
}
```

如果把这个问题改一下，我们想要知道，数据库中的所有用户之间的推荐关系有没有存在环的情况，这个问题就需要用到拓扑排序了。我们把用户之间的推荐关系从数据库加载到内存中，然后构建成本节介绍的有向图，再利用拓扑排序，就可以快速检测出是否存在环了。

9.3.5 解答本节开篇问题

现在，我们看一下本节的开篇问题：如何通过局部依赖关系推导出全局编译顺序？

很明显，这个问题也可以抽象成一个拓扑排序问题。我们可以把源文件与源文件之间的依赖关系抽象成一个有向图。每个源文件对应图中的一个顶点，源文件之间的依赖关系就是顶点之间的边。当把问题场景抽象成图这种数据结构之后，我们就可以直接套用本节讲的 Kahn 算法或者深度优先搜索来进行拓扑排序了。

9.3.6 内容小结

在本节，我们讲了图上的一类经典问题：拓扑排序。拓扑排序，简单来说，是指通过局部的依赖关系、先后顺序，推导出一个满足所有局部依赖关系的执行序列。解决拓扑排序问题的经典算法有两种：Kahn 算法和深度优先搜索。

Kahn 算法利用的是贪心算法思想。其核心思想：每个顶点的入度表示这个顶点依赖多少个其他顶点。如果某个顶点的入度变成了 0，就表示这个顶点没有依赖的顶点了，或者说这个顶点依赖的顶点都已经执行了。

深度优先搜索需要将邻接表转化成逆邻接表来处理。其核心思想：通过深度优先递归遍历，优先输出某个节点可达的所有节点，然后输出自己。

9.3.7 思考题

在本节的讲解中，我们用 a 到 b 的有向边来表示 a 先于 b 执行，也就是 b 依赖于 a。如果我们换一种依赖关系的表示方法，用 b 到 a 的有向边来表示 a 先于 b 执行，也就是 b 依赖于 a，那么，本节讲的 Kahn 算法和深度优先搜索是否还能正确工作呢？如果不能，应该如何改造呢？

9.4 单源最短路径：地图软件如何"计算"最优出行路线

像 Google 地图、百度地图和高德地图这样的地图软件，读者应该经常使用吧？如果我们想从家开车到公司，只需要输入起始地址和目标地址，地图就会为我们规划出一条最优出行路线。那么，地图软件中的最优出行路线是如何计算出来的？底层依赖了哪种算法？这就要用到本节要讲的单源最短路径算法。

9.4.1 最短路径算法介绍

最短路径问题是图上的一个非常经典的问题。很多现实场景，如本节的开篇问题，可以抽象成这个问题。不过，不同的场景抽象成的图和具体需求也是不同的，也就需要不同的算法来解决。

如果场景抽象成无权图，就相当于边的权重都相同，利用前面讲到的广度优先搜索得到的路径就是两点之间的最短路径。如果场景抽象成有权图，也就是每个边有权重大小之分，那么我们需要用本节讲到的单源最短路径算法来解决。其中，Dijkstra 算法是常用的单源最短路径算法。

单源最短路径算法不仅能求得单个源点到单个终点的最短路径，还能一次性求得单个源点到多个终点（图中的所有顶点）的最短路径。不过，求解单个源点到单个终点的最短路径的需求更普遍，因此，在本节中，我们以求单个源点到单个终点的最短路径为例进行讲解。

9.4.2 Dijkstra 算法的原理与实现

Dijkstra 算法是构建在有向有权图之上的，并且它要求不能存在负权边。对于存在负权边的有权图，对应的最短路径算法是 Bellman-Ford 算法。本节我们重点介绍 Dijkstra 算法，对于 Bellman-Ford 算法，留给读者自行研究。

算法是运行在具体数据结构之上的，因此，我们先定义数据结构，如下所示。

```
public class Graph { //有向有权图的邻接表表示
  private LinkedList<Edge> adj[]; //邻接表
  private int v; //顶点的个数

  public Graph(int v) {
    this.v = v;
    this.adj = new LinkedList[v];
    for (int i = 0; i < v; ++i) {
      this.adj[i] = new LinkedList<>();
    }
  }

  public void addEdge(int s, int t, int w) { //添加一条边
    this.adj[s].add(new Edge(s, t, w));
  }

  private class Edge {
    public int sid; //边的起始顶点编号
    public int tid; //边的终止顶点编号
```

```
  public int w; //权重
  public Edge(int sid, int tid, int w) {
    this.sid = sid;
    this.tid = tid;
    this.w = w;
  }
}

//Vertex类是为了Dijkstra算法的实现
private class Vertex {
  public int id; //顶点编号ID
  public int dist; //从起始顶点到这个顶点的距离
  public Vertex(int id, int dist) {
    this.id = id;
    this.dist = dist;
  }
}
}
```

有了数据结构的定义，我们再来分析 Dijkstra 算法是如何实现的。具体代码如下所示。我们先看代码，再解释。

```
//因为Java提供的优先级队列没有暴露更新数据的接口，所以需要重新实现
private class PriorityQueue { //根据vertex.dist构建小顶堆
  private Vertex[] nodes;
  private int count;

  public PriorityQueue(int v) {
    this.nodes = new Vertex[v+1];
    this.count = v;
  }

  public Vertex poll() { //TODO：留给读者实现 ... }
  public void add(Vertex vertex) { //TODO：留给读者实现...}
  //更新节点的值，并从下往上堆化，让其重新符合堆的定义
  public void update(Vertex vertex) { //TODO：留给读者实现...}
  public boolean isEmpty() { //TODO：留给读者实现...}
}

public void dijkstra(int s, int t) { //从顶点s到顶点t的最短路径
  int[] prev = new int[this.v]; //用来还原最短路径
  Vertex[] vertexes = new Vertex[this.v];
  for (int i = 0; i < this.v; ++i) {
    vertexes[i] = new Vertex(i, Integer.MAX_VALUE);
  }
  PriorityQueue queue = new PriorityQueue(this.v);//小顶堆
  boolean[] inqueue = new boolean[this.v]; //标记是否进入过队列
  vertexes[s].dist = 0;
  queue.add(vertexes[s]);
  inqueue[s] = true;
  while (!queue.isEmpty()) {
    Vertex minVertex= queue.poll(); //取堆顶元素并删除
    if (minVertex.id == t) break; //最短路径产生了
    for (int i = 0; i < adj[minVertex.id].size(); ++i) {
      Edge e = adj[minVertex.id].get(i); //取出一条与minVetex相连的边
      Vertex nextVertex = vertexes[e.tid]; //minVertex->nextVertex
      if (minVertex.dist + e.w < nextVertex.dist) {
        nextVertex.dist = minVertex.dist + e.w;
        prev[nextVertex.id] = minVertex.id;
        if (inqueue[nextVertex.id] == true) {
          queue.update(nextVertex); //更新队列中的dist值
```

```
        } else {
          queue.add(nextVertex);
          inqueue[nextVertex.id] = true;
        }
      }
    }
  }
  //输出最短路径
  System.out.print(s);
  print(s, t, prev);
}

private void print(int s, int t, int[] prev) {
  if (s == t) return;
  print(s, prev[t], prev);
  System.out.print("->" + t);
}
```

我们用 vertexes 数组记录从起始顶点到每个顶点的距离（也就是 Vertex 对象的 dist 属性值）。开始的时候，我们把除起始顶点之外的所有顶点的 dist 都初始化为无穷大（也就是代码中的 Integer.MAX_VALUE），把起始顶点的 dist 值初始化为 0，并将起始顶点放到优先级队列中。

从优先级队列中取出 dist 最小的顶点 minVertex，然后考察这个顶点可达的所有顶点（代码中的 nextVertex）。如果 minVertex 的 dist 值加上 minVertex 与 nextVertex 之间边的权重 w 小于 nextVertex 当前的 dist 值，也就是说，到达顶点 nextVertex 存在另外一条更短的路径，并且这条更短的路径经过 minVertex，那么我们就把 nextVertex 的 dist 值更新为 minVertex 的 dist 值加上 w，然后，把 nextVertex 加入到优先级队列中。重复这个过程，直到找到终止顶点 t 或者队列为空。

以上就是 Dijkstra 算法的核心逻辑。除此之外，其代码实现中还包含两个重要的变量：prev 数组和 inqueue 数组。其中，prev 数组的作用与 9.2 节中讲到的广度优先搜索、深度优先搜索的代码实现中的 prev 数组的作用一致，记录每个顶点的前驱顶点，用来还原最短路径。inqueue 数组是用来避免将一个顶点多次添加到优先级队列中。

参照 Dijkstra 算法的原理和代码实现，作者举了一个例子，如图 9-15 所示。读者可以对照着这个例子来理解 Dijkstra 算法的原理和代码。

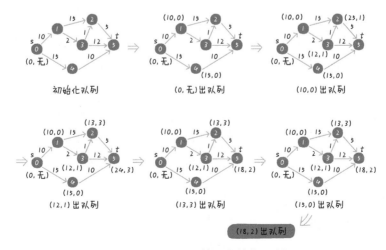

图 9-15　Dijkstra 算法的执行示例

9.4.3 Dijkstra 算法的性能分析

现在，我们分析一下 Dijkstra 算法的时间复杂度。

在 Dijkstra 算法的代码实现中，最复杂的是 while 循环嵌套 for 循环那一部分代码。while 循环最多会执行 V 次（V 表示顶点的个数），而内部的 for 循环的执行次数不确定，与每个顶点的相邻边的个数有关，我们分别记作 E_0、E_1、E_2……E_{V-1}。如果我们把这 V 个顶点的边加起来，最多也不会超过图中所有边的个数 E。

for 循环内部的代码涉及 3 个主要的操作：从优先级队列取数据、往优先级队列中添加数据和更新优先级队列中的数据。这 3 个操作的时间复杂度都是 $O(\log V)$（堆中的元素个数不会超过顶点的个数 V）。

利用乘法原则，Dijkstra 算法的时间复杂度就是 $O(E\log V)$。

9.4.4 Dijkstra 算法思想的应用

Dijkstra 算法的处理思路非常经典，我们可以用它来解决其他问题。例如下面这样一个在作者之前的工作中遇到的真实问题，看似与最短路径毫无关系，却可以借助 Dijkstra 算法思想来解决。为了用较短的篇幅把问题介绍清楚，作者对问题背景做了一些简化。

我们有一个翻译系统，它只能针对单个词汇进行翻译。如果要翻译整个句子，我们就需要将句子拆成一个个单词，再通过翻译系统来翻译。针对每个单词，翻译系统会返回一组可选的翻译列表，并且，列表中的每个翻译都对应一个分数，表示这个翻译的可信程度，如图 9-16 所示。

如图 9-17 所示，针对每个单词，我们从可选列表中选择其中一个翻译，组合起来就是整个句子的翻译。每个单词的翻译的得分之和就是整个句子的翻译得分。随意搭配单词的翻译，会得到整个句子的不同翻译。针对整个句子，我们希望计算出得分排名前 k 个翻译结果，具体该如何实现这个功能呢？

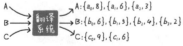

图 9-16　翻译系统的工作原理介绍　　　图 9-17　句子 ABC 得分排名前 3 的翻译

当然，比较简单的解决办法是利用回溯算法思想，穷举所有的排列组合，然后，从中选出得分排名前 k 的翻译结果。但是，这种解决方法的时间复杂度非常高，是 $O(m^n)$（指数级），其中，m 表示平均每个单词的可选翻译个数，n 表示整个句子中包含多少个单词。对于 m 和 n 都很小的情况，我们可以用此方法解决，但是，如果 m 或者 n 很大，那么其执行时间会非常长。

实际上，对于这个问题，我们可以借助 Dijkstra 算法的处理思想非常高效地进行解决。每个单词的可选翻译是按照分数从高到低排列的，因此 $a_0b_0c_0$ 肯定是得分最高的组合。我们把 $a_0b_0c_0$ 及其得分作为一个对象，放入优先级队列中。

每次从优先级队列中取出得分最高的组合，并基于这个组合进行扩展。扩展的策略是将这个组合中的其中一个单词的翻译替换成得分次低的翻译来生成一个新的组合。例如 $a_0b_0c_0$ 这一组合包含 3 个单词的翻译，扩展之后就会生成 3 个不同的组合：$a_1b_0c_0$（a_0 替换为 a_1）、$a_0b_1c_0$（b_0 替换为 b_1）和 $a_0b_0c_1$（c_0 替换为 c_1）。我们把扩展之后生成的新的组合加入优先级队列中。重复这个过程，前 k 个从优先级队列中取出的翻译组合就是得分排名前 k 的翻译。具体的处理过程如图 9-18 所示。

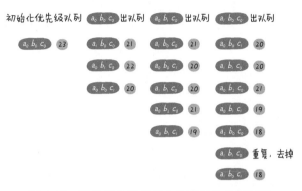

图 9-18　寻找得分排名前 k 的翻译的执行过程

现在，我们分析一下上述解决方案的时间复杂度。

假设整个句子包含 n 个单词，每个单词平均有 m 个可选翻译。每次有一个组合出队列，就生成 n 个新的组合入队列。优先级队列中出队和入队操作的时间复杂度都是 $O(\log X)$，X 表示队列中的组合个数。获取得分排名前 k 的组合，只需要出队 k 次。因此，总的时间复杂度就是 $O(kn\log X)$。那么，这里的 X 到底是多少呢？

k 次出队和扩展之后，队列中的数据个数不会超过 kn，也就是说，出队、入队操作的时间复杂度是 $O(\log(kn))$。因此，上述解决方案的时间复杂度是 $O(kn\log(kn))$，比利用回溯算法来解决的指数级时间复杂度降低了很多。

9.4.5　解答本节开篇问题

现在，我们再来看一下本节的开篇问题：地图软件中的最优出行路线是如何计算出来的？

最优出行路线有很多种不同的定义方法，如最短路线、最少用时路线和最少红绿灯路线等。我们先看一下最简单的一种：最短路线。

在解决软件开发中的实际问题时，最重要的一点就是建模，也就是将复杂的应用场景抽象成具体的数据结构。针对这个问题，我们该如何将场景抽象成数据结构呢？

我们之前提到过，图这种数据结构的表达能力很强，很多与搜索、路径相关的问题是建立在图之上的。因此，把地图抽象成图是最合适不过的了。我们把每个岔路口看作一个顶点，岔路口与岔路口之间的路看作一条边，路的长度作为边的权重。如果路是单行道，我们就在两个顶点之间画一条有向边；如果路是双行道，我们就在两个顶点之间画两条方向不同的边。这样，整个地图就被抽象成了一个有向有权图。

从理论上来讲，利用 Dijkstra 算法可以计算出两点之间的最短路径。但是，对于包含非常多的岔路口和道路的大地图，其抽象成数据结构之后，就对应包含非常多的顶点和边的大图。如果为了计算两点之间的最短路径，在一个大图上执行 Dijkstra 算法，那么显然是非常耗时的。

工程不同于理论，一定要给出个最优解。理论上再好的算法，如果执行效率太低，也无法应用到实际的工程中。类似出行路线这种工程上的问题，没有必要非得求出一个绝对的最优解。为了兼顾执行效率，寻找可行次优解就可以满足大部分情况下的需求。

虽然地图很大，但是两点之间的最短路径或者较好的出行路径，并不会很"发散"，只会出现在两点之间和两点附近的区块内。因此，我们可以在整个大地图上，划出一个小的区块，让这个小区块恰好可以覆盖两个点。我们只需要在这个小区块内部运行 Dijkstra 算法，这样就能避免遍历整个大图，也就大大提高了执行效率。

不过，如果两点距离比较远，如从北京海淀区的某个地点到上海黄浦区的某个地点，那么上面的这种处理方法显然就不合适了，毕竟覆盖北京和上海的区块并不小。

对于两点之间距离较远的路线规划，我们可以把北京海淀区或者北京看作一个顶点，把上海黄浦区或者上海看作一个顶点，先规划大的出行路线，再细化小路线。

上文讲到的是最短路径这种最优路线。现在，我们再来分析一下如何找到用时最少和红绿灯最少的最优路线。

在计算最短路径时，每条边的权重是路的长度。在计算最少用时路径时，我们仍然可以使用 Dijkstra 算法来解决，不过，需要把边的权重从路的长度变成经过这段路所需要的时间。这个时间会根据拥堵情况时刻变化。

每经过一条边，就要经过一个红绿灯。关于最少红绿灯的出行方案，实际上，我们只需要把每条边的权值改为 1，算法还是不变，即可以继续使用 Dijkstra 算法。不过，边的权值为 1，也就相当于无权图了，我们还可以使用广度优先搜索来解决。

不过，这里给出的所有方案都非常"粗糙"，只是为了展示如何结合实际的场景灵活地应用算法，让算法为我们所用。真实的地图软件的路径规划要比我们讲的复杂很多。

9.4.6　内容小结

本节我们学习了一种非常重要的图算法：Dijkstra 算法。

最短路径问题是图上常见的问题，不同的图的最短路径问题对应不同的解决算法。例如，无权图的最短路径可以使用广度优先搜索来解决。对于有权图的单源最短路径，经典的解决算法是 Dijkstra 算法，它要求图不存在负权边。对于多源最短路径，对应其他算法，如 Floyd 算法，我们在 9.5 节中会讲到。

Dijkstra 算法借助优先级队列，每次从队列中取出与起始顶点最近的顶点，然后更新其他相邻顶点的 dist 值，接着将新扩展出来的顶点（没有加入过优先级队列的）加入优先级队列中。重复上面的过程，直到目标顶点出队列。

9.4.7　思考题

在计算最短时间的出行路线时，如何获得通过某条路的时间呢？（这个思考题很有意思，在作者之前面试时也曾被问到过，考验的是一个人是否思维活跃，读者也可以思考一下。）

9.5 多源最短路径：如何利用 Floyd 算法解决传递闭包问题

在 9.4 节，我们学习了经典的单源最短路径算法：Dijkstra 算法。它可以求图中某个顶点到其他所有顶点的最短路径。但如果我们希望得到图中每两个顶点之间的最短路径，又该如何来做呢？比较简单的做法是将每个顶点作为源点分别运行一次 Dijkstra 算法。假设图中有 V 个顶点，那么我们只需要运行 V 次 Dijkstra 算法，就能得到每个顶点到其他顶点的最短路径，也就是每两个顶点之间的最短路径。

不过，这种处理方法在某些情况下的时间复杂度较高，实际上，还有更加高效的算法，就是本节要学习的 Floyd-Warshall 算法。它可以一次性地计算出图中任意两个顶点之间的最短路径。

9.5.1 Floyd 算法的原理与实现

Floyd-Warshall 算法简称为 Floyd 算法。它像 Dijkstra 算法一样，既可以处理有向图，又可以处理无向图。与 Dijkstra 算法不同的是，它允许图中存在负权边，但它不允许存在负权环（也就是图中存在包含负权边的环）。接下来，我们用有向图来举例讲解，无向图的处理方式类似。

Floyd 算法的实现代码短小精悍，核心代码只有 5 行，但包含 3 层 for 循环，具体如下所示。我们先看代码，再分析原理。

```
int v;
int g[v][v];
int dist[v][v];
void floyd() {
  for (int i = 0; i < v; ++i) {
    for (int j = 0; j < v; ++j) {
      dist[i][j] = g[v][v];
    }
  }
  for(int k=0; k<v; ++k) {
    for(int i=0; i<v; ++i) {
      for(int j=1; j<v; ++j) {
        if (dist[i][j] > dist[i][k]+dist[k][j]) {
         dist[i][j] = dist[i][k]+dist[k][j];
        }
      }
    }
  }
}
```

在上面的代码中，我们用二维数组 g[v][v] 来存储图，用 g[i][j] 表示顶点 i 到顶点 j 的边的权值，其中，我们设置 g[i][i]=0，也就是自己到自己的距离是 0。除此之外，如果顶点 i 到顶点 j 没有直接相连的边，我们就设置 g[i][j] 为无穷大。

dist[v][v] 数组用来存储顶点之间的最短距离，初始时 dist[i][j]=g[i][j](i=0 ～ v-1,j=0 ～ v-1)。通过逐步迭代更新来求取最终的最短距离。

初始时 dist[i][j]=g[i][j] 表示顶点 i 和顶点 j 之间没有任何中转顶点的情况下的

最短距离。如果我们在其中添加一个中转顶点 0（编号为 0 的顶点），那么查看能否缩小顶点 i 和顶点 j 之间的距离。如果能，我们就更新 dist[i][j] 的值，让它等于经过顶点 0 中转之后的路径长度。对应到代码中，就是 k=0 时执行的代码。执行结束之后，dist[v][v] 数组中存储的是仅仅引入中转顶点 0 之后顶点之间的最短距离。

基于当前的 dist[v][v] 值，我们再引入一个中转顶点 1（编号为 1 的顶点），查看能否继续缩小顶点 i 和顶点 j 之间的距离。如果能，继续更新 dist[i][j] 的值。对应到代码中，就是 k=1 时执行的代码。执行结束之后，dist[v][v] 数组中存储的是引入中转顶点 0 和中转顶点 1 之后顶点之间的最短距离。

依此类推，每次基于上一轮的 dist[v][v] 值，引入更多的中转顶点来更新 dist[v][v] 值。当所有的 v 个顶点都作为中转顶点考虑进去之后，最终得到的 dist[v][v] 就是顶点之间的真正的最短距离。

实际上，Floyd 算法利用了动态规划的处理思想。关于动态规划，我们会在第 10 章详细讲解，这里只是稍微提一下。Floyd 算法的状态转移方程如式（9-1）所示。

$$dist[i][j]=\min(dist[i][j],dist[i][k]+dist[k][j]) \tag{9-1}$$

式（9-1）计算的是顶点 i 到顶点 j 的最短距离，等于顶点 i 不经过顶点 k 到达顶点 j 的最短距离和顶点 i 经过顶点 k 到达顶点 j 的最短距离这两者中的最小值。

在后续介绍动态规划的时候，我们还会讲到，大部分动态规划问题可以归结为一个模型：多阶段决策模型。实际上，Floyd 算法也不例外。我们将整个算法分为 v 个阶段，每个阶段引入一个中转顶点，基于上一个阶段的状态，推导下一个阶段的状态。

9.5.2 Floyd 算法的性能分析

现在，我们分析一下 Floyd 算法的时间复杂度和空间复杂度。

Floyd 算法的复杂度分析非常简单，时间复杂度是 $O(V^3)$（V 是顶点的个数）。代码中 g、dist 这两个数组是必需的，因此，额外的空间消耗几乎没有。

前面提到，我们可以通过运行 V 次单源最短路径算法来实现求解多源最短路径。相对于这种方法，Floyd 算法有何优势呢？

我们前面讲到，Dijkstra 算法的时间复杂度是 $O(E\log V)$。利用 Dijkstra 算法来求解多源最短路径的时间复杂度就是 $O(VE\log V)$。对比 Floyd 算法的时间复杂度 $O(V^3)$，对于稠密图，每个顶点都与其他顶点有边相连，图中边的个数 E 接近于 $V(V-1)$，这种情况下，Floyd 算法在运行效率上更有优势；对于稀疏图，图中边的个数 E 接近 V，远小于 $V(V-1)$，这种情况下，多次运行 Dijkstra 算法来求解多源最短路径更有优势。

除此之外，在空间消耗上，Dijkstra 算法要利用优先级队列，内存消耗大。在编码的复杂度上，Dijkstra 算法也要比 Floyd 算法复杂很多。

9.5.3 利用 Floyd 算法求解传递闭包

实际上，Floyd 算法除用来求解多源最短路径，还能求解传递闭包。假设有 n 个对象，我们已知有直接关系的对象对，并且关系具有传递性，如果 a 与 b 有关系，b 与 c 有关系，那么 a 与 c 就算是有关系。如何根据给出的直接关系，求解哪些对象之间存在关系？

这个问题可以用之前学过的并查集来解决。但是，如果两两之间的直接关系是静态的，也就是说，一经确定，不会再添加更多的直接关系。在这种情况下，我们还可以使用 Floyd 算法来解决。如果两个对象之间有直接关系，我们就在它们之间连接一条边，用邻接矩阵表示的话，对应的二维数组值为 1。我们对上面的 Floyd 算法的实现代码稍加改造，用布尔运算代替距离的计算，就能实现求解传递闭包。具体的代码如下所示。

```
int v;
int g[v][v];
int r[v][v];
void floyd() {
  for (int i = 0; i < v; ++i) {
    for (int j = 0; j < v; ++j) {
      r[i][j] = g[v][v];
    }
  }
  for(int k=0; k<v; ++k) {
    for(int i=0; i<v; ++i) {
      for(int j=1; j<v; ++j) {
        r[i][j] = r[i][j] | (r[i][k] & r[k][j]);
      }
    }
  }
}
```

9.5.4　内容小结

在本节，我们讲了多源最短路径算法：Floyd 算法。它既可以处理有向图，又可以处理无向图，并且允许图中存在负权边，但不允许图中存在负权环。

Floyd 算法的核心代码只有 5 行，但包含 3 层 `for` 循环，要理解这 5 行代码并不简单。它利用的是动态规划的处理思想，符合动态规划典型的多阶段决策模型，每个阶段引入一个中转顶点，查看通过中转顶点是否能缩小顶点之间的距离。下一阶段基于上一阶段的更新结果，引入新的中转顶点，直到所有的中转顶点都引入，dist 数组中存储的就是顶点之间的最短距离。

多源最短路径问题也可以通过运行 V 次单源最短路径来解决，相对于这种方法，针对稠密图，Floyd 算法在执行效率上更有优势。除此之外，在空间复杂度、编码复杂度上，Floyd 算法也具有绝对优势。

9.5.5　思考题

在本节给出的 Floyd 算法的代码实现中，最终得到的 dist 数组只存储了顶点之间的最短路径长度，并没有给出最短路径包含了哪些边。那么，如何改造代码，在求解最短路径长度的同时，得到最短路径具体包含了哪些边？

9.6　启发式搜索：如何用 A* 算法实现游戏中的寻路功能

对于《魔兽世界》《仙剑奇侠传》这类大型多人在线角色扮演游戏（MMORPG），不知道读者有没有玩过？在这类游戏中，有一个非常重要的功能，就是人物角色自动寻路。当人物处于游戏地图中的某个位置时，我们用鼠标点击地图中另外一个相对较远的位置，人物就会自动地绕过障碍物走过去。针对游戏中的人物的自动寻路功能是怎么实现的？

9.6.1 什么是次优路线

实际上，这是一个典型的搜索问题。人物的起点就是其当下所在的位置，终点就是鼠标点击的位置。我们在地图中找一条从起点到终点的路径。这条路径要绕过地图中的所有障碍物，并且看起来要是一种非常聪明的走法。所谓"聪明"，笼统的解释就是，走的路不能太绕。从理论上来讲，最短路径显然是最聪明的走法，是这个问题的最优解。

不过，在 9.4 节，我们解决最优出行路线规划问题时讲过，如果图非常大，Dijkstra 算法的执行耗时会很多。在真实的软件开发中，我们面对的往往是非常大的地图和海量的寻路请求，算法的执行效率太低，这显然是无法令人接受的。

实际上，像出行路线规划、游戏寻路这些真实软件开发中的问题，一般情况下，我们不需要非得求最优解（也就是最短路径）。在权衡路线规划质量和执行效率之后，我们只需要寻求一个次优解。那么，我们又该如何快速找出一条接近于最短路线的次优路线呢？

9.6.2 A* 算法的原理与实现

本节要讲的 A* 算法就能实现快速寻找次优路线。实际上，A* 算法是对 Dijkstra 算法的优化和改造。如何将 Dijkstra 算法改造成 A* 算法呢？

Dijkstra 算法有点类似广度优先搜索，它每次找到与起点最近的顶点，往外扩展。这种往外扩展的思路，其实有些盲目。为什么这么说呢？下面我们举例解释一下。图 9-19 所示的这个图对应一个真实的地图，我们用一个二维坐标（*x*,*y*）来表示每个顶点在地图中的位置，其中，*x* 表示横坐标，*y* 表示纵坐标。

在 Dijkstra 算法的实现思路中，我们用一个优先级队列记录已经遍历到的顶点，以及这个顶点与起点的路径长度。顶点与起点的路径长度越小，就越先从优先级队列中取出来扩展。从图 9-19 中例子可以看出，尽管我们找的是从顶点 *s* 到顶点 *t* 的路线，但按照 Dijkstra 算法的处理思路，最先被搜索到的顶点是 1，然后是顶点 2、3。通过肉眼观察，这个搜索方向与我们期望的路线方向（顶点 *s* 到顶点 *t* 是从西向东）是反着的，路线搜索的方向明显"跑偏"了。

图 9-19　将顶点放置于地图中的图

之所以会"跑偏"，是因为 Dijkstra 算法是按照顶点与起点的路径长度的大小来安排出队顺序的。与起点越近的顶点，就会越早出队。它并没有考虑这个顶点到终点的距离。因此，在地图中，尽管 1、2、3 这 3 个顶点离起始顶点很近，但离终点很远。

如果我们综合更多的因素，把这个顶点到终点的距离也考虑进去，综合判断哪个顶点该先出队列，那么，是不是就可以避免"跑偏"呢？

当遍历到某个顶点时，从起点到这个顶点的路径长度是确定的，我们记作 $g(i)$（i 表示顶点的编号）。但是，从这个顶点到终点的路径长度是未知的。不过，虽然确切的值无法提前知道，但是我们可以用其他估计值来代替。

这里我们可以通过这个顶点与终点之间的直线距离，也就是欧几里得距离，来近似地估计这个顶点与终点的路径长度（注意：路径长度与直线距离是两个概念）。我们把这个距离记作 $h(i)$（i 表示这个顶点的编号）。

因为欧几里得距离的计算公式会涉及比较耗时的开根号计算，所以一般换用另外一个更加简单的距离计算公式：曼哈顿距离（Manhattan distance）。曼哈顿距离是两点之间横纵坐标的距离之和。计算的过程只涉及减法、符号位反转，因此，比欧几里得距离更加高效。

```
int hManhattan(Vertex v1, Vertex v2) { //Vertex表示顶点
  return Math.abs(v1.x - v2.x) + Math.abs(v1.y - v2.y);
}
```

原来只是单纯地通过顶点与起点之间的路径长度 $g(i)$ 来判断谁先出队列，现在有了顶点到终点的路径长度估计值 $h(i)$，我们可以通过两者之和 $f(i)=g(i)+h(i)$ 来判断哪个顶点该最先出队列。这样，我们就能有效地避免"跑偏"。其中，$h(i)$ 的专业称呼是启发函数（heuristic function），$f(i)$ 的专业称呼是估价函数（evaluation function）。

从刚才的描述，我们可以发现，A* 算法就是对 Dijkstra 算法的简单改造。实际上，在代码实现方面，我们也只需要稍微改动几行代码，就能把 Dijkstra 算法改造成 A* 算法。

在 A* 算法的代码实现中，Vertex 类的定义与 Dijkstra 算法中的定义稍微有点区别，多了 x 坐标和 y 坐标，以及上文提到的 $f(i)$ 值。图的 Graph 类的定义与 Dijkstra 算法中的定义一样，这里就没有给出。

```
private class Vertex {
  public int id; //顶点编号ID
  public int dist; //从起点到这个顶点的距离，也就是g(i)
  public int f; //新增：f(i)=g(i)+h(i)
  public int x, y; //新增：顶点在地图中的坐标（x,y）
  public Vertex(int id, int x, int y) {
    this.id = id;
    this.x = x;
    this.y = y;
    this.f = Integer.MAX_VALUE;
    this.dist = Integer.MAX_VALUE;
  }
}

//Graph类的成员变量，在构造函数中初始化
Vertex[] vertexes = new Vertex[this.v];
//新增一个方法，添加顶点的坐标
public void addVetex(int id, int x, int y) {
  vertexes[id] = new Vertex(id, x, y)
}
```

A* 算法的代码实现如下所示，它与 Dijkstra 算法的代码实现主要有以下 3 点区别。

● 优先级队列构建的方式不同。A* 算法是根据 f 值（$f(i)=g(i)+h(i)$）来构建优先级队列的，而 Dijkstra 算法是根据 dist 值（也就是 $g(i)$）来构建优先级队列的。

- A* 算法在更新顶点的 dist 值的时候，会同步更新 f 值。
- 循环结束的条件也不一样。Dijkstra 算法是在终点出队列的时候才结束，A* 算法是一旦遍历到终点就结束。

```
public void astar(int s, int t) { //从顶点s到顶点t的路径
  int[] predecessor = new int[this.v]; //用来还原路径
  //按照Vertex的f值构建的小顶堆，而不是按照dist
  PriorityQueue queue = new PriorityQueue(this.v);
  boolean[] inqueue = new boolean[this.v]; //标记是否进入过队列
  vertexes[s].dist = 0;
  vertexes[s].f = 0;
  queue.add(vertexes[s]);
  inqueue[s] = true;
  while (!queue.isEmpty()) {
    Vertex minVertex = queue.poll(); //取堆顶元素并删除
    for (int i = 0; i < adj[minVertex.id].size(); ++i) {
      Edge e = adj[minVertex.id].get(i); //取出一条与minVetex相连的边
      Vertex nextVertex = vertexes[e.tid];
      if (minVertex.dist + e.w < nextVertex.dist) {
        nextVertex.dist = minVertex.dist + e.w;
        nextVertex.f
          = nextVertex.dist+hManhattan(nextVertex, vertexes[t]);
        predecessor[nextVertex.id] = minVertex.id;
        if (inqueue[nextVertex.id] == true) {
          queue.update(nextVertex);
        } else {
          queue.add(nextVertex);
          inqueue[nextVertex.id] = true;
        }
      }
      if (nextVertex.id == t) { //只要到达t，就可以结束while循环了
        queue.clear(); //清空queue才能退出while循环
        break;
      }
    }
  }
  //输出路径
  System.out.print(s);
  print(s, t, predecessor); //对于print()函数，读者可参见Dijkstra算法的实现
}
```

9.6.3　A* 算法与 Dijkstra 算法的对比

尽管 A* 算法可以更加快速地找到从起点到终点的路线，但是它并不能像 Dijkstra 算法那样找到最短路线。这是为什么呢？

要找出起点 s 到终点 t 的最短路径，比较简单的方法是利用回溯算法思想，暴力穷举所有从顶点 s 到顶点 t 的不同路径，然后对比找出最短的那个。显然，这种解决方法的执行效率非常低，时间复杂度是指数级的，如图 9-20 所示。

Dijkstra 算法在此基础之上，利用动态规划的思想，对回溯搜索进行了剪枝，只保留起点到某个顶点的最短路径，继续往外扩展搜索。动态规划相较于回溯搜索，只是换了一个实现思路，它实际上也考察了所有从起点到终点的路线，因此才能得到最优解，如图 9-21 所示。

A* 算法之所以不能像 Dijkstra 算法那样找到最短路径，主要原因是两者的 while 循环结

束条件不一样。在上文，我们讲过，Dijkstra 算法是在终点出队的时候才结束，A* 算法是一旦遍历到终点就结束。对于 Dijkstra 算法，当终点出队的时候，终点的 dist 值是优先级队列中所有顶点的最小值，即便再运行下去，终点的 dist 值也不会再被更新了。对于 A* 算法，一旦遍历到终点，我们就结束 while 循环，这个时候，终点的 dist 值未必是最小值。A* 算法利用贪心算法的思路，每次都找 f 值最小的顶点出队，一旦搜索到终点，就不再继续考察其他顶点和路线了。因此，它并没有考察所有的路线，也就不可能找出最短路径了。

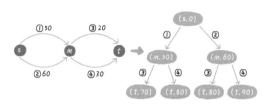

图 9-20　回溯穷举搜索

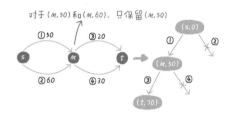

图 9-21　Dijkstra 算法的动态规划搜索

9.6.4　解答本节开篇问题

现在，我们再来看一下本节开篇的问题：针对游戏中的人物的自动寻路功能是怎么实现的？

如果我们要利用 A* 算法解决这个问题，那么只需要把地图抽象成图。不过，游戏中的地图与我们平常用的地图是不一样的。游戏中的地图并不像现实生活中那样，存在规划非常清晰的道路，更多的是荒野、草坪等。因此，我们无法利用 9.4 节中讲到的抽象方法，把岔路口抽象成顶点，把道路抽象成边。

实际上，我们可以换一种抽象的思路，把整个地图分割成一个个小方块。在某一个方块上的人物，只能往上下左右 4 个方向的方块上移动。我们把每个方块看作一个顶点。两个方块相邻，我们就在它们之间连接两条有向边，并且边的权值都是 1。因此，这个问题就转化成了在一个有向有权图中寻找某个顶点到另一个顶点的路径。在将地图抽象成边权值为 1 的有向图之后，我们就可以套用 A* 算法来实现针对游戏中的人物的自动寻路功能了。

9.6.5　内容小结

本节讲的 A* 算法属于一种启发式搜索算法（heuristically search algorithm）。实际上，启发式搜索算法并不仅仅只有 A* 算法，还包含很多其他算法，如 IDA* 算法、蚁群算法、遗传算法和模拟退火算法等。如果读者感兴趣，那么可以自行研究一下。

启发式搜索算法利用估价函数避免"跑偏"，贪心地朝着最有可能到达终点的方向前进。这种算法找出的路线并不是最短路线。但是，对于工程中的路线规划问题，我们往往并不需要非得找到最短路线。因此，鉴于启发式搜索算法能很好地平衡路线质量和执行效率，在工程中的应用更加广泛。实际上，对于 9.4 节中讲到的出行路线规划问题，也可以利用启发式搜索算法来实现。

9.6.6 思考题

之前提到的"迷宫问题"是否可以借助 A* 算法来更快速地找到一个走出去的路线呢？如果可以，请读者具体讲一下该怎么做；如果不可以，请读者说明原因。

9.7 最小生成树：如何随机生成游戏中的迷宫地图

迷宫在游戏中很常见。很多角色扮演游戏（RPG）有走迷宫的任务，也有很多专门走迷宫的小游戏。对于这些游戏，迷宫是随机生成的。那么，如何利用计算机随机生成迷宫地图呢？

随机生成迷宫地图有很多种方法，其中，随机 Prim 算法是比较常用的。为什么称为随机 Prim 算法呢？因为它与经典的求解最小生成树问题的 Prim 算法很像，是 Prim 算法的随机版。在本节，我们就来学习一下最小生成树，以及如何借助随机 Prim 算法随机生成迷宫地图。

9.7.1 什么是最小生成树

假设图包含 V 个顶点和 E 条无向有权边。要连通所有的顶点，最少需要 $V-1$ 条边（对于一个连通图，$V-1$ 肯定小于或等于 E）。这 $V-1$ 条边和 V 个顶点构成一棵树，称为生成树。如图 9-22 所示，图的生成树并不是唯一的。如果某棵生成树包含的 $V-1$ 条边的权重和最小，那么对应的这颗树就称为最小生成树（Minimum Spanning Tree，MST）。

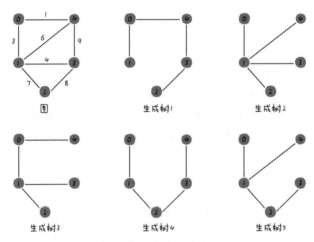

图 9-22 图的生成树

最小生成树在软件开发中应用得并不多，但在现实生活中却有很多应用。例如，在 V 个城市之间建立通信网络，连通这 V 个城市最少需要 $V-1$ 条路线。为了最节省建立通信网络的费用，我们希望总的铺设路线最短。这个问题就可以转化成在包含 V 个顶点（V 个城市），$E=V(V-1)/2$ 条边（每两个城市之间建立一条通信线路）的图中寻找最小生成树。类似的应用还有很多，如煤气管道的铺设、道路的建设等。

9.7.2 Kruskal 算法的原理与实现

如何生成最小生成树呢？有两种比较经典的求解最小生成树问题的算法：Kruskal 算法和 Prim 算法。它们都利用了贪心算法思想。我们先来看 Kruskal 算法。

Kruskal 算法比较简单，它要用到前面讲过的并查集。初始时，每个顶点对应一个集合。按照权重从小到大依次考察每条边。如果某条边对应的两个顶点不在同一个集合中，那么我们就将这条边选入最小生成树中，并将两个顶点对应的集合合并。如果某条边对应的两个顶点在同一个集合中，也就是这两个顶点是连通的，若再添加一条边，就会形成环，那么选择不将这条边放入最小生成树。依此类推，考察每条边，直到最小生成树中包含 $V-1$ 条边为止。其中，集合的合并、查询两个顶点是否在同一集合中是通过并查集来完成，如图 9-23 所示。

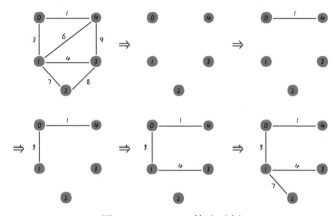

图 9-23 Kruskal 算法示例

上述处理思路对应的代码实现如下所示，其中，并查集的实现代码在 7.2 节中已经给出，这里就省略了。

```java
public class Graph {
  private int v;
  private int e;
  private List<Edge> edges = new ArrayList<>();
  private List<Edge> mst = new ArrayList<>();

  public void kruskal() {
    UnionFindSet unionFindSet = new UnionFindSet(v);
    Collections.sort(edges);
    int count = 0;
    for (int i = 0; i < e; ++i) {
      Edge edge = edges.get(i);
      boolean inSameSet = unionFindSet.find(e.ui, e.vi);
      if (inSameSet) {
        continue;
      }
      mst.add(edge);
      unionFindSet.union(e.ui, e.vi);
      count++;
      if (count == v-1) {
        break;
      }
    }
  }
```

```
    }

    public class Edge implements Comparable<Edge> {
      public int ui;
      public int vi;
      public int weight;
      @Override
      public int compareTo(Edge o) {
        return o.weight - this.weight;
      }
    }
  }
```

在理解了 Kruskal 算法的原理和实现之后，我们分析一下它的时间复杂度。

对边进行排序的时间复杂度是 $O(E \log E)$。我们知道，并查集中并和查的平均时间复杂度接近线性。for 循环对 E 条边进行并和查操作，因此，for 循环这部分的时间复杂度是 $O(E)$。对于连通图，$E \geqslant V-1$，因此 Kruskal 算法的时间复杂度是 $O(E \log E)$。

9.7.3 Prim 算法的原理与实现

在理解了 Kruskal 算法之后，我们再来看 Prim 算法。

Prim 算法的处理思路与 Dijkstra 算法很像，它也用到了优先级队列。在 Dijkstra 算法中，优先级队列存储待考察的顶点，以及它与起点的距离。在 Prim 算法中，优先级队列存储待考察的顶点，以及前驱顶点与这个顶点之间的边的权重。

Prim 算法先初始化一棵只包含图中最小边的最小生成树。然后，基于当前的最小生成树，考察与最小生成树相连的所有边，找到权重最小且它的加入不会导致最小生成树中包含环的那个边，将这条边加入最小生成树。依此类推，重复这个过程，继续考察剩下的边，直到最小生成树中包含 $V-1$ 条边。

按照这个处理思想，我们先给出实现代码，再进行解释。Prim 算法的实现代码如下所示。

```
public class Graph {
  private int v;
  private List<Edge> adjs[];
  private List<Edge> mst = new ArrayList<>();

  public Graph(int v) {
    this.v = v;
    adjs = new List[v];
    for (int i = 0; i < v; ++i) {
      adjs[i] = new ArrayList<>();
    }
  }

  public void prim() {
    PriorityQueue<Edge> pq
      = new PriorityQueue<>(new Comparator<Edge>() {
      @Override
      public int compare(Edge o1, Edge o2) {
        return o1.weight - o2.weight;
      }
    });
    boolean visited[] = new boolean[v];
    for (int i = 0; i < v; ++i) {
```

```
      visited[i] = false;
    }
    visited[0] = true;
    for (int i = 0; i < adjs[0].size(); ++i) {
      Edge edge = adjs[0].get(i);
      pq.add(edge);
    }
    int selectedEdgeCount = 0;
    while(selectedEdgeCount < v-1) {
      Edge minEdge = pq.poll();
      int unvisitedVid;
      if (visited[minEdge.vi] == true &&
          visited[minEdge.vj] == true) {
        continue;
      } else if (visited[minEdge.vi] == true &&
          visited[minEdge.vj] == false) {
        unvisitedVid = minEdge.vj;
      } else {
        unvisitedVid = minEdge.vi;
      }
      selectedEdgeCount++;
      mst.add(minEdge);
      visited[unvisitedVid] = true;
      for (int i = 0; i < adjs[unvisitedVid].size(); ++i) {
        Edge edge = adjs[unvisitedVid].get(i);
        if (visited[edge.vj] == false) {
          pq.add(edge);
        }
      }
    }
  }

  public class Edge {
    public int vi;
    public int vj;
    public int weight;
  }
}
```

现在, 我们解释一下 Prim 算法的实现代码。

我们把顶点与优先级队列的关系分为两类, 通过 boolean 类型的 visited 数组来记录。如果顶点 vi 已经从优先级队列中出队, 那么 visited[vi] 设置为 true; 如果顶点 vi 未曾加入队列, 或者已经在队列但并未出队, 那么 visited[vi] 设置为 false。

我们用一个数组 mst 记录最小生成树包含的边。初始任意选择一个顶点, 将这个顶点相连的边放入优先级队列。

从优先级队列中取出队首元素, 也就是权重最小的边 minEdge。minEdge 中至少有一个顶点的 visited 值为 true。如果 minEdge 对应的两个顶点的 visited 值都为 true, 那么不进行任何处理, 继续从优先级队列取数据处理。

如果 minEdge 对应的两个顶点中, 有一个顶点的 visited 值为 false, 我们就将 minEdge 这条边加入最小生成树 mst 数组中, 将 visited 等于 false 的顶点 unvisitedVid 的 visited 值设置为 true, 并考察与其相邻的所有边。假设相邻边的另一个顶点是 vk, vk 的 visited 值为 false, 则将这条边加入优先级队列; 如果 vk 的 visited 值为 true, 则不做任何处理。

依此类推, 继续考察优先级队列中的元素, 直到有 v-1 条边出队。此时, mst 数组中包含的边就是最小生成树包含的边。

为了方便读者理解 Prim 算法的原理和代码实现，作者举了一个例子，如图 9-24 所示，读者可以结合该例进行理解。

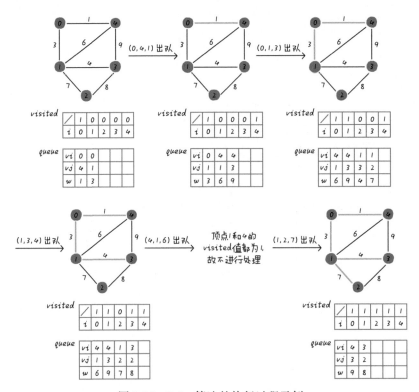

图 9-24 Prim 算法的执行过程示例

在理解了 Prim 算法的原理和实现后，我们分析一下它的时间复杂度。

优先级队列存储的元素是边，边有 E 条，因此，往优先级队列中插入数据的时间复杂度是 $O(\log E)$。在 Prim 算法的执行过程中，最多有 E 条边插入优先级队列，因此，Prim 算法的时间复杂度是 $O(E\log E)$，与 Kruskal 算法的时间复杂度相同。

9.7.4 解答本节开篇问题

现在，我们看一下本节开篇的问题：如何利用计算机随机生成迷宫地图呢？

针对这个问题，我们介绍一种经典的生成算法：随机 Prim 算法。该算法本身并不难理解，难的是如何将随机生成迷宫地图这个问题抽象为图的生成树问题。

我们把迷宫中的元素分成两类，一类是道路，另一类是墙。如图 9-25 所示，初始的迷宫没有任何通路。我们把迷宫中的每个道路单元格看成图中的一个顶点，把每堵墙看成一条边。一堵墙要么连接左右两个道路单元格，要么连接上下两个道路单元格。在这样的一个图上，我们寻找一棵生成树。生成树中包含的边代表墙将被打通（或移除）。因为生成树包含所有的顶点，并且连通所有的顶点，将生成树中的边对应的墙从迷宫地图中移除，所以所有这样的道路单元格就连通了。任选一个迷宫的起点和终点，都会有对应的通路。

在上文，我们对图进行了定义，道路单元格表示顶点，墙表示边，那么，如何通过编程存储这个图？

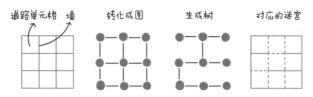

图 9-25 迷宫地图生成过程示例

因为这个图的边非常有规律，所以我们并不需要按照常规的图的存储方式显式地把每条边都进行存储。我们把道路单元格用二维数组 $a[n][n]$（n^2 个道路单元格）来存储，通过行、列的下标就能确定一个单元格，通过两个单元格就能确定中间的一堵墙。我们用二维数组 $a[i][j]$ 表示一个单元格，对象 $Edge(ui,uj,vi,vj)$ 表示 $a[ui][uj]$ 和 $a[vi][vj]$ 之间的墙。因为图中有 n^2 个顶点，所以生成树包含 n^2-1 条边。我们使用数组 $st[n^2-1]$ 来记录生成树的边。

有了这么多铺垫之后，我们正式看一下随机 Prim 算法的处理思路。随机 Prim 算法与 Prim 算法的处理思路几乎相同，唯一的区别在于将优先级队列改为了随机队列。相比于优先级队列，从随机队列中取出的元素是随机选择的元素，而不是权值最小的元素。

Prim 算法每次会从优先级队列中选择权重最小的边，这样得到的生成树是最小生成树。而对于随机生成迷宫地图这个问题，抽象出来的图是无权图，我们只需要求得生成树就能满足需求，因此，随机 Prim 算法会从随机队列中随机选择一条边，加入生成树中。这也是随机 Prim 算法名字的由来。

随机 Prim 算法生成迷宫地图的实现代码如下所示。读者可以用它与 Prim 算法的实现代码进行对比，代码逻辑几乎相同。

```java
public class Maze {
  private int n;
  private List<Edge> st = new ArrayList<>(); //存储生成树的边
  private List<Edge> randomQueue = new ArrayList<>(); //随机队列
  private boolean visited[][];

  public Maze(int n) {
    this.n = n;
    visited = new boolean[n][n];
    for (int i = 0; i < n; i++) {
      for (int j = 0; j < n; j++) {
        visited[i][j] = false;
      }
    }
  }

  public void randomPrim() {
    visited[0][0] = true;
    randomQueue.add(new Edge(0, 0, 0, 1));
    randomQueue.add(new Edge(0, 0, 1, 0));
    int selectedEdgeCount = 0;
    Random r = new Random();
    while (selectedEdgeCount < n -1) {
      int qsize = randomQueue.size();
      int randomValue = r.nextInt(qsize);
      Edge minEdge = randomQueue.get(randomValue);
      int unvisitedVi;
      int unvisitedVj;
      if (visited[minEdge.ui][minEdge.uj] == true &&
          visited[minEdge.vi][minEdge.vj] == true) {
```

```
          continue;
      } else if (visited[minEdge.ui][minEdge.uj] == true &&
          visited[minEdge.vi][minEdge.vj] == false) {
        unvisitedVi = minEdge.vi;
        unvisitedVj = minEdge.vj;
      } else {
        unvisitedVi = minEdge.ui;
        unvisitedVj = minEdge.uj;
      }
      selectedEdgeCount++;
      st.add(minEdge);
      visited[unvisitedVi][unvisitedVj] = true;
      //考察上下左右4个相邻的道路单元格
      int movei[] = {-1, 1, 0, 0};
      int movej[] = {0, 0, -1, 1};
      for (int k = 0; k < 4; k++) {
        int adjVi = unvisitedVi + movei[k];
        int adjVj = unvisitedVj + movej[k];
        if (adjVi < 0 || adjVi > n-1 || adjVj < 0 || adjVj > n-1) {
          continue;
        }
        if (visited[adjVi][adjVj] == false) {
          randomQueue.add(
            new Edge(unvisitedVi, unvisitedVj, adjVi, adjVj));
        }
      }
    }
  }

  public class Edge {
    //边的上顶点或者左顶点
    public int ui;
    public int uj;
    //边的下顶点或者右顶点
    public int vi;
    public int vj;
    public Edge(int ui, int uj, int vi, int vj) {
      this.ui = ui;
      this.uj = uj;
      this.vi = vi;
      this.vj = vj;
    }
  }
}
```

9.7.5 内容小结

在本节，我们学习了最小生成树，以及两种经典的求解最小生成树问题的算法：Kruskal 算法和 Prim 算法。

最小生成树针对的是无向有权连通图。假设图有 V 个顶点和 E 条边，那么连通所有的顶点只需要 $V-1$ 条边，多了就会存在环。这 $V-1$ 条边和 V 个顶点构成一棵树，称为生成树。一个图的生成树有很多个，其中边的权重之和最小的那个生成树称为最小生成树。

最小生成树的两种经典算法都利用了贪心算法思想。其中，Kruskal 算法借助并查集，起初将每个顶点看成一个集合，然后，按照权重从小到大考察每条边。如果边对应的两个顶点在不同的集合中，则将这条边放入最小生成树，并将集合合并，否则，丢弃这条边。Prim 算法的处理思路与 Dijkstra 算法类似。它先初始化一棵只包含最小边的最小生成树，然后不停地往外扩展以寻找与这棵树直接相连的边中最小的边。如果这条边加入最小生成树后不会形成环，就将其加入最小生成树，否则，继续考察其他边。

9.7.6 思考题

在本节，我们讲解了如何生成最小生成树。那么，如何生成次小生成树呢？（次小生成树就是树中所有边的权重和仅次于最小生成树的那个生成树。）

9.8 最大流：如何解决单身交友联谊中的最多匹配问题

假设在一场联谊中有 20 个男生和 18 个女生，在活动结束之后，允许每人在纸上最多写 3 个心仪对象的姓名。如果某个男生和某个女生互相心仪，就看成可配对。因为每个人可以写多个心仪的对象，所以就存在一个人与多个人可配对的情况。如果我们希望配对成功的人数越多越好，那么，应该如何确定最终谁与谁配对成功呢？

如果读者是活动的参加者，又是一名程序员，是否能利用自己的专业知识，帮助大家解决这个问题呢？实际上，这个问题是最大流和最大二分匹配的典型应用。在学完本节的内容之后，读者就能把握住机会表现一下了，说不定还能因此收获很多女生的芳心。

9.8.1 什么是最大流

我们先通过一个例子来看一下什么是最大流。

工厂 s 生产货物，然后将货物运输到商场 t。假设从工厂 s 到商场 t 有多条道路，每条道路每天有最大运输能力的限额，也就是最多能运输多少货物。整个道路网络构成一张有向有权图，如图 9-26 中的示例所示。根据当前的道路网络情况，如何计算每天从工厂 s 到商场 t 可以运输的最大货物量？

实际上，如果对上面这个问题进行抽象，就是典型的最大流问题：针对一张有向有权图，选定两个顶点分别作为源点 s 和汇点 t，计算从源点到汇点的最大流量。换句话说，就是计算源点可以发出的最大流量，当然，这个值也等于汇点可以接受的最大流量。

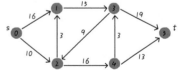

图 9-26　道路网络对应的图

实际上，在现实生活中，很多问题可以抽象为最大流问题，如交通网络中的车流、人流和物流，供水网络中的水流，金融网络中的现金流等。

理解了什么是最大流之后，我们再来看一下如何求解最大流。求解最大流的算法称为最大流算法。最大流算法有很多，大体上可以分为两类：基于增广路径（augmenting path）的算法和基于推送 - 重贴标签（push relabel）的算法。

实际上，最大流因其应用比较特殊，主要面向网络流，因此，在平时的软件开发中，并不常用到，在面试中，也并不常被问到。因此，它不是我们本书的重点。限于篇幅，我们不会逐一讲解所有的最大流算法。在本节中，我们只介绍简单的基于增广路径的 Ford-Fulkerson 方法和 Edmonds-Karp 算法。对于其他更加高效、更加高级的最大流算法，如 Dinic 算法、SAP 算法等，读者如果感兴趣，可以自行研究。

9.8.2 Ford-Fulkerson 方法

我们先来看一下 Ford-Fulkerson 方法。之所以称为方法，而不是算法，是因为 Ford-Fulkerson 方法只给出了求解最大流的框架思路，并未给出具体的实现。而 Edmonds-Karp 算法就是基于 Ford-Fulkerson 方法的一个具体实现。

在 Ford-Fulkerson 方法中，我们用 $g[i][j]$ 表示顶点 i 到顶点 j 的边的权值。在最大流问题中，边的权值也称为容量。初始从源点到汇点的最大流值 $maxflow=0$。

我们在图中找一条从源点到汇点的可达路径 p，假设路径中最小边的权值是 $delta$，也就意味着沿这条路径从源点可以输送 $delta$ 大小的流量到汇点。我们将 $delta$ 值加在 $maxflow$ 上，并将路径 p 中的所有边的容量都减去 $delta$。我们把这条流量为 $delta$ 的路径称为增广路径，把增广路径从图中移除之后剩下的图称为残余网络。用 $c[i][j]$ 记录残余网络中顶点 i 到顶点 j 的残余容量。

我们不停地在残余网络中寻找增广路径，然后增加 $maxflow$ 值，并从残余网络中移除增广路径，循环上述操作，直到残余网络中没有增广路径为止，此时得到的 $maxflow$ 值就是图的最大流，此时的 $g[i][j]-c[i][j]$ 就是对应 $maxflow$（最大流）每条边流过的流量，我们把它记作 $f[i][j]$。Ford-Fulkerson 方法对应的伪代码如下所示。

```
初始化c[i][j]=g[i][j](i=0~v-1, j=0~v-1)
初始化maxflow=0
while (残余网络c中存在从s到t的路径p) {
  delta = min(c[i][j])((i,j)是路径p中的边)
  for (i, j) in p
    c[i][j] -= delta
  maxflow += delta
}
```

实际上，上面的分析和代码逻辑还存在一个漏洞。如图 9-27 所示，假设编号为 0 的顶点是源点，编号为 3 的顶点是汇点。基于 Ford-Fulkerson 方法，我们先找到 $0 \rightarrow 1 \rightarrow 2 \rightarrow 3$ 这样一条增广路径，这条增广路径的 $delta$ 等于 1，$maxflow$ 加 1 之后等于 1，将增广路径从图中移除之后的残余网络如图 9-27 中的右图所示。此时的残余网络就不存在增广路径了，因此，算法运行结束，最大流 $maxflow$ 等于 1。但是，从图中我们可以发现，通过 $0 \rightarrow 1 \rightarrow 3$ 和 $0 \rightarrow 2 \rightarrow 3$ 这两条增广路径得到的最大流更大，值为 2。

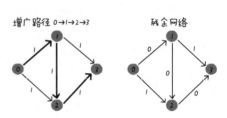

图 9-27　移除增广路径 $0 \rightarrow 1 \rightarrow 2 \rightarrow 3$
前后的残余网络

针对上面的这个例子，Ford-Fulkerson 方法之所以没能给出正确的答案，问题在于它的处理思路有点类似贪心算法，但当前的选择会影响后续的选择，而我们又无法对之前的选择做调整，因此，无法在任何情况下都能给出正确答案。

这个问题的解决思路非常巧妙，也是 Ford-Fulkerson 方法中最难理解的一部分。我们通过增加反向边来实现对之前的增广路径进行调整。具体是这样做的：其他逻辑不变，当寻找到一条增广路径之后，我们不仅仅将增广路径从图中移除，还会将反向的增广路径添加到残余网络中。对应的伪代码如下所示。

```
初始化c[i][j]=g[i][j](i=0~v-1, j=0~v-1)
初始化maxflow=0
while (残余网络c中存在从s到t的路径p) {
  delta = min(c[i][j])((i,j)是路径p中的边)
  for (i, j) in p
    c[i][j] -= delta
    c[j][i] += delta //增加反向边
  maxflow += delta
}
```

针对上面的例子，我们再来分析一下改进之后的 Ford-Fulkerson 方法是否能给出正确的答案。我们还是先找到 $0 \rightarrow 1 \rightarrow 2 \rightarrow 3$ 这条增广路径，在移除这条路径的同时，我们在残余网络中添加了反向边，如图 9-28 中的中间那幅图所示。基于这个残余网络，我们还能找到从 $0 \rightarrow 2 \rightarrow 1 \rightarrow 3$ 这条增广路径，最终得到最大流的值为 2。

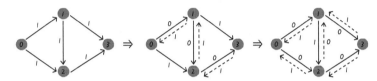

图 9-28　在残余网络中增加反向边之后的 Ford-Fulkerson 方法的执行过程

实际上，增加反向边之后，如果新的增广路径途径反向边，如途径例子中的 $2 \rightarrow 1$ 这条反向边，就会再在图中添加一条反向边（$2 \rightarrow 1$）的反向边（$1 \rightarrow 2$），对应到图 9-28 中的第三幅图，就是将 $1 \rightarrow 2$ 这条边的容量重新变为 1，这样就相当于没有流量从 $1 \rightarrow 2$ 这条边经过。

对于途径反向边的增广路径，读者很有可能对此产生疑问：不经过反向边的增广路径很容易理解，经过这条增广路径意味着可以从源点输送 *delta* 大小的流量到汇点，符合我们的常规认识。而反向边并不是一条真正存在的边，那么包含反向边的增广路径又该如何理解呢？

对于包含反向边的增广路径，我们不能孤立地去理解它，而是应该结合其他增广路径一块理解。实际上，对应最大流的流量网络，每个顶点都满足流量守恒定律，流入的流量等于流出的流量。针对例子，第二条增广路径包含反向边，它相当于对第一条增广路径中的流量进行了“改道”。流出顶点 1 的 1 个单位的流量，原来会流到顶点 2，现在改道流到了顶点 3；流入顶点 2 的 1 个单位的流量，原来从顶点 1 流入，现在改道从顶点 0 流入。

对于改造之后的 Ford-Fulkerson 方法，怎么才能得到最大流对应的流量网络中每条边流过的流量？实际上，我们只需要对 $f[i][j]=g[i][j]-c[i][j]$ 这个公式稍加修改：当 $g[i][j]-c[i][j]$ 的值为非负时，我们令 $f[i][j]=g[i][j]-c[i][j]$；当 $g[i][j]-c[i][j]$ 的值为负数（因为残余网络中存在反向边，所以会存在负值）时，我们令 $f[i][j]=0$。

9.8.3　Edmonds-Karp 算法

之所以 Ford-Fulkerson 方法并不能称为算法，是因为它并未给出如何求残余网络中从源点 s 到汇点 t 的路径。实际上，对于这个问题，我们有多种求解方法，如广度优先搜索和深度优先搜索。其中，我们把利用广度优先搜索实现的 Ford-Fulkerson 方法称为 Edmonds-Karp 算法。

关于广度优先搜索，前面的章节已经详细讲过了，这里不再赘述。我们直接给出 Edmonds-Karp 算法的实现代码，如下所示。

```java
public class Graph {
  private int v, e;
  private int g[][];
  private int pre[];

  public Graph(int v) {
    this.v = v;
    this.pre = new int[v];
    this.g = new int[v][v];
  }

  private int bfs(int s, int t) {
    boolean visited[] = new boolean[v];
    for (int i = 0; i < v; ++i) {
      visited[i] = false;
    }
    Queue<Integer> q = new ArrayDeque<>();
    q.add(s);
    pre[s] = -1;
    visited[s] = true;
    int found = 0;
    while (!q.isEmpty()) {
      int u = q.poll();
      if (u == t) {
        found = 1;
        break;
      }
      for (int i = 0; i < v; i++) {
        if (!visited[i] && g[u][i] > 0) {
          visited[i] = true;
          pre[i] = u;
          q.add(i);
        }
      }
    }
    if (found == 0) {
      return -1;
    }
    int k = t;
    int minval = Integer.MAX_VALUE;
    while (k != s) {
      int p = pre[k];
      if (minval > g[p][k]) {
        minval = g[p][k];
      }
      k = p;
    }
    return minval;
  }

  public int ek(int s, int t) {
    int maxflow = 0;
    int f;
    while ((f = bfs(s, t)) != -1) {
      maxflow += f;
      int k = t;
      while (k != s) {
        int p = pre[k];
```

```
            g[p][k] -= f;
            g[k][p] += f;
            k = p;
        }
    }
    return maxflow;
    }
}
```

9.8.4　最大二分匹配

最大二分匹配是最大流的一个非常经典的应用。如图 9-29 所示，对于一个二分图，图中的顶点分为左右两部分。所有的边都横跨左右两部分，起始顶点在左半部分，结束顶点在右半部分。如果某两个顶点有边相连，我们就称它们为可匹配。一个顶点最多能与一个顶点匹配成功，那么，如何找出二分图中的最大成功匹配数？

实际上，最大二分匹配问题很容易转化成最大流问题。我们给二分图补充两个顶点：一个源点和一个汇点，并且补充从源点到左半部分顶点的边，以及从右半部分顶点到汇点的边。如图 9-30 所示，图中所有边的容量都为 1。最大二分匹配问题就转化成了在补充图上源点到汇点的最大流问题。

图 9-29　二分图示例

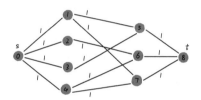

图 9-30　将最大二分匹配问题转化成最大流问题

9.8.5　解答本节开篇问题

现在我们看一下本节开篇的问题：应该如何确定最终谁与谁配对成功呢？有了前面的理论知识的铺垫，本节开篇的问题的解决就变得非常简单了。显而易见，它就是最大二分匹配问题。

我们把男生放在二分图的左边，将女生放在二分图的右边。如果某个男生和某个女生互相心仪，就在这个男生和这个女生之间连接一条边。根据最大流算法寻找这个二分图的最大二分匹配，就能得到谁与谁配对能使总配对数最多。

9.8.6　内容小结

在本节，我们学习了最大流算法。

最大流算法有很多，大体上可以分为两类：基于增广路径的算法和基于推送 - 重贴标签的算法。本节重点介绍了基于增广路径的 Ford-Fulkerson 方法，以及它的一个具体实现：Edmonds-Karp 算法。除此之外，我们还介绍了最大流的一个经典应用：最大二分匹配。

Ford-Fulkerson 方法的基本原理非常简单，通过不停地在残余网络中寻找增广路径来求解

最大流。不过，我们还需要对基本原理进行修正，通过增加反向边来实现对之前的增广路径重新"改道"。不过，Ford-Fulkerson 方法并没有给出寻找增广路径的具体实现，因此，它只能称为方法而不是算法。其中，通过广度优先搜索来寻找增广路径的算法称为 Edmonds-Karp 算法。

9.8.7 思考题

本节介绍的是针对一个源点到一个汇点的最大流。如果网络流中有多个源点和多个汇点，那么，如何实现多源点到多汇点的最大流呢？

第 **10** 章　贪心、分治、回溯和动态规划

在介绍完基础的数据结构和算法后，本章介绍几种经典算法思想：贪心、分治、回溯和动态规划，它们常用来指导设计具体的算法或代码实现。

对于这 4 种算法思想，原理解释起来都很简单，但是要真正掌握并能灵活应用，并不是一件容易的事情。因此，在接下来讲解这 4 种算法思想时，作者不会用长篇大论的方式讲理论，而是结合具体的问题，让读者自己感受如何应用这些算法思想解决问题。

10.1　贪心算法：如何利用贪心算法实现霍夫曼编码

在本节，我们学习贪心算法（greedy algorithm）。贪心算法有很多经典的应用，如霍夫曼编码（Huffman coding）、Prim 和 Kruskal 最小生成树算法等。最小生成树算法在 9.7 节已经讲过了，因此，本节重点讲一下霍夫曼编码。在本节，我们探讨一下，如何利用贪心算法实现霍夫曼编码，从而有效地节省存储空间呢？

10.1.1　如何理解贪心算法

关于贪心算法，我们先看一个例子。

假设有一个可以容纳 100kg 物品的背包，背包可以装各种物品。如图 10-1 所示，我们有以下 5 种豆子，每种豆子的重量和总价值各不相同。为了让背包中所装物品的总价值最大，我们如何选择在背包中装哪些豆子？每种豆子又该装多少？

实际上，这个问题很简单，可能没有学过计算机相关知识的人也能想到装豆子的方法。我们只要先计算每种豆子的单价，按照单价由高到低依次来装豆子，先装单价最高的豆子，装不满的话，再装单价次高的豆子，依此类推，直到装满为止。单价从高到低排列，依次是黑豆、绿豆、红豆、青豆、黄豆，因此，我们往背包里装 20kg 黑豆、30kg 绿豆、50kg 红豆，这样总价值最大。

物品	重量/kg	总价值/元
黄豆	100	100
绿豆	30	90
红豆	60	120
黑豆	20	80
青豆	50	75

图 10-1　每种豆子的重量和总价值

这个问题的解决思路显而易见，实际上，它利用的就是贪心算法思想。结合这个例子，我们总结一下用贪心算法解决问题的步骤，如下所示。

第一步，套用贪心算法问题模型。针对一组数据，事先定义了限制值和期望值，希望从中选出几个数据，在满足限制值的情况下，期望值最大。针对刚才的例子，限制值就是装在背包中的豆子的重量不能超过 100kg，期望值就是装在背包中的豆子的总价值。这组数据就是 5 种豆子。从中选出一部分豆子，满足重量不超过 100kg，并且总价值最大。

第二步，尝试用贪心算法来解决。每次选择对限制值同等贡献量的情况下，对期望值贡献最大的数据。针对刚才的例子，每次都从剩下的豆子里面选择单价最高的，也就是重量相同的情况下，对价值贡献最大的豆子。

第三步，举例验证算法是否正确。在大部分情况下，举几个例子验证一下算法是否能得到最优解就可以了。严格地证明贪心算法的正确性，是非常复杂的，涉及比较多的数学推理。而且，从实践的角度来说，大部分能用贪心算法解决的问题，贪心算法的正确性是显而易见的，也不需要严格的数学推导证明。

实际上，用贪心算法解决问题，并不总能给出最优解。

我们来看一个例子。如图 10-2 所示，在一个有权图中找一条从顶点 S 到顶点 T 的最短路径（路径中边的权值和最小）。贪心算法的解决思路：每次都选择一条与当前顶点相连的权值最小的边，也就是对总路径长度贡献最小的边，直到找到顶点 T。按照这种处理思路，我们求出的最短路径是 $S \rightarrow A \rightarrow E \rightarrow T$，路径长度是 1+4+4=9。

但是，基于这种贪心算法，最终得到的路径并非最短路径，因为路径 $S \rightarrow B \rightarrow D \rightarrow T$ 更短，长度为 2+2+2=6。为什么贪心算法在这个问题上不能正确工作了呢？

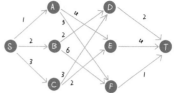

图 10-2　基于贪心算法求顶点 S 到顶点 T 的最短路径

主要原因是在贪心选择过程中前面的选择会影响后面的选择。如果第一步从顶点 S 到顶点 A，那么接下来面对的顶点和边与第一步从顶点 S 到顶点 B 是完全不同的。因此，即便我们在第一步选择最优的走法（权值最小），但有可能因为这一步的选择，导致后面每一步的选择都很糟糕，最终也就无缘全局最优解了。

10.1.2　贪心算法的应用示例

对于贪心算法，读者是不是有点似懂非懂？如果只研究理论，那么确实很难理解透彻。掌握贪心算法的关键是多练习。只要多练习几道题，自然就有感觉了。因此，接下来，作者带领读者分析几个具体的例子，帮助读者更好地理解贪心算法。

1. 分糖果

有 m 个糖果分给 n 个孩子吃，但是糖果少，孩子多（$m<n$），因此，糖果只能分配给一部分孩子。每个糖果的大小不等，这 m 个糖果的大小分别是 $s1$、$s2$、$s3$……sm。除此之外，每个孩子对糖果大小的需求也不一样。只有当糖果的大小大于或等于孩子对糖果大小的需求时，孩子才能得到满足。假设这 n 个孩子对糖果大小的需求分别是 $g1$、$g2$、$g3$……gn。那么，如何分配糖果才能尽可能满足最多数量的孩子？

我们对这个问题进行抽象：从 n 个孩子中抽取一部分孩子分配糖果，让满足的孩子的个数（期望值）最大。这个问题的限制值就是糖果个数 m。

对于一个孩子，如果小的糖果可以满足，就没必要用更大的糖果，这样更大的糖果就可以留给其他对糖果大小需求更大的孩子。除此之外，对糖果大小需求小的孩子更容易被满足，因此，我们从需求小的孩子开始分配糖果。另外，满足一个需求大的孩子与满足一个需求小的孩子，对期望值的贡献是一样的。

每次从剩下的孩子中，找出对糖果大小需求最小的，然后发给他剩下的糖果中能满足他的最小糖果。这样得到的分配方案就是满足孩子个数最多的分配方案。

2. 最短服务时间

假设有 n 个人等待被服务，但是服务窗口只有一个，每个人需要被服务的时间长度是不同的，如何安排被服务的先后顺序，才能让这 n 个人总的等待时间最短？

n 个人依次被服务，第 2 个人的等待时间等于第 1 个人的服务时间，第 3 个人的等待时间等于第 1 个人的服务时间加上第 2 个人的服务时间，第 4 个人的等待时间等于第 1 个人的服务时间，加上第 2 个人的服务时间，再加上第 3 个人的服务时间，依此类推，总的等待时间如式（10-1）所示，其中，WT_i 表示第 i 个被服务的人需要等待的时间，T_i 表示第 i 个被服务的人的服务耗时。

$$WT_1 = 0$$
$$WT_2 = T_1$$

$$WT_3 = T_1 + T_2$$
$$WT_4 = T_1 + T_2 + T_3$$
$$\cdots$$
$$WT_n = T_1 + T_2 + T_3 + \cdots + T_{n-1}$$
$$Total_{WT} = (n-1)T_1 + (n-2)T_2 + (n-3)T_3 + \cdots + T_{n-1} \tag{10-1}$$

为了让总的等待时间 $Total_{WT}$ 最小，我们选择耗时最小的人先被服务，也就是让 T_1 等于服务耗时最小值，依此类推，T_2 是服务耗时第二小值。

3. 区间覆盖

假设有 n 个区间，分别是 $[l1,r1]$、$[l2,r2]$、$[l3,r3]$……$[ln,rn]$。从这 n 个区间中选出某些区间，要求这些区间满足两两不相交（端点相交的情况不算相交），最多能选出多少个区间呢？最多不相交区间示例如图 10-3 所示。

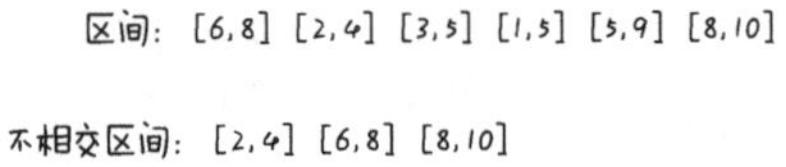

这个问题的处理思路不是那么容易理解。这个处理思路在很多贪心算法问题中会用到，如任务调度、教师排课等。

区间：[6,8] [2,4] [3,5] [1,5] [5,9] [8,10]

不相交区间：[2,4] [6,8] [8,10]

图 10-3 最多不相交区间示例

假设这 n 个区间中最左端点是 $lmin$，最右端点是 $rmax$。这个问题就相当于选择几个不相交的区间，从左到右将 $[lmin,rmax]$ 覆盖。我们按照右端点从小到大的顺序对这 n 个区间排序。每次选择左端点与前面的已经覆盖的区间不重合而右端点又尽量小的区间，这样可以让剩下的未覆盖区间尽可能大，就可以放置更多的区间。这实际上就是一种贪心的选择方法。具体的代码实现如下所示。

```java
public class Solution {
  public List<Interval> findMaxNumIntervals(List<Interval> intervals) {
    List<Interval> resultIntervals = new ArrayList<>();
    Collections.sort(intervals);
    int coveredIntervalRight = 0;
    for (int i = 0; i < intervals.size(); ++i) {
      Interval interval = intervals.get(i);
      if (interval.left >= coveredIntervalRight) {
        resultIntervals.add(interval);
        coveredIntervalRight = interval.right;
      }
    }
    return resultIntervals;
  }

  public static class Interval implements Comparable<Interval> {
    public int left;
    public int right;

    public Interval(int left, int right) {
      this.left = left;
      this.right = right;
    }

    @Override
    public int compareTo(Interval o) {
      return this.right - o.right;
    }
  }
}
```

10.1.3　解答本节开篇问题

现在，我们来看一下本节的开篇问题：如何利用贪心算法实现霍夫曼编码，从而有效地节省存储空间呢？

假设有一个包含 1000 个字符的文件，每个字符占 1B（1B=8bit），存储这 1000 个字符一共需要 8000bit，那么，有没有更加节省空间的存储方式呢？

假设我们通过统计分析发现，这 1000 个字符中只包含 6 种不同的字符，假设分别是 a、b、c、d、e、f。而 3 个二进制位（bit）就可以表示 8 个不同的字符，因此，为了尽量减少存储空间，每个字符用 3 个二进制位来表示：a 为 000、b 为 001、c 为 010、d 为 011、e 为 100、f 为 101。那么，存储这 1000 个字符只需要 3000bit，比原来的存储方式节省了很多空间。还有没有更加节省空间的存储方式呢？

此时，就需要霍夫曼编码"登场"了。霍夫曼编码是一种非常有效的编码方法，广泛应用于数据压缩中，其压缩率通常为 20% ～ 90%。

霍夫曼编码不仅会考察文本中有多少个不同字符，还会考察每个字符出现的频率，根据频率的不同，选择不同长度的编码。霍夫曼编码试图用这种不等长的编码方法，来进一步提升压缩的效率。如何给不同频率的字符选择不同长度的编码呢？根据贪心算法思想，对于出现频率高的字符，用稍微短一些的编码；对于出现频率低的字符，用稍微长一些的编码。

对于等长的编码，解压缩很简单。对于刚才那个例子，用 3 个 bit 表示一个字符。在解压缩的时候，每次从文本中读取 3 个二进制位，然后"翻译"成对应的字符就可以了。但是，霍夫曼编码是不等长的，每次应该读取几位来解压缩呢？是 1 位、2 位，还是 3 位？这就导致霍夫曼编码解压缩比较复杂。为了避免解压缩过程中的歧义，霍夫曼编码要求各个字符编码之间不能出现某个编码是另一个编码的前缀的情况。

假设这 6 个字符出现的频率从高到低依次是 a、b、c、d、e、f。按照前面的要求，我们把它们编码成如图 10-4 所示。经过这种编码压缩之后，这 1000 个字符只需要 1910bit 存储空间，存储空间又进一步减少。

字符	出现频率	编码	每个字符总的二进制位数
a	450	1	450
b	350	01	700
c	90	001	270
d	60	0001	240
e	30	00001	150
f	20	00000	100

图 10-4　按照出现的频率对字符编码

现在的问题：如何根据字符出现的频率，给不同的字符进行不同长度的编码呢？

我们把每个字符看作一个节点，并把对应的出现频率一起放到优先级队列中。从优先级队列中取出出现频率最小和次小的两个节点 A、B，然后新建一个节点 C，把节点 C 的出现频率设置为节点 A 和节点 B 的出现频率之和，并将这个新节点 C 设置为节点 A、B 的父节点。最后，把节点 C 连同对应的出现频率放入优先级队列中。重复这个过程，直到队列中没有数据，最终就得到一棵霍夫曼树，如图 10-5 所示。

在霍夫曼树构建完成之后，我们对树进行编码，指向左子节点的边统统标记为 0，指向右子节点的边统统标记为 1，从根节点到叶子节点的路径就是叶子节点对应字符的霍夫曼编码，如图 10-6 所示。

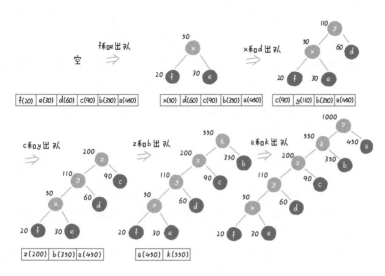

图 10-5　霍夫曼树的构造过程

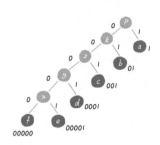

图 10-6　霍夫曼编码

10.1.4　内容小结

实际上，贪心算法适用的场景比较有限。贪心算法思想更多的是用来指导基础算法的设计，如最小生成树算法。从作者个人的学习经验来讲，不要刻意去记忆贪心算法的原理，多练习才是有效的学习方法。

对于用贪心算法解决问题，最难的是将要解决的问题抽象成贪心算法模型，只要完成了这一步，贪心算法的代码实现就会很简单。虽然很多时候贪心算法解决问题的正确性看起来是显而易见的，但要严谨地证明算法能够得到最优解，并不是一件容易的事情。因此，很多时候，我们只需要多举几个例子，局部验证一下贪心算法的正确性。

10.1.5　思考题

在一个非负整数 a 中，我们希望从中移除 k 个数字，让剩下的数字值最小，如何选择移除哪 k 个数字呢？

10.2　分治算法：谈一谈大规模计算框架 MapReduce 中的分治思想

MapReduce、GFS、Bigtable 是 Google 大数据处理的三驾马车。其中，MapReduce 主要负责海量数据计算，它在倒排索引、PageRank 计算和网页分析等搜索引擎相关的技术中有大量的应用。尽管开发一个 MapReduce 看起来很高深、很复杂，感觉遥不可及，实际上，万变不离其宗，它的本质就是我们本节要学的算法思想：分治。那么，为什么说 MapReduce 的本质就是分治思想？

10.2.1 如何理解分治算法

分治算法（divide and conquer）的核心思想其实就是 4 个字：分而治之。详细点讲，就是将原问题划分成 n 个规模更小并且结构与原问题相似的子问题，递归地解决这些子问题，然后合并其结果，就得到原问题的解。

分治看起来有点像递归。分治算法是一种处理问题的思想，而递归是一种编程技巧。实际上，分治算法一般适合用递归来实现。在分治算法的递归实现中，每一层递归都会涉及下面这样 3 个操作。

- 分解：将原问题分解成一系列子问题。
- 解决：递归地求解各个子问题，若子问题足够小，则直接求解。
- 合并：将子问题的结果合并成原问题的结果。

除此之外，能用分治算法解决的问题，一般需要满足下面这 4 个条件：

- 原问题与分解成的小问题具有相同的结构；
- 由原问题分解成的子问题可以独立求解，子问题之间没有相关性，这一点是分治算法与动态规划的明显区别，等讲到动态规划的时候，我们会详细对比这两种算法；
- 具备分解终止条件，也就是说，当问题足够小时，可以直接求解；
- 可以将子问题的结果合并成原问题的结果，而这个合并操作的代价不能太大，否则就达不到降低时间复杂度的良好效果了。

10.2.2 分治算法的应用示例

分治算法的原理并不难理解，但是要想灵活应用并不容易。因此，接下来，我们用分治算法解决一个具体的问题，以加深读者对分治算法的理解。

还记得在排序算法里提到的有序度、逆序度的概念吗？我们用有序度来表示一组数据的有序程度，用逆序度来表示一组数据的无序程度。我们用这组数据中包含的有序对的个数或逆序对的个数来表示数据的有序度或逆序度。逆序对示例如图 10-7 所示。

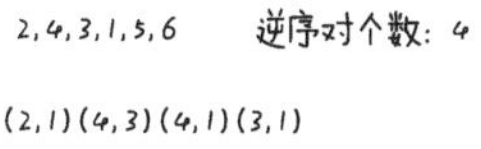

如何通过编程求出一组数据的有序对个数或者逆序对个数呢？因为有序对个数和逆序对个数的求解方式是类似的，所以，我们用逆序对个数的求解来举例讲解。

2, 4, 3, 1, 5, 6   逆序对个数：4

(2,1)(4,3)(4,1)(3,1)

图 10-7　逆序对示例

最"笨"的方法是，用每个数字与它后面的数字比较，查看有几个数字比它小。我们把位于其后又比其小的数字的个数记作 k 值。通过这样的方式，把每个数字都考察一遍之后，对每个数字对应的 k 值求和，最后得到的总和就是逆序对个数。不过，这样操作的时间复杂度是 $O(n^2)$，比较低效，有没有更加高效的处理方法呢？

我们可以套用分治算法思想来求数组 A 的逆序对个数。我们将数组分成 $A1$ 和 $A2$ 前后两部分，首先分别计算 $A1$ 和 $A2$ 的逆序对个数 $K1$ 和 $K2$，然后计算 $A1$ 与 $A2$ 之间的逆序对个数 $K3$（逆序对中的前一个数字来自 $A1$，后一个数字来自 $A2$）。那么，数组 A 的逆序对个数就等于 $K1+K2+K3$。

我们在 10.2.1 节中讲过，使用分治算法的其中一个要求是：子问题的结果合并的代价不能太大，否则就达不到降低时间复杂度的良好效果。对应到这个问题，就是如何快速计算出 $A1$ 与 $A2$

之间的逆序对个数。

计算 $A1$ 与 $A2$ 之间逆序对的个数需要有点技巧，需要借助归并排序。归并排序中有一个非常关键的操作，就是将两个有序小数组合并成一个大的有序数组。如图 10-8 所示，在这个合并的过程中，我们可以顺便计算这两个小数组之间逆序对的个数。

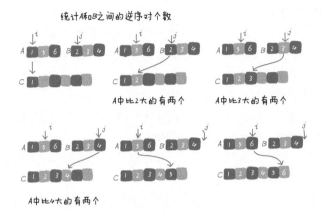

图 10-8　在归并排序的合并操作过程中计算 A 与 B 之间逆序对的个数

在归并排序的每次合并操作的过程中，我们都顺便计算两个小数组之间的逆序对个数，把这些计算出来的逆序对个数求和，就是整个数组的总的逆序对个数。对应的代码实现如下所示。实际上，这就相当于在归并排序算法的代码实现上加了一些统计的代码。

```java
private int num = 0; //全局变量或者成员变量
public int count(int[] a, int n) {
  num = 0;
  mergeSortCounting(a, 0, n-1);
  return num;
}

private void mergeSortCounting(int[] a, int p, int r) {
  if (p >= r) return;
  int q = (p+r)/2;
  mergeSortCounting(a, p, q);
  mergeSortCounting(a, q+1, r);
  merge(a, p, q, r);
}

private void merge(int[] a, int p, int q, int r) {
  int i = p, j = q+1, k = 0;
  int[] tmp = new int[r-p+1];
  while (i<=q && j<=r) {
    if (a[i] <= a[j]) {
      tmp[k++] = a[i++];
    } else {
      num += (q-i+1); //统计p和q之间，比a[j]大的元素个数
      tmp[k++] = a[j++];
    }
  }
  while (i <= q) { //处理剩下的
    tmp[k++] = a[i++];
  }
  while (j <= r) { //处理剩下的
    tmp[k++] = a[j++];
```

```
  }
  for (i = 0; i <= r-p; ++i) { //从tmp复制回a
    a[p+i] = tmp[i];
  }
}
```

有很多人经常说，某某算法思想如此巧妙，自己怎么也想不到的。实际上，确实如此。有些算法确实并不是每个人短时间都能想到的。例如，上面这个求逆序对个数的问题，并不是每个人都能想到可以借助归并排序算法来解决，不夸张地说，如果之前没接触过，绝大部分人是不会想到的。但是，如果作者告诉你可以借助归并排序算法来解决，那么你就应该想到如何改造归并排序来求解。只要读者能做到这一点，就很棒了！

关于分治算法，还有两个比较经典的问题，读者可以自己思考和解决一下。

- 二维平面上有 n 个点，如何快速找出距离最近的两个点？
- 有两个 $n \times n$ 的矩阵 A、B，如何快速求解两个矩阵的乘积 $C=AB$？

10.2.3 分治算法在大数据处理中的应用

分治算法的应用非常广泛，并不仅限于指导编程和算法设计，它还经常用在大数据处理中。前面讲到的数据结构和算法，大部分是基于内存存储和单机处理。但是，如果要处理的数据量非常大，无法一次性放到内存中，这个时候，这些数据结构和算法就无法正常工作了。

例如，对于按照金额大小给 10GB 大小的订单文件进行排序这样一个需求，看似一个非常简单的排序问题，但因为数据量大，无法一次性全部加载到内存中（如机器只有 2GB 大小的内存），也就无法单纯地使用快速排序、归并排序等基础算法来解决了。

要解决这种数据量大到内存装不下的问题，我们就可以利用分治算法，将海量数据根据某种方法，划分为几个小的数据集合，每个小的数据集合单独加载到内存来解决相应的问题，然后将小数据集合合并成大数据集合。实际上，利用这种分治的处理思路，不仅能突破内存的限制，还能利用多线程或者多机处理，加快处理的速度。

例如上文举的那个例子，给 10GB 大小的订单文件排序。我们就可以先扫描一遍订单文件，找出订单金额的上下限，根据订单金额，将 10GB 大小的文件划分为几个金额区间。例如，将金额在 1 ~ 100 元的订单放到一个小文件，金额在 101 ~ 200 元的订单放到一个小文件，依此类推。这样每个小文件都可以单独加载到内存中排序，然后写回小文件，最后将这些有序的小文件合并为大文件（借鉴归并排序中 merge() 函数的处理思路）。最终就实现了对 10GB 大小的订单文件排序的需求。

如果订单数据存储在类似 GFS 这样的分布式系统中，那么，当 10GB 大小的订单被划分成多个小文件之后，每个文件可以并行加载到多台机器上处理，最后将结果合并在一起，这样处理速度也加快了很多。不过，这里需要注意的是，数据的存储与计算所在的机器需要是同一个机器或者在网络中靠得很近的两个机器（如在一个局域网内），否则就会因为网络因素导致数据访问变慢，导致整个处理过程不但不会变快，反而有可能变慢。

10.2.4 解答本节开篇问题

现在，我们来看一下本节的开篇问题：为什么说 MapReduce 的本质就是分治思想？

对于在上文中举的订单排序的例子，数据有 10GB 大小，可能给读者的感受还不够强烈。如果要处理的数据的规模是 1TB、10TB 或 100TB 级别，那么一台机器处理的效率显然就非常低了。对于谷歌搜索引擎，在网页爬取、清洗、分析、分词、计算权重和倒排索引等各个环节，都会面对如此海量的数据，因此，利用集群并行处理显然是大势所趋。

如果一台机器的处理效率过低，那么我们就把任务拆分到多台机器上来处理。拆分之后的小任务之间互不干扰，独立计算，最后将结果合并。这不就是分治思想吗？

实际上，MapReduce 框架只是一个任务调度器，底层依赖 GFS 来存储数据，依赖 Borg 管理机器。MapReduce 从 GFS 中取数据，交给 Borg 中的机器执行，并且时刻监控机器执行的进度，一旦出现机器"死"机、进度卡壳等情况，就重新从 Borg 中调度一台机器执行。

尽管 MapReduce 的模型非常简单，但是在 Google 内部应用非常广泛。它可以用来处理这种数据与数据之间存在关系的任务，如统计文件中单词出现的频率。除此之外，它还可以用来处理数据与数据之间没有关系的任务，如对网页分析、分词等，每个网页可以独立地进行分析、分词，而两个网页之间并没有关系。网页数量可能有几十亿个，甚至上百亿个，如果用单机进行处理，效率太低，我们就可以利用 MapReduce 提供的高可靠、高性能和高容错的并行计算框架并行地进行处理。

10.2.5　内容小结

在本节，我们学习了分治算法思想。分治算法可以用 4 个字概括，就是"分而治之"。我们将原问题划分成 n 个规模更小而结构与原问题相似的子问题，递归地解决这些子问题，然后合并其结果，就得到原问题的解。

本节介绍了分治算法的两种典型应用场景，一个是用来指导编码，降低问题求解的时间复杂度，另一个是解决海量数据处理问题，如使用 MapReduce。我们时常感叹 Google 的创新能力如此之强，总是在引领技术的发展。实际上，创新离我们并不远，创新的源泉来自我们对事物本质的认识。无数优秀的架构设计思想源自基础数据结构和算法，这本身就是算法的魅力所在。

10.2.6　思考题

在前面讲过的数据结构、算法和解决思路中，有哪些用到了分治算法思想？除此之外，在生活、工作中，还有没有用到分治算法思想的地方？读者可以自己回忆、总结一下，这对将零散的知识提炼成体系非常有帮助。

10.3　回溯算法：从电影《蝴蝶效应》中学习回溯算法的核心思想

前面提到，深度优先搜索算法利用的是回溯算法思想。这个算法思想非常简单，但应用却非常广泛。它除用来指导像深度优先搜索这种经典的算法设计之外，还可以用在很多实际的软件开发场景中，如正则表达式匹配、编译原理中的语法分析等。除此之外，很多经典的数学问题也可以用回溯算法解决，如数独、八皇后、0-1 背包、图的着色、旅行商、求全排列等。在本节，我们就来学习一下回溯算法思想。

10.3.1 如何理解回溯算法

在我们的一生中，会遇到很多重要的"岔路口"。在人生的岔路口，每个选择都会影响我们今后的人生。有的人在每个"岔路口"都能做出正确的选择，生活、事业可能达到了一个很高的高度；而有的人一路选错，最后可能碌碌无为。如果人生可以量化，那么如何才能在人生的岔路口做出正确的选择，让自己的人生"最优"呢？

我们可以借助贪心算法，在每次面对人生岔路口的时候，都做出当下看起来最优的选择，期望这一组局部最优选择可以使得我们的人生达到全局"最优"。但是，贪心算法并不一定能得到最优解。那么，有没有其他办法能得到最优解呢？

2004 年，著名的电影《蝴蝶效应》上映，该部电影讲的就是主人公为了达到自己的目标，一直通过回溯的方法，回到童年，在关键的人生岔路口，重新做选择。当然，这只是科幻电影，我们的人生是无法倒退的，但这其中蕴含的思想其实就是回溯算法。

回溯算法一般用到与"搜索"有关的问题上。不过这里说的搜索，并不是狭义地指我们在第 9 章讲过的图的搜索，而是在一组可能的解中搜索满足期望的解。

回溯的处理思想有点类似枚举（或穷举）。枚举所有的解，找出其中满足期望的解。为了有规律地枚举所有可能的解，避免遗漏和重复，我们把问题求解的过程分为多个阶段。每个阶段都会面对一个"岔路口"，我们先随意选一条路走，当发现这条路走不通的时候（不符合期望的解），就回退到上一个"岔路口"，另选一种走法继续走。

10.3.2 八皇后问题

我们来看一个有关回溯的经典例子：八皇后问题，以进一步解释回溯算法思想。

有一个 8×8 的棋盘，我们往里放 8 个棋子（皇后），要求每个棋子所在的行、列、对角线都不能有另外一个棋子。如图 10-9 所示，左侧图是符合要求的放法，右侧图是不符合要求的放法。八皇后问题就是期望找到所有满足这种要求的放棋子方式。

我们把求解这个问题的过程划分成 8 个阶段：在第 1 行放置棋子、在第 2 行放置棋子、在第 3 行放置棋子……在第 8 行放置棋子。在放置

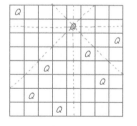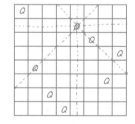

图 10-9　八皇后问题中符合要求的放法和
不符合要求的放法

的过程中，我们不停地检查当前的放法是否满足要求。如果满足，则跳到下一行继续放置棋子；如果不满足，就换一种放法，继续尝试。回溯算法比较适合用递归代码实现，八皇后问题的递归代码实现如下所示。

```
int[] result = new int[8];//下标表示行，值表示皇后存储在哪一列
public void cal8queens(int row) { //调用方式：cal8queens(0);
  if (row == 8) { //8个棋子都放置好了，输出结果
    printQueens(result);
```

```
        return; //8行棋子都放好了，已经没法再往下递归了，因此返回
    }
    for (int column = 0; column < 8; ++column) { //每一行都有8种放法
      if (isOk(row, column)) { //有些放法不满足要求
        result[row] = column; //第row行的棋子放到了column列
        cal8queens(row+1); //考察下一行
      }
    }
}

//判断row行、column列放置是否合适
private boolean isOk(int row, int column) {
    int leftup = column - 1, rightup = column + 1;
    for (int i = row-1; i >= 0; --i) { //逐行往上考察每一行
      if (result[i] == column) return false; //第i行、第column列有棋子
      if (leftup >= 0) { //考察左上对角线：第i行、第leftup列有棋子吗？
        if (result[i] == leftup) return false;
      }
      if (rightup < 8) { //考察右上对角线：第i行、第rightup列有棋子吗？
        if (result[i] == rightup) return false;
      }
      --leftup; ++rightup;
    }
    return true;
}

private void printQueens(int[] result) { //输出一个二维矩阵
    for (int row = 0; row < 8; ++row) {
      for (int column = 0; column < 8; ++column) {
        if (result[row] == column) System.out.print("Q ");
        else System.out.print("* ");
      }
      System.out.println();
    }
    System.out.println();
}
```

10.3.3　0-1 背包问题

0-1 背包是一个非常经典的算法问题，很多场景可以抽象成这个问题模型。这个问题的经典解法是动态规划，不过还有一种简单但没有那么高效的解法，就是本节讲的回溯算法。动态规划的解法在 10.4 节再讲，我们先来看一下如何用回溯法解决这个问题。

0-1 背包问题有很多变体，这里介绍一种比较基础的：假设有一个背包，可承载的最大重量是 Wkg。现在有 n 个物品，每个物品的重量不等，并且不可分割。我们期望选择几件物品装到背包中。在不超过背包最大承载重量的前提下，如何让背包中的物品总重量最大？

实际上，在 10.1 节介绍贪心算法时，我们已经讲过一个背包问题了。不过，那里讲的物品（豆子）是可以分割的，允许将某个物品的一部分装到背包中。对于本节讲的这个背包问题，物品是不可分割的，要么装要么不装，因此称为 0-1 背包问题。显然，这个问题已经无法通过贪心算法来解决了。现在我们来看一下，如何用回溯算法来解决。

对于每个物品，都有两种选择：装进背包或者不装进背包。对于 n 个物品，总的装法就有 2^n 种，从这些装法中选出总重量小于或等于 Wkg 并且最接近 Wkg 的。不过，如何才能不重复地穷举出这 2^n 种装法呢？

这里就可以用到回溯算法思想。我们把物品依次排列，整个问题的求解过程就分解为了 n

个阶段，每个阶段对应一个物品怎么选择。首先，对第一个物品进行处理，选择装进去或者不装进去，然后递归地处理剩下的物品。对于该问题的处理思路，描述起来很费劲，我们直接看如下所示的代码。这里用到了搜索剪枝的技巧，当发现已经选择的物品的总重量超过 Wkg 之后，我们就停止继续探测剩下的物品。

```java
public int maxW = Integer.MIN_VALUE; //存储背包中物品总重量的最大值
//cw表示当前已经装进去的物品的重量和，i表示考察到哪个物品了
//w表示背包可以承载的最大重量；items表示每个物品的重量；n表示物品个数
//假设背包可承受重量为100，物品个数为10，物品重量存储在数组a中，
//那么可以这样调用函数：f(0, 0, a, 10, 100)
public void f(int i, int cw, int[] items, int n, int w) {
  // cw==w表示装满了；i==n表示已经考察完所有的物品
  if (cw == w || i == n) {
    if (cw > maxW) maxW = cw;
    return;
  }
  f(i+1, cw, items, n, w);
  if (cw + items[i] <= w) { //没有超过背包可以承载的最大重量
    f(i+1,cw + items[i], items, n, w);
  }
}
```

10.3.4　正则表达式匹配问题

讲完了 0-1 背包问题，我们再来看另外一个例子：正则表达式匹配。

对于软件工程师，在平时的开发中，或多或少用过正则表达式。其实，正则表达式里非常重要的一种算法思想就是回溯。

在正则表达式中，最重要的就是通配符。利用通配符可以表达非常丰富的语义。为了方便讲解，我们对正则表达式稍加简化，假设正则表达式中只包含 "*" 和 "?" 这两种通配符，并且对这两个通配符的语义稍微做些改变。其中，"*" 匹配任意多个（大于或等于 0 个）任意字符，"?" 匹配 0 个或者 1 个任意字符。基于以上背景假设，我们来探讨一下，如何用回溯算法判断一个给定的文本能否与给定的正则表达式匹配？

我们依次考察正则表达式中的每个字符，如果是非通配符，就直接与文本串中的字符进行匹配，如果相同，则继续往下处理；如果不同，则回溯。如果遇到的是特殊字符，就有多种处理方式，也就是所谓的 "岔路口"，如 "*" 可以匹配任意个文本串中的字符，我们就先随意地选择一种匹配方案，然后继续考察剩下的字符。如果中途发现无法继续匹配下去，就再回到这个 "岔路口"，重新选择一种匹配方案，然后继续匹配剩下的字符。

我们将上述处理过程 "翻译" 成代码，如下所示。

```java
public class Pattern {
  private boolean matched = false;
  private char[] pattern; //正则表达式
  private int plen; //正则表达式的长度

  public Pattern(char[] pattern, int plen) {
    this.pattern = pattern;
    this.plen = plen;
  }

  public boolean match(char[] text, int tlen) { //文本串及其长度
    matched = false;
```

```
    rmatch(0, 0, text, tlen);
    return matched;
  }

  private void rmatch(int ti, int pj, char[] text, int tlen) {
    if (matched) return; //如果已经匹配，就不要继续递归了
    if (pj == plen) { //正则表达式到结尾了
      if (ti == tlen) matched = true; //文本串也到结尾了
      return;
    }
    if (pattern[pj] == '*') { //*匹配任意个字符
      for (int k = 0; k <= tlen-ti; ++k) {
        rmatch(ti+k, pj+1, text, tlen);
      }
    } else if (pattern[pj] == '?') { //?匹配0个或者1个字符
      rmatch(ti, pj+1, text, tlen);
      rmatch(ti+1, pj+1, text, tlen);
    } else if (ti < tlen && pattern[pj] == text[ti]) { //纯字符匹配才行
      rmatch(ti+1, pj+1, text, tlen);
    }
  }
}
```

10.3.5　内容小结

回溯算法思想非常简单，大部分情况下，用来解决广义的搜索问题，也就是从一组可能的解中选出一个满足要求的解。回溯算法非常适合用递归来实现，在实现的过程中，剪枝操作是提高搜索效率的一种技巧。利用剪枝，我们可以提前终止搜索不能满足要求的解的过程。

尽管回溯算法的原理非常简单，但可以解决很多问题，如深度优先搜索、八皇后、0-1 背包、图的着色、旅行商、数独、求全排列和正则表达式匹配等。如果读者感兴趣，那么可以自己研究一下这些经典的问题，最好还能用代码实现。对于这几个问题，如果读者都能顺利地用代码实现，那么说明读者基本掌握了回溯算法。

10.3.6　思考题

现在我们对本节讲到的 0-1 背包问题稍加改造，如果每个物品不仅重量不同，价值也不同，那么，如何在不超过背包承载的最大重量的前提下，让背包中所装物品的总价值最大？

10.4　初识动态规划：如何巧妙解决"双 11"购物时的凑单问题

在淘宝的"双 11"购物节期间，有各种促销活动，如"满 200 元减 50 元"。假设你的购物车中有 n 个（n>100）想买的商品，你希望从里面选出几个，在达到满减条件的前提下，让选出来的商品价格总和最大程度地接近满减条件（200 元）。作为程序员的你，能不能通过编程解决这个问题？实际上，要想高效地解决这个问题，就要用到本节要讲的动态规划（dynamic programming）。

10.4.1 动态规划的学习路线

动态规划比较适合用来求解最值问题，如求最大值和最小值等。它可以显著地降低时间复杂度，提高代码的执行效率。不过，动态规划的学习难度很高。动态规划的主要学习难点与递归类似，求解问题的过程不太符合人类常规的思维习惯。对于新手，想要入门动态规划确实不容易。

关于动态规划，我们从初识动态规划、动态规划理论和动态规划实战这 3 个方面进行介绍（见 10.4 节～ 10.6 节）。

对于"初识动态规划"，通过两个经典的动态规划问题模型，阐述为什么需要动态规划，以及动态规划解题方法是如何演化出来的。实际上，只要掌握了这两个例子中的问题解决思路，对于其他很多动态规划问题，读者可以套用类似的思路来解决。

对于"动态规划理论"，总结动态规划适合解决的问题的特征，以及动态规划的解题思路。除此之外，我们还会将贪心、分治、回溯、动态规划这 4 种算法思想放在一起，对比分析它们各自的特点及适用的场景。

对于"动态规划实战"，应用 10.5 节介绍的动态规划理论知识，解决 3 个经典的动态规划问题，加深对理论的理解。

只要弄懂了 10.4 节～ 10.6 节中的例子，对于动态规划，读者就算是入门了。

10.4.2 利用动态规划解决 0-1 背包问题

在讲贪心算法、回溯算法的时候，我们多次讲到背包问题。其中，贪心算法解决的是物品可分割的背包问题，回溯算法解决的是 0-1 背包问题。在本节，我们看一下如何用动态规划来解决 0-1 背包问题。

对于 0-1 背包问题，我们重新表述一遍：对于一组不同重量、不可分割的物品，选择其中一些物品装入背包，在不超过背包可承载的最大重量的前提下，背包中可装物品总重量的最大值是多少？对于这个问题，回溯算法的解决方法是穷举搜索所有可能的装法，然后找出满足条件的最大值，对应的代码如下所示。

```
//回溯算法的实现。注意，作者把输入的变量都定义成了成员变量
private int maxW = Integer.MIN_VALUE; //结果放到maxW中
private int[] weight = {2,2,4,6,3};  //物品重量
private int n = 5; //物品个数
private int w = 9; //背包可承载的最大重量
public void f(int i, int cw) { //调用f(0, 0)
  if (cw == w || i == n) { // cw==w表示装满了,i==n表示物品都考察完了
    if (cw > maxW) maxW = cw;
    return;
  }
  f(i+1, cw); //选择不装第 i 个物品
  if (cw + weight[i] <= w) {
    f(i+1,cw + weight[i]); //选择装第 i 个物品
  }
}
```

不过，回溯算法的时间复杂度比较高，是指数级别的。那么，有没有什么方法可以有效降低时间复杂度呢？我们通过一个具体的例子来找一下规律。假设背包的最大承载重量是 9。现

在，有 5 个不同的物品，每个物品的重量分别是 2、2、4、6 和 3。我们把这个例子的回溯求解过程用递归树表示，如图 10-10 所示。

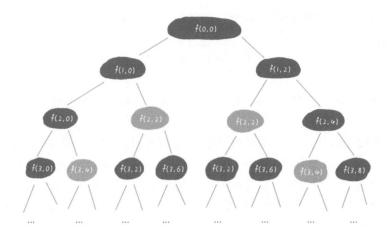

图 10-10 0-1 背包问题回溯求解方法对应的递归树

递归树中的每个节点表示一种状态，我们用 (i,cw) 来表示。其中，i 表示将要决策第几个物品是否装入背包，cw 表示当前背包中物品的总重量。例如，(2,2) 表示我们将要决策第 2 个物品是否装入背包，在决策前，背包中物品的总重量是 2。

从递归树中，我们发现，有些子问题的求解是重复的，如图 10-10 中的 $f(2,2)$ 和 $f(3,4)$ 都被重复计算了两次。我们可以借助 3.1 节中讲的 "备忘录" 的解决方式，记录已经计算好的 $f(i,cw)$，当再次计算到重复的 $f(i,cw)$ 时，我们直接从备忘录中取出结果来用，不需要再递归计算，这样就可以避免子问题被重复求解。具体的代码如下所示。

```
private int maxW = Integer.MIN_VALUE; //结果放到maxW中
private int[] weight = {2,2,4,6,3};  //物品重量
private int n = 5; //物品个数
private int w = 9; //背包可承载的最大重量
private boolean[][] mem = new boolean[5][10]; //备忘录，默认值为false
public void f(int i, int cw) { //调用f(0,0)
  if (cw == w || i == n) { //cw==w表示装满了,i==n表示物品都考察完了
    if (cw > maxW) maxW = cw;
    return;
  }
  if (mem[i][cw]) return; //重复状态
  mem[i][cw] = true; //记录 (i,cw) 这个状态
  f(i+1, cw); //选择不装第i个物品
  if (cw + weight[i] <= w) {
    f(i+1,cw + weight[i]); //选择装第i个物品
  }
}
```

实际上，在执行效率方面，基于备忘录去重的递归求解方法与动态规划基本上没有差别。不过，动态规划的解决方法更加优雅，更具普适性。

我们把整个求解过程分为 n 个阶段，每个阶段会决策一个物品是否放到背包中。在对每个物品决策（放入或者不放入背包）完之后，背包中的物品的重量会有多种情况，也就是说，会达到多种不同的状态，对应到递归树中，就是有很多不同的节点。注意，这里的节点状态与回溯算法的节点状态的定义不同，在回溯算法中，(i,cw) 表示在考察第 i 个物品前，背包中的物

品重量是 cw，这里表示在第 i 个物品考察完之后，背包中的物品重量是 cw，之所以有所区别，主要是为了方便编程。

我们把每一层重复的状态（节点）合并，只记录不同的状态，然后基于上一层的状态集合，来推导下一层的状态集合。通过合并每一层重复的状态，就能保证每一层的状态个数不会超过 w 个（w 表示背包可承载的最大重量），也就是例子中的 9。于是，我们就可以避免回溯算法对应的递归树中每层状态个数的指数级增长。

我们用一个 boolean 类型的二维数组 $states[n][w+1]$ 来记录每层可以达到的不同状态，二维数组的初始值为 false。

第 0 个（下标从 0 开始编号。此处关于"第 0 个物品"的表述，是为了与下标统一）物品的重量是 2，要么装入背包，要么不装入背包，决策完之后，对应背包的状态有两种：背包中物品的总重量是 0 或者 2。我们用 $states[0][0]=true$ 和 $states[0][2]=true$ 来表示这两种状态。

第 1 个物品的重量也是 2，在第 0 个物品决策完之后，背包中物品的重量有两种情况：0 或者 2。基于第 0 个物品决策完之后的状态，在第 1 个物品决策完之后，对应背包中物品的重量，有 3 种情况：0(0+0)、2(0+2 或 2+0) 和 4(2+2)。我们用 $states[1][0]=true$、$states[1][2]=true$ 和 $states[1][4]=true$ 来表示这 3 种状态。

依此类推，基于第 i 个物品决策完之后的状态来推导第 $i+1$ 个物品决策完之后的状态。当决策完所有的物品后，整个 $states$ 数组就填充好了。$states$ 数组的整个计算填充过程如图 10-11 所示。在图 10-11 中，0 表示 false，1 表示 true。我们只需要在最后一层找到一个值为 true 且最接近 w（这里是 9）的值，就是背包中物品总重量的最大值。

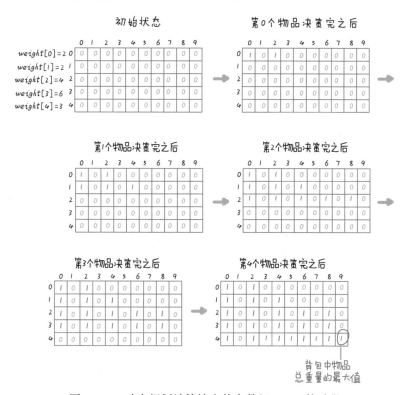

图 10-11 动态规划计算填充状态数组 $states$ 的过程

把上面的处理过程"翻译"成代码，如下所示。读者可以结合下面的代码进行理解。

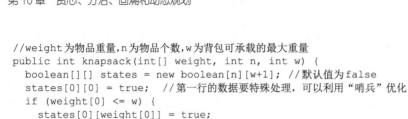

```java
//weight为物品重量,n为物品个数,w为背包可承载的最大重量
public int knapsack(int[] weight, int n, int w) {
  boolean[][] states = new boolean[n][w+1]; //默认值为false
  states[0][0] = true;  //第一行的数据要特殊处理,可以利用"哨兵"优化
  if (weight[0] <= w) {
    states[0][weight[0]] = true;
  }
  for (int i = 1; i < n; ++i) { //动态规划,状态转移
    for (int j = 0; j <= w; ++j) {//不把第i个物品放入背包
      if (states[i-1][j] == true) states[i][j] = states[i-1][j];
    }
    for (int j = 0; j <= w-weight[i]; ++j) {//把第i个物品放入背包
      if (states[i-1][j]==true) states[i][j+weight[i]] = true;
    }
  }
  for (int i = w; i >= 0; --i) { //输出结果
    if (states[n-1][i] == true) return i;
  }
  return 0;
}
```

实际上，上面的处理就是动态规划解决问题的基本思路。我们把求解问题的过程分解为多个阶段，每个阶段对应一个决策。记录每一个阶段可达的状态集合（去掉重复的），然后通过当前阶段的状态集合，推导下一个阶段的状态集合，动态地往前推进。这也是动态规划这个名字的由来，读者可以自己体会一下，是不是还挺形象的？

用回溯算法解决这个问题的时间复杂度是 $O(2^n)$。那么，动态规划解决方案的时间复杂度是多少呢？

在代码中，耗时最多的部分就是两层 for 循环，因此，时间复杂度是 $O(nw)$，n 表示物品个数，w 表示背包可以承载的总重量。动态规划对效率的提高非常有效。我们通过一个例子来直观地感受一下。

假设有 10000 个物品，重量分布在 1～15000，背包可以承载的总重量是 30000。如果通过回溯算法解决，用具体的数值表示时间复杂度，就是 2^{10000}，这是一个相当大的数字。如果通过动态规划解决，用具体的数值表示时间复杂度，就是 10000×30000。虽然这个数看起来也很大，但是与 2^{10000} 比起来，要小太多了。

尽管动态规划的执行效率比较高，但就上面的代码实现来说，我们需要额外申请一个 $n×(w+1)$ 的二维数组，对空间的消耗比较多。因此，有时，我们会说，动态规划是一种空间换时间的解决思路。有什么办法可以降低对空间的消耗呢？

实际上，在上面的代码实现中，下一行的状态值只与上一行有关，如果我们不需要记忆整个计算过程，那么只需要一个大小为 $w+1$ 的一维数组。代码实现如下所示。

```java
public static int knapsack2(int[] items, int n, int w) {
  boolean[] states = new boolean[w+1]; //默认值为false
  states[0] = true;  //第一行的数据要特殊处理,可以利用"哨兵"优化
  if (items[0] <= w) {
    states[items[0]] = true;
  }
  for (int i = 1; i < n; ++i) { //动态规划
    for (int j = w-items[i]; j >= 0; --j) {//把第i个物品放入背包
      if (states[j]==true) states[j+items[i]] = true;
    }
  }
```

```
for (int i = w; i >= 0; --i) { //输出结果
    if (states[i] == true) return i;
  }
  return 0;
}
```

10.4.3 0-1背包问题的升级版

上面讲的背包问题，只涉及背包重量和物品重量。现在，我们将该问题进行升级，引入物品价值这一变量。对于一组不同重量、不同价值和不可分割的物品，选择将其中某些物品装入背包，在不超过背包最大重量限制的前提下，背包中可装入物品的总价值最大是多少？注意，这里是求最大总价值，而非最大总重量。

这个问题依然可以用回溯算法来解决。具体的代码如下所示。

```
private int maxV = Integer.MIN_VALUE; //结果放到maxV中
private int[] items = {2,2,4,6,3};  //物品的重量
private int[] value = {3,4,8,9,6}; //物品的价值
private int n = 5; //物品个数
private int w = 9; //背包可承载的最大重量
public void f(int i, int cw, int cv) { //调用f(0,0,0)
  if (cw == w || i == n) { // cw==w表示装满了,i==n表示物品都考察完了
    if (cv > maxV) maxV = cv;
    return;
  }
  f(i+1, cw, cv); //选择不装第i个物品
  if (cw + weight[i] <= w) {
    f(i+1,cw+weight[i], cv+value[i]); //选择装第i个物品
  }
}
```

针对上面的代码，我们还是照例给出对应的递归树，如图10-12所示。在递归树中，每个节点表示一个状态。对于升级之后的0-1背包问题，我们需要3个变量：i、cw和cv来表示一个状态。其中，i表示即将要决策是否装入背包的第i个物品，cw表示当前背包中物品的总重量，cv表示当前背包中物品的总价值。

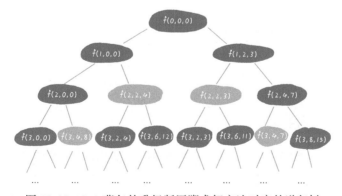

图10-12 0-1背包的升级版回溯求解方法对应的递归树

我们发现，在递归树中，有几个节点的i和cw是完全相同的，如$f(2,2,4)$和$f(2,2,3)$。在背包中物品总重量一样的情况下，$f(2,2,4)$这个状态对应的物品总价值更大，我们可以舍弃$f(2,2,3)$这个状态，只沿着$f(2,2,4)$这条决策路线继续往下决策。也就是说，对于(i,cw)相同的

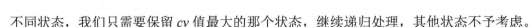

不同状态，我们只需要保留 cv 值最大的那个状态，继续递归处理，其他状态不予考虑。

算法思路不难理解，但代码如何实现呢？如果用回溯算法，这个问题就没法再用"备忘录"解决了。因此，我们看一下用动态规划是不是更容易解决？

我们把整个求解过程分为 n 个阶段，每个阶段会决策一个物品是否放到背包中。每个阶段决策完之后，背包中的物品的总重量及总价值，会有多种情况，也就是会达到多种不同的状态。我们用一个二维数组 $states[n][w+1]$ 记录每个阶段可以达到的不同状态。不过，这里数组存储的值不再是 boolean 类型的了，而是当前状态对应的最大总价值。我们把递归树每一层中 (i,cw) 重复的状态（节点）合并，只记录 cv 值最大的那个状态，然后基于这个状态来推导下一层的状态。

我们把这个动态规划的过程"翻译"成代码，如下所示。

```java
public static int knapsack3(int[] weight, int[] value, int n, int w) {
  int[][] states = new int[n][w+1];
  for (int i = 0; i < n; ++i) { //初始化states
    for (int j = 0; j < w+1; ++j) {
      states[i][j] = -1;
    }
  }
  states[0][0] = 0;
  if (weight[0] <= w) {
    states[0][weight[0]] = value[0];
  }
  for (int i = 1; i < n; ++i) { //动态规划，状态转移
    for (int j = 0; j <= w; ++j) { //不选择第i个物品
      if (states[i-1][j] >= 0) states[i][j] = states[i-1][j];
    }
    for (int j = 0; j <= w-weight[i]; ++j) { //选择第i个物品
      if (states[i-1][j] >= 0) {
        int v = states[i-1][j] + value[i];
        if (v > states[i][j+weight[i]]) {
          states[i][j+weight[i]] = v;
        }
      }
    }
  }
  //找出最大值
  int maxvalue = -1;
  for (int j = 0; j <= w; ++j) {
    if (states[n-1][j] > maxvalue) maxvalue = states[n-1][j];
  }
  return maxvalue;
}
```

10.4.4 解答本节开篇问题

清楚了如何解决 0-1 背包问题之后，本节开篇问题的解决就变得很简单了。

对于本节的开篇问题：作为程序员的你，能不能通过代码帮她解决这个问题，我们当然可以利用回溯算法，穷举所有的排列组合，查看大于或等于 200 并且最接近 200 的组合是哪一个。但是，这样做的效率非常低，时间复杂度非常高，是指数级的。当购物车中商品的个数 n 很大的时候，可能"双 11"活动已经结束了，代码还没有运行出结果。

实际上，该问题与 0-1 背包问题很像，只不过是把"重量"换成了"价格"。我们假设购

物车中有 n 个商品。我们针对每个商品逐一决策是否购买。每次决策之后，对应不同的状态集合。我们用一个二维数组 $states[n][x]$，来记录每次决策之后所有可达的状态。不过，这里的 x 值是多少呢？

在 0-1 背包问题中，我们找的是小于或等于 w 时的最大值，x 就是背包的最大承载重量 w 加 1。对于本节的开篇问题，我们要找的是大于或等于 200（满减条件）的值中最小的，因此，就不能设置为 200 加 1 了。就这个实际的问题而言，如果要购买的物品的总价格超过 200 元太多，如超过 200 元的 3 倍，就没有太大意义了。因此，我们可以限定 x 值为 200 元的 3 倍加 1。

不过，对于本节的开篇问题，不仅要找出总价格大于或等于 200 时的最小值，还要找出这个最小总价格对应购买的商品列表。实际上，我们可以利用 $states$ 数组倒推出被选择的商品列表。相关的代码如下所示。

```java
// items表示商品价格；n表示商品个数；w表示满减条件，如200
public static void double11advance(int[] items, int n, int w) {
  boolean[][] states = new boolean[n][3*w+1];
  states[0][0] = true;  //第一行的数据要特殊处理
  if (items[0] <= 3*w) {
    states[0][items[0]] = true;
  }
  for (int i = 1; i < n; ++i) { //动态规划
    for (int j = 0; j <= 3*w; ++j) {//不购买第i个商品
      if (states[i-1][j] == true) states[i][j] = states[i-1][j];
    }
    for (int j = 0; j <= 3*w-items[i]; ++j) {//购买第i个商品
      if (states[i-1][j]==true) states[i][j+items[i]] = true;
    }
  }
  int j;
  for (j = w; j < 3*w+1; ++j) {
    if (states[n-1][j] == true) break; //输出结果大于或等于w时的最小值
  }
  if (j == 3*w+1) return; //没有可行解
  for (int i = n-1; i >= 1; --i) { //i表示二维数组中的行，j表示列
    if(j-items[i] >= 0 && states[i-1][j-items[i]] == true) {
      System.out.print(items[i] + " "); //购买这个商品
      j = j - items[i];
    }
  }
  if (j != 0) System.out.print(items[0]);
}
```

上述代码的前半部分与 0-1 背包问题没有什么不同，我们着重看后半部分，分析一下它是如何找出最小总价格对应购买的商品列表的。

状态 (i,j) 只有可能从 $(i-1,j)$ 或者 $(i-1,j-items[i])$ 这两个状态推导出来。因此，我们就检查这两个状态是否是可达的，也就是检查 $states[i-1][j]$ 或者 $states[i-1][j-items[i]]$ 是否是 true。如果 $states[i-1][j]$ 可达，就说明我们没有选择购买第 i 个商品；如果 $states[i-1][j-items[i]]$ 可达，就说明我们选择购买了第 i 个商品。我们从中选择一个可达的状态（如果两个都可达，就随意选择一个），然后，按照同样的方法继续迭代地考察其他商品是否选择购买了。

10.4.5 内容小结

本节的内容不涉及动态规划的理论知识，我们通过两个例子展示了如何应用动态规划来解

决问题。从例子中,我们发现,大部分动态规划能解决的问题,可以通过回溯算法来解决,只不过回溯算法解决起来效率比较低,时间复杂度是指数级的。动态规划可以避免重复计算,并利用上一阶段的最优状态来推导下一个阶段的状态,相对回溯算法,大大提高了执行效率。尽管执行效率提高了,但是动态规划的空间复杂度也提高了,因此,动态规划是一种空间换时间的算法思想。

10.4.6 思考题

对于"杨辉三角",不知道读者是否听说过,我们现在对它进行一些改造。如图 10-13 所示,每个位置的数字可以随意填写,经过某个数字只能到达下面一层相邻的两个数字。假设我们从第一层开始往下移动,那么,把移动到最底层所经过的所有数字的和定义为路径的长度。请读者通过编程求出从第一层移动到最底层的最短路径长度。

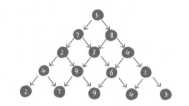

图 10-13 "杨辉三角"的改造版

10.5 动态规划理论:彻底理解最优子结构、无后效性和重复子问题

在 10.4 节,我们通过两个非常经典的问题,展示了利用动态规划解决问题的一般过程,目的是让读者对动态规划有一个初步的认识。本节,我们主要讲动态规划的一些理论知识,主要包含这样几个方面:什么样的问题适合用动态规划解决?解决动态规划问题的一般思考过程是什么样的?贪心、分治、回溯和动态规划这 4 种算法思想有什么区别和联系?

10.5.1 "一个模型和三个特征"理论介绍

"一个模型"指的是动态规划适合解决的问题的模型。我们把这个模型定义为"多阶段决策最优解模型"。我们一般用动态规划来解决最优问题,并把解决问题的过程划分为多个决策阶段。每个决策阶段对应一组状态。我们寻找一组决策序列,经过这组决策序列,能够产生最终期望求解的最优值。

"三个特征"指的是最优子结构、无后效性和重复子问题。

1. 最优子结构

最优子结构指的是问题的最优解包含子问题的最优解。反过来说,我们可以通过子问题的最优解,推导出问题的最优解。如果把最优子结构对应到动态规划问题模型上,那么它也可以理解为后面阶段的状态可以通过前面阶段的状态推导而来。

2. 无后效性

无后效性有两层含义。第一层含义是,在推导后面阶段的状态时,我们只关心前面阶段的状态值,不关心这个状态是如何一步步推导过来的。第二层含义是,某阶段状态一旦确定,就不受之后阶段的决策影响。无后效性是一个非常"宽松"的要求。只要满足前面提到的动态规划问题模型,基本上会满足无后效性。

3. 重复子问题

关于这一点，在 10.4 节中，我们已经多次提到，问题利用回溯算法来解决，会存在大量的重复状态。

10.5.2 "一个模型和三个特征"的应用示例

"一个模型，三个特征"这部分理论知识比较抽象。接下来，我们结合一个具体的动态规划问题来说明一下。

如图 10-14 所示，假设有一个 $n \times n$ 的矩阵 w。矩阵存储的元素都是正整数。棋子起始位置在左上角，终止位置在右下角。在将棋子从左上角移动到右下角的过程中，每步只能向右或者向下移动一位。从左上角移动到右下角，对应有多种不同的路径（也就是不同的走法）。我们把路径经过的数字加起来后的和称为路径的长度。那么，从左上角移动到右下角的最短路径长度是多少？

我们先来探讨一下，这个问题是否符合"一个模型"？

如图 10-15 所示，从 $(0,0)$ 移动到 $(n-1,n-1)$，总共要走 $2(n-1)$ 步，也就对应着 $2(n-1)$ 个决策阶段。每个阶段都有向右移动或者向下移动两种决策选择。我们把状态定义为 min_dist(i,j)，其中 i 表示行，j 表示列。min_dist 表达式的值表示从 $(0,0)$ 到达 (i,j) 的最短路径长度。因此，这是一个求多阶段决策最优解问题，符合动态规划的模型。

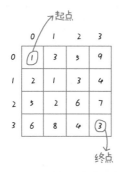

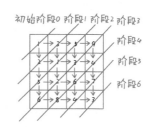

图 10-14　棋子移动示例　　　　图 10-15　棋子移动的多阶段决策

我们再来探讨一下，这个问题是否符合"三个特征"？

这个问题也可以用回溯算法来解决。如果读者将回溯算法对应的递归树画出来，就会发现，递归树中有重复的节点。重复的节点表示从左上角到节点对应的位置有多种路线，这也就说明这个问题中存在重复子问题。如图 10-16 所示，通过两条橙色的路径都可以移动到 (2,2) 这一位置。

如果要移动到 (i,j) 这个位置，只能通过 $(i-1,j)$ 和 $(i,j-1)$ 这两个位置移动过来，也就是说，想要计算 (i,j) 位置对应的状态，只需要关心 $(i-1,j)$ 和 $(i,j-1)$ 这两个位置对应的状态，并不需要关心棋子是通过什么样的路线到达这两个位置的。而且，我们仅仅允许往下移动和往右移动，不允许后退。前面阶段的状态确定之后，不会被后面阶段的决策改变，因此，这个问题符合"无后效性"这一特征。

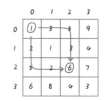

图 10-16　棋子移动到 (2,2) 位置的两条路径

在刚才定义状态时，我们把从起始位置 (0,0) 到 (i,j) 的最小路径记作 min_dist(i,j)。因为棋子只能往右或往下移动，所以，棋子只有可能从 (i,j−1) 或者 (i−1,j) 这两个位置到达 (i,j)。也就是说，到达 (i,j) 的最短路径要么经过 (i,j−1)，要么经过 (i−1,j)，而且到达 (i,j) 的最短路径肯定包含到达 (i,j−1) 和 (i−1,j) 这两个位置的最短路径中最短的那个。也就是说，min_dist(i,j) 可以通过 min_dist(i,j−1) 和 min_dist(i−1,j) 这两个状态推导出来。推导公式如式（10-2）所示。这就说明这个问题符合"最优子结构"。

$$\text{min\_dist}(i,j)=w[i][j]+\min(\text{min\_dist}(i,j-1),\text{min\_dist}(i-1,j)) \tag{10-2}$$

10.5.3　动态规划的两种解题方法

在上文，我们讲了如何判别一个问题是否可以用动态规划来解决。现在，我们介绍一下利用动态规划解题的一般方法，让读者面对动态规划问题时能够游刃有余。解决动态规划问题一般有两种方法：状态转移表法和状态转移方程法。

1. 状态转移表法

对于能用动态规划解决的问题，一般可以使用回溯算法通过暴力穷举搜索解决。因此，当我们遇到问题的时候，可以先用简单的回溯算法解决，然后定义状态，每个状态表示一个节点，画出递归树。从递归树中，我们就能看出是否存在重复子问题，以及重复子问题是如何产生的。以此来寻找规律，判断是否能用动态规划解决。

在找到重复子问题之后，我们可以直接用回溯加"备忘录"的方法，来避免重复子问题。从执行效率上来讲，这与动态规划的解决思路没有差别。但并不是所有的问题都适合用这种方法来解决，如 10.4 节中的 0-1 背包问题的升级版。更加通用的解决方法是使用动态规划的状态转移表法来解决。

状态转移表法并不复杂。我们先设计一个状态表。状态表一般是二维的。每个状态包含 3 个变量：行、列和数组值。根据决策的先后过程，分阶段填充状态表中的每个状态。最后，将这个递推填表的过程"翻译"成代码，这就是动态规划的实现代码了。

现在我们探讨一下，如何套用状态转移表法解决上面的棋子最短路径问题？

从起点到终点，有很多种不同的走法。我们可以穷举所有走法，然后对比并找出一个最短走法。不过，如何才能不重复又不遗漏地穷举出所有走法呢？我们可以用回溯这个比较有规律的穷举算法。回溯算法的代码实现如下所示。

```
private int minDist = Integer.MAX_VALUE; //全局变量或者成员变量
//调用方式：minDistBT(0, 0, 0, w, n)
public void minDistBT(int i, int j, int dist, int[][] w, int n) {
  if (i -- n && j == n) {
    if (dist < minDist) minDist = dist;
    return;
  }
  if (i < n) { //往下移动，更新i=i+1, j=j
    minDistBT(i + 1, j, dist+w[i][j], w, n);
  }
  if (j < n) { //往右移动，更新i=i, j=j+1
    minDistBT(i, j+1, dist+w[i][j], w, n);
  }
}
```

有了上述回溯的实现代码，接下来，我们画出递归树，如图 10-17 所示，以此来寻找重复子问题。在递归树中，一个状态（也就是一个节点）包含 3 个变量 $(i, j, dist)$，其中 i 和 j 分别表示行和列，$dist$ 表示从起点到达 (i, j) 的路径长度。从图 10-17 中我们可以看出，尽管不存在 $(i, j, dist)$ 都重复的节点，但是 (i, j) 重复的节点有很多。对于 (i, j) 重复的节点，我们只需要选择 $dist$ 最小的节点，继续递归求解，其他节点就可以舍弃了。

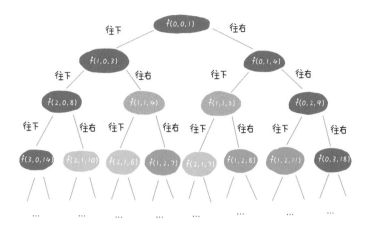

图 10-17 棋子最短路径问题回溯解法对应的递归树

既然存在重复子问题，我们就可以尝试一下是否可以用动态规划来解决。

我们设计出二维状态表，表中的行、列表示棋子所在的位置，表中的数值表示从起点到这个位置的最短路径。按照决策过程，通过不断的状态递推演进，将状态表填好。为了方便代码实现，我们逐行依次填充，如图 10-18 所示。

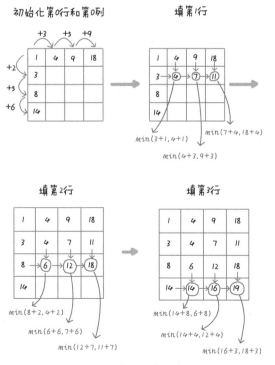

图 10-18 填写状态表的过程

理解了填表的过程，代码实现就变得简单多了。我们将上面的填表过程"翻译"成代码，如下所示。

```java
public int minDistDP(int[][] matrix, int n) {
  int[][] states = new int[n][n];
  int sum = 0;
  for (int j = 0; j < n; ++j) { //初始化states的第一行数据
    sum += matrix[0][j];
    states[0][j] = sum;
  }
  sum = 0;
  for (int i = 0; i < n; ++i) { //初始化states的第一列数据
    sum += matrix[i][0];
    states[i][0] = sum;
  }
  for (int i = 1; i < n; ++i) {
    for (int j = 1; j < n; ++j) {
      states[i][j] =
            matrix[i][j] + Math.min(states[i][j-1], states[i-1][j]);
    }
  }
  return states[n-1][n-1];
}
```

尽管大部分状态表是二维的，但是，如果问题的状态比较复杂，需要很多变量来表示，那么对应的状态表就有可能是高维的，如三维、四维。这种情况就不适合用状态转移表法来解决，一方面是因为高维状态转移表不好画图表示，另一方面是因为人脑确实很不擅长思考高维的东西。因此，这种情况比较适合用状态转移方程法来解决。

2. 状态转移方程法

状态转移方程法有点类似递归的解题思路。我们需要分析某个问题如何通过子问题来求解，也就是找最优子结构。根据最优子结构，写递推公式，也就是状态转移方程。棋子最短路径问题的状态转移方程如式（10-3）所示。

$$\min\_dist(i,j)=w[i][j]+\min(\min\_dist(i,j-1),\min\_dist(i-1,j)) \tag{10-3}$$

有了状态转移方程，代码实现就变得非常简单了。我们可以使用递归加备忘录来实现，也可以直接使用迭代递推来实现。使用递归加备忘录的代码实现如下所示。迭代递推的代码实现与状态转移表法的代码实现是类似，只是思路不同。

```java
private int[][] matrix =
        {{1,3,5,9}, {2,1,3,4},{5,2,6,7},{6,8,4,3}};
private int n = 4;
private int[][] mem = new int[4][44];
public int minDist(int i, int j) { //调用minDist(n-1,n-1);
  if (i == 0 && j == 0) return matrix[0][0];
  if (mem[i][j] > 0) return mem[i][j];
  int minLeft = Integer.MAX_VALUE;
  if (j-1 >= 0) {
    minLeft = minDist(i, j-1);
  }
  int minUp = Integer.MAX_VALUE;
  if (i-1 >= 0) {
    minUp = minDist(i-1, j);
  }

  int currMinDist = matrix[i][j] + Math.min(minLeft, minUp);
  mem[i][j] = currMinDist;
```

```
    return currMinDist;
}
```

实际上，寻找状态转移方程是解决动态规划问题的关键。对于一个动态规划问题，如果能写出状态转移方程，那么这个问题就算解决了一大半。但很多动态规划问题的状态本身就不好定义，状态转移方程也就更不容易让人想到。因此，动态规划问题在所有的算法问题中属于比较难的一类。

10.5.4　4种算法思想的比较分析

到目前为止，我们已经学习了4种算法思想：贪心、分治、回溯和动态规划。接下来，我们总结并分析一下这4种算法思想，看看它们之间有什么区别和联系。

如果我们对这4种算法思想进行分类，那么贪心、回溯和动态规划可以归为一类，而分治可以单独作为一类。前3个算法解决问题的模型，多数可以抽象成本节讲的多阶段决策最优解模型，而分治算法解决的问题尽管大部分也是求最优解，但是，大部分不能抽象成多阶段决策最优解模型。

回溯算法是个"万金油"。对于能用动态规划、贪心解决的问题，基本上可以用回溯算法解决。回溯算法相当于穷举搜索，穷举所有的情况，然后对比得到最优解。不过，回溯算法的时间复杂度非常高，是指数级别的，只能用来解决小规模数据问题。对于大规模数据问题，我们需要寻求其他解决方法。

尽管动态规划比回溯算法高效，但是，并不是所有问题都可以用动态规划来解决。对于能用动态规划解决的问题，需要满足3个特征：最优子结构、无后效性和重复子问题。在重复子问题这一点上，动态规划和分治算法的区分非常明显。分治算法要求分解后的子问题不能有重复子问题，而动态规划正好相反，正是为了解决分解之后的子问题有重复而存在的。动态规划之所以高效，就是因为去除了回溯算法实现中存在的大量重复子问题。

贪心算法实际上是动态规划算法的一种特殊情况。贪心算法的实现代码非常简洁、高效。不过，它可以解决的问题也更加有限。它能解决的问题需要满足3个条件：最优子结构、无后效性和贪心选择性。其中，最优子结构、无后效性与动态规划中的无异。贪心选择性指的是通过局部最优选择能产生全局最优选择。每一个阶段都选择当前最优的决策，所有阶段的决策完成之后，最终由这些局部最优解构成全局最优解。

10.5.5　内容小结

本节讲解了动态规划相关的理论知识。

对于动态规划能解决的问题，需要满足"一个模型，三个特征"。其中，"一个模型"指的是问题可以抽象成分阶段决策最优解模型。"三个特征"指的是最优子结构、无后效性和重复子问题。

动态规划有两种解题方法，分别是状态转移表法和状态转移方程法。其中，状态转移表法的过程大致可以概括为：回溯算法实现→定义状态→画递归树→找重复子问题→画状态转移表→根据递推关系填表→将填表过程"翻译"成代码。状态转移方程法的过程大致可以概括为：找最优子结构→写状态转移方程→将状态转移方程"翻译"成代码。

最后，我们对比了之前讲过的4种算法思想。贪心、回溯和动态规划可以解决的问题模型类似，都可以抽象成多阶段决策最优解模型。尽管分治算法也能解决最优解问题，但是大部分不适合抽象成多阶段决策最优解模型。

本节的内容偏理论，可能读者不太好理解。要想真正地理解这些理论知识，并化为己用，读者还需要多思考和多练习。对于本节的内容，如果有哪些内容还不能完全理解，没有关系，可以先阅读下一节的内容。在 10.6 节，我们会运用本节讲到的理论知识解决几个动态规划问题。等阅读完 10.6 节的内容，再回过头来看本节的理论知识，读者可能就会有一种顿悟的感觉。

10.5.6　思考题

假设有几种不同的硬币，币值分别为 $v1$、$v2$……vn（单位是元）。如果要支付 w 元，那么最少需要多少个硬币？例如，有 3 种不同的硬币，币值分别为 1 元、3 元和 5 元。如果我们要支付 9 元，那么最少需要 3 个硬币（如 3 个 3 元的硬币）。

10.6　动态规划实战：如何实现搜索引擎中的拼写纠错功能

在 8.5 节介绍 Trie 树时，我们讲到，利用 Trie 树可以实现搜索引擎的关键词提示功能，这样可以节省用户输入搜索关键词的时间。实际上，搜索引擎在用户体验方面的优化还有很多，如拼写纠错功能，如图 10-19 所示。当我们在搜索框中，一不小心输错单词时，搜索引擎会非常智能地检测出拼写错误，并且用对应的正确单词来进行搜索。搜索引擎中的拼写纠错功能是怎么实现的呢？

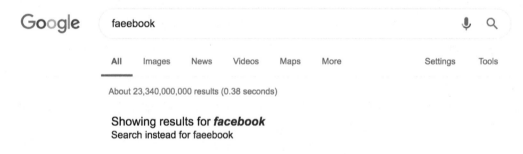

图 10-19　搜索引擎中的拼写纠错功能示例

10.6.1　如何量化两个字符串的相似度

因为计算机只识别数字，所以要解答本节开篇的问题，我们就要先来看一下如何量化两个字符串的相似度？

其中，编辑距离（edit distance）就是一种非常著名的量化方法。顾名思义，编辑距离指的是将一个字符串转化成另一个字符串，需要的最少编辑操作次数，其中的编辑操作包含增加一个字符、删除一个字符、替换一个字符。编辑距离越大，说明两个字符串的相似度越小；编辑距离越小，说明两个字符串的相似度越大。对于两个完全相同的字符串，编辑距离就是 0。

根据所包含的编辑操作种类的不同，编辑距离有多种不同的计算方式，比较著名的有莱文斯坦距离（Levenshtein distance）和最长公共子串长度（longest common substring length）。其中，莱文斯坦距离允许增加、删除和替换字符这 3 类编辑操作，最长公共子串长度只允许增加、删除字符这两类编辑操作。

莱文斯坦距离和最长公共子串长度是从两个截然相反的角度分析字符串的相似程度。莱文斯坦距离的大小，表示两个字符串差异的大小；而最长公共子串长度的大小，表示两个字符串的相似程度。如图 10-20 所示，两个字符串 mitcmu 和 mtacnu 的莱文斯坦距离是 3，最长公共子串长度是 4。

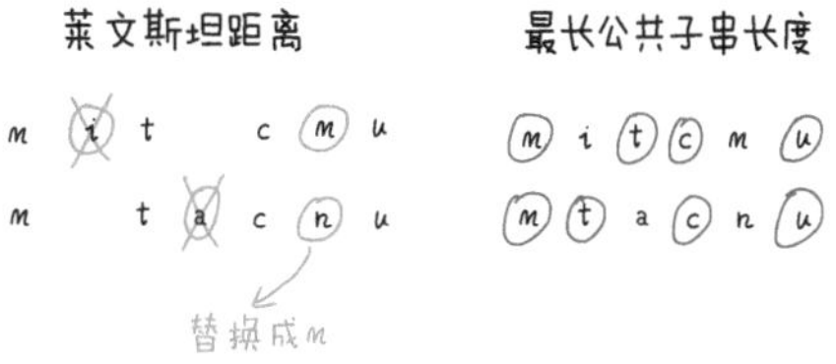

图 10-20　莱文斯坦距离和最长公共子串长度的示例

10.6.2　如何通过编程计算莱文斯坦距离

了解了编辑距离之后，我们先来看一下如何快速计算莱文斯坦距离，也就是求解把一个字符串变成另一个字符串需要的最少编辑次数。

整个求解过程涉及多阶段决策，我们需要依次考察一个字符串中的每个字符与另一个字符串中的字符是否匹配，并决定匹配的时候如何处理，不匹配的时候又如何处理。因此，对于如何快速计算莱文斯坦距离这个问题，符合多阶段决策最优解模型。

对于贪心、回溯和动态规划适合解决的问题，都可以抽象成多阶段决策最优解模型。我们先来看一下如何使用简单的回溯算法计算莱文斯坦距离。

回溯是一个递归处理的过程。如果 a[i] 与 b[j] 匹配，那么我们递归考察 a[i+1] 和 b[j+1]。如果 a[i] 与 b[j] 不匹配，那么对应有以下多种处理方式可选：

- 删除 a[i]，然后递归考察 a[i+1] 和 b[j]；
- 删除 b[j]，然后递归考察 a[i] 和 b[j+1]；
- 在 a[i] 前面添加一个与 b[j] 相同的字符，然后递归考察 a[i] 和 b[j+1]；
- 在 b[j] 前面添加一个与 a[i] 相同的字符，然后递归考察 a[i+1] 和 b[j]；
- 将 a[i] 替换成 b[j]，或将 b[j] 替换成 a[i]，然后递归考察 a[i+1] 和 b[j+1]。

我们将上面的处理思路"翻译"成代码，如下所示。

```java
private char[] a = "mitcmu".toCharArray();
private char[] b = "mtacnu".toCharArray();
private int n = 6;
private int m = 6;
private int minDist = Integer.MAX_VALUE; //存储结果
//调用方式：lwstBT(0, 0, 0)
public lwstBT(int i, int j, int edist) {
  if (i == n || j == m) {
    if (i < n) edist += (n-i);
    if (j < m) edist += (m - j);
    if (edist < minDist) minDist = edist;
    return;
  }
  if (a[i] == b[j]) { //两个字符匹配
    lwstBT(i+1, j+1, edist);
  } else { //两个字符不匹配
    lwstBT(i + 1, j, edist + 1); //删除a[i]或者在b[j]前添加一个字符
    lwstBT(i, j + 1, edist + 1); //删除b[j]或者在a[i]前添加一个字符
    lwstBT(i + 1, j + 1, edist + 1); //将a[i]和b[j]替换为相同字符
  }
}
```

　　根据回溯算法的代码实现，我们画出递归树，如图 10-21 所示，查看是否存在重复子问题。如果存在重复子问题，那么我们就可以考虑能否用动态规划来解决；如果不存在重复子问题，那么回溯就是最好的解决方法。

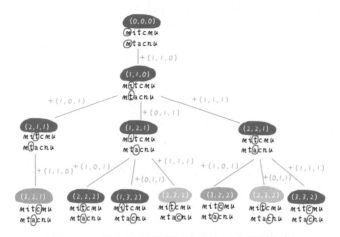

图 10-21　莱文斯坦回溯解决方法对应的递归树

　　在递归树中，每个节点代表一个状态，状态包含 3 个变量：i、j 和 $edist$，其中，$edist$ 表示字符串 a 处理完 i 个字符，字符串 b 处理完 j 个字符，对应执行的编辑操作的次数，也就是 $a[0, i-1]$ 与 $b[0, j-1]$ 的编辑距离。

　　在递归树中，(i, j) 中的两个变量重复的节点很多，如 $(3, 2)$ 和 $(2, 3)$。对于 (i, j) 相同的节点，我们只需要保留 $edist$ 最小的节点继续递归处理，剩下的节点可以舍弃。因此，状态就从 $(i, j, edist)$ 变成了 (i, j, min_edist)，其中 min_edist 表示 $a[0, i-1]$ 与 $b[0, j-1]$ 的最少编辑次数。

　　读者有没有发现，这个问题与 10.4 节和 10.5 节讲的例子非常相似。在 10.4 节介绍的棋子最短路径问题中，状态 (i, j) 只能通过 $(i-1, j)$ 或 $(i, j-1)$ 状态转移过来，在这个问题中，状态 (i, j) 可以从 $(i-1, j)$、$(i, j-1)$ 和 $(i-1, j-1)$ 这 3 个状态中的任意一个转移过来，如图 10-22 所示。

$(i-1, j, min\_edist)$	→ $+(1, 0, 1)$
$(i, j-1, min\_edist)$	$+(0, 1, 1)$ → (i, j, min_edist)
$(i-1, j-1, min\_edist)$	$+(1, 1, 1)$ 或 $+(1, 1, 0)$

图 10-22　状态 (i, j) 可以从其他 3 个状态转移过来

　　基于刚才的分析，我们将状态转移的过程用公式写出来，如式（10-4）和式（10-5）所示，这就是这个问题的状态转移方程。

　　如果 $a[i-1]\,!=\,b[j-1]$，那么

$$\min\_edist(i, j) = \min(\min\_edist(i-1, j)+1, \min\_edist(i, j-1)+1, \min\_edist(i-1, j-1)+1) \quad （10\text{-}4）$$

　　如果 $a[i-1] == b[j-1]$，那么

$$\min\_edist(i, j) = \min(\min\_edist(i-1, j)+1, \min\_edist(i, j-1)+1, \min\_edist(i-1, j-1)) \quad （10\text{-}5）$$

其中，$\min$ 表示求 3 个数中的最小值。

　　了解了状态与状态之间的递推关系之后，我们设计出二维状态表，逐行依次填充状态表中的每个值。具体填充过程如图 10-23 所示。

　　既然已经写出了状态转移方程和填充了二维状态表，那么代码实现就非常简单了。代码实现如下所示。作者稍微解释一下下面的代码，因为状态 (i, j, min_edist) 表示 $a[0, i-1]$ 和 $b[0, j-1]$ 的最小编辑距离为 min_edist，所以，$a[0, n-1]$ 和 $b[0, m-1]$ 的最小编辑距离为 min_edist 对应的

状态 (*n*,*m*,*min_edist*)，要表示这个状态，我们需要申请一维大小为*n*+1，二维大小为*m*+1的数组 *minDist*。

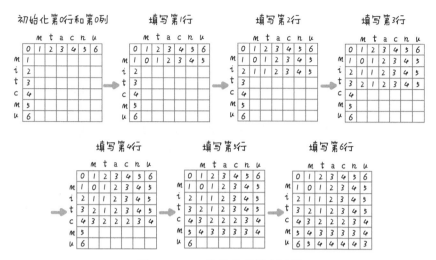

图 10-23　二维状态表填充过程

```java
public int lwstDP(char[] a, int n, char[] b, int m) {
  int[][] minDist = new int[n+1][m+1];
  //表示a[0,i]与长度为0的b字符串的最小编辑距离
  for (int i = 0; i < n+1; i++) {
    minDist[i][0] = i;
  }
  //表示b[0,i]与长度为0的a字符串的最小编辑距离
  for (int j = 0; j < m+1; j++) {
    minDist[0][j] = j;
  }

  for (int i = 1; i < n+1; i++) {
    for (int j = 1; j < m+1; j++) {
      if (a[i-1] == b[j-1]) {
        minDist[i][j] = minOfThree(minDist[i-1][j]+1, minDist[i][j-1]+1, minDist[i-1][j-1]);
      } else {
        minDist[i][j] = minOfThree(minDist[i-1][j]+1, minDist[i][j-1]+1, minDist[i-1][j-1]+1);
      }
    }
  }
  return minDist[n][m];
}

private int minOfThree(int n1, int n2, int n3) {
  return Math.min(n1, Math.min(n2, n3));
}
```

10.6.3　如何通过编程计算最长公共子串长度

对于最长公共子串长度，从名字上来看，它与编辑距离没有什么关系。实际上，从本质上来看，它表征的是两个字符串之间的相似程度。那么，如何快速计算两个字符串的最长公共子串长度呢？

最长公共子串长度的计算思路与莱文斯坦距离的计算思路非常相似，也可以用动态规划来解决。我们在上文中已经详细讲解了莱文斯坦距离的动态规划解决思路，因此，针对最长公共

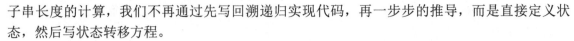

子串长度的计算，我们不再通过先写回溯递归实现代码，再一步步的推导，而是直接定义状态，然后写状态转移方程。

每个状态包括 3 个变量 (i,j,max_lcs)，其中 max_lcs 表示字符串 a 的前 i 个字符和字符串 b 的前 j 个字符的最长公共子串长度，也就是 max_lcs 表示 $a[0,i-1]$ 和 $b[0,j-1]$ 的最长公共子串长度。那么，(i,j) 这个状态是由哪些状态转移过来的呢？

我们先来看回溯处理思路。从 $i=0$ 和 $j=0$ 开始依次考察两个字符串中的字符是否匹配。

● 如果 $a[i]$ 与 $b[j]$ 匹配，那么将最大公共子串长度加 1，继续考察 $a[i+1]$ 和 $b[j+1]$。

● 如果 $a[i]$ 与 $b[j]$ 不匹配，那么最长公共子串长度不变，对应两种不同的决策路线：

◆ 删除 $a[i]$，或在 $b[j]$ 前面加上一个字符 $a[i]$，然后继续考察 $a[i+1]$ 和 $b[j]$；

◆ 删除 $b[j]$，或在 $a[i]$ 前面加上一个字符 $b[j]$，然后继续考察 $a[i]$ 和 $b[j+1]$。

也就是说，$a[0,i-1]$ 和 $b[0,j-1]$ 的最长公共子串长度 $max\_lcs(i,j)$ 可以通过 $max\_lcs(i-1,j-1)$、$max\_lcs(i-1,j)$ 和 $max\_lcs(i,j-1)$ 计算得到。对应的状态转移方程如式（10-6）和式（10-7）所示。

如果 $a[i-1]==b[j-1]$，那么

$$max\_lcs(i,j)=max(max\_lcs(i-1,j-1)+1,max\_lcs(i-1,j),max\_lcs(i,j-1)) \tag{10-6}$$

如果 $a[i-1]!=b[j-1]$，那么

$$max\_lcs(i,j)=max(max\_lcs(i-1,j-1),max\_lcs(i-1,j),max\_lcs(i,j-1)) \tag{10-7}$$

其中，max 表示求 3 个数中的最大值。

有了状态转移方程，代码实现就变得简单多了，如下所示。

```java
public int lcs(char[] a, int n, char[] b, int m) {
  int[][] maxlcs = new int[n+1][m+1];
  for (int i = 0; i < n+1; i++) {
    maxlcs[i][0] = 0;
  }
  for (int j = 0; j < m+1; j++) {
    maxlcs[0][j] = 0;
  }
  for (int i = 1; i < n+1; ++i) {
    for (int j = 1; j < m+1; ++j) {
      if (a[i] == b[j]) {
        maxlcs[i][j] = maxOfThree(
            maxlcs[i-1][j], maxlcs[i][j-1], maxlcs[i-1][j-1]+1);
      } else {
        maxlcs[i][j] = maxOfThree(
            maxlcs[i-1][j], maxlcs[i][j-1], maxlcs[i-1][j-1]);
      }
    }
  }
  return maxlcs[n][m];
}

private int maxOfThree(int n1, int n2, int n3) {
  return Math.max(n1, Math.max(n2, n3));
}
```

10.6.4　解答本节开篇问题

理解了编辑距离，现在，我们来看一下本节的开篇问题：如何实现搜索引擎中的拼写纠错功能？

当用户在搜索框内输入拼写错误的单词时，我们就用这个单词与词库中的单词一一进行比较，计算编辑距离，将编辑距离最小的单词作为纠正之后的单词，提示给用户。这就是拼写纠错基本的实现原理。

不过，真正商用的搜索引擎，其拼写纠错功能显然不会这么简单。一方面，单纯利用编辑距离来纠错，效果并不一定很好；另一方面，词库中的数据量很大，搜索引擎每天要支持海量的搜索，对纠错的性能要求很高。

针对纠错效果不好的问题，有很多优化思路，这里介绍几种。

- 搜索引擎不是仅取编辑距离最小的单词作为拼写纠错后的单词，而是取出编辑距离从小到大对应的 10 个单词，然后根据其他参数（如搜索热度）来决策哪个单词作为最终的拼写纠错后的单词。
- 通过统计所有用户的搜索日志，得到经常拼写错误的单词的列表，以及对应的拼写正确的单词。搜索引擎在拼写纠错的时候，首先在这个经常拼写错误的单词列表中查找。
- 还有一种更加高级的做法，就是引入个性化因素。针对每个用户，维护这个用户特有的搜索喜好，也就是常用的搜索关键词。当用户输入错误的单词的时候，我们首先在这个用户常用的搜索关键词中，计算编辑距离，查找编辑距离最小的单词。

针对纠错的性能问题，我们也有下列相应的优化思路。

- 如果纠错服务的请求频率很高，那么我们可以部署多台机器，每台机器运行一个独立的纠错服务。每个纠错请求通过负载均衡分配到其中一台机器来计算编辑距离。
- 如果纠错系统的响应时间太长，也就是每个纠错请求处理时间过长，那么我们可以将用于纠错的词库分割到多台机器。当有一个纠错请求到来时，我们就将这个拼写错误的单词同时发送给多台机器，让多台机器并行处理，分别得到编辑距离最小的单词，然后比对，最终决策出一个最优的纠错后的单词。

10.6.5　内容小结

动态规划的相关内容到此就全部讲完了。

动态规划的理论尽管并不复杂，总结起来就是"一个模型，三个特征"。但是，要想灵活应用动态规划，其实并不简单。要想能真正理解、掌握动态规划，唯有多练。

在 10.4 节～ 10.6 节中，包括思考题在内，总共有 8 个动态规划问题。这 8 个问题都非常经典，是作者精心筛选出来的。很多动态规划问题其实可以抽象成这几个问题模型，因此，读者一定要多看几遍，多思考，争取真正理解它们。只要弄懂了这几个问题，读者就可以应付一般的动态规划问题。对于动态规划，读者就算是入门了。这样的话，读者以后再学习更加复杂的内容，就会感觉简单很多。

10.6.6　思考题

有一个数字序列，包含 n 个不同的数字，如何求出这个序列中的最长递增子序列的长度？例如2、9、3、6、5、1和7这样一组数字序列，它的最长递增子序列就是2、3、5和7，因此，其最长递增子序列的长度是 4。

第 **11** 章 数据结构和算法实战

到目前为止，本书的理论部分就全部讲完了。本章为实战部分。在实战部分，我们通过一些开源项目、经典系统，展示如何将数据结构和算法应用到项目中。因此，这部分内容不涉及新的数据结构和算法，更多的是知识点的回顾。

限于篇幅，在本章中，作者仅仅分析了 4 个比较经典的实战案例，希望读者能够举一反三，思考自己接触过的开源项目、基础框架和中间件等用到了哪些数据结构和算法，以及在自己开发的项目中，有哪些地方可以用学过的数据结构和算法来进一步优化。

11.1 实战 1：剖析 Redis 的常用数据类型对应的数据结构

在本节，我们就先来看一下经典数据库 Redis 中常用的数据类型（如 list、hash、set 和 sorted set）的底层是依赖哪种数据结构实现的。

11.1.1 Redis 数据库介绍

Redis 是一种键值（key-value）数据库。相对于关系型数据库（如 MySQL），键值数据库也称为非关系型数据库。

像 MySQL 这样的关系型数据库，表结构一般比较复杂，一张表往往包含很多字段，支持非常复杂的 SQL 查询需求。而 Redis 中的表结构一般比较简单，只包含"键"（key）和"值"（value）两部分，只能通过"键"来查询"值"。因为 Redis 的存储结构简单，所以它的读写效率非常高。

Redis 中的键的数据类型是字符串，但值的数据类型有很多，常用的数据类型有字符串、列表、哈希、集合和有序集合这几种。其中，字符串这种数据类型非常简单，对应到数据结构里就是字符串因此，针对这种类型，这里我们就不多介绍了。我们重点介绍其他 4 种比较复杂的数据类型，看一下它们的底层依赖了哪些数据结构。

11.1.2 列表（list）

列表支持存储一组数据，底层依赖两种数据结构来实现，一种是压缩列表（ziplist），另一种是双向循环链表。

如果列表中存储的数据个数少于 512 个，单个数据小于 64B，那么，在这种情况下，列表采用压缩列表来实现。

压缩列表并不是基础的数据结构，而是 Redis 自己设计的一种数据存储结构。它有点类似数组，通过一片连续的内存空间来存储数据。不过，它与数组不同的是，它允许存储大小不同的数据。压缩列表的存储结构示例如图 11-1 所示。

那么，对于压缩列表中的"压缩"，该如何理解呢？

听到"压缩"这两个字，我们的直接感受就是节省内存。之所以说这种存储结构节省内存，是相较于数组而言的。我们知道，数组要求每个元素占用的存储空间相同，如果要存储长度不同的字符串，我们就需要用最大长度的字符串的大小作为元素占用的存储空间的大小（假设是 5B）。当存储小于 5B 的字符串的时候，便会浪费部分存储空间。压缩列表与数组的性能对比如图 11-2 所示。

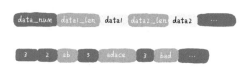

图 11-1　压缩列表的存储结构示例

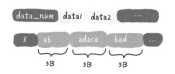

图 11-2　压缩列表与数组的性能对比

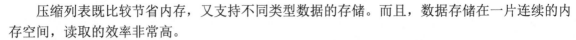

压缩列表既比较节省内存，又支持不同类型数据的存储。而且，数据存储在一片连续的内存空间，读取的效率非常高。

当列表中存储的数据个数大于或等于 512 个，单个数据大于或等于 64B 时，列表就通过双向循环链表来实现。

Redis 中的双向循环链表的实现代码如下所示。它额外定义了一个 list 结构体，以组织链表的首、尾指针，以及长度等信息。这样，在使用的时候，就会非常方便。

```c
//以下是C语言代码，因为Redis是用C语言实现的
typedef struct listnode {
  struct listNode *prev;
  struct listNode *next;
  void *value;
} listNode;

typedef struct list {
  listNode *head;
  listNode *tail;
  unsigned long len;
  // ...省略其他定义
} list;
```

11.1.3　哈希（hash）

哈希类型用来存储一组数据对。每个数据对包含键和值两部分。哈希类型也有两种实现方式，一种是上文讲到的压缩列表，另一种是哈希表。

同样，只有在存储的数据量比较小的情况下，Redis 才使用压缩列表来实现哈希类型。这需要同时满足以下两个条件：

● 哈希中保存的键和值的大小都要小于 64B；
● 哈希中键值对的个数小于 512 个。

当不能同时满足上面两个条件时，Redis 使用哈希表来实现哈希类型。Redis 使用 MurmurHash2 这种运行速度快、随机性好的哈希算法作为哈希函数。对于哈希冲突问题，Redis 使用链表法来解决。除此之外，Redis 的哈希类型还支持哈希表的动态扩容、缩容。

在数据动态增加之后，哈希表的装载因子也会随之变大。为了避免哈希表性能下降，当装载因子大于 1 时，Redis 会触发扩容，将哈希表扩大为原来大小的 2 倍左右（具体值需要计算才能得到，如果感兴趣，读者可以去阅读 Redis 的源码）。

在数据动态减少之后，为了节省内存，当装载因子小于 0.1 时，Redis 会触发缩容，将哈希表的大小缩小到实际数据个数的大约 1/2。

我们知道，扩容和缩容需要进行大量的数据搬移和哈希值的重新计算，因此，比较耗时。针对这个问题，Redis 使用渐进式扩容和缩容策略，将数据的搬移工作分批完成，避免大量数据一次性搬移导致的服务停顿。

11.1.4　集合（set）

集合这种数据类型用来存储一组不重复的数据。这种数据类型也有两种实现方法，一种是基于有序数组，另一种是基于哈希表。

当要存储的数据同时满足下面两个条件时，Redis 就采用有序数组来实现集合这种数据类型。当不能同时满足以下两个条件时，Redis 就使用哈希表来存储集合中的数据。

- 存储的数据都是整数。
- 存储的数据元素个数不超过 512 个。

11.1.5　有序集合（sorted set）

对于有序集合这种数据类型，我们在介绍跳表时已经详细讲过了。它用来存储一组数据，并且每个数据会附带一个得分。通过得分的大小，我们将数据组织成跳表这样的数据结构，以支持快速地按照得分值、得分区间查询数据。

实际上，与 Redis 的其他数据类型一样，有序集合也并不只有跳表这一种实现方式。当数据量比较小时，Redis 会使用压缩列表来实现有序集合。使用压缩列表来实现有序集合需要满足下面两个要求：

- 所有数据的大小都要小于 64B；
- 元素个数要小于 128 个。

11.1.6　数据结构的持久化问题

Redis 既支持将数据存储在磁盘中，又支持将数据存储在内存中。不过，在 Redis 的大部分应用场景中，为了追求读写的高效率，一般将数据存储在内存中。

尽管 Redis 经常用作内存数据库，但是，它也支持数据"落盘"，也就是将内存中的数据存储到磁盘中。这样，当机器断电时，存储在 Redis 中的数据也不会丢失。在机器重启之后，Redis 会将存储在磁盘中的数据重新读取到内存。

上文讲到，Redis 的数据格式由"键"和"值"两部分组成。"值"支持很多数据类型，如字符串、列表、哈希、集合和有序集合。像哈希、集合等类型，底层用到了哈希表，哈希表中有指针，而指针指向的是内存中的存储地址。那么，Redis 是如何将这样一个与具体内存地址有关的数据结构存储到磁盘中的呢？

实际上，我们在 Redis 中遇到的这个问题并不特殊，在很多场景中也会遇到。我们把这个问题称为数据结构的持久化问题，或者对象的持久化问题。对于这里提到的"持久化"，读者可以笼统地理解为"存储到磁盘"。

如何将数据结构持久化到磁盘？主要有下列两种处理思路。

第一种处理思路是清除原有的存储结构，只将数据存储到磁盘中。当需要从磁盘还原数据到内存时，再重新将数据组织成原来的数据结构。实际上，Redis 采用的就是这种持久化思路。不过，这种方式有一定的弊端，就是在将数据从磁盘还原到内存的过程中，会耗费比较多的时间。例如，在从磁盘取出数据并重新构建哈希表时，需要重新计算每个数据的哈希值。如果磁盘中存储的是几 GB 的数据，那么重构数据结构的耗时就不可忽视了。

第二种处理思路是保留原有的存储结构，将数据按照原有的格式存储到磁盘中。例如哈希表，我们将哈希表的大小、每个数据被哈希到的"槽"的编号等信息，都保存在磁盘中。有了这些信息，在从磁盘中将数据还原到内存中时，就可以避免重新计算哈希值。

11.1.7　总结和引申

在本节，我们提到了 Redis 中常用数据类型底层依赖的数据结构，大概有 5 种：压缩列表（可以看作一种特殊的数组）、有序数组、双向循环链表、哈希表和跳表。实际上，Redis 的常用数据类型就可以看成这些常用数据结构的封装。

读者有没有发现，有了数据结构和算法的基础之后，再去阅读 Redis 的源码，理解起来就容易多了？对于很多原来觉得深奥的设计思想，现在是不是就会觉得更容易理解了呢？

对于知识的学习，夯实基础很重要。同样是阅读源码，有些人只能了解一些皮毛，无法形成知识结构，不能化为己用，过几天可能就忘记了，而有些人可以很好地夯实基础，不但知其然，而且知其所以然，从而真正地理解源码背后的设计动机。

11.1.8　思考题

本节的思考题有两个，如下所示。

1）Redis 中的很多数据类型，如哈希、有序集合等，是通过多种数据结构来实现的，为什么会这样设计呢？用一种固定的数据结构来实现不是更加简单吗？

2）在本节，我们讲到了数据结构持久化的两种方式。对于二叉查找树，我们如何将它持久化到磁盘中呢？

11.2　实战 2：剖析搜索引擎背后的经典数据结构和算法

在我们的工作、生活和学习中，经常会接触像百度、Google 这样的搜索引擎。如果我们把搜索引擎看作一种互联网产品，那么，它与社交软件、电商平台这些产品相比，有一个非常大的区别，那就是它是一个技术驱动的产品。技术驱动指的是，实现起来技术难度大，技术的好坏直接决定了产品的核心竞争力。

在搜索引擎的设计与实现中，会用到大量的算法，其中，有很多是针对特定问题的算法，也有很多是本书中讲到的基础算法。因此，像百度、Google 这样的公司，在面试的时候，会格外重视考察候选人的算法能力。

在本节，我们就借助搜索引擎这样一个非常有技术含量的产品，来展示一下数据结构和算法是如何应用其中的。

11.2.1　搜索引擎系统的整体介绍

对于 Google 这样的大型商用搜索引擎，成千上万的工程师持续地对它进行优化和改进，因此，它所包含的技术细节非常多。作者很难、也没有这个能力通过很小的篇幅把所有细节都讲清楚，当然，这也不是我们本书关注的内容。

因此，在接下来的讲解中，作者主要向读者展示如何在一台机器上（假设这台机器的内存大小是 8GB，磁盘大小是 100 多 GB），通过少量的代码，实现一个小型搜索引擎。与大型搜索引擎相比，实现这样一个小型搜索引擎所用到的理论知识是一致的。

搜索引擎大致可以分为 4 个部分：搜集、分析、索引和查询。其中，搜集就是我们常说的利用"爬虫"爬取网页。分析主要负责网页内容抽取、分词，构建临时索引，计算 PageRank 值这几部分工作。索引主要负责通过分析阶段得到的临时索引，构建倒排索引。查询主要负责响应用户的请求，根据倒排索引获取相关网页，计算网页排名，返回查询结果给用户。

接下来，我们就按照网页处理的生命周期，从这 4 个阶段依次来讲解一个网页从被爬取到最终展示给用户的完整过程。与此同时，我们还会穿插讲解在这个过程中需要用到的数据结构和算法。

11.2.2 搜集

现在，互联网越来越发达，网站越来越多，对应的网页也就越来越多。搜索引擎事先并不知道网页在哪里。打个比方，我们只知道海里面有很多鱼，却并不知道鱼在哪里。那么，搜索引擎是如何爬取网页的呢？

搜索引擎把整个互联网看作数据结构中的有向图，把每个页面看作一个顶点。如果某个页面中包含另外一个页面的链接，那么我们在两个顶点之间连接一条有向边。我们利用图的遍历搜索算法来遍历整个互联网中的网页。

在 9.2 节，我们介绍过图的两种遍历方法：深度优先搜索和广度优先搜索。搜索引擎采用的是广度优先搜索策略。具体点讲，先找一些权重比较高的网页的链接（如新浪主页网址、腾讯主页网址等），作为种子网页链接，放入到队列中。"爬虫"按照广度优先策略，不停地从队列中取出链接，然后爬取链接对应的网页，解析出网页里包含的其他网页链接，再将解析出来的链接添加到队列中。

基本的原理就是这么简单，但落实到实现层面，还有很多技术细节需要考虑。下面我们借助搜集阶段涉及的几个重要文件来分析一下搜集阶段包含哪些关键技术细节。

1. 待爬取网页链接文件：links.bin

在利用广度优先搜索策略爬取网页的过程中，"爬虫"会不停地解析页面包含的链接，然后将其放到队列中。于是，队列中的链接就会越来越多，有可能会多到内存放不下。

为了应对这种情况，我们用一个存储在磁盘中的文件（links.bin）来替代广度优先搜索中的队列。"爬虫"从 links.bin 文件中取出链接去爬取对应的页面。等爬取到网页之后，将解析出来的链接直接存储到 links.bin 文件中。

实际上，用文件来存储网页链接还有其他好处。例如，支持断点续爬，当机器断电之后，网页链接不会丢失；当机器重启之后，还可以从之前的位置继续爬取。

关于如何解析页面获取链接，作者多说几句。我们可以把整个页面看作一个大的字符串，利用字符串匹配算法，在这个大字符串中，搜索网页标签 <link>，然后顺序读取 <link> 和 </link> 之间的字符串，就能得到包含的网页链接。

2. 网页判重文件：bloom_filter.bin

如何避免重复爬取相同的网页呢？

对于这个问题，我们在介绍位图时已经解决了。使用布隆过滤器，我们就可以快速并且非常节省内存地实现网页判重功能。不过，如果我们把布隆过滤器中的内容存储在内存中，那么

机器 "死" 机并重启之后，布隆过滤器就被清空了。这样，就可能导致大量已经爬取的网页会被重复爬取。这个问题该怎么解决呢？

我们可以定期地（如每隔半小时）将布隆过滤器中的内容持久化到磁盘，存储在 bloom_filter.bin 文件中。这样，即便出现机器 "死" 机的情况，也只会丢失布隆过滤器中的数据。当机器重启之后，我们就可以重新读取磁盘中的 bloom_filter.bin 文件，将其恢复到内存中。

3. 原始网页存储文件：doc_raw.bin

在爬取到网页之后，我们需要将其存储，以备之后的离线分析、索引之用。那么，如何存储海量的原始网页数据呢？

如果我们把每个网页都存储为一个独立的文件，那么磁盘中的文件就会非常多，数量可能会达到几千万，甚至上亿。普通的文件系统显然不适合存储如此多的文件。为了解决这个问题，我们把多个网页存储在一个文件中。在每个网页之间，通过一定的标识进行分隔，方便后续读取。网页具体的存储格式如图 11-3 所示。其中，doc_id 这个字段是网页编号，我们在下文进行解释。

当然，这样的一个文件不能太大，因为文件系统对文件的大小有一定的限制。因此，我们设置每个文件的大小不能超过一定的值（如 1GB）。随着越来越多的网页被添加到文件中，文件就会变得越来越大，当超过 1GB 时，我们就创建一个新的文件，用来存储新爬取的网页。

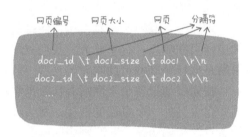

图 11-3　网页的存储格式

假设一台机器的磁盘大小是 100GB 左右，一个网页的平均大小是 64KB，那么一台机器可以存储 100 多万个网页。假设机器的带宽是 80Mbit/s，那么下载 100GB 左右大小的网页，大约需要 10000s。也就是说，爬取 100 多万个网页，只需要花费几小时的时间。

4. 网页链接及其编号的对应文件：doc_id.bin

对于上文提到的网页编号这个概念，现在作者解释一下。实际上，网页编号就是给每个网页分配的唯一 ID，方便后续对网页进行分析、索引。那么，如何给网页编号呢？

我们按照网页被爬取的先后顺序，从小到大顺序编号。具体是这样做的：维护一个计数器，每爬取到一个网页，就从计数器中取一个号码，分配给这个网页，然后计数器加 1。在存储网页的同时，将网页链接与编号之间的对应关系存储在另一个 doc_id.bin 文件中。

到此，"爬虫" 在爬取网页的过程中涉及的 4 个重要文件就介绍完了。其中，links.bin 和 bloom_filter.bin 这两个文件是 "爬虫" 自己使用的。doc_raw.bin、doc_id.bin 这两个文件是作为搜集阶段的成果，供之后的分析、索引和查询使用的。

11.2.3　分析

在网页被爬取之后，我们需要对网页进行离线分析。分析阶段主要包括两个步骤：第一步是抽取网页文本信息，第二步是分词并创建临时索引。

1. 抽取网页文本信息

网页是半结构化的数据，里面夹杂着各种标签、JavaScript 代码和 CSS 样式。而搜索引擎只关心网页中的文本信息，也就是网页显示在浏览器中时，能被用户肉眼看到的那部分内容。那么，如何从半结构化的网页中抽取出搜索引擎 "关心" 的文本信息呢？

之所以把网页称为半结构化数据，是因为它本身是按照一定的规则来编写的。这个规则就是 HTML 语法规范。我们依靠 HTML 标签来抽取网页中的文本信息。抽取的过程大体可以分为两步。

第一步是去掉 JavaScript 代码、CSS 格式和下拉框中的内容（因为下拉框在用户不操作的情况下，也是看不到的），也就是去除 <style></style> 之间、<script></script> 之间和 <option></option> 之间的内容。我们可以利用 AC 自动机这种多模式串匹配算法，在网页这个大字符串中，一次性查找 <style>、<script> 和 <option> 这 3 个模式串。当找到某个模式串出现的位置之后，我们只需要依次往后遍历，直到找到对应的结束标签 </style>、</script> 和 </option>）。我们将遍历到的字符串连带着标签从网页中删除。

第二步是去掉所有的 HTML 标签。该过程与第一步类似，通过字符串匹配算法来实现。

2. 分词并创建临时索引

在经过上面的处理之后，我们从网页中抽取出了搜索引擎"关心"的文本信息。接下来，我们要对文本信息进行分词，并创建临时索引。

对于英文网页，分词非常简单，只需要通过空格、标点符号等分隔符，将每个单词进行分隔。但是，对于中文网页，分词就复杂多了。这里介绍一种相对来说比较简单的分词方法：基于字典和规则的分词方法。

其中，字典也称为词库，里面包含大量常用的词语（我们可以直接从网络中下载别人整理好的词库）。我们借助词库并采用最长匹配规则对文本进行分词。最长匹配是指匹配尽可能长的词语。对此，作者举例解释一下。

例如，要分词的文本是"中国人民解放了"，词库中有"中国""中国人""中国人民""中国人民解放军"这几个词，我们就取最长的匹配，也就是将"中国人民"划为一个词，而不是把"中国""中国人"划为一个词。具体到实现层面，我们可以将词库中的单词构建成 Trie 树，然后用网页文本在 Trie 树中进行匹配。

每个网页的文本信息经过分词之后，得到一组单词列表。我们把单词与网页之间的对应关系写入一个临时索引文件（tmp_index.bin）中。这个临时索引文件用来构建最终的倒排索引文件。临时索引文件的格式如图 11-4 所示。

临时索引文件存储的是单词编号而非单词本身，也就是图 11-4 中的 term_id。这样做主要是为了节省存储空间。那么，这些单词的编号又是怎么来的呢？

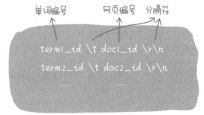

图 11-4　临时索引文件的格式

给单词编号的方式与给网页编号的方式类似。我们维护一个计数器，每当从网页文本信息中分割出一个新的单词，我们就从计数器中取一个编号分配给它，然后计数器加 1。

这个过程还要用到哈希表，记录已经编过号的单词。在对网页文本信息分词的过程中，我们用分割出来的单词，先到哈希表中查找，如果找到，就直接使用已有的编号；如果没有找到，我们再去计数器中取编号，并且将这个新单词及编号添加到哈希表中。

当所有的网页处理（分词及写入临时索引）完成之后，我们再将这个单词与编号之间的对应关系写入磁盘文件中，并命名为 term_id.bin。

经过分析阶段，我们得到了两个重要的文件：临时索引文件（tmp_index.bin）和单词编号文件（term_id.bin）。

11.2.4　索引

索引阶段主要负责将分析阶段产生的临时索引构建成倒排索引。倒排索引（inverted index）中记录了每个单词，以及包含它的网页编号列表。倒排索引的结构如图 11-5 所示。

上文讲到，临时索引文件记录的是单词与每个包含它的网页之间的对应关系。那么，如何通过临时索引文件构建出倒排索引文件呢？这是一个非常典型的算法问题，读者可以先自己思考一下，再看下面的讲解。

解决这个问题的方法有很多。考虑到临时索引文件很大，无法一次性加载到内存中，搜索引擎一般会选择使用归并排序的处理思路来实现。

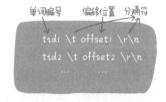

图 11-5　倒排索引的结构

我们先对临时索引文件按照单词编号的大小进行排序。因为临时索引很大，所以基于内存的排序算法就没法处理这个问题了。借助之前讲到的归并排序的处理思想，将其分割成多个小文件，先对每个小文件独立排序，最后合并在一起。当然，在实际的软件开发中，我们其实可以直接利用 MapReduce 处理。

临时索引文件排序完成之后，相同的单词就被排列到了一起。接下来，我们只需要顺序地遍历排好序的临时索引文件，就能将每个单词对应的网页编号列表找出来，然后把它们存储在倒排索引文件中。倒排索引的构建过程如图 11-6 所示。

除倒排索引文件之外，我们还需要一个文件来记录每个单词编号在倒排索引文件中的偏移位置。我们把这个文件命名为 term_offset.bin。它的作用是帮助我们快速地查找某个单词编号在倒排索引中存储的位置，进而快速地从倒排索引中读取单词编号对应的网页编号列表，如图 11-7 所示。

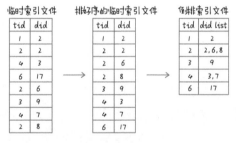

图 11-6　倒排索引的构建过程

图 11-7　term_offset.bin 记录单词编号在倒排索引文件中的偏移位置

经过索引阶段的处理，我们得到了两个有价值的文件：倒排索引文件（index.bin）和记录单词编号在倒排索引文件中的偏移位置的文件（term_offset.bin）。

11.2.5　查询

前面 3 个阶段的处理，只是为最后的查询做铺垫。因此，现在我们就要利用之前产生的几个文件来实现最终的用户搜索功能。

- doc_id.bin：记录网页链接和编号之间的对应关系。
- term_id.bin：记录单词和编号之间的对应关系。

● index.bin：倒排索引文件，记录每个单词编号，以及包含它的网页编号列表。
● term_offsert.bin：记录每个单词编号在倒排索引文件中的偏移位置。

在以上这 4 个文件中，除倒排索引文件（index.bin）比较大之外，其他的比较小。为了方便快速查找数据，我们将这 3 个小文件加载到内存中，并组织成哈希表这种数据结构。

当用户在搜索框中输入某个查询文本时，我们先对用户输入的文本进行分词处理。假设分词之后，得到 k 个单词。

我们用这 k 个单词到 term_id.bin 对应的哈希表中查找对应的单词编号。经过这一步查询之后，我们得到了这 k 个单词对应的 k 个单词编号。

我们用这 k 个单词编号到 term_offset.bin 对应的哈希表中查找每个单词编号在倒排索引文件中的偏移位置。经过这一步查询之后，我们得到了 k 个偏移位置。

我们用这 k 个偏移位置到倒排索引文件（index.bin）中查找 k 个单词对应的包含它的网页编号列表。经过这一步查询之后，我们得到了 k 个网页编号列表。

针对这 k 个网页编号列表，我们统计每个网页编号出现的次数。具体到实现层面，可以借助哈希表来进行统计。我们将网页按照出现的次数，从少到多排序。出现次数越多，说明包含越多的用户查询单词（用户输入的搜索文本经过分词之后的单词）。

经过这一系列查询，我们就得到了一组排好序的网页编号。我们用网页编号到 doc_id.bin 文件中查找对应的网页链接，然后分页显示给用户就可以了。

11.2.6 总结和引申

本节展示了一个小型搜索引擎的设计思路。这里只展示了一个搜索引擎设计的基本原理，有很多优化、细节并未涉及，如利用 PageRank 算法计算网页权重、利用 TF-IDF 模型计算查询结果排名等。

在讲解的过程中，涉及的数据结构和算法包括图、哈希表、Trie 树、布隆过滤器、AC 自动机、广度优先搜索和归并排序等。如果读者对其中的哪个内容不清楚，那么可以回到对应的章节进行复习。

最后，如果读者有时间的话，那么作者强烈建议读者按照本节给出的设计思路，自己动手实现一个简单的搜索引擎，这对于深入理解数据结构和算法也很有帮助。

11.2.7 思考题

图的遍历方法有两种：深度优先搜索和广度优先搜索。本节讲到，搜索引擎中的"爬虫"是通过广度优先搜索策略来"爬取"网页的。对于搜索引擎，为什么我们选择广度优先搜索策略，而不是深度优先搜索策略呢？

11.3 实战 3：剖析微服务鉴权和限流背后的数据结构和算法

微服务是最近几年才兴起的概念。简单点讲，就是把复杂的大应用解耦拆分成几个小的应用。这样做的好处有很多，如有利于团队组织架构的拆分，毕竟团队越大，协作的难度越大；又如，每个应用都可以独立运维，独立扩容，独立上线，各个应用之间互不影响，不用像原来那样，一个小功能上线，整个大应用要重新发布。

不过，有利也有弊。大应用拆分成微服务之后，服务之间的调用关系变得更复杂，平台的整体复杂熵升高，出错的概率、排除问题的难度可能提高了很多。因此，为了解决这些问题，服务治理便成了微服务的一个技术重点。

服务治理，简单点讲，就是管理微服务，保证平台整体正常、平稳地运行。服务治理涉及的内容比较多，如鉴权、限流、降级、熔断和监控告警等。这些服务治理功能的实现，底层依赖大量的数据结构和算法。在本节，我们就用其中的鉴权和限流这两个功能，来看一下它们的实现过程中要用到哪些数据结构和算法。

11.3.1　鉴权背景介绍

有些读者之前可能对微服务没有太多了解，因此，作者对鉴权的背景做了简化。

假设我们有一个微服务称为用户服务（user service）。它提供很多与用户相关的接口，如获取用户信息、注册和登录等接口，给公司内部的其他应用使用。但是，并不是公司内部所有的应用都可以访问这个用户服务，也并不是每个有访问权限的应用都可以访问用户服务的所有接口。我们举例解释一下。如图 11-8 所示，A、B、C、D 这 4 个应用可以访问用户服务，并且，每个应用只能访问用户服务的部分接口。

要实现接口鉴权功能，我们需要事先设置好应用对接口的访问权限规则。当某个应用访问其中一个接口时，我们就可以用应用的请求 URL 在规则中进

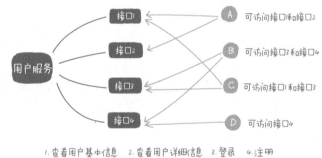

图 11-8　鉴权示例

行匹配。如果匹配成功，就说明允许访问；如果没有可以匹配的规则，就说明这个应用对这个接口没有访问权限，拒绝服务。

11.3.2　如何实现快速鉴权

接口的格式有很多，包括类似 Dubbo 的 RPC 接口和类似 Spring Cloud 的 HTTP 接口等。不同接口的鉴权实现方式是类似的，这里我们用 HTTP 接口来举例讲解。

鉴权的原理比较简单，具体到实现层面，该用什么样的数据结构来存储规则呢？又该用什么样的算法来实现用户请求 URL 在规则中快速匹配呢？

实际上，不同的规则和匹配模式对应的数据结构和算法也是不一样的。因此，关于这个问题，我们需要继续细化为 3 个更加详细的需求。

1. 如何实现精确匹配规则

我们先来看最简单的一种匹配模式。只有当请求 URL 与规则中配置的某个接口精确匹配时，这个请求才会被接收并处理。为了方便理解，作者举了一个例子，如图 11-9 所示。

图 11-9　精确匹配示例

不同的应用对应不同的规则集合。我们可以采用哈希表来存储应用与规则集合之间的对应关系。那么，对于每个应用对应的规则集合，又该如何存储和进行匹配呢？

针对精确匹配模式，我们可以将每个应用对应的规则集合存储在一个字符串数组中。当用户请求到来时，我们利用用户的请求 URL，在这个字符串数组中逐一匹配，匹配的算法就是我们之前学过的字符串匹配算法（如 KMP、BM 和 BF 等）。

因为规则不会经常变动，所以为了加快匹配速度，我们可以按照字符串的大小给规则排序，把它组织成有序数组这种数据结构。当要查找某个 URL 能否匹配其中某条规则时，我们采用二分查找算法在有序数组中进行快速查找。

二分查找算法的时间复杂度是 $O(\log n)$（n 表示规则的个数），这比起时间复杂度是 $O(n)$ 的顺序遍历快了很多。如果规则中的接口 URL 比较长，并且鉴权功能调用量非常大，那么这种优化方法带来的性能提升是非常明显的。

2. 如何实现前缀匹配规则

我们再来看一种稍微复杂的匹配模式。只要某条规则可以匹配请求 URL 的前缀，我们就认为这条规则能够与这个请求 URL 匹配。同样，为了方便理解，作者还是举例说明一下，如图 11-10 所示。

图 11-10　前缀匹配示例

我们在 8.5 节中讲过，Trie 树非常适合用来进行前缀匹配。因此，针对这个需求，我们可以将每个应用的规则集合组织成 Trie 树这种数据结构。

不过，针对这个问题，Trie 树中的每个节点并不存储单个字符，而是存储接口被"/"分割之后的子目录，如"/user/name"被分割为"user""name"两个子目录，就对应两个节点分别存储 user 和 name。因为规则并不会经常变动，所以，在 Trie 树中，我们可以把每个节点的子节点组织成有序数组这种数据结构。在匹配的过程中，我们可以利用二分查找算法，快速决定从一个节点应该跳到哪一个子节点，如图 11-11 所示。

图 11-11　规则对应的 Trie 树结构示例

3. 如何实现模糊匹配规则

如果规则更加复杂，需要支持通配符，如"**"表示匹配任意多个子目录，"*"表示匹配任意一个子目录，那么，只要用户请求 URL 可以与某条规则模糊匹配，我们就认为这条规则适用于这个请求。为了方便理解，作者还是举例解释一下，如图 11-12 所示。

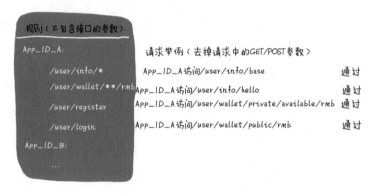

图 11-12　模糊匹配示例

还记得我们在 10.3 节提到的正则表达式的例子吗？我们可以借助当时的处理思路来解决这个问题。采用回溯算法，用请求 URL 与每条规则逐一进行模糊匹配。对于如何用回溯算法进行模糊匹配，就不再赘述了。如果读者忘记了，那么可以回到 10.3 节复习一下。

我们知道，回溯算法的时间复杂度是非常高的，是否可以继续优化一下？

实际上，我们可以结合实际情况，挖掘出这样一个隐形的条件：并不是每条规则都包含通配符，包含通配符的只是少数。于是，我们可以把不包含通配符的规则和包含通配符的规则分开处理。

我们把不包含通配符的规则组织成有序数组或者 Trie 树（具体组织成什么结构，视具体的需求而定。若是精确匹配，就组织成有序数组；若是前缀匹配，就组织成 Trie 树），而这一部分匹配就会非常高效。针对剩下少数包含通配符的规则，我们只需要把它们简单地存储在一个数组中。尽管回溯算法处理的时间复杂度很高，但规则本身不长，并且这种规则也比较少，因此，匹配效率是可以令人接受的。

当接收到一个请求 URL 之后，我们可以先在不包含通配符的有序数组或者 Trie 树中查找。如果能够匹配，就不需要继续在通配符规则中查找匹配了；如果不能匹配，就继续在包含通配符的规则中查找匹配。

11.3.3　限流背景介绍

介绍完了鉴权，我们再来看一下限流。

限流，顾名思义，就是对接口调用的频率进行限制。例如，每秒钟不能超过 100 次调用，超过之后，我们就拒绝服务。限流的原理听起来非常简单，但它在很多场景中发挥着重要的作用。例如，在"双 11""6·18 促销"等促销场景中，限流已经成为保证系统平稳运行的一种标配解决方案。

按照不同的限流粒度，限流可以分为很多种类型。例如，给每个接口限制不同的访问频率、给所有接口限制总的访问频率和更细粒度地限制某个应用对某个接口的访问频率等。

不同粒度限流的实现思路相差无几，因此，在本节，我们主要针对限制所有接口总的访问频率这样一类限流需求来讲解。对于其他粒度限流的实现思路，读者可以进行类比。

11.3.4　如何实现精准限流

最简单的限流算法是固定时间窗口限流算法。这种算法是如何工作的呢？如图 11-13 所示，首先需要选定一个时间起点，之后每当有接口请求到来，我们就将计数器加 1。如果在当前时间窗口内，计数器记录的累加访问次数超过限流值，我们就拒绝后续的访问请求。当进入下一个时间窗口之后，计数器清零并重新计数。

这种基于固定时间窗口的限流算法的缺点是限流策略过于粗略，无法应对两个时间窗口临界时间内的突发流量。我们举例解释一下。

假设限流规则为每秒不能超过 100 次接口请求。在第一个 1s 的时间窗口内，100 次接口请求都集中在最后 10ms 内。在第二个 1s 的时间窗口内，100 次接口请求都集中在最开始的 10ms 内。虽然两个时间窗口内的流量都符合限流要求（≤ 100 个请求），但在两个时间窗口临界的 20ms 内，会集中有 200 次接口请求。因为固定时间窗口限流算法并不能对这种情况做限制，所以，集中在这 20ms 内的 200 次请求就有可能"压垮"系统，如图 11-14 所示。

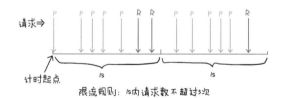

图 11-13　固定时间窗口限流算法示例

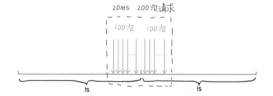

图 11-14　固定时间窗口限流算法存在的问题

为了解决这个问题，我们对固定时间窗口限流算法稍加改造，于是就有了滑动时间窗口限流算法，它限制任意时间窗口（如 1s）内，接口请求数都不能超过某个阈值（如 100 次）。

流量经过滑动时间窗口限流算法整形之后，可以保证以任意时间点为起点的 1s 的时间窗口内，流量都不会超过最大允许的限流值，从流量曲线上来看，会更加平滑。相关的原理比较简单，但具体到实现层面，该如何来做呢？

假设限流规则为在任意 1s 内接口的请求次数都不能大于 K 次。那么，我们就维护一个大

小为 $K+1$ 的循环队列，用来记录 1s 内到来的请求。注意，这里的循环队列的大小等于限流次数加 1，因为循环队列存储数据时会浪费 1 个存储单元。

当有新的请求到来时，我们将与这个新请求的时间间隔超过 1s 的请求从队列中删除。然后，我们再来看循环队列中是否有空闲位置。如果有，则把新请求存储在队列尾部（tail 指针所指的位置）；如果没有，则说明这 1s 内的请求次数已经超过了限流值 K，于是这个请求就被拒绝服务。

为了方便理解，我们举例解释一下，如图 11-15 所示。在这个例子中，我们假设限流规则为任意 1s 内接口的请求次数都不能大于 6 次。

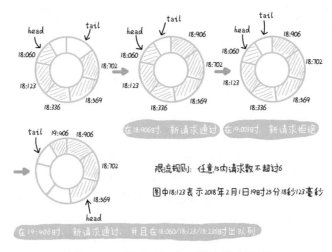

图 11-15　滑动时间窗口限流算法示例

即便滑动时间窗口限流算法可以保证在任意单位时间窗口内，接口请求次数都不会超过最大限流值，但仍然不能防止出现在细时间粒度上访问过于集中的问题。

例如刚才举的那个例子，在第一个 1s 的时间窗口内，100 次请求都集中在最后 10ms 中，也就是说，基于时间窗口的限流算法，无论是固定时间窗口还是滑动时间窗口，只能在选定的时间粒度上限流，对选定时间粒度内的更加细粒度的访问频率不做限制。

实际上，针对这个问题，还有很多更加"平滑"的限流算法，如令牌桶算法、漏桶算法等。如果读者感兴趣，那么可以自己去研究一下。

11.3.5　总结和引申

在本节，我们讲解了对微服务接口鉴权和限流的实现思路，以及底层依赖的数据结构和算法。

关于鉴权，我们讲了 3 种不同的规则匹配模式。无论哪种匹配模式，我们都使用哈希表来存储不同应用对应的不同规则集合。对于每个应用的规则集合的存储，3 种匹配模式使用不同的数据结构。

对于精确匹配模式，我们利用有序数组来存储每个应用的规则集合，并通过二分查找算法和字符串匹配算法，匹配请求 URL 与规则。对于前缀匹配模式，我们利用 Trie 树来存储每个应用的规则集合。对于模糊匹配模式，我们采用普通的数组来存储包含通配符的规则，通过回溯算法来实现请求 URL 与规则的匹配。

关于限流，我们讲了两种限流算法：固定时间窗口限流算法和滑动时间窗口限流算法。对于滑动时间窗口限流算法，我们使用循环队列来实现。比起固定时间窗口限流算法，它对流量的整形效果更好，流量更加平滑。

通过对本节的学习，我们可以感受到，对于基础架构工程师，如果不精通数据结构和算法，就很难开发出性能卓越的基础架构和中间件。这也体现了数据结构和算法的重要性。

11.3.6　思考题

除用循环队列来实现滑动时间窗口限流算法之外，我们还可以利用哪些数据结构来实现呢？请读者对比一下这些数据结构在解决这个问题时的优劣。

11.4　实战 4：用学过的数据结构和算法实现短网址服务

不知道读者是否用过短网址服务？如果我们在微博里发布一条带网址的信息，微博会把里面的网址转化成一个更短的网址，访问这个短网址就相当于访问原始的网址。例如下面这两个网址，尽管长度不同，但是都可以跳转到作者的一个 GitHub 开源项目。其中，第二个网址就是通过新浪提供的短网址服务生成的。

原始网址：https://github.com/wangzheng0822/ratelimiter4j。

短网址：http://t.cn/EtR9QEG。

从功能上来讲，短网址服务其实非常简单，就是把一个长的网址转化成一个短的网址。作为一名软件工程师，读者是否思考过，这样一个简单的功能是如何实现的呢？底层依赖了哪些数据结构和算法呢？

11.4.1　短网址服务的整体介绍

我们在上文讲了，短网址服务的一个核心功能，就是把长网址转化成短网址。除这个功能之外，短网址服务还有另外一个必不可少的功能，那就是当用户点击短网址时，短网址服务会将浏览器重定向为原始网址。具体的实现过程如图 11-16 所示。

从图 11-16 中可以看出，浏览器会先访问短网址服务，通过短网址获取原始网址，再通过原始网址访问页面。不过，这部分功能并不是我们本节要讲的重点。我们重点分析一下如何将长网址转化成短网址。

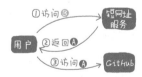

图 11-16　短网址服务的工作原理

11.4.2　通过哈希算法生成短网址

我们知道，哈希算法可以将一个无论多长的字符串转化成一个长度固定的哈希值。我们可以利用哈希算法来生成短网址。

在 4.5 节，我们提到过一些哈希算法，如 MD5、SHA 等。但实际上，我们并不需要使用这些复杂的哈希算法。在生成短网址这个问题上，毕竟，我们不需要考虑反向解密的难度，因此，我们只需要关心哈希算法的计算速度和冲突概率。

能够满足这样要求的哈希算法有很多，其中比较著名并且应用广泛的是 MurmurHash 算法。这个哈希算法在 2008 年被发明出来，现在它已经广泛应用到 Redis、MemCache、Cassandra、HBase、Lucene 等众多软件中。

MurmurHash 算法提供了两种长度的哈希值，一种是 32bit，另一种是 128bit。为了让最终生成的短网址尽可能短，我们选择 32bit 的哈希值。对于 11.4.1 节中的那个 GitHub 网址，经过 MurmurHash 计算后，得到的哈希值是 181338494。我们再加上短网址服务的域名，就变成了最终的短网址 http://t.cn/181338494（其中，假设 http://t.cn 是短网址服务的域名）。

1. 如何让短网址更短

不过，我们发现，通过 MurmurHash 算法得到的短网址还是很长，而且与新浪提供的短网址的格式好像也不一样。实际上，我们只需要稍微改变一下哈希值的表示方法，就可以轻松地把短网址变得更短。

我们将十进制的哈希值转化成更高进制的哈希值，这样哈希值就变短了。我们知道，在十六进制中，我们用 A ～ F 来表示 10 ～ 15。在网址 URL 中，常用的合法字符有 0 ～ 9、a ～ z、A ～ Z 这样 62 个字符。为了让哈希值表示尽可能短，我们将十进制的哈希值转化成六十二进制。具体的计算过程如图 11-17 所示。最终用六十二进制表示的短网址就是 http://t.cn/cgSqq。

2. 如何解决哈希冲突问题

不过，哈希算法无法避免的一个问题就是哈希冲突。尽管 MurmurHash 算法发生哈希冲突的概率非常低。但是，一旦冲突，就会导致两个原始网址被转化成同一个短网址。当用户访问短网址时，我们就无从判断用户想要访问的是哪一个原始网址了。这个问题该如何解决呢？

一般情况下，我们会保存短网址与原始网址之间的对应关系，以便后续用户在访问短网址时，可以根据对应关系查找到原始网址。存储这种对应关系的方式有很多，我们可以自己设计存储系统，当然，也可以利用现成的数据库，如 MySQL、Redis。我们就用 MySQL 来举例。假设我们把短网址与原始网址之间的对应关系存储在 MySQL 数据库中。

当有一个新的原始网址需要生成短网址时，我们先利用 MurmurHash 算法生成短网址。然后，用这个新生成的短网址，在 MySQL 数据库中查找。如果没有找到相同的短网址，就表明这个新生成的短网址没有冲突。于是，我们将这个短网址返回给用户，然后将这个短网址与原始网址之间的对应关系存储到 MySQL 数据库中。

如果我们在数据库中找到了相同的短网址，那么也并不一定说明发生冲突了。我们从数据库中将这个短网址对应的原始网址也取出来。如果数据库中的原始网址与我们现在正在处理的原始网址是一样的，就说明已经有人请求过这个原始网址的短网址了。我们就可以直接使用这个短网址。如果数据库中记录的原始网址与正在处理的原始网址不一样，就说明哈希算法发生了冲突。不同的原始网址经过计算得到的短网址重复了。这个时候该怎么办呢？

图 11-17　十进制转换为六十二进制的过程

我们可以给原始网址拼接一串特殊字符，如"[DUPLICATED]"，然后重新计算哈希值，两次哈希计算都冲突的概率显然是非常低的。假设出现非常极端的情况，又发生了冲突，我们可以再换一个拼接字符串，如"[OHMYGOD]"，再计算哈希值，然后把计算得到的哈希值与原始网址拼接了特殊字符串之后的文本一并存储在 MySQL 数据库中。

当用户访问短网址的时候，短网址服务先通过短网址在数据库中查找到对应的原始网址。如果原始网址有拼接特殊字符（这个很容易通过字符串匹配算法找到），我们就先将特殊字符去掉，然后将不包含特殊字符的原始网址返回给浏览器。

3. 如何优化哈希算法生成短网址的性能

为了判断生成的短网址是否冲突，我们需要用生成的短网址在数据库中查找。如果数据库中存储的数据非常多，那么查找起来就会非常慢，势必影响短网址服务的性能。能否进一步优化呢？

还记得之前讲过的 MySQL 数据库索引吗？我们可以给短网址字段添加 B+ 树索引。这样，通过短网址查询原始网址的速度就提高了很多。实际上，在真实的软件开发中，我们还可以通过一个小技巧来进一步提高速度。

在短网址生成的过程中，我们会与数据库打两次交道，也就是会执行两条 SQL 语句。第一个 SQL 语句是通过短网址查询短网址与原始网址的对应关系，第二个 SQL 语句是将新生成的短网址和原始网址之间的对应关系存储到数据库。

我们知道，一般情况下，数据库和应用服务（只做计算，不存储数据的业务逻辑部分）会部署在两个独立的服务器或者虚拟服务器上。那么，执行两条 SQL 语句就需要两次网络通信。实际上，网络通信的耗时及 SQL 语句的执行才是整个短网址服务的性能瓶颈。因此，为了提高性能，我们需要尽量减少 SQL 语句。如何减少 SQL 语句呢？

我们可以给数据库中的短网址字段添加一个唯一索引（唯一索引不只是索引，它还要求表中不能有重复的数据）。当有新的原始网址需要生成短网址的时候，我们并不会先用生成的短网址在数据库中查找判重，而是直接将生成的短网址与对应的原始网址尝试写入数据库中。如果数据库能够将数据正常写入，就说明并没有违反唯一索引，也就是说，这个新生成的短网址并没有冲突。

当然，如果数据库抛出违反唯一性索引异常，那么我们还得重新执行上文提到的查询、写入操作，SQL 语句执行的次数不减反增。但是，在大部分情况下，我们把新生成的短网址和对应的原始网址插入到数据库的时候，并不会出现冲突。因此，大部分情况下，我们只需要执行一条写入的 SQL 语句。因此，从整体上来看，SQL 语句总的执行次数会大大减少。

实际上，我们还有另外一个优化 SQL 语句执行次数的方法，就是借助布隆过滤器。

我们把已经生成的短网址构建成布隆过滤器。我们知道，布隆过滤器是比较节省内存的一种存储结构，长度是 10 亿的布隆过滤器，也只需要 125MB 左右的内存空间。

当有新的短网址生成时，我们先用这个新生成的短网址在布隆过滤器中查找。如果查找的结果是不存在，就说明这个新生成的短网址并没有冲突。这个时候，我们只需要再执行写入短网址和对应原始网页的 SQL 语句。通过先查询布隆过滤器，SQL 语句总的执行次数减少了。

到此，利用哈希算法生成短网址的思路就讲完了。实际上，这种解决思路已经可以直接用到真实的软件开发中了。不过，我们还有另一种短网址的生成算法，就是利用自增的 ID 生成器来生成短网址。我们接下来就看一下这种算法是如何工作的。相比于利用哈希算法生成短网址，它有什么优势和劣势？

11.4.3　通过 ID 生成器生成短网址

我们维护一个自增的 ID 生成器。它可以生成 1、2、3……这样自增的整数 ID。当短网址服务接收到一个短网址请求之后，它从 ID 生成器中取一个号码，将其转化成六十二进制数，拼接到短网址服务的域名（如 http://t.cn/）后面，这就形成了最终的短网址。不过，我们还是需要把生成的短网址和对应的原始网址存储到数据库中。

相关理论非常简单，也很好理解。不过，这里有几个细节问题需要处理。

1.　相同的原始网址可能会对应不同的短网址

每次新来一个原始网址，我们就生成一个新的短网址，这种做法就会导致两个相同的原始网址生成了不同的短网址。针对这个问题，有下面两种处理思路。

第一种处理思路是不做处理。听起来有点不可思议。实际上，相同的原始网址对应不同的短网址，对用户来说是可以接受的。在大部分短网址的应用场景里，用户只关心短网址能否正确地跳转到原始网址。至于短网址长什么样子，用户其实根本不关心。因此，即便是同一个原始网址两次生成的短网址不一样，也并不会影响用户使用。

第二种处理思路是借助哈希算法生成短网址的处理思想，当要给一个原始网址生成短网址的时候，我们先用原始网址在数据库中查找，查看数据库中是否已经存在相同的原始网址。如果存在，那么我们就取出对应的短网址，直接返回给用户。

不过，这种处理思路有个问题，我们需要给数据库中的短网址和原始网址这两个字段都添加索引。在短网址字段上添加索引是为了加快用户查询短网址对应的原始网页的速度，在原始网址字段上添加索引是为了加快通过原始网址查询短网址的速度。这种解决思路虽然能做到"相同原始网址对应相同短网址"，但它是有代价的：一方面，两个索引会占用更多的存储空间；另一方面，索引还会导致插入、删除等操作的性能下降。

2.　如何实现高性能的 ID 生成器

实现 ID 生成器的方法有很多，如利用数据库自增字段。当然，我们也可以自己维护一个计数器，不停地加 1。但是，让一个计数器来应对频繁的短网址生成请求，显然是有点吃力的。如何提高 ID 生成器的性能呢？关于这个问题，有多种解决思路。这里，作者给出其中两种解决思路。

第一种解决思路是给 ID 生成器设计多个前置发号器，批量地给每个前置发号器发送 ID 号码。当接受到短网址生成请求时，选择一个前置发号器来取号码。这样，通过多个前置发号器，实现了并发发号，性能大大提升，如图 11-18 所示。

第二种解决思路与第一种类似。不过，我们不再使用一个 ID 生成器和多个前置发号器这样的架构，而是直接实现多个 ID 生成器同时服务。为了保证每个 ID 生成器生成的 ID 不重复，我们要求每个 ID 生成器按照一定的规则来生成 ID，例如，第一个 ID 生成器只能生成尾号为 0 的 ID，第二个 ID 生成器只能生成尾号为 1 的 ID，依此类推。这样，通过多个 ID 生成器同时工作，提高了 ID 生成的效率，如图 11-19 所示。

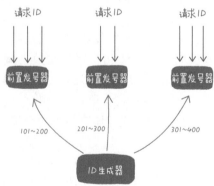

图 11-18　前置发号器

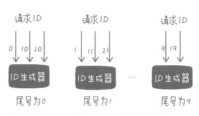

图 11-19 多个 ID 生成器并行工作

11.4.4 总结和引申

在本节，我们介绍了短网址服务的两种实现思路。

第一种实现思路是通过哈希算法生成短网址。我们采用计算速度快、冲突概率小的 MurmurHash 算法，并将计算得到的十进制数转化成六十二进制数，进一步缩短短网址的长度。对于哈希算法的哈希冲突问题，我们通过给原始网址添加特殊前缀字符，重新计算哈希值的方法来解决。

第二种实现思路是通过 ID 生成器来生成短网址。维护一个 ID 自增的 ID 生成器，给每个原始网址分配一个 ID，并且同样转化成六十二进制数，拼接到短网址服务的域名之后，形成最终的短网址。

11.4.5 思考题

如果需要额外支持用户自定义短网址功能（http://t.cn/{用户自定义部分}），那么该如何改造上文提到的算法呢？

附录 A 思考题答案

1.1　复杂度分析（上）：如何分析代码的执行效率和资源消耗

有人说，我们的项目都会进行性能测试，如果再做代码的时间复杂度分析、空间复杂度分析，那么是不是多此一举呢？而且，每段代码都分析一下时间复杂度、空间复杂度，是不是很浪费时间呢？读者怎么看待这个问题呢？

答案提示：尽管性能测试针对具体的运行环境和数据规模，给出的性能结果更加明确，但同时也导致了性能结果的局限性，只能代表某一特定情况下的性能表现。时间复杂度分析、空间复杂度分析能够让我们在不依赖测试机器的情况下，大致了解代码的运行效率。例如，最坏情况下的运行效率、最好情况下的运行效率和大约需要多少内存空间等。

当然，反过来说，有了时间复杂度分析、空间复杂度分析，性能测试也不能省略。复杂度分析只能给出粗略的估计结果，在特定运行环境和数据规模下，我们不能简单地认为低阶复杂度的算法就比高阶复杂度的算法运行时间少。

因此，我们既要进行复杂度分析，又要进行性能测试。两者不但不冲突，反而相辅相成。除此之外，分析时间复杂度分析、空间复杂度也并不浪费时间。对于简单的代码，往往一眼就能看出复杂度，而对于复杂的代码，因为其逻辑复杂，复杂度分析更加有必要，多花点时间去分析也是应该的。

1.2　复杂度分析（下）：详解最好、最坏、平均、均摊这4种时间复杂度

分析一下下面这段代码中 add() 函数的时间复杂度。

```
1  //类成员变量或全局变量：数组为array，长度为n，下标为i
2  int array[] = new int[10]; //初始大小为10
3  int n = 10;
4  int i = 0;
5  void add(int element) {
6    if (i >= n) { //数组空间不够了
7      //重新申请一个n的2倍大小的数组空间
8      int new_array[] = new int[n*2];
9      //把原来array数组中的数据依次复制到new_array
10     for (int j = 0; j < n; ++j) {
11       new_array[j] = array[j];
12     }
13     //new_array复制给array，array现在是n的2倍大小
14     array = new_array;
15     n = 2 * n;
16   }
17   array[i] = element;
18   ++i;
19 }
```

答案提示：这里所说的 add() 函数的时间复杂度指的是多次调用 add() 函数时，add()

函数执行效率的表现情况。尽管 n 初始化为 10，但 n 的大小一直在变化，因此，我们不能认为算法是常量级的时间复杂度。

当 i<n 时，即 i=0,1,2,…,n-1，代码不执行 for 循环，因此，这 n 次调用 add() 函数的时间复杂度都是 $O(1)$；当 i=n 时，for 循环进行数组的复制，因此，这次调用 add() 函数的的时间复杂度是 $O(n)$。由此可知：

- 最好情况时间复杂度为 $O(1)$；
- 最坏情况时间复杂度为 $O(n)$；
- 平均或均摊情况时间复杂度为 $O(1)$。

其中，平均或均摊时间复杂度适合采用均摊时间复杂度分析法来分析。我们把时间复杂度为 $O(n)$ 的那次操作的耗时均摊到其他 n 次时间复杂度为 $O(1)$ 的操作上，均摊下来的时间复杂度就是 $O(1)$。

2.1　数组（上）：为什么数组的下标一般从 0 开始编号

本节讲到了一维数组的内存寻址公式，类比一下，二维数组的内存寻址公式是怎样的呢？

答案提示：类比一维数组的寻址公式，对于 $m×n$ 的二维数组，其寻址公式分下列两种情况。

第一种情况：如果数组是按行存储的（先存储第一行，再存储第二行，依此类推），那么二维数组的寻址公式为

$$a[i][j] \text{ 的 address=base\_address}+(i×n+j)×\text{type\_size}$$

第二种情况：如果数组是按列存储的（先存储第一列，再存储第二列，依此类推），那么二维数组的寻址公式为

$$a[i][j] \text{ 的 address=base\_address}+(j×m+i)×\text{type\_size}$$

除此之外，有很多编程语言对数组重新进行了定义和改造，它们的二维数组的寻址公式无法满足前面给出的标准形式，如 Java 中的多维数组的内存空间是不连续的，相关内容在 2.2 节中有详细讲解。

2.2　数组（下）：数据结构中的数组和编程语言中的数组的区别

对比 C/C++ 和 Java 中的数组的实现，分别有什么优缺点？

答案提示：C/C++ 把数组中的数据直接存储在一块连续的内存空间中，不需要像 Java 那样通过指针来多级索引，因此，相对更节省存储空间。不过，它对内存的要求也比较高，要求内存中可用的连续内存空间超过数组的需求，这样才能将数组存储。而在 Java 中，多维数组相当于使用多级索引组织内存，内存不需要完全连续，对内存的要求相对低很多。

2.3　链表（上）：如何基于链表实现 LRU 缓存淘汰算法

读者可能听说过如何判断一个字符串是否是回文字符串这个问题，本节的思考题是基于这个问题的改造版本。如果字符串存储在单链表中，而非数组中，那么如何判断字符串是否是回文字符串？相应的时间复杂度、空间复杂度是多少？

答案提示：回文字符串就是从左读和从右读都一样的字符串，换句话说，就是左右对称的字符串，如 abcba、abccba。

如果字符串存储在数组中，那么，我们在判断一个字符串是否是回文字符串时，只需要使用两个游标 i 和 j，初始化 i 指向字符串首，j 指向字符串尾。判断 i 和 j 所指向的字符是否相等，如果相等，则 i++，j--，继续判断，直到 $i \geq j$（说明是回文串）或中途遇到不相等的字符（说明不是回文串）为止。

如果字符串存储在单链表中，那么我们借用上面的处理思路，把游标 i 和 j 换成指针 p 和 q，p 指向链表首节点，q 指向链表尾节点。如果 p 和 q 所指节点包含的字符相等，我们就将 p 更新为指向后继节点，q 更新为指向前驱节点，剩下的处理思路与字符串存储在数组中的处理思路相同。

不过，q 更新为指向前驱节点这个操作比较耗时。在单链表中寻找某个节点的前驱节点，需要遍历整个链表，时间复杂度是 $O(n)$。因此，按照这个实现思路，判断存储在单链表中的字符串是否是回文串的时间复杂度是 $O(n^2)$。

实际上，对于这个问题，我们还有时间复杂度为 $O(n)$ 的解决方法。大致思路如下：首先查找单链表的中间节点，然后逆转中间节点到尾节点这后半段的链表，比较前后两部分链表是否相同，判断是否是回文串，判断结束之后，将后半段链表重新逆转复原。

这个处理思路看似不难，实际上代码实现起来并不容易。查找单链表的中间节点需要使用快慢指针。逆转单链表的空间复杂度可以达到 $O(1)$，也就是在链表本身完成，不需要借助额外的非常量级的存储空间。

2.4　链表（下）：借助哪些技巧可以轻松地编写链表相关的复杂代码

本节提到了可以用"哨兵"来降低代码的实现难度，除文中举的例子，读者是否还能想到"哨兵"的其他一些应用场景呢？

答案提示：合并两个有序链表为一个有序链表这样一个操作，使用"哨兵"可以降低编码的实现难度。具体的 Java 代码如下所示。

```
public ListNode mergeTwoLists(ListNode l1, ListNode l2) {
  if (l1 == null) return l2;
  if (l2 == null) return l1;
  ListNode p1 = l1;
```

```
    ListNode p2 = l2;
    ListNode head = new ListNode(); //不存储数据的"哨兵"
    ListNode r = head;
    while (p1 != null && p2 != null) {
      ListNode tmp;
      if (p1.val <= p2.val) {
        tmp = p1;
        p1 = p1.next;
      } else {
        tmp = p2;
        p2 = p2.next;
      }
      r.next = tmp; //有了"哨兵"之后,此处不需要特殊处理r为null的情况
      r = r.next;
    }
    if (p1 != null) r.next = p1;
    if (p2 != null) r.next = p2;
    return head.next;
}
```

2.5 栈:如何实现浏览器的前进和后退功能

1)本节讲到,编译器使用函数调用栈来保存临时变量,为什么要用"栈"来保存临时变量呢?用其他数据结构不行吗?

答案提示:其实,我们不一定非要用栈来保存临时变量,只不过函数调用符合后进先出的特性,用栈这种数据结构来实现是顺理成章的选择。

从调用函数进入被调用函数,对于数据,变化的是作用域。在进入被调用函数的时候,分配一段栈空间给这个函数的变量,在函数结束的时候,将栈顶复位,正好回到调用函数的作用域内。

2)在Java语言的JVM内存管理中,也有堆和栈的概念。栈内存用来存储局部变量和方法调用,堆内存用来存储Java对象。JVM中的"栈"与本节提到的"栈"是不是一回事呢?如果不是,它为什么也称作"栈"呢?

答案提示:JVM中的栈和数据结构中的栈都满足后进先出的特性,因此都称为栈。而JVM中的堆和数据结构中的堆是完全不相干的两个概念,JVM中的堆可以理解为存储一"堆"对象的空间,而数据结构中的堆特指满足一定要求的一种完全二叉树。

2.6 队列:如何实现线程池等有限资源池的请求排队功能

如何用队列实现栈?如何用栈实现队列?

答案提示:我们可以用一个队列来模拟栈。同时,我们还需要记录队列中的数据个数。入栈时,我们将数据直接放入队列尾部。出栈时,假设当前队列中有 k 个元素,我们先从队列头取 k-1 个元素,再依次放入队列尾部。此时,队列头就是要出栈的元素。

我们可以用两个栈来模拟队列。入队时，我们看哪个栈中的数据不为空，假设栈 a 不为空（如果都为空，则任选一个栈），将数据压入栈 a。出队时，我们将栈 a 中的数据依次弹出，压入栈 b，其中，栈 a 中的最后一个元素直接输出，不压入栈 b。最后，我们还要将栈 b 中的数据依次弹出，重新压入栈 a。

3.1　递归：如何用 3 行代码找到"最终推荐人"

在平时调试代码时，我们一般喜欢使用 IDE（集成开发环境）的单步跟踪功能，用以跟踪程序的运行，但对于规模比较大、递归层次很深的递归代码，几乎无法使用这种调试方式。对于递归代码，读者有什么好的调试方法呢？

答案提示：一般有以下两种方法。

- 打印日志。
- 结合条件断点进行调试。

3.2　尾递归：如何借助尾递归避免递归过深导致的堆栈溢出

根据如下代码，求解斐波那契数列的递归代码的空间复杂度。

```
int f(int n) {
  if (n == 0 || n == 1) {
   return n;
  }
return f(n-1) + f(n-2);
}
```

答案提示：空间复杂度是指某一时刻代码所占的最大内存量，是一个峰值，而非代码运行过程中所消耗的总内存量。递归代码的空间复杂度等于栈最大深度乘以每层递归调用的空间消耗。斐波那契数列的递归代码每层递归调用只需要消耗很少的内存空间，是常量级的。而栈最大可以达到的深度大约是 n，因此，空间复杂度是 $O(n)$。

3.3　排序算法基础：从哪几个方面分析排序算法

我们平时提到的排序算法是将数据全部加载到内存中处理，如果数据量比较大，无法一次性把数据全部放到内存中，那么又该如何对数据进行排序呢？

答案提示：实际上，对于这类排序问题，我们把它称为外部排序。可以借助归并排序算法或桶排序算法来处理。

3.4　$O(n^2)$ 排序：为什么插入排序比冒泡排序更受欢迎

特定算法依赖特定数据结构。本节介绍的几种排序算法都是基于数组实现的。如果数据存储在链表中，这 3 种排序算法是否还能正常工作？如果能，对应的时间复杂度、空间复杂度是多少呢？

答案提示：对于冒泡排序，操作过程只涉及相邻元素的比较和交换，因此，使用链表存储数据，冒泡排序的时间复杂度、空间复杂度并不会升高。插入排序需要遍历查找插入位置，因此，时间复杂度、空间复杂度不变。选择排序每次从未排序区间遍历寻找最小元素，插入排序区间的末尾，因此，时间复杂度、空间复杂度也不变。

3.5　$O(n\log n)$ 排序：如何借助快速排序思想快速查找第 K 大元素

假设有 10 个接口访问日志文件，每个日志文件的大小约 300MB，每个文件里的日志都是按照时间戳从小到大排序的。现在，我们希望将这 10 个较小的日志文件，合并为 1 个日志文件，合并之后的日志仍然按照时间戳从小到大排序。如果处理上述排序任务的机器的内存只有 1GB，那么，在有限的机器资源的情况下，读者有什么好的解决思路能快速地将这 10 个日志文件合并？

答案提示：对于这个问题，我们借助归并排序中 merge() 函数的处理思路，不过 merge() 函数是两路合并，这里采用多路合并。

从每个文件中取一条数据，放入大小为 10 的数组中，比较找出其中的最小值，然后写入到最终的排序文件中。接着，从这个最小值对应的文件中，取出下一个数据，在数组中替换这个最小值，重复上面的过程，直到所有的数据都放入最终的排序文件为止。

不过，上面的处理思路没有充分利用内存。我们知道，磁盘的读写速度远慢于内存的读写速度。为了减少磁盘的读写次数，我们给每个小文件，以及最终的排序文件，都前置一个内存缓存（数组）。在读取数据时，一次性读取一批数据到内存，同理，写入数据时，先写数据到内存，等内存满了之后，再一次性地将内存中的数据写入到最终的排序文件中。

3.6　线性排序：如何根据年龄给 100 万个用户排序

本节讲的是针对特殊数据的排序算法。实际上，还有很多看似排序但又不需要使用排序算法就能处理的排序问题，例如下面这样一个问题。

对 [D,a,F,B,c,A,z] 这个字符数组进行排序，要求将其中所有的小写字母都排在大写字母的前面，但小写字母内部和大写字母内部不要求有序，如 [a,c,z,D,F,B,A] 就是符合要求的一个排序结果。这个排序需求该如何实现呢？如果字符串中存储的不仅有大小写字母，还有数字，我们现在要将小写字母放到数组的最前面，大写字母放在数组的最后，数字放在数组的中间，不用排序算法，又该怎么实现呢？

答案提示：尽管第一个问题可以使用排序算法来解决，但是，对于这个问题的解决，排序算法有点"大材小用"了。对于这个问题，题目只要求小写字母在前、大写字母在后，并不要求每个数据都有序。我们可以使用两个游标 i 和 j，起始分别指向字符串数组的首部和尾部。更新 i 指向下一个大写字母，更新 j 指向下一个小写字母，交换 i 和 j 指向的字符。重复上面的过程，直到 i 和 j"相遇"为止。对应的代码如下所示。

```
void reorg(char[] str, int n) {
  int i = 0;
  int j = n-1;
  while (true) {
    while (i < j && str[i]>='a'&& str[i]<='z') {
      ++i;
    }
    while (i < j && str[j]>='A'&& str[j]<='Z') {
      --j;
    }
    if (i >= j) break;
    char tmp = str[i];
    str[i] = str[j];
    str[j] = tmp;
  }
}
```

对于升级后的问题，字符数组中包含小写字母、数字和大写字母，我们可以先把小写字母和数字看作一类字符，把大写字母单独看作另一类字符。我们先将第一类字符都放到第二类字符的前面，处理思路与上面给出的处理思路一样。在处理完之后，大写字母已经都放置到了数组的最后，我们只需要再对小写字母和数字组成的前半部分数组，按照同样的思路再进行处理，就可以把小写字母放到最前面，数字放置到中间。

3.7 排序优化：如何实现一个高性能的通用的排序函数

在本节中，作者分析了 C 语言中的 qsort() 的底层实现原理，读者能否像作者一样，分析一下自己熟悉的编程语言中的排序函数是用什么排序算法实现的？用了哪些优化手段？

答案提示：对于基本类型，Java 排序函数采用的是双枢轴快速排序（dual-pivot quicksort）算法，这个算法是在 Java 7 中引入的。在此之前，Java 采用的是普通的快速排序，双枢轴快速排序是对普通快速排序的优化，新算法的实现代码位于类 java.util.DualPivotQuicksort 中。

对于对象类型，Java 采用的算法是 TimSort 算法。TimSort 算法也是在 Java 7 中引入的。在此之前，Java 采用的是归并排序。TimSort 算法实际上是对归并排序的一系列优化。TimSort 算法的实现代码位于类 java.util.TimSort 中。

除此之外，如果数组长度比较小，那么 Java 排序函数会采用更加简单的插入排序。

3.8　二分查找：如何用最省内存的方式实现快速查找功能

1）如何编程实现"求一个数的平方根"？（要求精确到小数点后 6 位）

答案提示：实际上，这个问题可以分为两步来解决。第一步是确定平方根的整数部分，第二步是确定平方根的 6 位小数。对于第一步，为了加快速度，我们可以在 0 ~ x 范围使用二分查找平方值小于或等于 x 的最大数。对于第二步，每次确定一位小数，假设已经确定的数值是 a.bc，第 3 位小数只有可能是 0 ~ 9，我们就逐一考查 a.bc0 ~ a.bc9 这几个数，看哪个的平方值是小于或等于 x 的最大值（假设是 a.bcd），我们再继续确定下一位小数，依此类推，直到 6 位小数都确定好。

对于第二步，因为每次只需要在 10 个数据中进行查找，所以顺序遍历就足够了。除此之外，查找最后一个小于或等于给定值的二分查找算法在 3.9 节中有详细讲解。

实际上，这个问题还有更加简单的解决思路，直接在 0 ~ x 范围二分查找平方值等于 x 的浮点数即可。不过，对于浮点数，二分查找结束的判断条件有所改变，需要引入精度，也就是题目给出的精确到小数点后 6 位。具体的代码如下所示。

```
public float calSQRT(float x) {
  float low = 0;
  float high = x;
  while (Math.abs(high - low) >= 0.000001) {
    float mid = (high + low) / 2;
    float mid2 = mid * mid;
    if (mid2 - x > 0.000001) {
      high = mid;
    } else if (x - mid2 > 0.000001) {
      low = mid;
    } else {
      return mid;
    }
  }
  return -1;
}
```

2）文中讲到，如果数据使用链表存储，二分查找的时间复杂就会变得很高，那么二分查找的时间复杂度究竟是多少呢？

答案提示：假设链表长度为 n，二分查找每次都要找中间点，因为时间复杂度的计算只需要计算得到一个量级，不需要具体值，所以，这里我们只是粗略地进行计算。

- 第一次查找中间点，大约需要遍历 $n/2$ 个节点。
- 第二次查找中间点，大约需要遍历 $n/4$ 个节点。
- 第三次查找中间点，大约需要遍历 $n/8$ 个节点。

依此类推，一直到遍历的节点个数为 1 为止。

粗略计算，总共遍历的节点个数大约为 $sum=n/2+n/4+n/8+\cdots+1$，这是个等比数列，根据等比数列求和公式得到：$sum=n-1$。对应的算法时间复杂度为 $O(n)$。也就是说，基于链表实现的二分查找的时间复杂度与顺序查找的时间复杂度相同。

3.9 二分查找的变体：如何快速定位 IP 地址对应的归属地

本节留给读者的思考题也是一个非常规的二分查找问题：如果有序数组是一个循环有序数组，如 [4,5,6,1,2,3]，那么，针对这种情况，如何实现一个求"值等于给定值"的二分查找算法呢？

答案提示：我们采用递归的处理思想来解决这个问题。下标 *low* 表示待查找区间的起始下标，下标 *high* 表示待查找区间的结束下标。下标 *mid* 表示区间的中间位置下标，也就是 *mid=(low+high)*/2。

- 如果下标 *low* 对应的元素小于下标 *mid* 对应的元素，就说明 [*low,high*] 区间的前半部分是有序数组，后半部分是循环有序数组。
- 如果下标 *low* 对应的元素大于下标 *mid* 对应的元素，就说明 [*low,high*] 区间的后半部分是有序数组，前半部分是循环有序数组。

我们用目标元素与有序数组进行比较，如果处于有序数组中，就在有序数组中继续递归查找，如果不在有序数组中，就在循环有序数组中继续递归查找。

对应的代码实现如下所示。

```
int bsearchInCycleSortedArray(int[] arr, int n, int value) {
  int low = 0;
  int high = n - 1;
  while (low <= high) {
    int mid = low + ((high - low) >> 1);
    if (arr[mid] == value) return mid;
    // 如果首元素大于mid元素，就说明后半部分有序，前半部分是循环有序数组
    if (arr[low] > arr[mid]) {
      if (arr[mid] < value && value <= arr[high]) low = mid + 1;
      else high = mid - 1;
    } else {
      if (arr[low] <= value && value < arr[mid]) high = mid - 1;
      else low = mid + 1;
    }
  }
  return -1;
}
```

4.1 哈希表（上）：Word 软件的单词拼写检查功能是如何实现的

1）假设有 10 万条 URL 访问日志，如何按照访问次数给 URL 排序？

答案提示：首先要统计每个 URL 对应的访问次数，然后按照访问次数对 URL 进行排序。假设 URL 的平均长度是 64B，那么存储 10 万条 URL 只需要大约 6MB 的存储空间，因此，我们可以将数据完全加载到内存中进行处理。

如何统计每个 URL 对应的访问次数呢？这里有两种处理思路。

第一种处理思路：首先，将数据加载到内存中；然后按照字符串的大小排序，排完序之后，相同的 URL 就放到一块，顺序遍历排好序的数组，就能得到每个 URL 对应的访问次数；最后，将 URL 和访问次数作为一个整体对象存储到另一个数组中。

第二种处理思路：首先，使用哈希表存储 URL 和对应的访问次数；然后，顺序遍历 10 万个 URL，用 URL 在哈希表中查找，如果找到，则将对应的访问次数加 1，如果没有找到，就将 URL 插入哈希表中，并将访问次数设置为 1，依此类推，当 10 万个 URL 都遍历完成之后，哈希表中就存储了每个 URL 及对应的访问次数；最后，将哈希表中的数据存储到数组中，方便接下来按照访问次数排序。

在得到存储了每个 URL 及访问次数的对象数组之后，我们使用排序算法按照访问次数从多到少给数组排序。至于排序算法，我们可以使用快速排序。实际上，如果访问次数的范围不大，那么我们可以采用桶排序来解决。

2）有两个字符串数组，每个数组大约有 10 万个字符串，如何快速找出两个数组中相同的字符串？

答案提示：这个问题有两种处理思路，可以使用哈希表，也可以不使用哈希表。

第一种处理思路：首先对两个数组 a 和 b 分别排序，然后申请两个游标 i 和 j，初始化分别指向两个数组中的起始下标，也就是 0。比较 $a[i]$ 和 $b[j]$，对应以下 3 种情况：

- 如果 $a[i]==b[j]$，就说明两个字符串相同，输出到结果数组中，并且 $i++$，$j++$；
- 如果 $a[i]<b[j]$，那么 $i++$；
- 如果 $a[i]>b[j]$，那么 $j++$。

继续比较 $a[i]$ 和 $b[j]$，直到某个数组为空为止。

第二种处理思路：将其中一个数组中的数据构建成哈希表，顺序遍历另一个数组，将每个字符串在哈希表中进行查找，如果找到，就说明此字符串在两个数组中都出现过，于是输出到结果数组中。

4.2 哈希表（中）：如何打造一个工业级的哈希表

本节讲到，Java 中的 HashMap 进一步做了优化，引入了红黑树。当链表长度大于或等于 8 时，就将链表转化成红黑树，而当红黑树中的节点个数小于或等于 6 时，又会将红黑树转化成链表。本节的思考题：为什么红黑树中的节点个数小于或等于 6 时才转化成链表，而不是小于 8 时就触发转化？

答案提示：我们举一个例子来解释一下。无论是红黑树转化成链表，还是链表转化成红黑树，我们都将触发转化的阈值设置为 8。当链表中有 7 个数据时，若我们执行插入操作，链表就会转化成为红黑树；若我们再执行删除操作，红黑树又会转化成链表。如果频繁、交替地插入、删除数据，就会导致频繁转化，而两种数据结构之间的转化是比较耗时的，会影响哈希表本身的性能。如果我们把红黑树转化成链表的阈值设置为 6，就能有效地避免这种情况的发生。

4.3 哈希表（下）：如何利用哈希表优化 LRU 缓存淘汰算法

如果将本节中的有序链表从双向链表改为单链表，LRU 缓存淘汰算法和 Java 中的 LinkedHashMap 是否还能正常工作？为什么？

答案提示：可以正常工作，但某些操作的时间复杂度会升高，因为在删除元素时，虽然通过哈希表可以在 $O(1)$ 时间复杂度内找到目标节点，但要删除该节点需要获取其前驱节点的指针，双向链表可以实现在 $O(1)$ 时间复杂度内找到前驱节点，但单链表查找某个节点的前驱节点的时间复杂度是 $O(n)$。

4.4 位图：如何实现网页"爬虫"中的网址链接去重功能

如何对一个存储了 1 亿个整数（范围为 $1 \sim 10$ 亿）的文件中的数据进行排序？

答案提示：如果直接将数据全部读取到内存中，并使用快速排序来排序，对应的内存消耗大约是 1 亿 $\times 4B=400MB$。对应的时间复杂度是 $O(nlogn)$，其中 n 是 1 亿。

如果使用位图，就需要申请包含 10 亿个二进制位大小的位图，对应的内存空间大约是 10 亿 $/8=125MB$，排序的时间复杂度是 $O(k)$，其中 k 表示数字范围，也就是 10 亿。

不过，如果存在重复的数据，那么仅仅利用位图是不够的。对于重复的数据，我们还需要记录数据出现的次数。对于这部分功能的实现，我们可以使用哈希表来解决，其中哈希表中对象的 key 是数据，附属数据是此数据出现的次数，对应到 Java 编程语言中的 HashMap，那么 key 就是数据，value 就是出现的次数。

实际上，还有更加节省内存的处理思路。我们将这 1 亿个数据分批依次加载到内存。假设分为 10 批，每批数据只需要占用 40MB 大小的内存空间。我们分别对每批数据单独排序，然后写入一个小文件中。经过这一步处理之后，我们就得到了 10 个有序的小文件，再利用合并排序的 merge() 函数的处理思路，将多个有序小文件多路合并成一个大的有序文件。

4.5 哈希算法：如何防止数据库脱库后用户信息泄露

区块链是目前一个热门的领域，其底层的实现原理并不复杂。其中，哈希算法就是区块链的一个非常重要的理论基础。读者是否知道区块链使用的是哪种哈希算法？是为了解决什么问题而使用的？

答案提示：区块链是由一块块的区块组成的，每个区块分为两部分：区块头和区块体。区块头保存着自己的区块体和上一个区块头的哈希值。基于这种链式关系和哈希值的唯一性，只

要区块链中任意一个区块被修改过,后面的所有区块保存的哈希值就不对了。区块链使用的是 SHA256 哈希算法,计算哈希值非常耗时,如果要篡改一个区块,就必须重新计算该区块后面所有区块的哈希值,短时间内几乎不可能做到。

5.1 树和二叉树:什么样的二叉树适合用数组存储

本节讲解了二叉树的 3 种遍历方式:前序遍历、中序遍历和后序遍历。实际上,还有一种遍历方式,就是按层遍历,即首先遍历第一层节点,然后遍历第二层节点,依此类推。如何实现按层遍历呢?

答案提示:按层遍历需要借助具有先进先出特性的队列来实现。首先将根节点放入队列,然后循环从队列中取出节点并放入结果序列中,同时将其左子节点、右子节点依次放入队列。循环上面的处理过程,直到队列为空为止。对应的代码实现如下所示。

```java
public void printByLevel(Node root) {
  if (root == null) return;
  Queue<Node> q = new ArrayDeque<>();
  q.add(root);
  while (!q.isEmpty()) {
    Node node = q.poll();
    System.out.println(node.data);
    if (node.left != null) q.add(node.left);
    if (node.right != null) q.add(node.right);
  }
}
```

5.2 二叉查找树:相比哈希表,二叉查找树有何优势

本节讲解了二叉树的高度的理论分析方法,只给出了粗略的估算值。本节的思考题:如何通过编程方式确切地求出一棵给定二叉树的高度?

答案提示:解决这个问题比较简单的方式是使用递归。递推公式如下所示。

$$节点 A 的高度 = max(左子树的高度 , 右子树的高度)+1$$
$$叶子节点的高度 =1 或 null 节点的高度 =0$$

对应的代码实现如下所示。

```java
public int calHeight(Node root) {
  if (root == null) {
    return 0;
  }
  int leftTreeHeight = calHeight(root.left);
  int rightTreeHeight = calHeight(root.right);
  if (leftTreeHeight > rightTreeHeight) {
    return leftTreeHeight + 1;
  }
```

```
    return rightTreeHeight + 1;
}
```

在递归过程中, 每个节点都被"考察"两次, 因此, 上述算法的时间复杂度是 $O(n)$, 其中 n 是节点的个数。递归的空间复杂度与函数调用栈的深度成正比, 函数调用栈的深度与树的高度相等, 因此, 递归的空间复杂度是 $O(h)$, 其中 h 表示树的高度。

除递归的处理思路以外, 还有一种非递归的处理思路。它是对按层遍历方式的一种改造。假设根节点的层数是 1, 在将节点存入队列时, 将其层数也附带着一起存入。当从队列中取出一个节点时, 附带着将对应的层数也取出 (假设为 hx), 那么其左右子节点对应的层数就是 $hx+1$, 将左右子节点及其对应的层数 $hx+1$ 再存入队列, 其他过程不变。等队列为空时, 最大的层数就是树的高度。

5.3 平衡二叉查找树: 为什么红黑树如此受欢迎

在读者熟悉的编程语言中, 哪种数据类型的实现用到了红黑树?

答案提示: Java 中的 TreeMap 使用红黑树来实现, 除此之外, 在 HashMap 中, 当哈希表中某个"槽"对应的链表的长度大于或等于 8 时, 链表会转化成红黑树。

5.4 递归树: 如何借助树求递归算法的时间复杂度

假设 1 个细胞的生命周期是 3 小时, 1 小时分裂一次。求 n 小时后, 容器内有多少个细胞? 请读者用已经学过的递归时间复杂度的分析方法, 分析一下这个递归问题的时间复杂度。

答案提示: 假设在每个小时的起始时刻细胞先分裂后死亡, 第 n 个小时细胞个数 $f(n)$ 表示此小时分裂和死亡完成之后的净存细胞个数。那么, $f(n)$ 等于前一个小时细胞个数 $f(n-1)$ 分裂之后的个数 (也就是 $2f(n-1)$) 减去在第 n 个小时死亡的细胞个数。

那么, 第 n 个小时会死亡多少细胞呢?

第 n 个小时死亡的细胞肯定是第 $n-3$ 个小时分裂出来的新细胞, 而第 $n-3$ 个小时分裂出来的细胞等于第 $n-4$ 个小时的细胞个数, 也就是 $f(n-4)$。

综上所述, $f(n)=2f(n-1)-f(n-4)$。将此递推公式画成递归树, 如图 A-1 所示。

每个节点分裂和合并 (递和归) 只需要常量级时间复杂度的操作耗时。我们只要统计树中有多少个节点, 就能大致得到递归代码的时间复杂度。最左侧的路径是最长路径, 长度约等于 n。最右侧的路径是最短路径, 长度约为 $n/4$。因此, 总节点个数介于

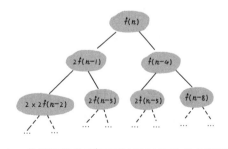

图 A-1 求解细胞分裂问题的递归代码对应的递归树

$2^{n/4}$ 和 2^n 之间。也就是说，求解这个问题的递归代码的时间复杂度是指数级别的。

5.5 B+ 树：MySQL 数据库索引是如何实现的

在 B+ 树中，将叶子节点串起来的链表是单链表还是双向链表？为什么？

答案提示：是双向链表，而且是双向有序链表，主要是为了支持以下几个操作。

- 快速插入数据。在单链表中插入数据，需要先查找前驱节点，比较耗时。
- 支持降序查询。对于降序查询，如 select * from user where uid > 12 and uid < 193 order by uid desc.

尽管也可以先获取数据，再倒置输出，但是，如果涉及分页输出，显然，直接降序遍历是最快的。

6.1 堆：如何维护动态集合的最值

针对本节的开篇问题，我们分析了基于数组的解决方案。如果将数组换成链表，请读者试着分析一下插入数据、按值删除数据、查询最大值和删除最大值的时间复杂度。

答案提示：本节的开篇提到，假设有一个动态数据集合，其支持 4 个操作，包括插入数据、按值删除数据、查询最大值和删除最大值。如何实现这样一个动态集合，让每个操作的时间复杂度尽可能低？

如果单纯用链表来存储动态数据集合，插入数据时直接插入到链表的表头，查询最大值、删除最大值，以及按值删除数据都需要遍历整个链表，那么，尽管插入操作的时间复杂度是 $O(1)$，但其他 3 个操作的时间复杂度是 $O(n)$。

如果插入操作是比较频繁的操作，其他 3 个操作相比插入操作，没有那么频繁，那么这个解决方案已经是不错的了。如果查询最大值比较频繁，插入操作没有那么频繁，我们就需要调整一下方案。

我们还是使用链表来存储动态数据集合，但是，让链表中的数据一直维持从大到小有序。在插入数据时，为了保持链表在插入数据之后仍然有序，我们顺序遍历链表，查找数据应该插入的位置，然后将其插入，而非直接插入到链表表头或者表尾。这样，插入操作的时间复杂度是 $O(n)$，查询最大值、删除最大值操作的时间复杂度就变成了 $O(1)$，不过，按值删除操作的时间复杂度仍然是 $O(n)$。

6.2 堆排序：为什么说堆排序没有快速排序快

在介绍堆排序的建堆的时候，我们提到，对于完全二叉树，下标 $n/2+1 \sim n$ 的节点都是叶子节点，这个结论是怎么推导出来的呢？

答案提示：这个问题采用反证法解决会非常简单。我们知道，堆是完全二叉树，适合用数组存储，节点 i 的左子节点下标是 $2i$，右子节点下标是 $2i+1$。下标 n 对应的节点肯定是叶子节点，其父节点下标是 $n/2$，肯定是非叶子节点。下标 $n/2+1$ 的节点肯定是叶子节点，如果是非叶子节点，那么其左子节点下标是 $n+2$，已经超出了下标范围。

重新梳理一下，下标为 $n/2$ 的节点肯定是非叶子节点，下标为 $n/2+1$ 的节点肯定是叶子节点，因此，下标从 $n/2+1$ 到 n 的节点就是树中的叶子节点。

6.3 堆的应用：如何快速获取 Top 10 热门搜索关键词

假设有一个访问量非常大的新闻网站，我们希望将点击量排名 Top 10 的新闻滚动显示在网站首页上，并且每隔 1 小时更新一次。如何实现这个功能？

答案提示：用户每查看一个新闻网页，我们就将相应的 URL 记录在日志文件中。每小时会生成一个新的日志文件。每过一个小时，我们读取日志文件中的 URL，统计每个 URL 的访问次数。关于如何统计每个 URL 的访问次数，可以参见 4.1 节中的第一个思考题的解答。

如果 URL 访问日志非常多，我们就无法直接将其全部加载到内存中进行处理。针对这种情况，我们可以先利用哈希算法对日志文件进行分片，大的日志文件被分割成几个小的日志文件，并且，相同的 URL 访问记录被分配到同一个小日志文件中。针对每个小日志文件，我们再进行 URL 访问次数的统计。得到 URL 对应的访问次数之后，我们利用小顶堆，就可以找到访问次数排名前 10 的 URL 了。

7.1 跳表：Redis 中的有序集合类型是如何实现的

在本节的内容中，对于跳表的时间复杂度分析，我们分析了每两个节点抽取 1 个节点到上一级索引这种索引构建方式对应的查询操作的时间复杂度。如果索引构建方式变为每 3 个或每 5 个节点抽取 1 个节点到上一级索引，对应的查询数据的时间复杂度又是多少呢？

答案提示：无论每几个节点抽取 1 个节点到上层索引，在跳表中查询数据的时间复杂度都是 $O(\log n)$。因为时间复杂度并不是性能的准确体现，它只代表性能的量级。尽管每两个节点抽取 1 个节点到上层索引的方式，要比每 3 个节点抽取 1 个节点到上层索引的方式性能高，但性能的这点提升并不会体现在时间复杂度上。

每 3 个节点抽取 1 个节点到上层索引，对应跳表查询的时间复杂度分析方法，与文中讲的每两个节点抽取 1 个节点的分析方式是一样的。第一级索引大约有 $n/3$ 个节点，第二级索引大约有 $n/9$ 个节点，依此类推，我们可以得到整个跳表大约有 $\log_3 n$ 级索引。当查询数据时，每级索引最多遍历 4 个节点，因此，查询的时间复杂度是 $O(4\log_3 n)$，也就是 $O(\log n)$。

7.2 并查集：路径压缩和按秩合并这两个优化是否冲突

本节讲解了两种并查集的实现思路：基于链表的实现思路和基于树的实现思路。除链表和树，并查集是否可以使用其他数据结构来实现呢？例如数组，其对应的 union() 和 find() 操作的时间复杂度是多少？

答案提示：当然也可以使用数组来实现。与基于链表和树的实现思路类似，基于数组的实现思路也要有集合"代表"，并且，同样需要记录每个集合包含哪些元素，以及每个元素属于哪个集合。

我们使用动态数组来表示集合，并给每个集合分配一个唯一的 ID 编号（按 0、1、2、3 这样的顺序编号），并且把这个唯一的 ID 编号作为集合的"代表"。动态数组中的每个元素除存储数据之外，还存储对应所属集合的 ID 编号。而对于 ID 编号与数组之间的映射关系，我们将其存储在一个 Map（哈希表或者红黑树）中。

初始化每个集合中只包含一个元素。对于 union() 操作，我们通过元素找到对应的集合编号，然后通过哈希表得到集合。将一个集合中的数据全部加入另一个集合，并且更新这个集合中每个元素所属集合的编号。对于 find() 操作，我们对比两个元素对应的集合编号是否相同即可。

上述逻辑对应的代码实现如下所示，其中，union() 操作的时间复杂度是 $O(n)$，find() 操作的时间复杂度是 $O(1)$。

```
public class ArrayUnionFindSet {
  private Element elements[];
  private Map<Integer, List> hashmap = new HashMap<>();

  public ArrayUnionFindSet(int n) {
    elements = new Element[n];
    int setId = 0;
    for (int i = 0; i < n; ++i) {
      elements[i] = new Element(i, setId);
      List<Element> set = new ArrayList<>();
      set.add(elements[i]);
      hashmap.put(setId, set);
      setId++;
    }
  }

  public void union(int i, int j) {
    if (find(i, j)) return;
    List<Element> setA = hashmap.get(elements[i].setId);
    List<Element> setB = hashmap.get(elements[j].setId);
    for (Element e : setB) {
      e.setId = elements[i].setId;
    }
    setA.addAll(setB);
  }

  public boolean find(int i, int j) {
    return elements[i].setId == elements[j].setId;
  }
```

```
public class Element {
  public int eid;
  public int setId;
  public Element(int eid, int setId) {
    this.eid = eid;
    this.setId = setId;
  }
}
```

7.3　线段树：如何查找猎聘网中积分排在第 K 位的猎头

1）本节中的线段树针对的是整型数据。针对浮点型数据，又该如何构建线段树呢？

答案提示：对浮点数构建线段树，势必要考虑精度问题。假设要解决的问题中数据的最大精度是 0.0001，也就是小数点后 4 位。一旦确定了精度，就对应有两种解决思路。第一种解决思路是将所有的数据都乘以 10000，转化成整数处理。第二种解决思路是直接基于浮点数处理。区间 [*a*,*b*] 经过分解之后变为 [*a*,*mid*] 和 [*mid*+0.0001,*b*] 两个子区间。其他部分与整型数据类型的线段树无异。

2）在插入、删除数据，以及区间统计之前，我们需要先构建空线段树，相对来说比较耗时，是否可以不事先构建空线段树呢？

答案提示：完全可以不用先构建空的线段树。在插入数据的过程中，创建线段树中的节点也是可以的。但是，这样做会增加逻辑的复杂性，没有事先创建好空线段树的实现方式清晰。

7.4　树状数组：如何实现一个高性能、低延迟的实时排行榜

在数组中，如果两个元素满足 $a[i]>a[j]$ 且 $i<j$，就称这两个元素构成逆序对。本节的思考题：如何利用树状数组统计数组中的逆序对个数？

答案提示：我们申请一个数组 *b*，以及对应的树状数组 *c*。其中，数组 *b* 的下标是数组 *a* 中元素的值，数组 *b* 中的元素值表示下标对应的数组 *a* 中元素的个数。例如，数组 *a*={1, 5, 3, 2, 5}，那么对应的 *b*[1]=1，*b*[2]=1，*b*[3]=1，*b*[4]=0，*b*[5]=2。

初始化数组 *b* 中的每个元素都为 0，并且申请一个变量 *x* 用来记录有序对个数。顺序扫描数组 *a*，对于数组中的每个元素 *a*[*i*]，通过树状数组计算数组 *b* 的前缀和 *s*[*a*[*i*]]，也就是小于或等于 *a*[*i*] 的数据个数，将 *s*[*a*[*i*]] 值累加到 *x* 上，同时更新 *b*[*a*[*i*]]+=1，以及对应的树状数组 *c*。

当扫描完数组 *a* 的所有元素之后，变量 *x* 的值就等于数组 *a* 的有序对个数。逆序对个数就等于 $n(n-1)/2$ 减去有序对个数 *x*。

上述算法对应的代码实现如下所示，其中，数组 *b* 可以省略。

```
public class FenwickTree {
  private int n;
```

```java
    private int c[];

    public FenwickTree(int n) {
      this.n = n;
      c = new int[n+1];
      for (int i = 1; i <= n; ++i) {
        c[i] = 0;
      }
    }

    private int lowbit(int i) {
      return i&(-i);
    }

    public int sum(int i) {
      int s = 0;
      while (i > 0) {
        s += c[i];
        i -= lowbit(i);
      }
      return s;
    }

    public void update(int i, int delta) {
      while (i <= n) {
        c[i] += delta;
        i += lowbit(i);
      }
    }
  }

public class Solution {
  private int n = 6;
  private int[] a = {1, 4, 2, 5, 1, 7};
  private FenwickTree fenwickTree;

  public Solution() {
    int maxValue = Integer.MIN_VALUE;
    for (int i = 0;i < n; ++i) {
      if (maxValue < a[i]) maxValue = a[i];
    }
    fenwickTree = new FenwickTree(maxValue);
  }

  public int calInversions() {
    int x = 0;
    for (int i = 0; i < n; ++i) {
      x += fenwickTree.sum(a[i]);
      fenwickTree.update(a[i], 1);
    }
   return n*(n-1)/2 - x;
  }
}
```

8.1　BF 算法：编程语言中的查找、替换函数是怎样实现的

本节介绍的字符串匹配算法返回的结果是第一个匹配子串的首地址，如果要返回所有匹配

子串的首地址，该如何实现呢？如何实现替换函数 replace() ？

答案提示：返回所有的匹配只需要对文中的代码稍作修改，如下所示。

```
//返回所有匹配的起始下标位置
int matchedPos[] = new int[n];//申请大一点的空间
int bf(char mainStr[], int n, char subStr[], int m, int matchedPos[]) {
  int matchedNum = 0;
  for (int i = 0; i < n-m; ++i) {
    int j = 0;
    while (j < m) {
      if (mainStr[i+j] != subStr[j]) {
        break;
      }
      j++;
    }
    if (j == m) {
      matchedPos[matchedNum] = i;
      matchedNum++;
    }
  }
  return matchedNum;
}
```

实现 replace() 函数也不难，借助上面的匹配函数，实现代码如下所示。

```
char* replace(char mStr[], int n,
              char pStr[], int m, char[] rStr, int k) {
  int[] matchedPos = new int[n];
  int matchedNum = bf(mStr, n, pStr, m, matchedPos);
  char[] newStr = new char[n+(k-m)*matchedNum];
  int p = 0; //mStr上的游标
  int q = 0; //newStr上的游标
  for (int i = 0; i < matchedNum; ++i) {
    while (p < matchedPos[i]) {
      newStr[q++] = mStr[p++];
    }
    for (int j = 0; j < k; ++j) {
      newStr[q++] = rStr[j];
    }
    p+=m;
  }
  while (p<n) {
    newStr[q++] = mStr[p++];
  }
  return newStr;
}
```

8.2 RK 算法：如何借助哈希算法实现高效的字符串匹配

8.1 节和本节讲的是一维字符串的匹配方法，实际上，BF 算法和 RK 算法都可以类比到二维空间。假设有一个二维字符矩阵（如图 8-7 中的主串），借鉴 BF 算法和 RK 算法的处理思路，如何在其中查找另一个二维字符矩阵（如图 8-7 中的模式串）呢？

答案提示：假设二维主串是 $N \times M$，模式串是 $n \times m$。我们用模式串在主串中尝试匹配，总共有 $(N-n+1) \times (M-m+1)$ 种匹配方式。我们需要依次考察每种匹配方式是否真的完全匹配。

按照 BF 算法的处理思想，考察每个匹配方式的耗时是 nm，因此，整体的时间复杂度是 $O(NMnm)$。按照 RK 算法的处理思想，考察每个匹配方式的耗时是 n 或者 m（右移或下移），因此，整体的时间复杂度是 $O(NMn+NMm)$。

8.3　BM 算法：如何实现文本编辑器中的查找和替换功能

如果我们单独来看时间复杂度，那么，当模式串的长度 m 比较小的时候，BF、RK 和 BM 算法的性能表现相差不大。在实际的软件开发中，大部分模式串也不会很长，那么，BM 算法是不是就没有太大的实践意义了呢？是不是只有在模式串很长的情况下，BM 算法才能发挥绝对优势呢？

答案提示：时间复杂度只能粗略地代表性能的量级差距，具体的性能表现不能完全依靠它。在实际的软件开发中，对于某些核心、高频、耗时多的代码，几倍甚至百分之几的性能提升都是值得努力实现的。例如网络安全入侵检测这样的应用场景，字符串匹配是其中核心的逻辑，尽管每个模式串可能都不长，单一聚焦在一次字符串匹配上，可能用什么算法都相差无几，但微小性能的差距累加起来，整个应用的运行效率就相差很多。综上所述，并不是只有模式串在很长的情况下，BM 算法才能发挥优势。

8.4　KMP 算法：如何借助 BM 算法理解 KMP 算法

我们已经学习了 4 种字符串匹配算法。对于每种算法，我们都给出了理论上的性能分析，也就是时间复杂度分析。对于性能，除理论分析以外，有时我们还需要真实数据的验证。如何设计测试数据、测试方法，对比各种字符串匹配算法的执行效率呢？

答案提示：根据测试的精细程度，我们可以设计不同的测试数据。

如果只是粗略测试，那么我们只需要随机生成多组模式串和主串，用随机数据直接测试各个字符串匹配算法。对比每组测试数据的测试结果，可以看到 RK 算法的执行时间是 BF 算法的多少倍，BM 算法的执行时间是 BF 算法的多少倍。最后，对所有的测试结果取平均值，就能得到各个算法之间的性能关系。

如果要精细测试，那么会测试对于不同长度的模式串和主串、不同特点的模式串和主串，各个算法的性能表现，这就要根据不同的测试要求，生成不同的测试数据，测试的方式不变，仍然是对比各个算法的执行时间。

8.5　Trie 树：如何实现搜索引擎的搜索关键词提示功能

在网络传输中，数据包通过路由器来中转。路由器中的路由表记录了路由规则。一条路由规则包含目标 IP 地址段及相应的路由信息（如数据包的转发地址）。数据包携带的目标 IP 地址有可能与多个路由规则的目标 IP 地址段的前缀匹配，在这种情况下，我们会选择最长前缀匹配的规则作为最终的路由规则。本节的思考题：如何存储路由表信息，才能做到快速地查找某个数据包对应的转发地址？

答案提示：我们将路由规则按照 IP 地址组织成 Trie 树。因为 IP 地址的格式为 *xxx.xxx.xxx.xxx*，因此，Trie 树最多有 4 层，每层最多有 256 个节点。为了节省内存消耗，我们将每层的节点组织成有序数组（因为路由表很少更新）。这样就能快速地查询数据包的目标 IP 地址最长前缀匹配的路由规则。

8.6 AC 自动机：如何用多模式串匹配实现敏感词过滤

到此为止，对于字符串匹配算法，我们全部介绍完毕。本节的思考题：各个字符串匹配算法的特点分别是什么？它们比较适合的应用场景有哪些？

答案提示：BF、RK、BM 和 KMP 是单模式串匹配算法，Trie 树和 AC 自动机是多模式串匹配算法。在单模式串匹配算法中，BF 算法的时间复杂度最高，但代码实现简单，对于小规模字符串匹配，使用 BF 算法就足够了，因此，大部分编程语言中提供的字符串匹配函数是利用 BF 算法实现的。当然，如果字符串匹配是核心、高频、耗时多的操作，那么我们就要优先选择 BM 或 KMP 这样更加高效的算法。

在多模式串匹配算法中，Trie 树常用在前缀匹配中，AC 自动机类似 KMP 算法，执行效率更高，因此，真正需要用到多模式串匹配的应用场景会优先选择使用 AC 自动机。

9.1 图的表示：如何存储微博、微信等社交网络中的好友关系

关于本节的开篇问题，我们只介绍了微博这种有向图的解决思路，像微信这种无向图，应该怎么存储呢？读者可以按照作者的思路，自己进行练习。

答案提示：因为数据结构是为算法服务的，所以，具体选择哪种存储方法与期望支持的操作有关。针对微信的用户关系，假设需要支持下面这样几个操作：

- 判断用户 A 与用户 B 是否是好友关系；
- 用户 A 和用户 B 建立好友关系；
- 用户 A 和用户 B 删除好友关系；
- 根据用户名称的首字母排序，分页获取用户的好友列表。

关于如何存储一个图，本节介绍了两种方法：邻接矩阵和邻接表。因为社交网络是一个稀疏图，使用邻接矩阵比较浪费存储空间，所以，我们采用邻接表来存储微信的好友关系。

在无向图的邻接表中，如果用户 A 和用户 B 是好友关系，就在 A 的链表中添加一个顶点 B，同时，在 B 的链表中添加一个顶点 A。基于这样的存储结构，我们就能很容易地实现上述

几个操作。

9.2　深度优先搜索和广度优先搜索：如何找出社交网络中的三度好友关系

1）我们用广度优先搜索解决了本节开篇提到的问题，请读者思考一下，本节的开篇问题是否可以用深度优先搜索来解决？

答案提示：基于深度优先搜索，当遍历到三度人脉之后，就停止继续递归，回溯到上一层顶点继续探索。当递归结束之后，我们就能找到所有的三度人脉了。需要注意的是，遍历之后的顶点还能再重复遍历，只需要通过新的路径到达这个顶点的路径长度更小，并且不超过 3。

2）对于数据结构和算法的学习，最难的不是掌握原理，而是能灵活地将各种场景和问题抽象成对应的数据结构和算法。本节提到，迷宫可以抽象成图，走迷宫可以抽象成搜索算法，那么，如何将迷宫抽象成一个图？（换个说法，如何在计算机中存储一个迷宫？）

答案提示：我们可以把每个岔路口看成一个顶点，把岔路口与岔路口之间的路径看成边，由此来构建一个无向图。

9.3　拓扑排序：如何确定代码源文件的编译依赖关系

在本节的讲解中，我们用 a 到 b 的有向边来表示 a 先于 b 执行，也就是 b 依赖于 a。如果我们换一种依赖关系的表示方法，用 b 到 a 的有向边来表示 a 先于 b 执行，也就是 b 依赖于 a，那么，本节讲的 Kahn 算法和深度优先搜索是否还能正确工作呢？如果不能，应该如何改造呢？

答案提示：不能正确工作。但只要我们稍微改造一下，就能正确工作。对于 Kahn 算法，我们需要记录每个节点的出度而非入度，如果出度是 0，则执行这个节点对应的任务。对于深度优先搜索，处理起来更加方便，我们直接使用邻接表即可，不需要先生成逆邻接表。

9.4　单源最短路径：地图软件如何"计算"最优出行路线

在计算最短时间的出行路线时，如何获得通过某条路的时间呢？（这个思考题很有意思，在作者之前面试时也曾被问到过，考验的是一个人是否思维活跃，读者也可以思考一下。）

答案提示：在将地图抽象成图时，我们把岔路口抽象成顶点，将岔路口之间的路抽象成有向边。在计算最短时间出行路线时，边的权重是通行时间。通行时间如何得到呢？这是一个比较开放的问题。某段路的通行时间与很多因素有关，基础的两个因素是路长和拥堵情况。路长是固定的，但拥堵情况是动态变化的，因此，通行时间也是动态变化的。比较简单的获取方法是，通过跟踪其他用户通过此条路的时间，来统计得到在最近一段时间通过此条路的时间。当然，我们也可以根据拥堵情况（如用车辆个数表征拥堵程度）建立模型，通过模型来计算通行时间。

9.5 多源最短路径：如何利用 Floyd 算法解决传递闭包问题

在本节给出的 Floyd 算法的代码实现中，最终得到的 dist 数组只存储了顶点之间的最短路径长度，并没有给出最短路径包含了哪些边。那么，如何改造代码，在求解最短路径长度的同时，得到最短路径具体包含了哪些边？

答案提示：实际上，我们可以参照 Dijkstra 算法的处理思路，用另外一个二维数组来记录前驱顶点，然后，递归输出最短路径。具体的代码实现如下所示。其中，pre[i][j] 记录从顶点 i 到顶点 j 的路径中顶点 j 的前驱顶点的编号。

```
int v;
int g[v][v];
int dist[v][v];
int pre[v][v];
void floyd() {
  for (int i = 0; i < v; ++i) {
    for (int j = 0; j < v; ++j) {
      dist[i][j] = g[v][v];
      if (dist[i][j] != Integer.MAX_INF) {
        pre[i][j] = i;
      } else {
        pre[i][j] = -1;
      }
    }
  }
  for(int k=0; k<v; ++k) {
    for(int i=0; i<v; ++i) {
      for(int j=1; j<v; ++j) {
        if (dist[i][j] > dist[i][k]+dist[k][j]) {
          dist[i][j] = dist[i][k]+dist[k][j];
          pre[i][j] = pre[k][j];
        }
      }
    }
  }
}

void printShortestPath(int i, int j) {
  if (i == j) {
    return;
  }
  if (pre[i][j] == -1) {
    System.out.println("No path!");
    return;
  }
  printShortestPath(i, pre[i][j]);
  System.out.println(j);
}
```

9.6　启发式搜索：如何用 A* 算法实现游戏中的寻路功能

之前提到的"迷宫问题"是否可以借助 A* 算法来更快速地找到一个走出去的路线呢？如果可以，请读者具体讲一下该怎么做；如果不可以，请读者说明原因。

答案提示：迷宫问题不适合使用 A* 算法，因为 A* 算法本质上是利用了到终点的距离这一信息来辅助解决问题。而迷宫有很多折返，距终点的距离对于能否走出迷宫不是一个有效信息。因此，使用 A* 算法并不能加快找到走出去的路线的速度。

9.7　最小生成树：如何随机生成游戏中的迷宫地图

在本节，我们讲解了如何生成最小生成树。那么，如何生成次小生成树呢？（次小生成树就是树中所有边的权重和仅次于最小生成树的那个生成树。）

答案提示：这个问题可以借助最小生成树来实现。我们先求得图的最小生成树，然后逐一将树中的边从图中删除，然后在删除了一条边的图中求最小生成树。对比这 $V-1$ 个最小生成树，最小的那个就是次小生成树。

9.8　最大流：如何解决单身交友联谊中的最多匹配问题

本节介绍的是针对一个源点到一个汇点的最大流，如果网络流中有多个源点和多个汇点，那么，如何实现多源点到多汇点的最大流？

答案提示：与最大二分匹配类似，这个问题也可以转化成一个源点到一个汇点的最大流问题。我们给图添加一个超级源点，并且在超级源点与其他源点之间建立权值为无穷大的边。同理，我们再添加一个超级汇点，并且在其他汇点与超级汇点之间建立权值为无穷大的边。多源点到多汇点的最大流问题就转化成了从超级源点到超级汇点的单源点单汇点最大流问题。

10.1　贪心算法：如何利用贪心算法实现霍夫曼编码

在一个非负整数 a 中，我们希望从中移除 k 个数字，让剩下的数字值最小，如何选择移除哪 k 个数字呢？

答案提示：解决这个问题的核心是掌握这样一个规律，即先处理高位，再处理低位，尽量让高位最小。移除 k 位之后的数据的最高位肯定出现在 a 的前 k+1 位之中。例如 a=321574，k=3，移除 3 位数字之后的数据的最高位肯定出现在 3215 之中。为了让最高位最小，我们要在这 k+1 个数中查找最小的那个，并将它前面的数字移除。针对这个例子，3215 中最小的数是 1，为了让它成为最终结果的最高位，需要把 3 和 2 移除。这样，1 就成了最高位。对于其他任何移除方法产生的数据，其最高位都不会比它小。因为现在已经移除了两个数字，所以 k 变为了 1，a 变成了 574。继续按照上面的处理思路，确定次高位。依此类推，直到所有的数字都确定为止。

这种处理思路比较好理解，但编程实现过程会比较烦琐。处理思想不变，还有一个更加简单的编程实现思路。我们借助栈，从高位数字开始逐一考察数据中的数字，如果数字大于栈顶元素，则入栈，如果数字小于栈顶元素，弹出栈顶元素，同时计数 k 减 1，直到数字大于或等于栈顶元素或者 k 为 0 时，停止出栈，然后将数字入栈。继续按照此规律处理后续数字。如果所有数据都已经入栈，k 仍不为 0，则从栈中弹出 k 个数。最后栈内数据就是最终求解的结果。

10.2　分治算法：谈一谈大规模计算框架 MapReduce 中的分治思想

在前面讲过的数据结构、算法和解决思路中，有哪些用到了分治算法思想？除此之外，在生活、工作中，还有没有用到分治算法思想的地方？读者可以自己回忆、总结一下，这对将零散的知识提炼成体系非常有帮助。

答案提示：分治思想用一句话总结，就是分而治之。分而治之这种思想随处可见。例如公司的管理，公司的员工由不同的部门来管理，不同的部门又分为不同的小组。在日常的开发中，分治思想也经常被用到，特别是针对一些大规模数据处理的问题。除此之外，现在流行的微服务架构也可以算是一种分治思想。

当然，分治思想不仅用在大的架构、技术解决方案中，还能指导算法的设计，如快速排序、归并排序、桶排序和二分查找等，或多或少地用到了分治思想。

10.3　回溯算法：从电影《蝴蝶效应》中学习回溯算法的核心思想

现在我们对本节讲到的 0-1 背包问题稍加改造，如果每个物品不仅重量不同，价值也不同，那么，如何在不超过背包承载的最大重量的前提下，让背包中所装物品的总价值最大？

答案提示：回溯是一种穷举算法，肯定也能解决这个问题。代码实现如下所示。

```
private int maxV = Integer.MIN_VALUE; //结果放到maxV中
private int[] items = {2,2,4,6,3};  //物品的重量
private int[] value = {3,4,8,9,6}; //物品的价值
private int n = 5; //物品的个数
private int w = 9; //背包可承载的最大重量
public void f(int i, int cw, int cv) {  //调用f(0,0,0)
  if (cw == w || i == n) { //cw==w表示装满了,i==n表示物品都考察完了
```

```
      if (cv > maxV) maxV = cv;
      return;
    }
    f(i+1, cw, cv); //选择不装第i个物品
    if (cw + weight[i] <= w) {
      f(i+1,cw+weight[i], cv+value[i]); //选择装第i个物品
    }
  }
```

10.4 初识动态规划：如何巧妙解决"双 11"购物时的凑单问题

对于"杨辉三角"，不知道读者是否听说过，我们现在对它进行一些改造。如图 A-2 所示，每个位置的数字可以随意填写，经过某个数字只能到达下面一层相邻的两个数字。假设我们从第一层开始往下移动，那么，把移动到最底层所经过的所有数字的和定义为路径的长度。请读者通过编程求出从第一层移动到最底层的最短路径长度。

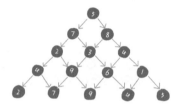

图 A-2 "杨辉三角"的改造版

答案提示：我们把杨辉三角存储在二维数组中。这个问题也可以使用回溯算法来解决。回溯代码对应的递归树，读者可以自己画一下，其中每个节点对应的状态包含 3 个值 $(i, j, dist)$，i、j 分别表示行和列的下标，$dist$ 表示从根节点到此节点的路径长度。重复子问题存在到达某个节点的路径可能很多的情况，但是，我们只选择 $dist$ 最短的那个路径继续往下走，其他路径都可以丢弃。

基于上面的分析，我们记录每个节点对应的最短路径，基于上层节点的最短路径推导下层节点的最短路径，推导公式为：$S[i][j]=\min(S[i-1][j],S[i-1][j-1])+a[i][j]$，实际上，这就是 10.5.3 节讲到的状态转移方程。基于此来写代码就简单多了，如下所示。

```
int[][] matrix = {{5},{7,8},{2,3,4},{4,9,6,1},{2,7,9,4,5}};
int n = 4;
int yanghuiTriangle(int[][] matrix, int n) {
  int[][] state = new int[n][n];
  state[0][0] = matrix[0][0];
  for (int i = 1; i < n; i++) {
    for (int j = 0; j < i; j++) {
      if (j == 0) state[i][j] = state[i-1][j] + matrix[i][j];
      else if (j == i - 1) state[i][j] = state[i-1][j-1] + matrix[i][j];
      else {
        int leftTop = state[i-1][j-1];
        int rightTop = state[i-1][j];
        state[i][j] = Math.min(leftTop, rightTop) + matrix[i][j];
      }
    }
  }
  int minDis = Integer.MAX_VALUE;
  for (int i = 0; i < n; i++) {
    int distance = state[n-1][i];
    if (distance < minDis) minDis = distance;
  }
  return minDis;
}
```

10.5 动态规划理论：彻底理解最优子结构、无后效性和重复子问题

假设有几种不同的硬币，币值分别为 $v1$、$v2 \cdots\cdots vn$（单位是元）。如果要支付 w 元，那么最少需要多少个硬币？例如，有 3 种不同的硬币，币值分别为 1 元、3 元和 5 元。如果我们要支付 9 元，那么最少需要 3 个硬币（如 3 个 3 元的硬币）。

答案提示：实际上，这个问题可以看成 0-1 背包问题。我们把硬币看成物品，把硬币的面值看成物品的重量，把硬币的个数看成物品的价值。每个物品的价值相同，都是 1。每个物品的数量不做限制。我们可以把这个问题理解为如何选择放入哪些物品，装满背包并且总价值最小，也就是物品个数最少。具体的实现代码如下所示。

```
public int pay(int[] coins, int n, int value) {
  int[] minNums = new int[value + 1];
  for (int i = 0; i < value+1; ++i) {
    minNums[i] = Integer.MAX_VALUE;
  }
  minNums[0] = 0;
  for (int i = 0; i < n; ++i) {
    for (int j = value; j >= 0; --j) {
      if (minNums[j] == Integer.MAX_VALUE) continue;
      for (int k = 1; j + k * coins[i] <= value; k++) {
        int p = j + k* coins[i];
        minNums[p] = Math.min(minNums[p], minNums[j] + k);
      }
    }
  }
  if (minNums[value] == Integer.MAX_VALUE) return -1;
  return minNums[value];
}
```

实际上，这个问题更像爬楼梯问题：每步可以走 1、3 或 5 级台阶，要走完 9 级台阶，如何才能用最少的步数走完？对应的递归公式如式（A-1）所示。

$$f(n)=1+\min(f(n-1), f(n-3), f(n-5)),\ f(n)\ 表示走\ n\ 级台阶最少需要的步数$$

$$f(0)=0$$
$$f(1)=1$$
$$f(3)=1 \tag{A-1}$$
$$f(5)=1$$

10.6 动态规划实战：如何实现搜索引擎中的拼写纠错功能

有一个数字序列，包含 n 个不同的数字，如何求出这个序列中的最长递增子序列的长度？例如 2、9、3、6、5、1 和 7 这样一组数字序列，它的最长递增子序列就是 2、3、5 和 7，因此，

其最长递增子序列的长度是 4。

答案提示：我们直接寻找状态转移方程。假设 maxl(i) 表示以第 i 个元素为结尾元素的最长递增子序列的长度。假设子问题 maxl(0),…,maxl($i-1$) 都已知，我们只需要选出 $a_i > a_j$（$j=0 \sim i-1$）的元素对应的 maxl 值，取其中的最大者，然后加 1，就是 maxl(i) 的值。当求得所有的 maxl(i)（$i=0 \sim n-1$）之后，再从中选出一个最大值，就是最后要求的结果。

根据上面的算法思路，对应的状态转移方程如式（A-2）所示。

$$\text{maxl}(i)=\max(\text{maxl}(j))+1，其中 j=0 \sim i-1，并且满足 a_i > a_j \qquad （A-2）$$

将上面的状态转移方程"翻译"成代码，如下所示。

```
int lis(int[] a, int n) {
  int[] maxl = new int[n];
  maxl[0] = 1;
  for (int i = 1; i < n; ++i) {
    int maxv = 0;
    for (int j = 0; j < i; ++j) {
      if (a[i] > a[j] && maxv < maxl[j]) {
        maxv = maxl[j];
      }
    }
    maxl[i] = maxv+1;
  }
  int res = 0;
  for (int i = 0; i < n; ++i) {
    if (res < maxl[i]) res = maxl[i];
  }
  return res;
}
```

11.1　实战 1：剖析 Redis 的常用数据类型对应的数据结构

1）Redis 中的很多数据类型，如哈希、有序集合等，是通过多种数据结构来实现的，为什么会这样设计呢？用一种固定的数据结构来实现不是更加简单吗？

答案提示：对于小规模数据的处理，我们在选择算法或数据结构的时候，不能只看时间复杂度、空间复杂度。之前，我们多次强调，大 O 表示法的复杂度只是表示执行时间随数据规模的增长趋势，而不是绝对的执行时间的大小。对于小规模数据的处理，为了提高性能，我们要考虑更多的因素。

Redis 在存储小规模数据的时候，采用了压缩列表这种数据结构。尽管压缩列表不能像数组那样支持按照下标随机访问，但因为数据规模比较小，顺序遍历并不会耗时太多。而且，因为其存储结构简单，节省内存，还对 CPU 缓存友好，所以性能表现不会比高级、复杂的数据结构差。

2）在本节，我们讲到了数据结构持久化的两种方式。对于二叉查找树，我们如何将它持久化到磁盘中呢？

答案提示：对于哈希表的序列化，文中提到了两种思路。对于二叉查找树的序列化，我们也可以借鉴这两种思路。

第一种思路就是直接将纯数据存储在磁盘中，当需要将磁盘中的数据反序列化加载到内存中时，再将数据重新构建成二叉查找树。我们知道，相同的一组数据对应的二叉查找树有多种。这样反序列化出来的二叉查找树与原来的二叉查找树可能形状就不相同了。

第二种思路是记录每个节点的父节点。在内存中，父节点是通过指针来表示的，也就是内存地址。序列化到磁盘不可能保存内存地址。为了解决这个问题，我们给每个节点编号，通过编号来标识父节点。如何编号呢？我们前序遍历二叉查找树，按照遍历的先后顺序依次给节点编号，并且按照遍历的先后顺序将节点存储到磁盘（数据＋父节点编号）。

对于反序列化，也就是在内存中重新生成二叉查找树，我们顺序读取磁盘中的数据，为每个数据创建一个节点，并根据记录的父节点编号，插入到父节点的下面。如何快速地根据父节点编号找到父节点呢？我们可以利用哈希表，记录编号和节点的对应关系。

另外，我们可以精确地还原二叉查找树，也就是反序列化出来的二叉查找树与原来的二叉查找树形状一样。

11.2 实战 2：剖析搜索引擎背后的经典数据结构和算法

图的遍历方法有两种：深度优先搜索和广度优先搜索。本节讲到，搜索引擎中的"爬虫"是通过广度优先搜索策略来"爬取"网页的。对于搜索引擎，为什么我们选择广度优先搜索策略，而不是深度优先搜索策略呢？

答案提示：从理论上来讲，如果搜索引擎可以把整个互联网的全部网页都"爬取"下来，那么无论使用广度优先搜索还是深度优先搜索，没有什么差别。而实际上，限于时间和资源，搜索引擎能"爬取"和索引的网页只是一小部分。为了利用有限的时间和资源"爬取"尽可能多的高权重网页，广度优先搜索的"爬取"策略就更加合适了。一般来说，我们会选择权重比较高的网页链接作为"爬虫"的种子链接，与种子链接离得越近的网页相应的权重会越高。利用广度优先搜索逐层遍历，会优先"爬取"与种子链接近的网页。而深度优先搜索会基于一个种子链接，一直递归"爬取"下去，完全不考虑权重因素。

11.3 实战 3：剖析微服务鉴权和限流背后的数据结构和算法

除用循环队列来实现滑动时间窗口限流算法之外，我们还可以利用哪些数据结构来实现呢？请读者对比一下这些数据结构在解决这个问题时的优劣。

答案提示：除使用循环队列实现滑动时间窗口限流算法之外，我们还可以使用双向链表或堆来实现。

基于双向链表，我们申请两个指针，分别指向链表的头节点和尾节点。头节点存储的是最新的接口访问，尾节点存储的是最早的接口访问。除此之外，我们使用一个变量 k，记录链表中的节点个数。新的接口访问到来时，我们用这个接口访问时间 T 与尾节点存储的接口访问时间对比，如果两者相差大于 1s，我们就将尾节点删除，并且 k——，继续用 T 与新的尾节点存储的接口访问时间对比，直到两者之差小于 1s 时，我们看 k 是否小于限流值，如果是，允许新的接口访问，并将这个接口访问时间包裹成节点，插入链表的头部，如果不是，则拒绝新的接口访问。

　　基于堆，我们根据访问时间建立小顶堆，也就是说，堆顶记录的是最早的接口访问时间。在新的接口访问到来时，我们用这个接口访问时间与堆顶的访问时间对比，如果相差大于 1s，就将堆顶元素删除。继续用这个接口访问时间与新的堆顶元素对比，直到相差小于 1s 时，我们看堆中的元素个数是否小于限流阈值，如果是，允许新接口访问，并将此接口访问时间包裹成节点，插入堆中，如果不是，则拒绝新的接口访问。

　　实际上，基于链表的解决方案，有点类似循环队列，不过，它涉及频繁的节点创建和删除操作，比循环队列更加消耗内存和时间。

11.4　实战 4：用学过的数据结构和算法实现短网址服务

　　如果需要额外支持用户自定义短网址功能（http://t.cn/{ 用户自定义部分 }），那么该如何改造上文提到的算法呢？

　　答案提示：我们在数据库表的短网址字段上建立唯一索引，尝试将用户自定义的短网址和原始网址插入数据库，如果插入成功，表示短网址可用，提示用户短网址生成成功。如果插入失败，就说明存在冲突，此时对应两种情况：如果数据库中的短网址对应的原始网址与当前正在处理的原始网址相同，则提示短网址生成成功；如果数据库中的短网址对应的原始网址与当前正在处理的原始网址不相同，则提示用户短网址已经被占用。